설비보전
기계정비
전기제어

기계·전기·자동화 분야 공통

공유압 제어 실험|실습

감수 차흥식 | 김연규·원우연·전성민 공저

머리말

preface

공유압 제어 기술은 자동화 및 메카트로닉스 기반 기술로 급속하게 발전하고 있으며, 자동화 설비, 열차 및 자동차, 각종 제조 산업 기계와 우주 항공에 이르기까지 매우 광범위하게 응용되고 있다. 특히 공장 자동화 분야에 있어서는 기본 원리와 실제 활용되고 있는 공유압 기술에 대한 제어 조건을 오랜 경험과 논리적 배경을 바탕으로 해석하여 공유압 회로를 설계 및 구성하고 운전하는 능력이 요구되고 있다. 이러한 경향에 따라 공유압 제어 기술의 필요성과 중요성은 더욱 증가할 전망이다.

이에 본 교재는 지나친 이론적 고찰은 가급적 배제하고 공유압 관련 기술자가 현장에서 직접 응용할 수 있는 기술에 주안점을 두어 다음과 같이 편찬하였다.

1. 과정별로 공압 제어, 유압 제어, 전기 공압 제어, 전기 유압 제어로 구성하였으며, 각 과정마다 과제를 수록하였다.
2. 공유압 회로에서 사용되는 모든 기호는 ISO 기반의 KS 규정을 적용하였다.
3. 현장에서 사용되고 있는 회로도와 산업체 관련 기술자에게 필요한 실무 위주의 내용으로 편성하였다.
4. 공유압 기술에 대한 이해를 돕기 위하여 동력부의 생산 단계에서부터 각 제어에 사용되는 부품들에 대하여 실제 기기의 사진을 실었다.
5. 공유압 회로 설계법에 대하여 비교적 자세하게 다루어 학습자가 스스로 회로를 설계하고 각종 기기를 구성하여 실무에 능동적으로 대처할 수 있도록 하였다.
6. QR코드를 통해 공유압 회로도의 동영상을 제시하여 액추에이터 및 전기 신호의 작동을 시각적으로 볼 수 있도록 하였다.
7. 국가기술자격 실기시험 대비에 충분한 도움이 될 수 있도록 구성하였다.

끝으로 이 교재가 공유압 기술의 전반을 이해하고, 응용하는 데 실질적 도움이 되기를 바라며, 내용상 미흡한 부분이나 오류가 있다면 앞으로 독자들의 충고와 지적을 수렴하여 더 좋은 책이 될 수 있도록 수정 보완할 것을 약속드린다. 또한 이 교재가 완성되기까지 물심양면으로 도움을 주신 ㈜ 청파EMT 김진선 대표이사, 한국폴리텍대학 임호 교수, ㈜ 와이즈투어스 최재용 대표와 도서출판 **일진사** 관계자 여러분께 감사드린다.

저자 씀

차 례

제1부 공압 제어

제1장 공압 회로 구성

제2장 공압 시스템 구성

제3장 속도 제어 회로 구성

제4장 자동 왕복 회로 구성

제5장 기본 논리 회로 구성

제6장 자기 유지 회로 구성

제7장 시퀀스 회로 구성

제2부 유압 제어

차 례

전기 공압 제어

제1장 전기 공압 제어 회로 구성

제2장 자기 유지 회로 구성

제3장 자동 왕복 회로 구성

제4장 타이머/카운터 회로 구성

제5장 시퀀스 제어 회로 구성

제6장 스테퍼 회로 설계

제7장 캐스케이드 회로 설계

제8장 센서와 조건 있는 비상정지 회로 설계

제9장 실린더 전진 상태 시작 회로 설계

제10장 라벨 부착기 장치 회로 설계

제4부 전기 유압 제어

제1장 전기 유압 제어 회로 구성

제2장 자동 왕복과 재생 회로 구성

제3장 압력 제어 회로 구성

차 례

제 1 부

공유압 제어 실험/실습 ▶▶

공압 제어

제1장 공압 회로 구성

1-1 공압 회로도 작성법

(1) 회로도 표현 방식

공압 회로를 나타내는 방식에는 횡서 방식과 종서 방식이 있으며 횡서 방식이 작성하기 쉽고 읽기에도 편해 널리 이용되고 있다.

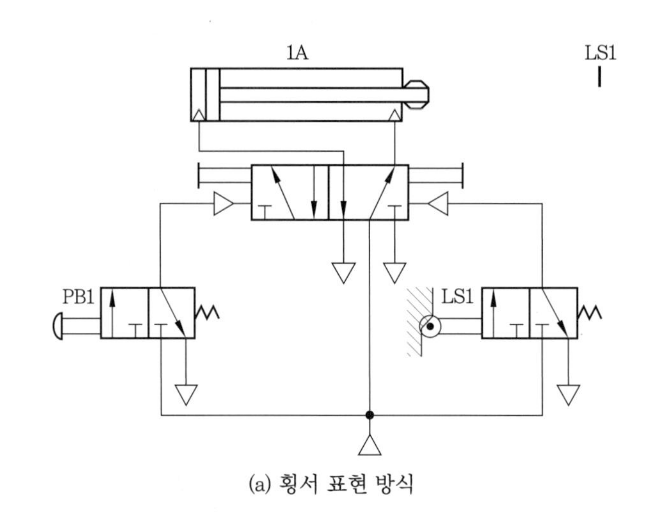

(a) 횡서 표현 방식

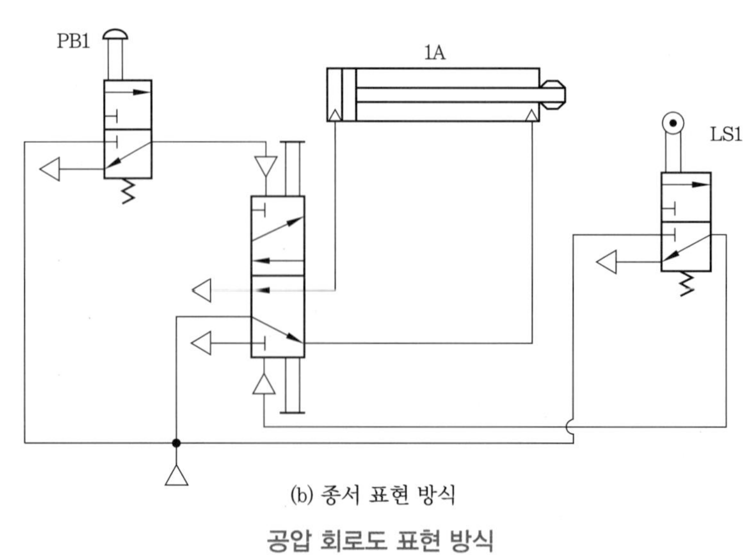

(b) 종서 표현 방식

공압 회로도 표현 방식

(2) 공압 기기 배치

① 공압 및 유압 기호는 원리상 다음 순서에 따라 밑에서 위로 그리고 왼쪽에서 오른쪽으로 배열된다.

㈎ 에너지원 : 밑 부분의 왼쪽

㈏ 시퀀스 순서의 제어 부품 : 왼쪽에서 오른쪽 윗 방향으로

㈐ 작동기 : 왼쪽에서 오른쪽으로 맨 윗 부분

② 회로도에서 기기 배치는 밑에서부터 에너지원 → 신호 입력 요소 → 신호 처리 요소 → 최종 제어 요소 → 액추에이터 순서로 배치한다.

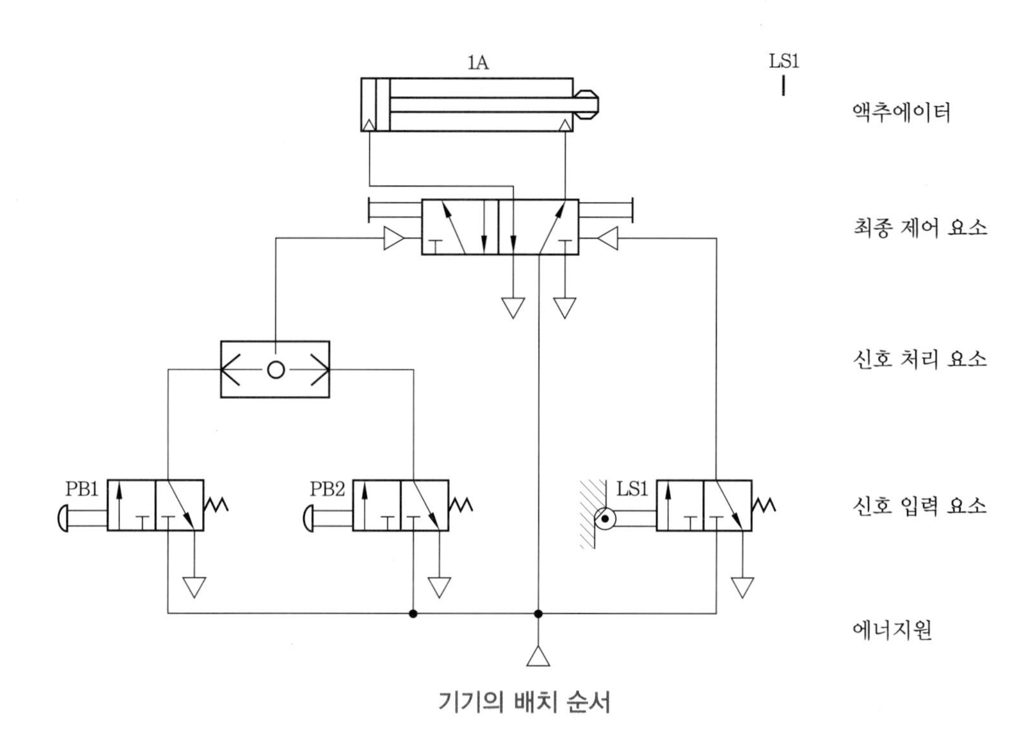

기기의 배치 순서

(3) 기기의 상태 표시

① 회로도에 나타내는 모든 기기의 기호는 동작 시작 전의 상태로 나타내어야 한다.

② 시스템의 동작 시작은 수동 조작 밸브(start valve)를 누름으로 이루어지는 것이 일반적이다.

③ 따라서 자동 복귀용 밸브는 스프링에 의해 자동으로 복귀된 상태, 즉 정상 상태로 표현한다.

④ 메모리 밸브는 신호가 가해지지 않은 상태로 나타내야 하며, 마스터 밸브는 실린더의 초기 상태로 도시되어야 한다.

⑤ 실린더는 후진 상태가 초기 상태인 경우가 많으므로 마스터 밸브는 실린더 로드측, 즉 후진측으로 압력이 작용하는 상태로 표시되어야 한다.

⑥ 만약 실린더가 전진 상태가 초기 상태라면 실린더 전진측에 압력이 작용하는 상태로 밸브를 표시한다.

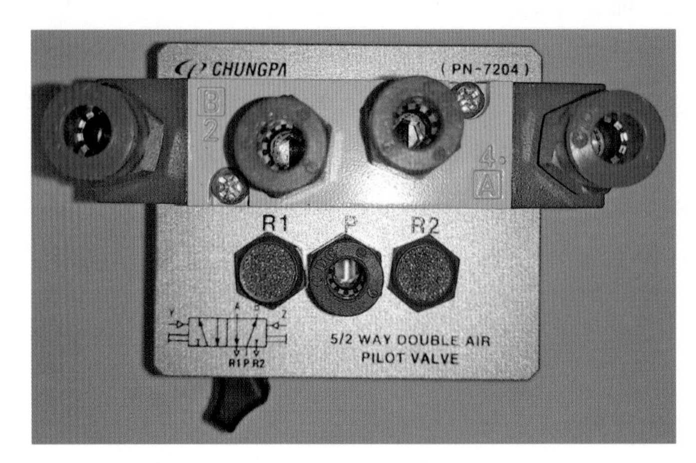

마스터 밸브의 실물

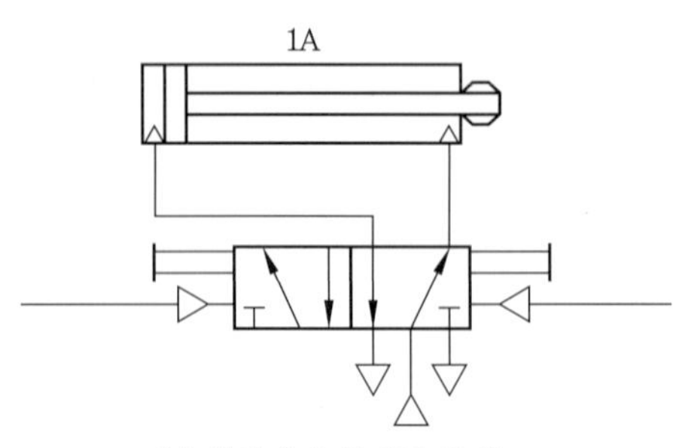

(a) 실린더가 후진된 상태

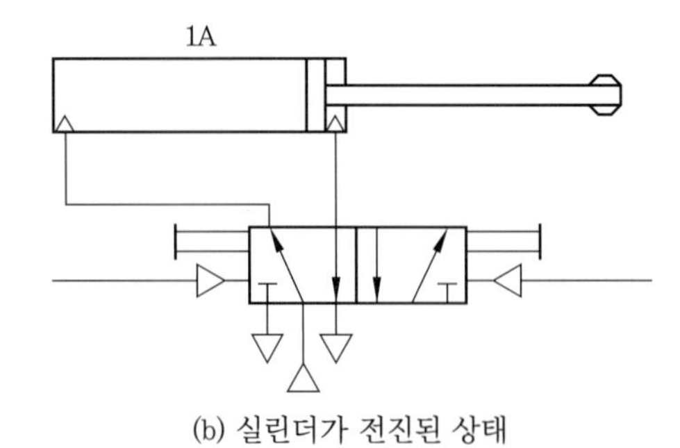

(b) 실린더가 전진된 상태

실린더의 초기 상태와 마스터 밸브의 위치

⑦ 밸브에 어떠한 외력도 작용하지 않고 밸브에 내장되어 있는 스프링 등에 의하여 유지되는 위치를 정상 위치라고 하며 밸브를 시스템 내에 설치하고 작업을 시작하려고 할 때 갖는 위치를 초기 위치라 한다.

⑧ 제어 회로도에서 모든 밸브는 초기 상태로 표시되어야 한다.

⑨ 롤러 리밋 밸브는 다음 그림과 같이 표시되어야 한다.

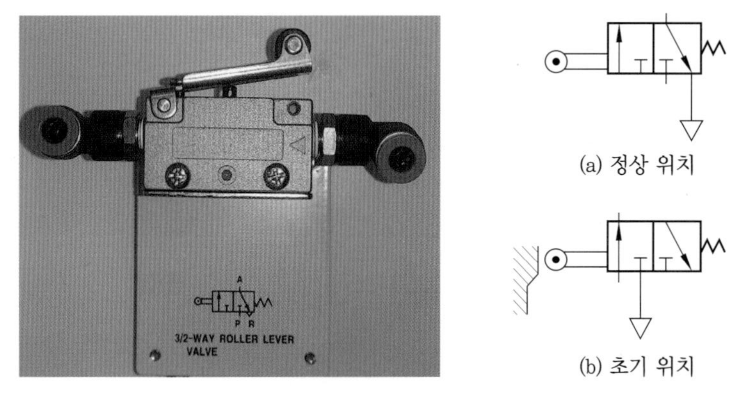

공압 리밋 밸브의 형상과 위치 표시

(4) 배선의 상태 표시

① 회로도에 나타내는 배선은 가능한 교차점 없이 직선으로 나타내어야 한다.

② 주 관로는 실선으로 표시하고 파일럿 신호 등의 제어선은 점선으로 나타내지만 회로도가 복잡해지면 제어선을 실선으로 그려도 무방하다.

(5) 한방향 롤러 리밋 밸브의 작동 방향 표시

① 이 밸브는 어느 한 방향에서만 외력이 가해질 때 밸브가 작동하는 것으로 실린더가 전진 운동할 때만 또는 후진 운동할 때만 작동되므로 회로도에는 그 방향의 표시를 나타내야 한다.

② 이 밸브는 신호 중복 방지에 사용한다.

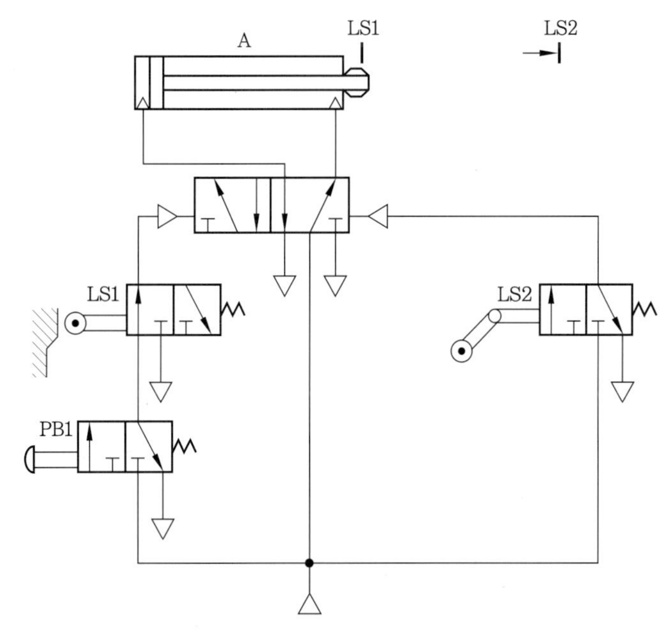

한방향 작동 롤러 리밋 밸브의 방향성 표시

1-2 공압 요소의 표시 방법

(1) 밸브 연결구 기호 표시

ISO 1219와 ISO 5599의 표시법

구분	ISO 1219 규정	ISO 5599 규정	표시 방법
에너지 공급구	P	1	A(4) B(2) Z(12) Y(14) R(3) S(5) P(1)
작업 라인	A, B, C …	2, 4, 6	
배출구	R, S, T	3, 5, 7	
누출 라인	L	9	
제어 라인	Z, Y, X	10, 12, 14	

(2) 부품의 식별 코드(배관 포함) ISO 1219-2

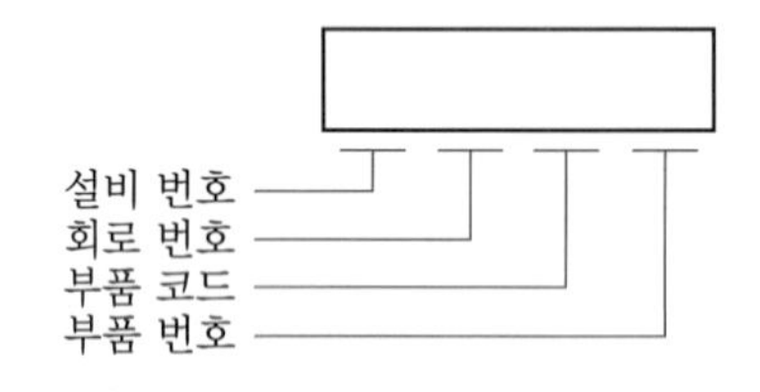

① **설비 번호** : 이 코드는 1로 시작하는 숫자로 구성되며, 전체 회로가 1개 이상의 설비로 구성될 때 사용된다.

② **회로 번호** : 이 코드는 숫자로 구성되며, 동력 장치나 공급 장치에 부착된 모든 부속품에 대해서는 0으로 시작하는 것이 좋다. 다른 유체 동력 회로에 대해서는 번호 순서대로 계속한다.

③ **부품 코드** : 각 부품은 다음 목록에 따른 코드에 의해 분명하게 식별된다.

(가) 펌프와 압축기 : P

(나) 작동기 : A

(다) 원동기 : M

(라) 센서 : S

(마) 밸브 : V

(바) 모든 기타 장비 : Z 또는 위의 문자와 다른 문자

④ **부품 번호** : 이 코드는 1로 시작하는 숫자로 구성되며, 주어진 회로 내의 각 부품은 연속적으로 번호가 부여 된다. 유체 동력 시스템과 부품 그래픽 기호 및 회로도(KS B ISO 1219-2 : 2004)에 의해 표시할 때이다.

(가) 1, 2, 3 · · · · : 설비 번호

(나) 0 · · · · : 동력 장치나 공급 장치에 부착된 모든 부속품 번호

(다) 1A, 2A, 3A, 4A · · · · : 각 작업 요소인 액추에이터의 개수

(라) 1S1, 1S2, 1S3 · · · · : 1A 액추에이터의 센서 스위치 기호

(마) 2S1, 2S2, 2S3 · · · · : 2A 액추에이터의 센서 스위치 기호

(바) 1V1, 1V2, 1V3 · · · · : 1A 액추에이터의 밸브 기호

(사) 0Z1, 1Z1, 1Z2 · · · · : 기타 관계된 장비의 기호

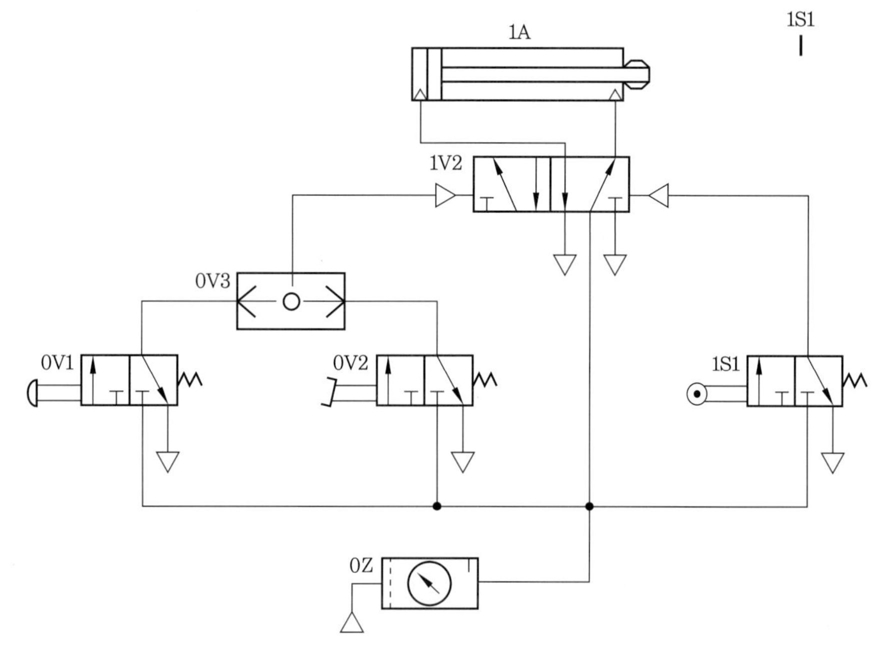

회로도의 각 공압 요소의 표현

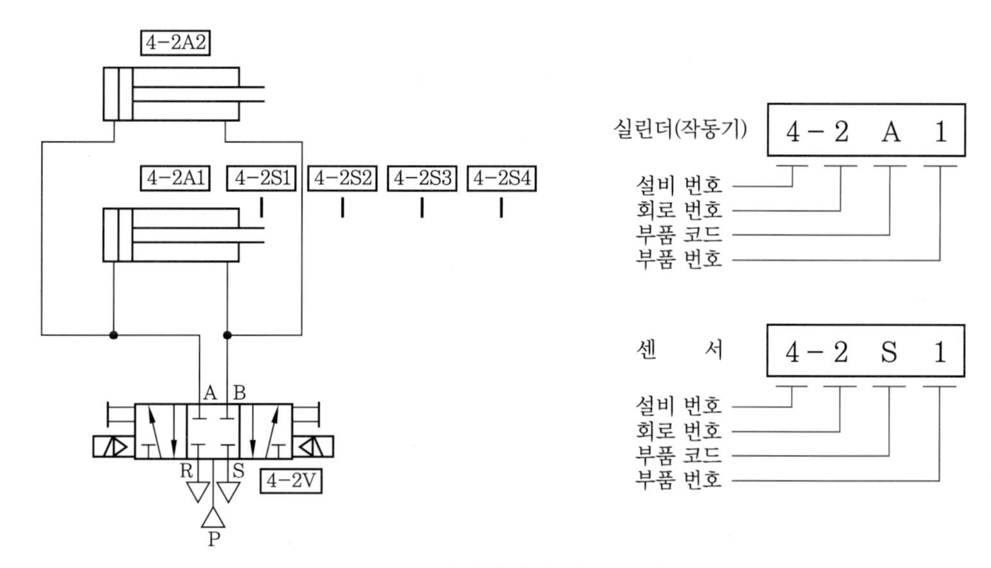

기기의 배치 기호 실례

(3) 공압 회로 구성 방법

① 회로도의 배치 순서는 순서도와 같이 하고 신호는 아래에서 위로 한다.

② 에너지는 아래에서 위로 공급되도록 표시한다.

③ 공압 요소의 실제 배치는 무시하나 실린더와 방향 제어 밸브는 수평으로 그린다.

④ 모든 요소는 실제 설비와 회로도를 같은 표시 기호로 사용한다.

⑤ 공압 요소의 배관은 짧은 수직선 또는 수평선으로 표시한다.

⑥ 신호의 위치를 표시하고 신호가 한 방향일 때에는 화살표로 표시한다.

⑦ 공압 요소들은 정상 상태로 하며, 작동된 상태일 때는 작동 상태를 표시한다.

⑧ 방향성 롤러 리밋 밸브와 같이 한쪽 방향으로만 작동되는 경우 화살표로 그 밸브의 작동 방향을 표시한다.

⑨ 배관 라인은 가능하면 교차점이 없이 직선으로 하며 필요시 명칭을 표시한다.

⑩ 공압 제어 시스템이 복잡하고 여러 개의 구동 요소가 있을 경우 제어 시스템을 각각의 요소에 대해 구분한다.

⑪ 필요할 경우 기술적 자료와 설치 가격, 시스템 작동 순서, 유효 가동 조건 및 수리 부품 등도 기재할 수 있다.

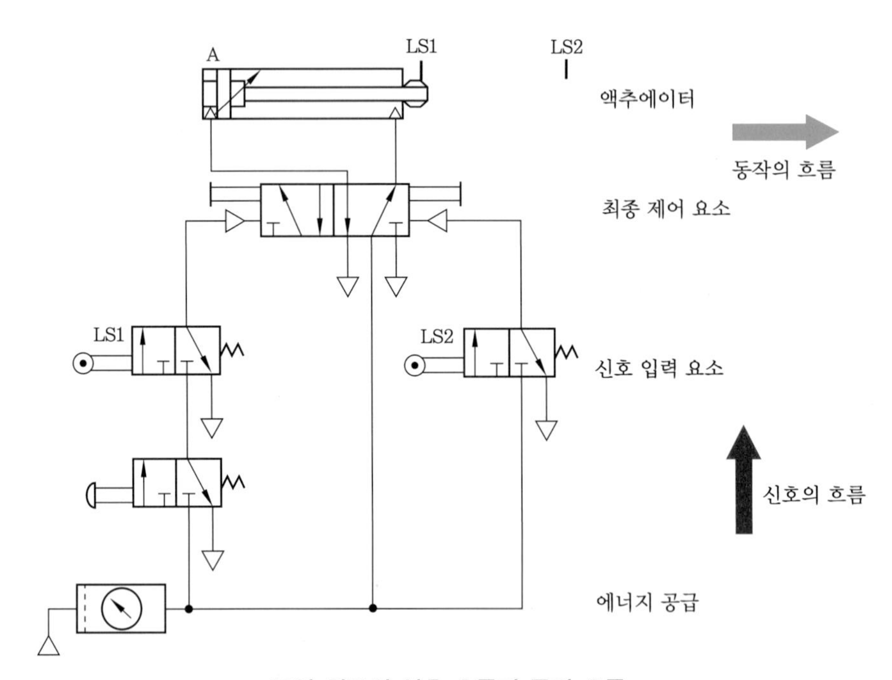

공압 회로의 신호 흐름과 동작 흐름

과제 1 공압 회로 구성

1 제어 조건

주어진 공압 회로도에 롤러 리밋 밸브의 기호 및 문자를 표시하시오.

2 공압 회로도

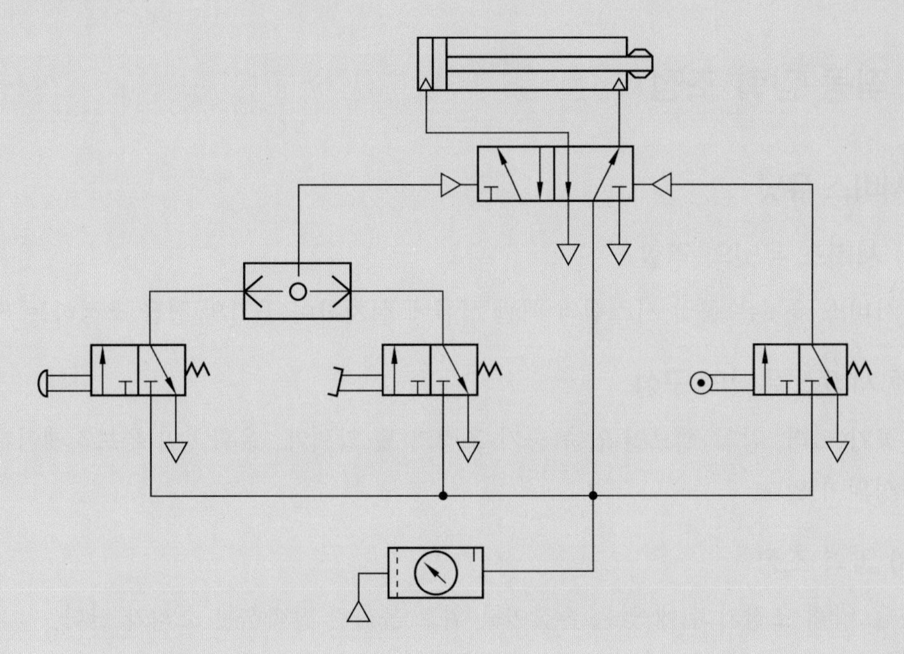

정답

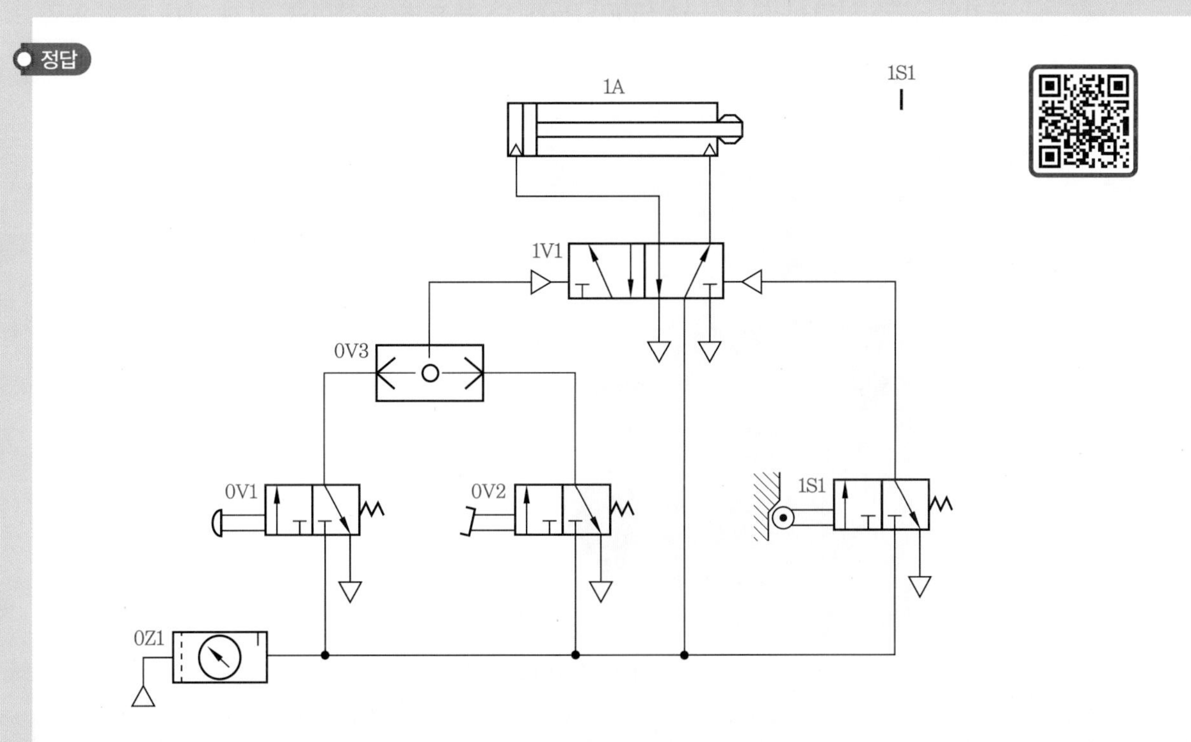

제2장 공압 시스템 구성

2-1 작동 압력 조정

1 서비스 유닛

(1) 서비스 유닛의 역할

서비스 유닛은 공압 시스템의 배관 상류에 설치하여 공기의 질을 조정하는 기기이다.

(2) 서비스 유닛의 구성

공기 필터, 감압 밸브인 압축 공기 조정기 및 압력계, 윤활기인 루브리케이터의 순서로 구성되어 있다.

(3) 압력 조정

① 압력 조정기 위에 있는 손잡이를 위로 올리면 딸깍하는 소리가 난다.

② 공기압 공급 압력이 5kgf/cm^2(500kPa)보다 높으면 손잡이를 시계 반대 방향으로, 낮으면 시계 방향으로 돌린다.

③ 압력 조정이 끝나면 손잡이를 아래로 밀어 고정시켜야 한다.

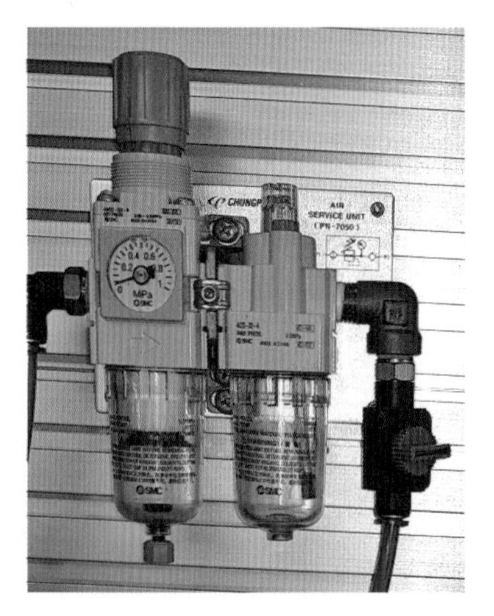

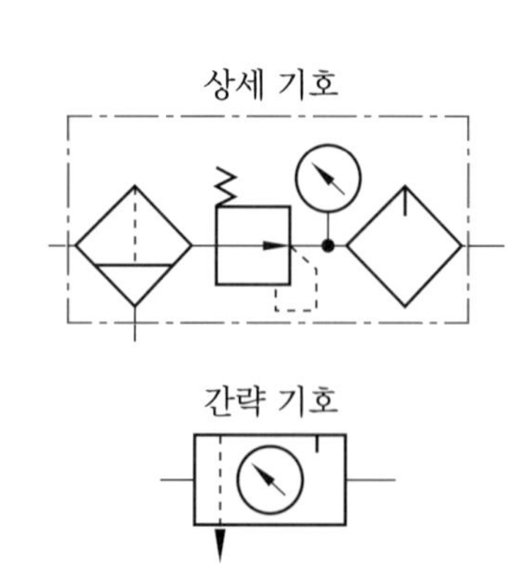

서비스 유닛의 외형과 기호

2-2 공압 부품 설치

1 실린더

① **단동 실린더 :** 한쪽 방향만의 공기압에 의해 운동하는 것으로 보통 자중 또는 스프링에 의해 복귀한다.

② **복동 실린더 :** 공기압을 피스톤 양쪽에 다 공급하여 피스톤의 왕복 운동이 모두 공기압에 의해 행해지는 것으로 가장 일반적인 실린더이다.

③ **쿠션 없음 실린더 :** 쿠션 장치가 없다.

④ **한쪽 쿠션 붙이 실린더 :** 한쪽에만 쿠션 장치가 있다.

⑤ **양쪽 쿠션 붙이 실린더 :** 양쪽 모두에 쿠션 장치가 있다.

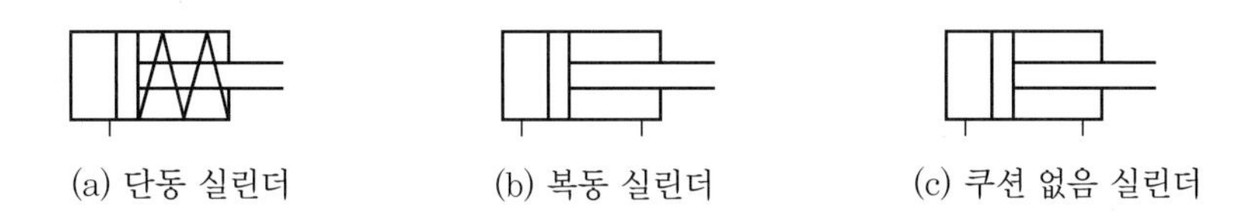

(a) 단동 실린더 (b) 복동 실린더 (c) 쿠션 없음 실린더

(d) 한쪽 쿠션 붙이 실린더 (e) 양쪽 쿠션 붙이 실린더

실린더의 종류

2 밸브

(1) 방향 제어 밸브

방향 제어 밸브의 분류

기능		밸브의 조작 방식	밸브의 구조	포트의 크기
포트의 수	위치의 수			
2포트 3포트 4포트 5포트	2위치 3위치 (4위치)	• 인력 : 수동, 족답 밸브 • 공기압 : 파일럿 조작 밸브 • 전기 : 솔레노이드 밸브 • 기계 : 기계 조작 밸브	• 포핏(볼 시트, 디스크 시트 밸브) • 슬라이드(세로, 세로 평, 판 또는 나비 슬라이드 밸브)	• PT 1/8(6A) • PT 1/4(8A) ⋮ ⋮

① **기능에 의한 분류**

㈎ 포트의 수 : 방향 제어 밸브에서 밸브 주 관로를 연결하는 접속구의 수를 포트의 수라 한다.

㈏ 위치의 수 : 밸브의 전환 상태를 위치(position)라 하며, 일반적인 밸브에서는 2위치 및 3위치가 대부분이고 4위치, 5위치로 다위치 등의 특수 밸브도 있다.

㈐ 방향 전환 밸브의 기호 : 방향 전환 밸브가 가지고 있는 위치 수만큼 정사각형을 옆으로 나란히 표시하고 이 사각형 속에 흐름의 방향을 표시한 선을 그린 것을 방향 전환 밸브의 기본 표시라고 한다. 화살표는 밸브 내의 흐름의 방향을 표시하고, T자표 또는 역 T자표는 밸브 내의 통로가 닫혀 있는 것을 나타낸다. 기호로 표시한 경우의 접속 관로는 밸브의 정상 위치 또는 중립 위치를 나타낸다.

방향 제어 밸브의 기능에 의한 분류

포트 수	위치의 수	기호
2포트	2위치	
3포트	2위치	
	3위치	
4포트	2위치	
	3위치 (올포트 블록)	
5포트	2위치	
	3위치 (올포트 블록)	

② **조작 방식에 의한 분류** : 방향 전환 밸브에서 위치를 전환함에 따라 접속 관로가 바뀌는데, 위치를 전환하는 것을 전환 조작이라 하며, 유체의 흐름을 변환하기 위해 필요한 조작력의 종류에 따라 분류한다.

방향 제어 밸브의 조작 방식

조작 방법	종류	KS 기호	비고
인력 조작	누름 버튼		기본 기호
	레버		
	페달		

기계 방식	플런저		기본 기호
	롤러		
	스프링		
전자 방식	직접 작동		직동식
	간접 작동		파일럿식
공압 방식	직접 파일럿	① ②	① 압력을 가해서 조작하는 방식 ② 압력을 빼어 조작하는 방식
	간접 파일럿	① ②	
보조 방식	멈춤쇠 (디텐트)		일정 이상의 힘을 주지 않으면 움직이지 않는다.

③ **구조에 의한 분류**

㈎ 포핏 밸브(poppet valves) : 이 밸브의 연결구는 볼, 디스크, 평판(plate) 또는 원추에 의해 열리거나 닫히게 되는 것으로 이물질의 영향을 잘 받지 않고, 밀봉이 우수하나 큰 변환 조작이 필요하며, 회로의 구조가 복잡하게 된다.

㈏ 슬라이드 밸브(스풀형)(slide valves, spool type) : 내면을 정밀하게 가공한 원통(슬리브) 안에 홈이 있는 스풀을 끼워 슬리브의 내측으로 이동해서 그 위치에 따라 유로의 연결 상태를 변환하도록 되어 있는 것으로 작은 힘으로 밸브를 변환할 수 있고, 다양한 변환 기능을 비교적 간단하게 할 수 있으나 누설이 있다.

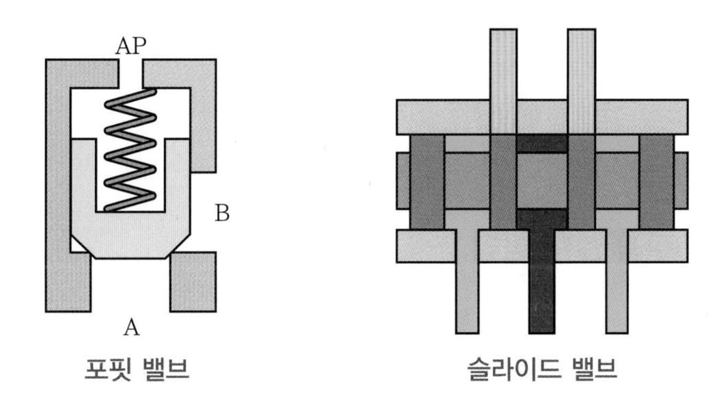

포핏 밸브 슬라이드 밸브

④ **솔레노이드 밸브(solenoid valve)** : 전기 신호에 의해 전자석의 힘을 이용하여 밸브를 움직이게 하는 전환 밸브로 솔레노이부와 밸브부의 두 부분으로 되어 있고, 솔레

노이드의 힘으로 직접 밸브를 움직이는 직동식과 소형의 솔레노이드로 파일럿 밸브를 움직여 그 출력 압력에 의한 힘을 이용하여 밸브를 움직이는 파일럿식 있다.

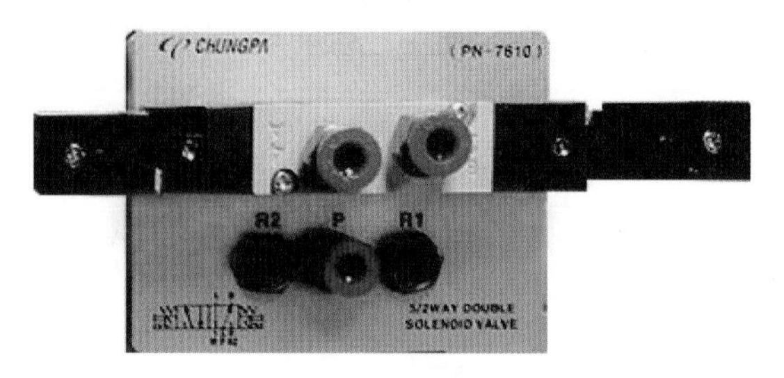

솔레노이드 밸브

(2) 유량 제어 밸브

① **한방향 유량 제어 밸브(속도 제어 밸브, speed control valve)** : 스로틀 밸브와 체크 밸브를 조합한 것으로 흐름의 방향에 따라 상이한 제어를 할 수 있다. 실린더에 유입되는 공기량을 조절하는 제어 방식을 미터 인 회로라 하고, 공압 실린더의 배출 공기량을 조절하는 제어 방식을 미터 아웃 회로라 하며, 공압에서 복동 실린더의 속도 제어는 미터 아웃 회로를 사용한다.

② **급속 배기 밸브(quick release valve or quick exhaust valve)** : 액추에이터의 배출 저항을 작게 하여 속도를 빠르게 하는 밸브로 가능한 액추에이터 가까이에 설치한다.

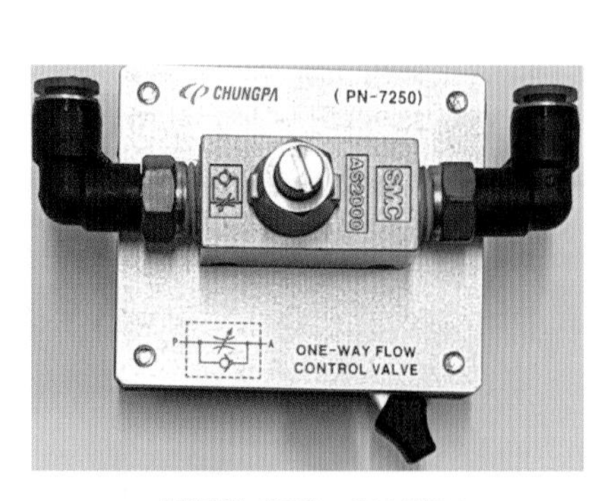

한방향 유량 제어 밸브

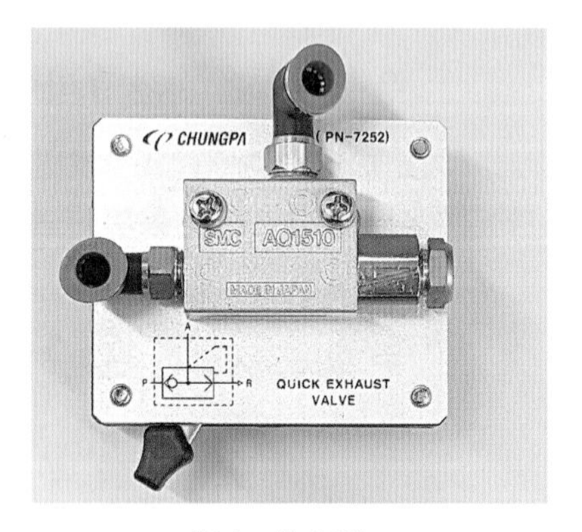

급속 배기 밸브

3 공압 부품 설치 방법

(1) 실린더, 공압 리밋 밸브, 방향 제어 밸브를 알루미늄(Al) 보드에 설치한다.

① 실린더는 수직 또는 수평으로 설치하는 방법이 있으며 수직으로 설치하는 방법이 작업하는 데 더 유리하다.

② 실린더를 세워서 보드 양쪽에 벌려 놓는다.

③ 공압 리밋 밸브의 좌우 방향을 확인하고 실린더 도그에 접촉이 되도록 설치한다.

(2) 유량 제어 밸브 설치

① 공압에서 복동 실린더의 속도 제어는 미터 아웃, 즉 배기 교축 방식으로만 제어한다.

② 유량 제어 밸브를 설치할 때에는 반드시 체크 밸브의 방향을 다음 그림의 기호와 같이 하여 유량 제어 밸브를 수직으로 설치해야 한다.

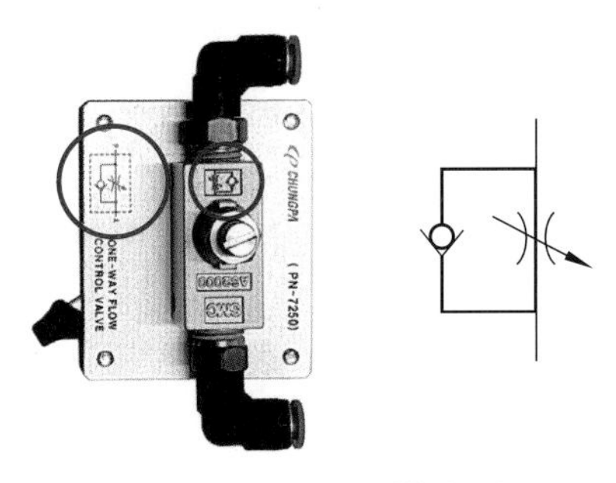

유량 제어 밸브의 방향과 기호

2-3 공압 호스 삽입

① 공압 호스를 배관할 때에는 반드시 공압을 차단한 후 작업을 해야 한다.

② 공압 호스를 피팅에 삽입할 때에 두 번 힘주어 삽입한다.

③ 특히 분배기에 삽입할 때 유의해야 한다. 삽입이 불확실하면 공기 새는 소리가 없어도 공압 호스에 공기가 공급되지 않는다.

④ 피팅에서 호스를 제거시킬 때는 피팅에 부착되어 있는 와셔를 왼손으로 밀고 있는 상태에서 공압 호스를 피팅으로부터 분리시켜야 한다.

⑤ 공압 호스를 밸브에 삽입할 때는 포트 표시법에 해당되는 기호의 피팅에 삽입해야 한다.

⑥ 분배기 피팅에 호스를 삽입한 후 호스 반대쪽을 밸브의 P 포트에 삽입한다.

분배기에서 밸브의 P 포트에 호스 연결

⑦ 실린더 초기 상태가 후진되어 있는 것이라면 공압 양쪽 작동 방향 제어 밸브의 A 포트와 실린더 피스톤 헤드측 포트에 공압 호스를 연결하고, 밸브의 B 포트와 실린더 로드측 포트에 공압 호스를 각각 연결한다.

⑧ 실린더 초기 상태가 전진되어 있는 경우에는 방향 제어 밸브의 B 포트와 실린더 피스톤 헤드측 포트에 공압 호스를 연결하고, 방향 제어 밸브의 A 포트와 실린더 로드측 포트에 공압 호스를 연결한다.

⑨ 연결이 완료되면 서비스 유닛에 설치되어 있는 차단 밸브를 열고, 실린더의 초기 상태를 점검한다.

⑩ 실린더가 후진 상태이어야 하는데 전진 상태라면 방향 제어 밸브 후진측의 수동 누름 버튼을 눌러 변환시킨다.

⑪ 실린더가 전진 상태이어야 하는데 후진 상태라면 전진측 솔레노이드 밸브의 수동 누름 버튼을 눌러 변환시킨다.

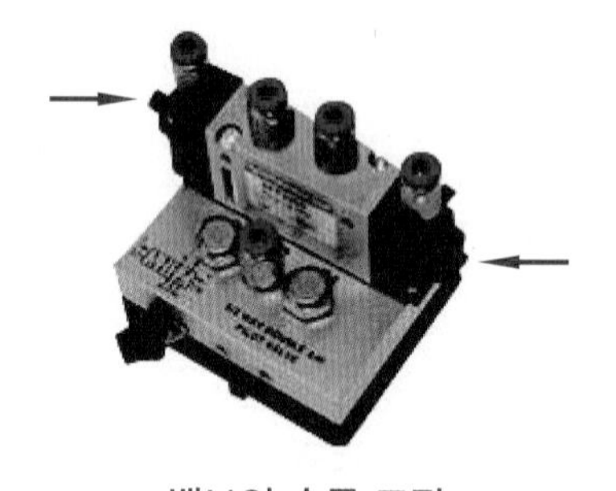

밸브의 수동 조작

⑫ 한쪽 공압 작동 방향 제어 밸브일 경우도 같은 방법으로 공압 호스를 연결한다.

⑬ 유량 제어 밸브와 급속 배기 밸브는 다음 그림과 같이 배관한다.

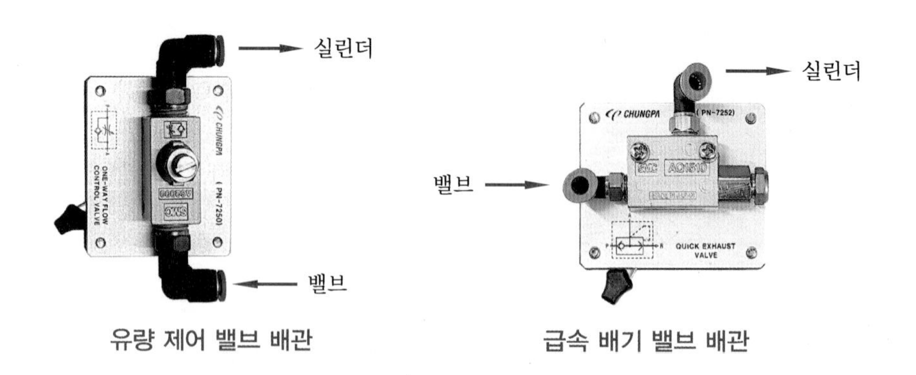

유량 제어 밸브 배관　　급속 배기 밸브 배관

과제 1 공압 시스템 구성

1 제어 조건

주어진 공압 회로도에 쓰인 공압기기 ①~⑩의 명칭 또는 용도를 빈칸에 알맞게 써 넣으시오.

2 공압 회로도

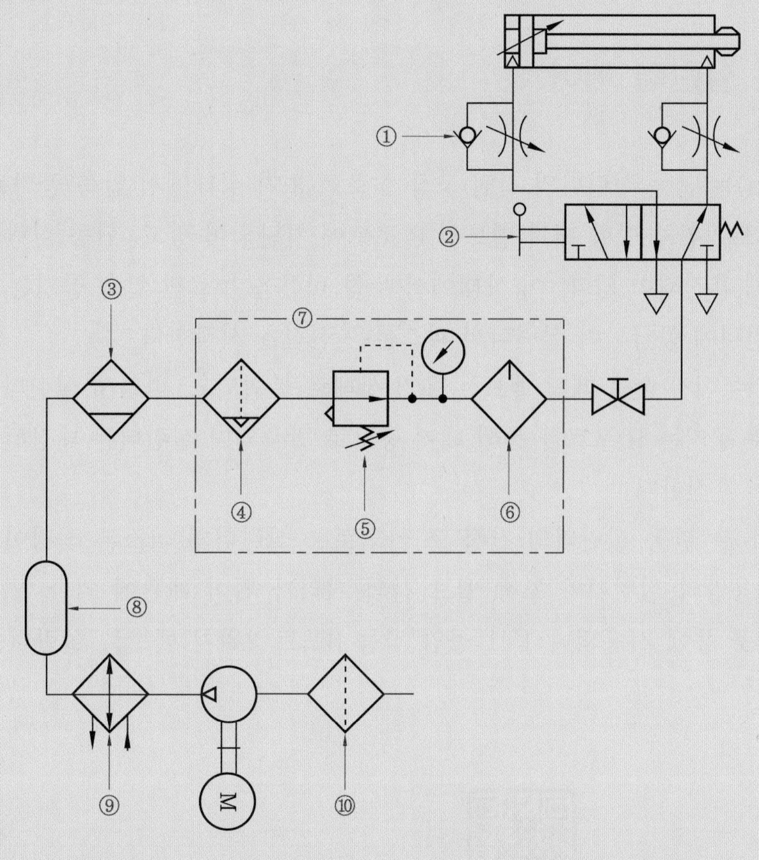

번호	명칭	용도	번호	명칭	용도
①	유량 제어 밸브		⑥		공압기기 윤활
②		액추에이터의 방향 전환	⑦	서비스 유닛	
③	건조기		⑧	공기 탱크	
④	배수기 붙이 필터		⑨		공기압 온도 조절
⑤		공급 압력 조절	⑩	흡입 필터	

정답

① 실린더 속도 제어　② 방향 제어 밸브　③ 수분 제거
④ 이물질 제거　⑤ 압력 조정기(감압 밸브)　⑥ 윤활기(루브리케이터)
⑦ 공기 청정 등　⑧ 공기압 저장　⑨ 냉각기
⑩ 흡입 공기 여과

제3장 속도 제어 회로 구성

3-1 단동 실린더 제어

그림 (a)는 단동 실린더의 직접 조작 회로로 초기 상태에서 압축 공기는 1V1 누름 버튼 조작 3포트 2위치 방향 제어 밸브의 P 포트에 차단되어 있고, 단동 실린더는 내장된 스프링에 의해 후진되어 있다. 이 상태에서 누름 버튼을 누르면 압축 공기는 밸브의 A 포트를 통해 실린더에 공급되어 실린더의 피스톤은 전진을 시작한다.

누름 버튼에서 손을 떼면 밸브는 초기 상태로 복귀되고, 따라서 실린더의 피스톤에 작용했던 압축 공기는 R 포트를 통해 대기 중으로 방출되며 실린더는 내장된 스프링의 장력으로 인하여 후진한다.

그림 (b)는 단동 실린더의 간접 조작 회로로 실린더의 피스톤 직경이 크고, 행정 길이가 긴 대용량의 실린더와 조작 밸브 간의 거리가 멀어 배관에 의한 압력 손실이 일어날 수 있는 곳 등에 사용되며 1V1 공압 작동 3포트 2위치 밸브로 실린더를 간접 제어하는 회로이다.

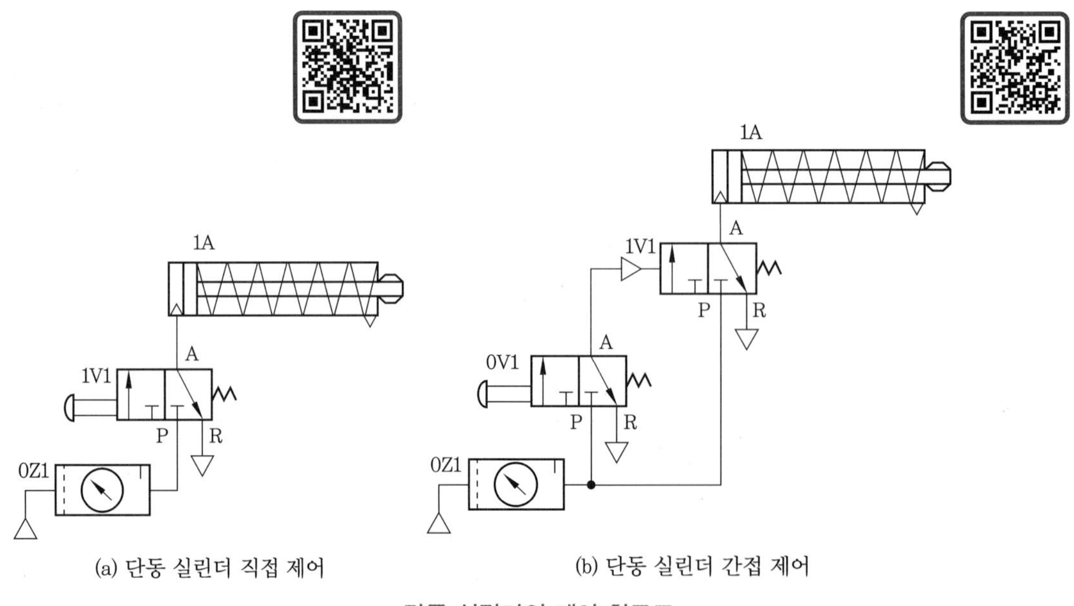

(a) 단동 실린더 직접 제어

(b) 단동 실린더 간접 제어

단동 실린더의 제어 회로도

3-2 복동 실린더 제어

그림 (a)는 복동 실린더의 직접 제어 회로로 초기 상태에서 1V1 5포트 2위치 방향 제어 밸브의 P 포트와 B 포트가 연결되고, A 포트와 R 포트가 연결되어 실린더는 회로도와 같이 후진 위치에 있게 된다. 1V1 밸브를 누르면 방향 제어 밸브의 위치가 전환되어 P 포트는 A 포트와 연결되고, B 포트는 S 포트와 연결되어 실린더는 전진한다.

1V1 누름 버튼에서 손을 떼면 밸브에 내장된 스프링에 의해 초기 위치로 복귀되고, 따라서 실린더도 후진하게 된다.

그림 (b)는 누름 버튼 작동 3포트 2위치 방향 제어 밸브로 공압 작동 5포트 2위치 방향 제어 밸브를 제어하여 복동 실린더를 전후진시키는 간접 제어 회로이다.

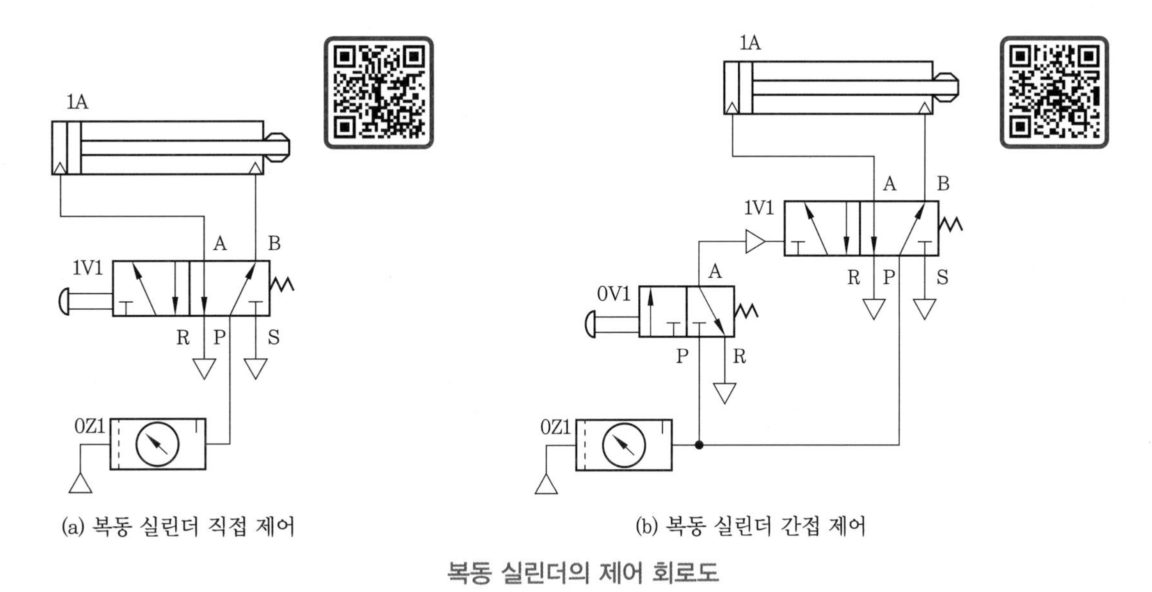

(a) 복동 실린더 직접 제어

(b) 복동 실린더 간접 제어

복동 실린더의 제어 회로도

3-3 실린더 속도 제어

실린더의 속도 제어는 공급 공기나 배기 공기를 교축시켜 실린더 전후진 속도를 모두 제어할 수 있고, 급속 배기 밸브를 사용하여 실린더의 속도를 증가시킬 수도 있다.

(1) 미터 인(meter in) 속도 제어 회로

다음 그림과 같이 액추에이터로 유입되는 공급 공기량을 교축하여 속도를 제어하는 회로로 실린더의 초기 운동에서는 안정감이 있지만 실린더의 배기측 공기 압력은 빨리 배기되고 실린더의 공급측 공기량은 교축되기 때문에, 피스톤 전진측과 후진측의 압력 균형이 불평형되므로 피스톤의 움직임이 불안정하여 좋은 속도 제어 방법은 아니다. 소형 실린더나 단동 실린더의 전진제어에서만 간혹 사용된다.

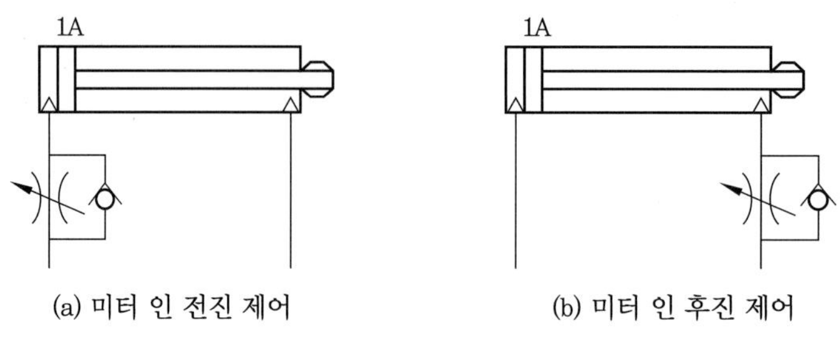

(a) 미터 인 전진 제어 (b) 미터 인 후진 제어

미터 인 속도 제어 회로

(2) 미터 아웃(meter out) 속도 제어 회로

다음 그림과 같이 액추에이터로 유출되는 배기 공기량을 교축하여 속도를 제어하는 회로로 속도 제어가 안정적이어서 공압 실린더의 속도는 주로 이 방식에 의해 제어한다. 이 방법은 속도 제어 밸브를 실린더에 가깝도록 설치하는 것이 속도의 안정에 좋다.

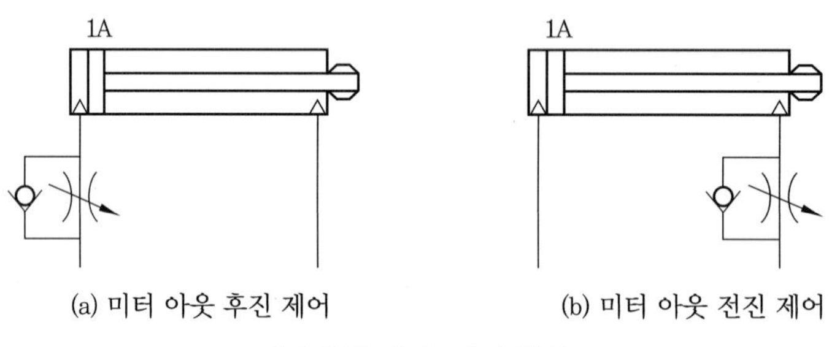

(a) 미터 아웃 후진 제어 (b) 미터 아웃 전진 제어

미터 아웃 속도 제어 회로

(3) 속도 증가 회로

다음 그림과 같이 급속 배기 밸브를 이용하여 복동 실린더의 운동 속도를 증가시키는 것으로 급속 배기 밸브는 실린더에 가깝게 설치해야 실린더 속도 증가 효과를 향상시킬 수 있다. 이 회로는 실린더 내의 배기 공기를 급속 배기 밸브로 배출시키면 배관이나 방향 제어 밸브의 저항을 받지 않으므로 속도 증가가 가능하지만 실린더 내의 배기 공기가 빨리 배출되어 배압에 의한 에어 쿠션이 작용하지 않기 때문에 외부 쿠션 장치가 필요하다.

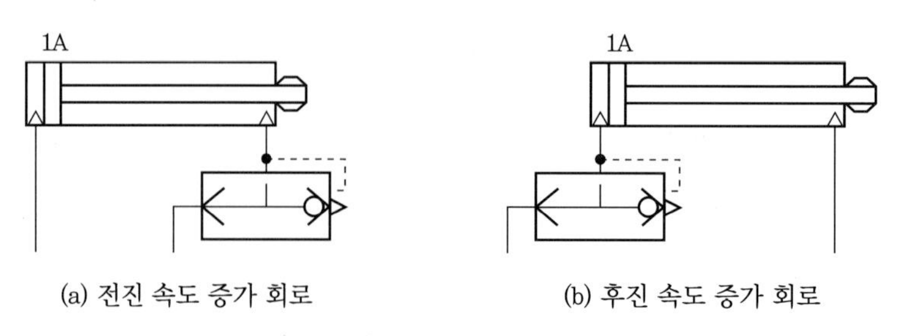

(a) 전진 속도 증가 회로 (b) 후진 속도 증가 회로

속도 증가 회로

과제 1 공압 실린더 속도 제어 회로 구성

1 제어 조건

주어진 공압 회로도를 다음 조건에 맞게 완성하고, 구성하여 운전하시오.

① 시작 누름 버튼을 누르면 실린더는 전진하고, 떼면 실린더는 후진하도록 하시오.

② 한방향 유량 제어 밸브를 사용하여 실린더의 전진 속도를 미터 아웃 회로로 제어하시오.

③ 급속 배기 밸브를 사용하여 실린더 후진을 급속 이송토록 하시오.

④ 공압 시스템의 공급 공기 압력은 500kPa로 설정하시오.

⑤ 5/2 공압 작동형 밸브를 사용하여 복동 실린더를 간접 제어하시오.

2 공압 회로도

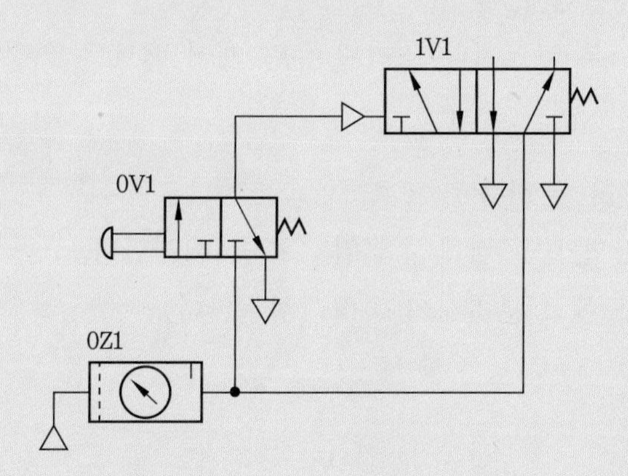

3 실습 순서

(1) 작업 준비를 한다.

① 서비스 유닛의 공급 압력을 500kPa로 조정한다.

② 복동실린더 1개, 3/2 WAY 누름 버튼 방향 제어 밸브 1개, 5/2 WAY 공압 작동 방향 제어 밸브 1개, 한방향 유량 제어 밸브 1개, 급속 배기 밸브 1개를 선택하여 실습 보드에 설치한다.

③ 실습에 사용되는 부품은 실습판에 완전하게 고정한다.

④ 실린더의 운동 구간에 장애물이 없어야 한다.

(2) 배관 작업을 한다.

① 모든 배관은 압축 공기 공급이 차단된 후 실시한다.

② 공압 분배기와 0V1 밸브 및 1V1 밸브 P 포트를 공압 호스로 각각 연결한다.

③ 0V1 3/2 WAY 누름 버튼 방향 제어 밸브의 A 포트와 1V1 5/2 WAY 공압 작동 방향 제어 밸브 Y 포트를 공압 호스로 연결한다.
④ 1V1 5/2 WAY 공압 작동 방향 제어 밸브 A 포트와 급속 배기 밸브 아래쪽 포트를 공압 호스로 연결한다.
⑤ 급속 배기 밸브 위쪽 포트와 실린더 피스톤 헤드측 포트를 공압 호스로 연결한다.
⑥ 1V1 밸브 B 포트와 한방향 유량 제어 밸브 OUT측 포트를 공압 호스로 연결한다.
⑦ 한방향 유량 제어 밸브 IN측 포트와 실린더 로드측 포트를 공압 호스로 연결한다.
⑧ 공압 배관은 가능한 짧게 한다.
⑨ 공압 장치의 배관 상태를 점검한다.

(3) 정상 작동을 확인한다.
① 서비스 유닛의 차단 밸브를 열어 공압 시스템에 공기압을 공급하면서 공기 누설이 없는지 확인한다.
② 공기 작동 압력 500 kPa을 확인한다.
③ 압축 공기 공급 시 공기의 누설이 있으면 즉시 압축 공기 공급을 차단한 후 배관을 점검한다.
④ 공압 시스템을 작동시킨다.
⑤ 실린더의 속도가 너무 빠르거나 느리면 유량 제어 밸브를 조정하여 안전 속도를 유지하도록 한다.

(4) 각 기기를 해체하여 정리정돈한다.
① 서비스 유닛의 차단 밸브를 잠그고 공압 호스를 해체한다.
② 각 기기를 실습 보드에서 분리시키고 정리정돈한다.

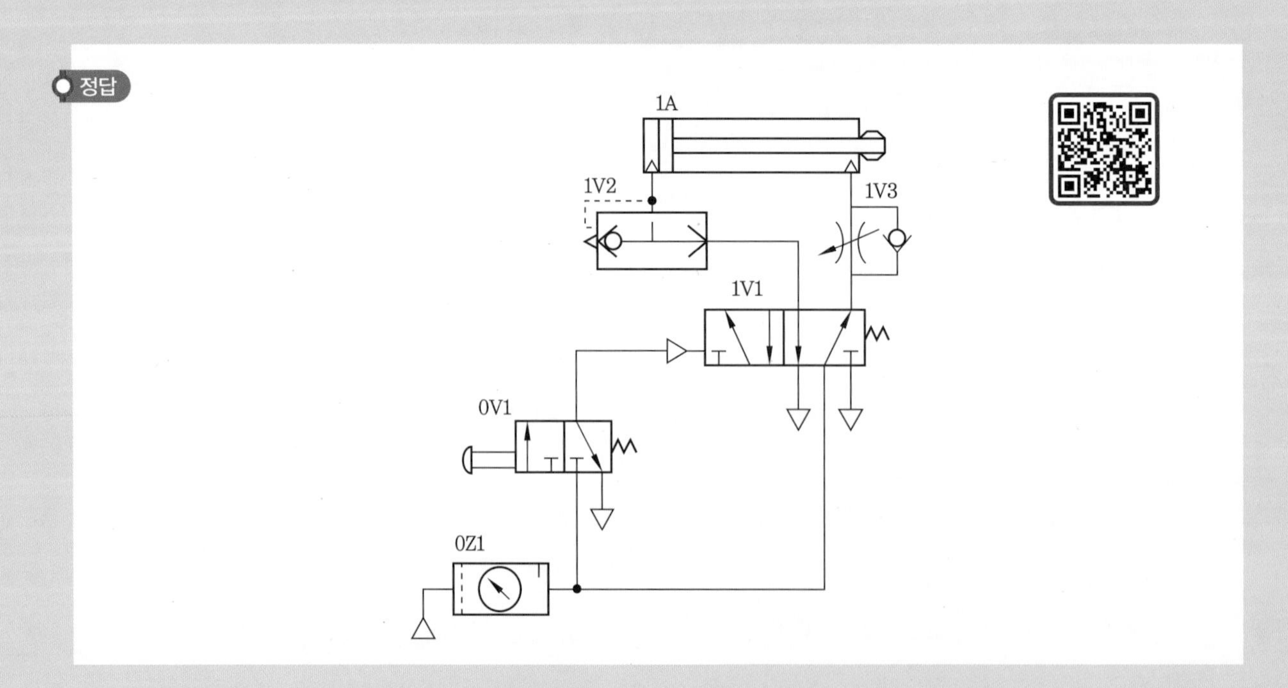

제4장 자동 왕복 회로 구성

4-1 시간 지연 밸브

공압 밸브에 입력 신호가 주어지면 밸브의 응답 시간이 매우 빨라 아주 짧은 시간 내에 출력이 나타나지만 시간 지연 밸브는 입력 신호가 주어지면 설정된 시간 후에 출력이 나타나는 밸브이다. 주로 타임 제어 회로나 신호 중복을 방지하기 위한 회로, 또는 일정 시간 후에 동작이 이루어져야 하는 신호 부분에 사용된다.

- **ON 시간 지연 작동(ON delay)** : 입력이 있으면 일정 시간 후에 출력이 있는 것
- **OFF 시간 지연 작동(OFF delay)** : 입력이 있으면 즉시 출력이 있으나 입력을 제거하면 일정 시간 후에 출력이 없어지는 것

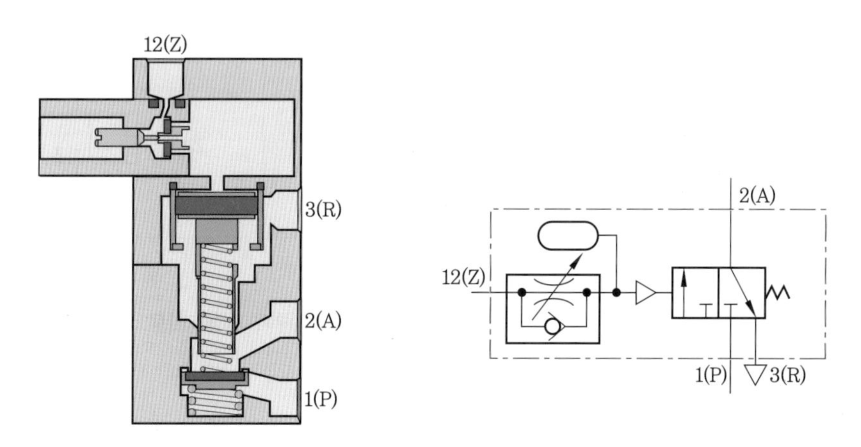

ON 시간 지연 밸브

시간 지연 밸브는 공압 작동 3/2 WAY 밸브와 한방향 유량 제어 밸브 및 공기 탱크로 구성되어 있다. 표시 기호에서 일점 쇄선의 포위선은 2개 이상의 기능을 갖는 유닛을 나타내는 것이다. 압축 공기는 P 포트로부터 3/2 WAY 밸브에 공급되며, 제어 공기는 Z로 입력된다. 이 제어 공기는 조절 가능한 한방향 유량 제어 밸브를 통해 공기 탱크로 들어가며 공기량을 제한받게 된다. 이때 탱크 내의 압력이 3/2 WAY 밸브의 스프링 장력보다 커지면 3/2 WAY 밸브가 전환되어 A 포트에 공압이 나오게 된다. 따라서 한방향 유량 제어 밸브를 조절하여 시간을 설정하게 되는 것이다.

4-2 왕복 작동 회로

왕복 작동 회로는 시작 신호에 의해 실린더가 전진 운동을 하고 전진 운동을 완료하면 스스로 복귀하는 회로이며, 일반적인 회로에서는 실린더가 행정 끝까지 도달되어야 복귀되는데, 복귀 방법에는 수동적인 방법과 자동적인 방법이 있다.

자동적인 방법에는 리밋 밸브를 사용하는 방법과 시간 지연 밸브를 사용하는 방법, 시퀀스 밸브를 사용하는 방법 등이 있다.

(1) 리밋 밸브를 이용한 왕복 작동 회로

다음 그림과 같은 자동 왕복 작동 회로는 가장 일반적으로 사용되는 것으로 실린더 전진 완료 끝단에 리밋 밸브를 설치하여 작동시킨다.

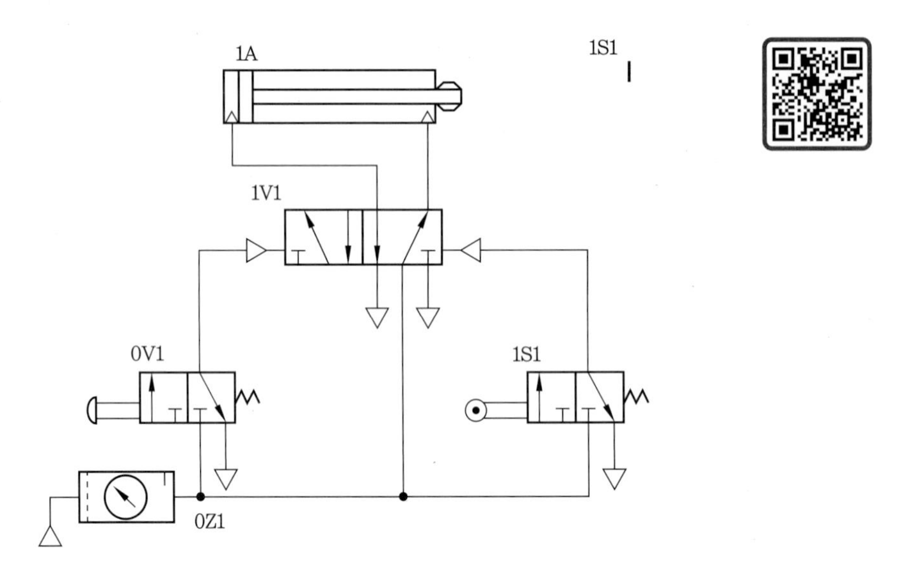

리밋 밸브를 이용한 왕복 작동 회로

(2) 시간 지연 밸브를 이용한 왕복 작동 회로

전기 회로에서 타이머 회로와 같이 신호가 입력되고 미리 설정된 시간 후에 출력이 나오는 회로로 공압에서는 시간 지연 밸브를 사용한다.

다음 회로도는 ON delay형의 시간 지연 밸브를 사용한 것으로 누름 버튼 밸브 0V1을 누르면 실린더가 전진한다. 동시에 압축 공기의 일부는 시간 지연 밸브로 들어가 일정 시간 후 3/2 WAY 밸브가 변환되어 밸브 1V1을 변환시켜 실린더가 후진하는 회로이다. 그러나 이 방법은 실제로 실린더의 운동 완료 여부를 확인하는 것이 아니기 때문에 제한된 범위 내에서만 주의하여 사용해야 한다.

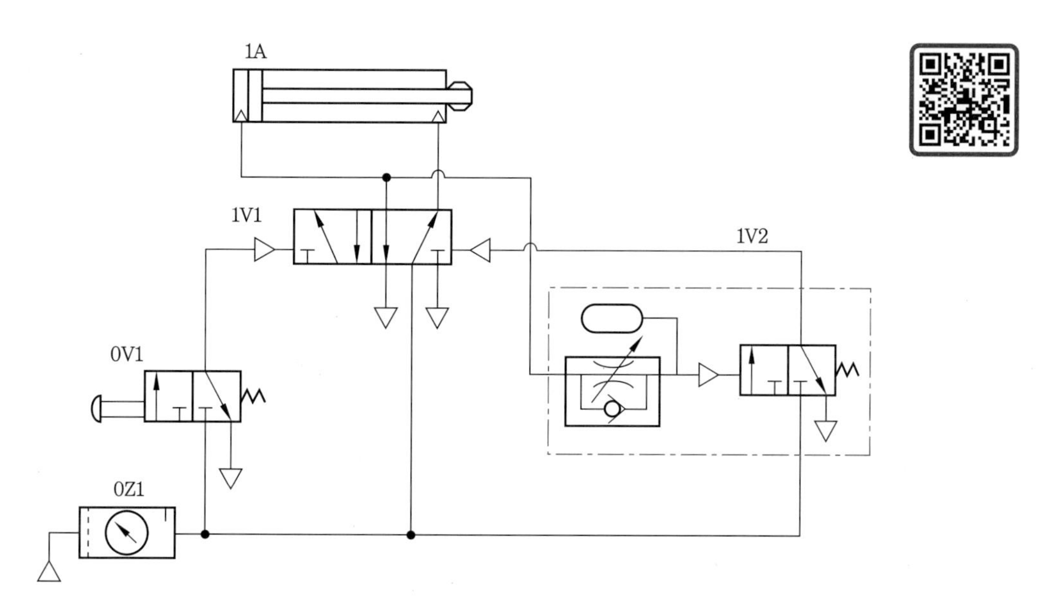

시간 지연 밸브를 이용한 왕복 작동 회로

(3) 압력 시퀀스 밸브를 이용한 왕복 작동 회로

0V1 밸브를 작동시키면 1V1 밸브가 작동되어 실린더가 전진 운동을 시작하게 된다. 압력 시퀀스 밸브 1V2의 작동 압력을 사용 최고 압력과 거의 같은 압력으로 설정해 놓으면 실린더가 전진 운동을 완료하여 실린더 내의 압력이 충분히 높아져야만 1V2 밸브가 작동되기 때문에 실린더의 전진 완료 상태를 확인할 수 있게 된다.

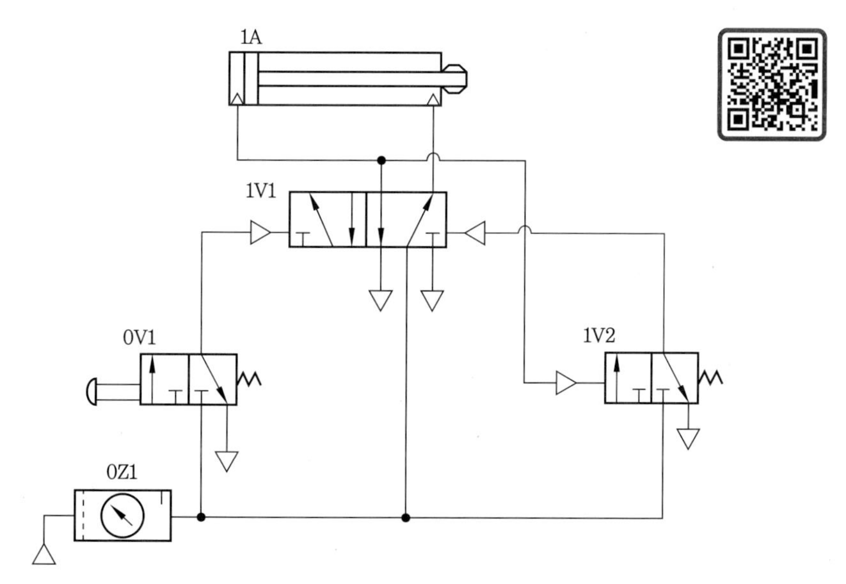

압력 시퀀스 밸브를 이용한 왕복 작동 회로

그러나 이 방법도 실제로 실린더의 운동 완료 여부를 확인하는 것이 아니기 때문에 제한된 범위 내에서만 주의하여 사용해야 하고, 1V2 밸브의 작동 압력을 충분히 높게 설정해야 한다.

4-3 연속 왕복 작동 회로

(1) 유지형 조작 밸브를 이용한 연속 왕복 작동 회로

실린더 전 · 후진 끝단에 위치 검출용의 리밋 밸브를 설치하고 유지형 조작 밸브 0V1을 사용한다.

회로에서 실린더가 후진되어 리밋 밸브 1S1을 누르고 있는 상태에서 유지형 조작 밸브 0V1을 누르면 5/2 WAY 밸브 1V1이 변환되면서 실린더는 전진한다.

실린더가 전진 완료되어 리밋 밸브 1S2를 누르면 5/2 WAY 밸브 1V1이 초기 상태로 복귀되어 실린더를 후진시킨다.

실린더가 후진 완료되면 리밋 밸브 1S1 밸브가 변환되어 다시 실린더가 전진하게 된다.

즉, 실린더는 유지형 조작 밸브 0V1을 OFF시킬 때까지 1S1과 1S2의 신호에 의해 연속적으로 왕복 운동을 반복하게 된다.

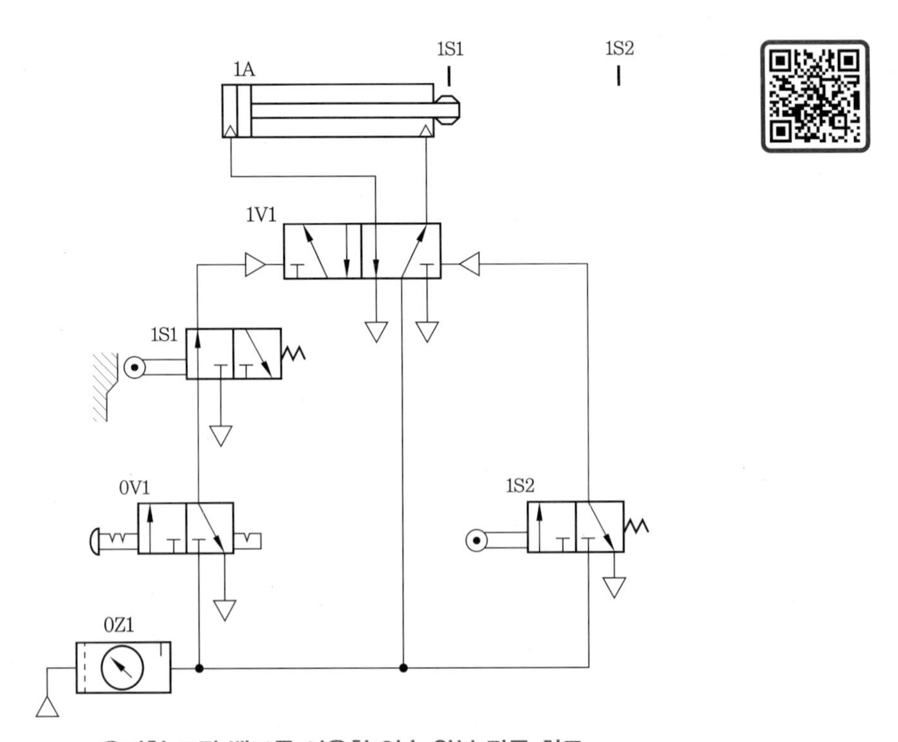

유지형 조작 밸브를 이용한 연속 왕복 작동 회로

(2) 시간 지연 밸브를 이용한 연속 왕복 작동 회로

검출 신호를 이용하지 않고 시간 지연 밸브를 사용하여 시간의 지연에 따라 실린더의 피스톤이 전 · 후진 운동을 반복하는 것이다.

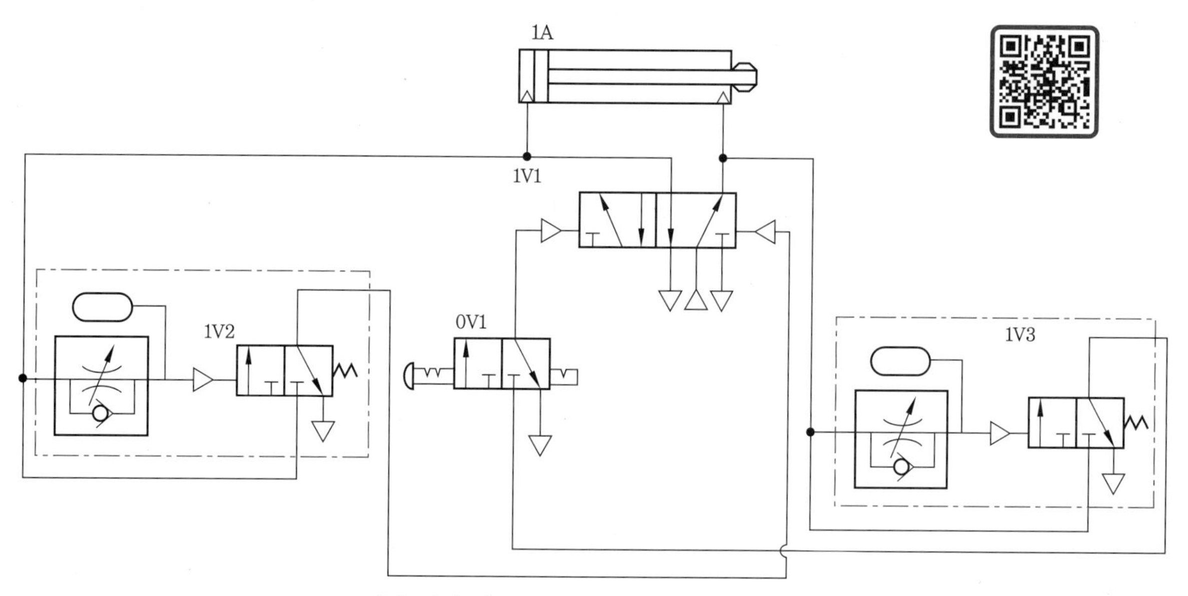

시간 지연 밸브를 이용한 연속 왕복 작동 회로

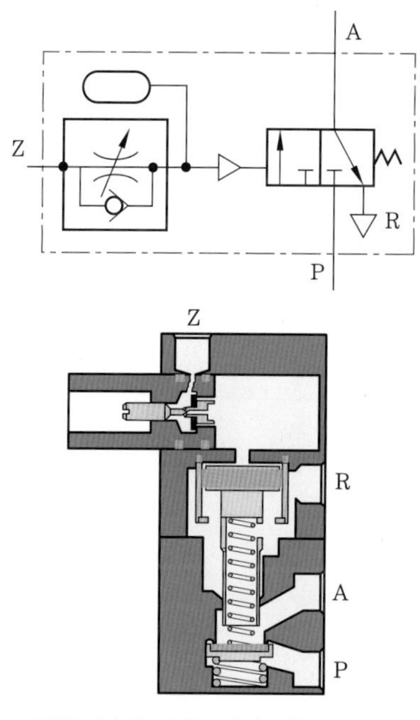

정상 상태 닫힘 시간 지연 밸브

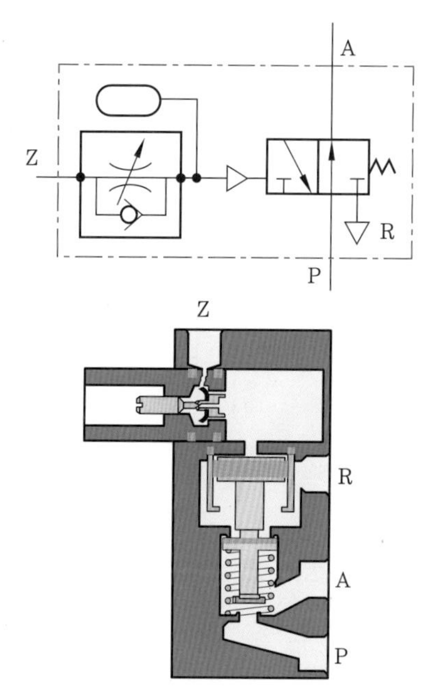

정상 상태 열림 시간 지연 밸브

과제 1 공압 실린더 자동 왕복 및 속도 제어 회로 구성

1 제어 조건

주어진 공압 회로도를 다음 조건에 맞게 완성하고, 구성하여 운전하시오.

① 시작 누름 버튼을 누른 후 떼면 실린더가 전 · 후진 왕복을 연속적으로 동작하고 다시 시작 누름 버튼을 누른 후 떼면 연속 운동을 마치고 정지하도록 하시오.

② 한방향 유량 제어 밸브를 사용하여 실린더의 전진 속도를 미터 아웃 회로로 제어하시오.

③ 급속 배기 밸브를 사용하여 실린더 후진을 급속 이송토록 하시오.

④ 시간 지연 밸브를 사용하여 실린더가 전진한 후 3초 후에 후진하도록 하시오.

⑤ 공압 시스템의 공급 공기 압력은 500 kPa로 설정하시오.

2 공압 회로도

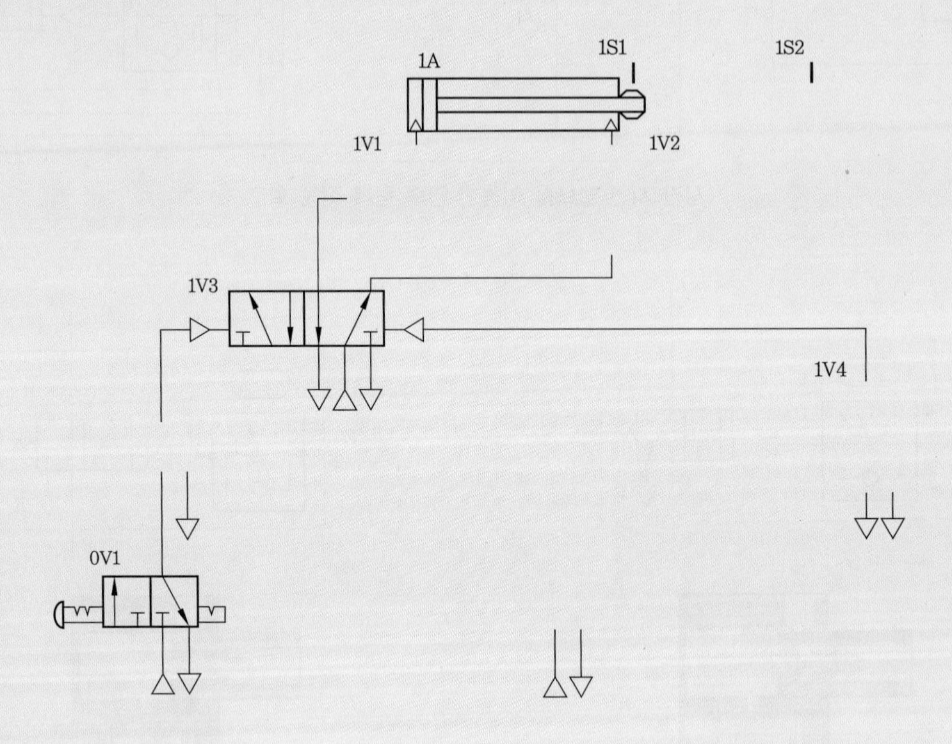

3 실습 순서

(1) 공압 회로도를 완성한다.

① 복동 실린더 1개, 3/2 WAY 누름 버튼 방향 제어 밸브 1개, 5/2 WAY 공압 작동 방향 제어 밸브 1개, 리밋 공압 밸브 2개, 시간 지연 밸브 1개, 한방향 유량 제어 밸브 1개, 급속 배기 밸브 1개를 사용하여 부품을 배치한다.

② 각 부품을 연결한다.

③ 회로도를 검토한다.

(2) 작업 준비를 한다.

① 서비스 유닛의 공급 압력을 500 kPa로 조정한다.

② 복동 실린더 1개, 3/2 WAY 누름 버튼 방향 제어 밸브 1개, 5/2 WAY 공압 작동 방향 제어 밸브 1개, 리밋 공압 밸브 2개, 시간 지연 밸브 1개, 한방향 유량 제어 밸브 1개, 급속 배기 밸브 1개를 선택하여 실습 보드에 설치한다.

③ 실습에 사용되는 부품은 실습판에 완전하게 고정한다.

④ 실린더의 운동 구간에 장애물이 없어야 한다.

(3) 배관 작업을 한다.

① 모든 배관은 압축 공기 공급이 차단된 후 실시한다.

② 공압 분배기의 포트와 0V1 3/2 WAY 누름 버튼 방향 제어 밸브, 1V3 5/2 WAY 공압 작동 방향 제어 밸브, 1S2 롤러 리밋 공압 밸브, 1V4 시간 지연 밸브의 각 P 포트를 공압 호스로 각각 연결한다.

③ 0V1 밸브의 A 포트와 1S1 롤러 리밋 공압 밸브 P 포트를, 1S1 롤러 리밋 공압 밸브 A 포트와 1V3 5/2 WAY 공압 작동 방향 제어 밸브 Z 포트를 공압 호스로 각각 연결한다.

④ 1S2 롤러 리밋 공압 밸브 A 포트와 시간 지연 밸브 Z 포트를, 시간 지연 밸브 A 포트와 1V3 5/2 WAY 공압 작동 방향 제어 밸브 Y 포트를 공압 호스로 각각 연결한다.

⑤ 1V3 밸브 A 포트를 1V1 급속 배기 밸브 P포트에, 1V1 A 포트와 실린더 피스톤 헤드측 포트를 공압 호스로 각각 연결한다.

⑥ 1V3 5/2 WAY 공압 작동 방향 제어 밸브 B 포트와 1V2 한방향 유량 제어 밸브 IN 포트를, 한방향 유량 제어 밸브 OUT 포트와 실린더 로드측 포트를 공압 호스로 각각 연결한다.

⑦ 공압 배관은 가능한 짧게 한다.

⑧ 공압 장치의 배관 상태를 점검한다.

(4) 정상 작동을 확인한다.

① 서비스 유닛의 차단 밸브를 열어 공압 시스템에 공기압을 공급하면서 공기 누설이 없는지 확인한다.

② 압축 공기 공급 시 공기의 누설이 있으면 즉시 압축 공기 공급을 차단한 후 배관을 점검한다.

③ 공기 작동 압력 500 kPa을 확인한다.

④ 0V1 밸브를 눌러 공압 시스템을 작동시킨다.

⑤ 실린더의 전진 완료 후 3초가 되도록 1V4 밸브의 조절 손잡이를 조작한다.

⑥ 실린더의 전진 속도가 너무 빠르거나 느리면 1V2 유량 제어 밸브를 조정하여 안전 속도를 유지하도록 한다.

(5) 각 기기를 해체하여 정리정돈한다.

① 서비스 유닛의 차단 밸브를 잠그고 공압 호스를 해체한다.

② 각 기기를 실습 보드에서 분리시키고 정리정돈한다.

정답

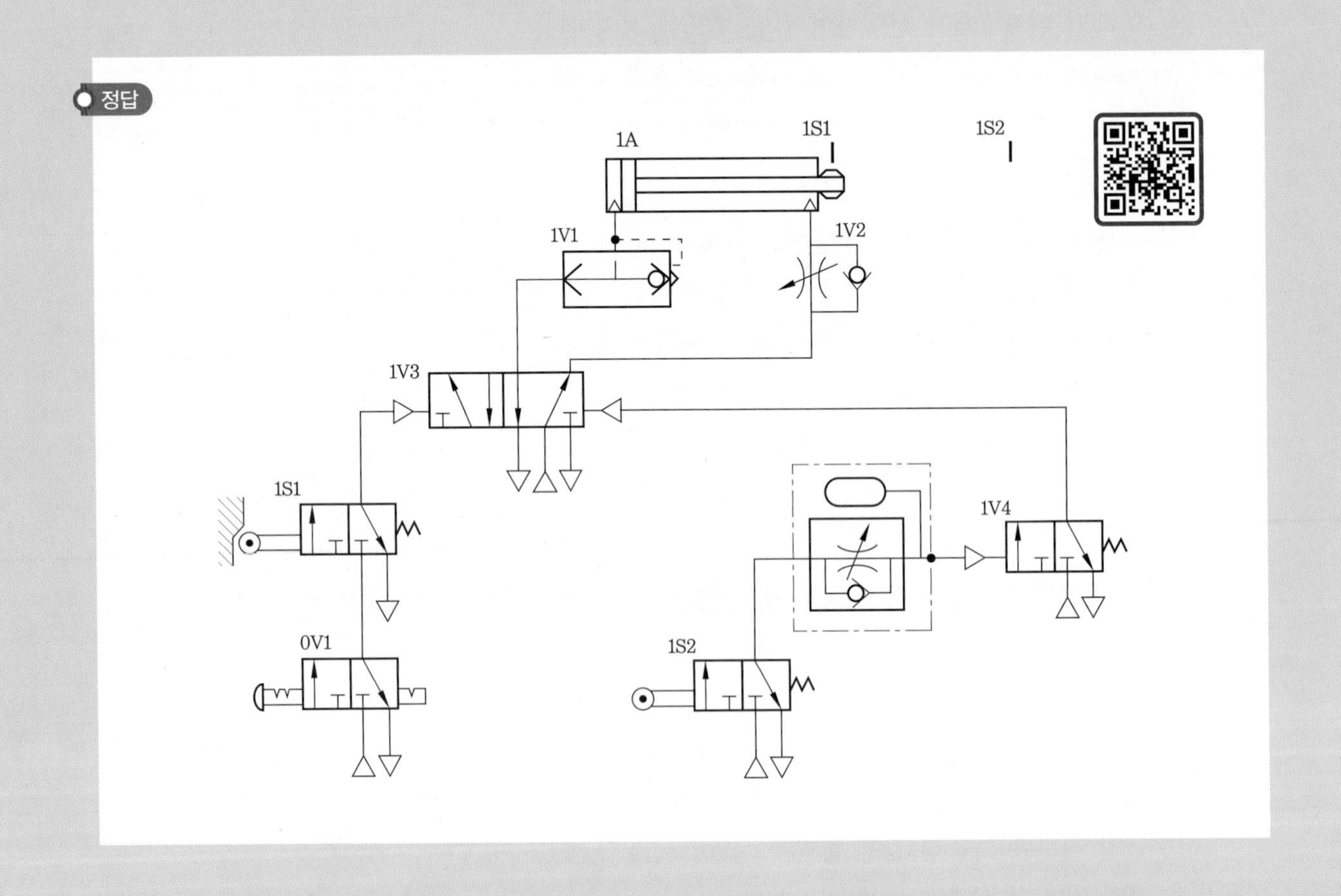

제5장 기본 논리 회로 구성

5-1 논리 회로의 개요

기본 논리 제어(logic control)는 일정한 조건이 충족되면 출력 신호가 나오는 제어 방법이다. 즉, 집에 설치되어 있는 초인종과 같이 입력 조건(스위치를 누름)이 충족되면 출력(소리)이 나오는 것으로 입력 조건이 해제되면 출력도 없어지므로 메모리 기능은 없다. 이러한 논리 제어를 일명 파일럿 제어(pilot control)라고도 한다.

논리에는 YES, NOT, AND 및 OR의 4가지 기본 논리가 있고, 이러한 기본 논리를 조합한 NAND, NOR, EX-OR 등이 있다. 아무리 복잡한 논리 제어 문제라 해도 실제로는 4가지의 기본 논리가 조합된 것이기 때문에 기본 논리만 알면 해결할 수 있게 된다. 논리 제어에 사용되는 공압 요소로는 AND 밸브, OR 밸브 및 방향 제어 밸브들이 있다.

일반적으로 입력을 X, 출력을 Y로 표시할 때 논리 방정식과 진리표는 다음과 같이 표시된다. 진리표에서 0은 조건(입력) 또는 결과(출력)가 없는 상태를 의미하고, 1은 존재하는 상태를 의미한다.

5-2 YES 논리

YES 논리는 입력이 존재할 때에만 출력이 존재하고 입력이 없어지면 출력도 없어지는 논리이다.

(1) 논리 방정식

$$Y = X$$

(2) 진리표

X(입력)	Y(출력)
0	0
1	1

(3) 공압적 표현

상시 닫힘형의 3/2 WAY 밸브가 사용된다.

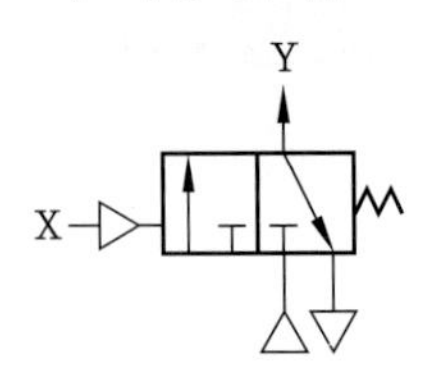

YES 논리의 공압적 표현

5-3 NOT 논리

NOT 논리는 입력이 존재하지 않을 때는 출력이 존재하고 입력이 존재하면 출력이 없어지는 부정의 논리이다.

(1) 논리 방정식

$$Y = \overline{X}$$

(2) 진리표

X(입력)	Y(출력)
0	1
1	0

(3) 공압적 표현

상시 열림형의 3/2 WAY 밸브가 사용된다.

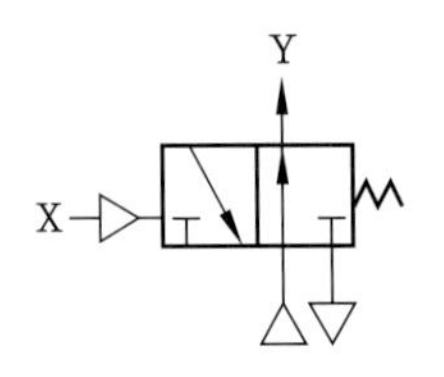

NOT 논리의 공압적 표현

5-4 AND 논리

2개의 입력 신호, 즉 X_1과 X_2가 모두 존재해야 출력 신호 Y가 존재하는 논리이다. 공압에서는 2개의 스위치를 모두 작동시켜야만 실린더가 전진해야 하는 경우와 같은 안전 회로에 많이 사용된다.

(1) 논리 방정식

$$Y = X_1 \wedge X_2 \text{ 또는 } Y = X_1 \cdot X_2$$

(2) 진리표

입력		출력
X_1	X_2	Y
0	0	0
0	1	0
1	0	0
1	1	1

(3) 공압적 표현

공압에서는 2개의 상시 닫힘형의 밸브를 직렬로 연결하거나 저압 우선형 셔틀 밸브(AND 밸브)가 사용된다.

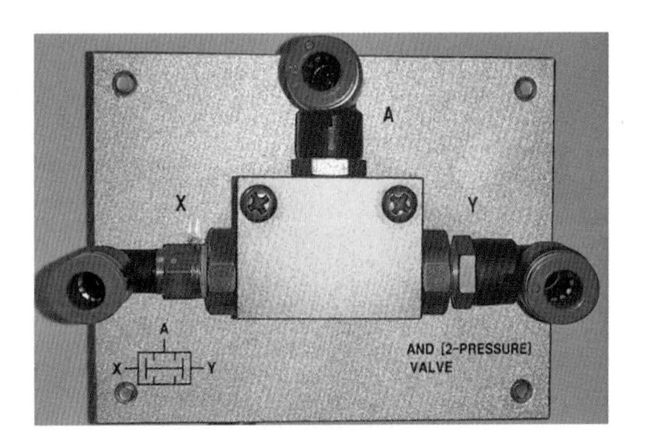

AND 밸브

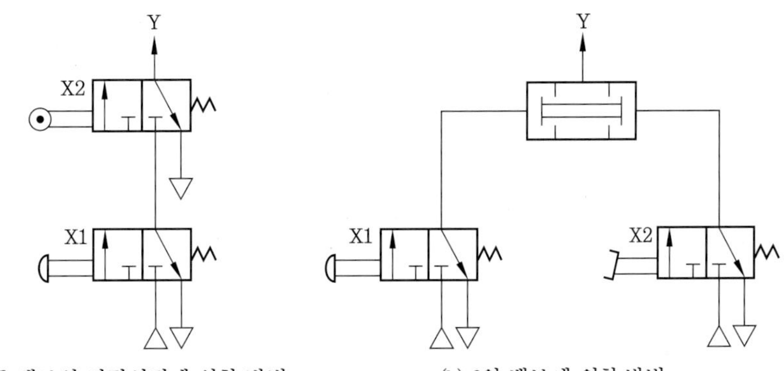

(a) 두 밸브의 직렬연결에 의한 방법 (b) 2압 밸브에 의한 방법

AND 논리의 공압적 표현

5-5 OR 논리

두 개의 입력 신호 중에서 어느 하나만 존재해도 출력 신호가 존재하는 논리로서 2개의 신호에 의해 같은 동작이 있어야 하는 곳, 즉 각각 다른 곳에 설치된 스위치로 같은 실린더를 작동시키고자 하는 경우에 사용된다.

(1) 논리 방정식

$$Y = X_1 \vee X_2 \quad \text{또는} \quad Y = X_1 + X_2$$

(2) 진리표

입력		출력
X_1	X_2	Y
0	0	0
0	1	1
1	0	1
1	1	1

(3) 공압적 표현

공압에서는 고압 우선형 셔틀 밸브(OR 밸브)를 반드시 사용해야만 한다. OR 밸브를 사용하지 않고 두 개의 신호를 병렬로 연결하면, 하나의 밸브만이 작동되어 이 신호가 작동되지 않은 다른 밸브를 통하여 배기되기 때문이다.

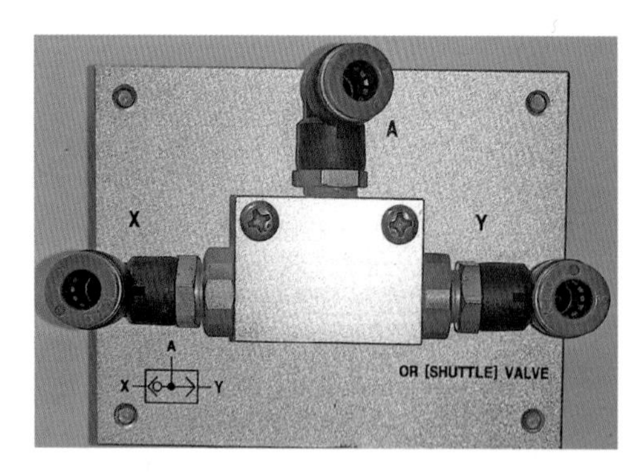

OR 밸브

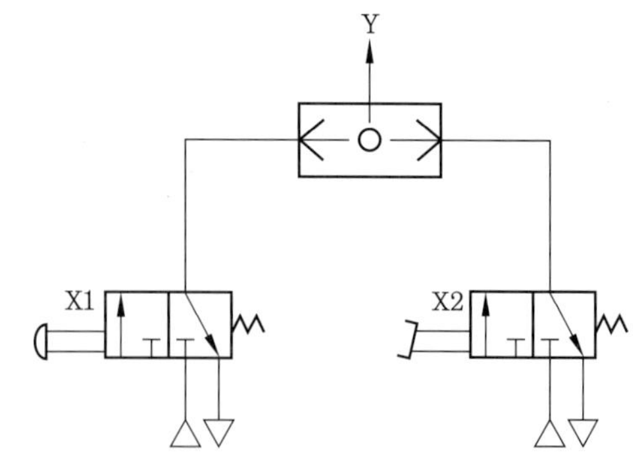

OR 논리의 공압적 표현

과제 1 AND 논리 제어 회로 실습

1 제어 조건

주어진 공압 회로도를 다음 조건에 맞게 완성하고, 구성하여 운전하시오.

① 작업자의 안전을 위하여 두 개의 누름 버튼 밸브를 모두 작동시켜야만 작업이 시작되도록 하시오.

② 공압 시스템의 공급 공기 압력은 500 kPa로 설정하시오.

2 공압 회로도

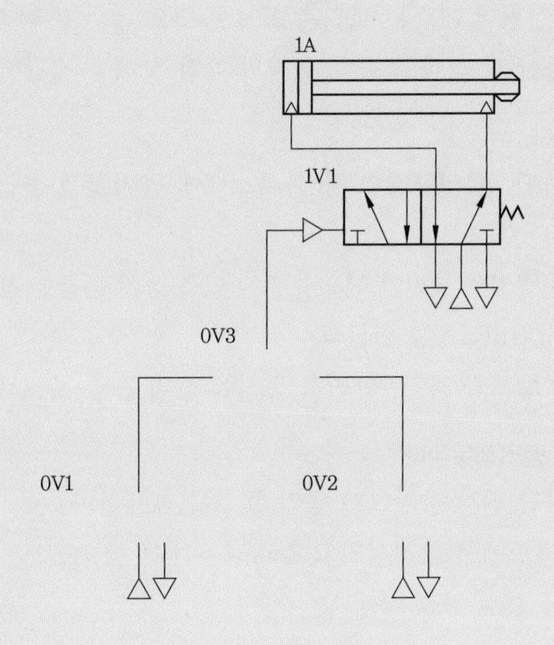

3 실습 순서

(1) 공압 회로도를 완성한다.

① 복동 실린더 1개, 3/2 WAY 누름 버튼 방향 제어 밸브 2개, 5/2 WAY 공압 작동 방향 제어 밸브 1개, 2압(AND) 밸브 1개를 사용하여 부품을 배치한다.

② 각 부품을 연결한다.

③ 회로도를 검토한다.

(2) 작업 준비를 한다.

① 서비스 유닛의 공급 압력을 500 kPa로 조정한다.

② 복동 실린더 1개, 3/2 WAY 누름 버튼 방향 제어 밸브 2개, 5/2 WAY 공압 작동 방향 제어 밸브 1개, 2압(AND) 밸브 1개를 선택하여 실습 보드에 설치한다.

③ 실습에 사용되는 부품은 실습판에 완전하게 고정한다.

④ 실린더의 운동 구간에 장애물이 없어야 한다.

(3) 배관 작업을 한다.

① 모든 배관은 압축 공기 공급이 차단된 후 실시한다.

② 공압 분배기와 0V1, 0V2 3/2 WAY 누름 버튼 방향 제어 밸브, 1V1 5/2 WAY 공압 작동 방향 제어 밸브의 각 P 포트를 공압 호스로 각각 연결한다.

③ 0V1, 0V2 3/2 WAY 누름 버튼 방향 제어 밸브의 A 포트와 0V3 2압 밸브 포트를 공압 호스로 각각 연결한다.

④ 0V3 2압 밸브의 출력 포트와 1V1 5/2 WAY 공압 작동 방향 제어 밸브의 Z 포트를 공압 호스로 연결한다.

⑤ 1V1 5/2 WAY 공압 작동 방향 제어 밸브의 A 포트와 실린더 피스톤 헤드측 포트, 1V1 밸브의 B 포트와 실린더 피스톤 로드측 포트를 공압 호스로 각각 연결한다.

⑥ 공압 배관은 가능한 짧게 하고 공압 장치의 배관 상태를 점검한다.

(4) 정상 작동을 확인한다.

① 서비스 유닛의 차단 밸브를 열어 공압 시스템에 공기압을 공급하면서 공기 누설이 없는지 확인한다.

② 압축 공기 공급 시 공기의 누설이 있으면 즉시 압축 공기 공급을 차단한 후 배관을 점검한다.

③ 공기 작동 압력 500 kPa을 확인한다.

④ 0V1 밸브와 0V2 밸브를 각각, 그리고 동시에 눌러 공압 시스템을 작동시킨다.

(5) 각 기기를 해체하여 정리정돈한다.

① 서비스 유닛의 차단 밸브를 잠그고 공압 호스를 해체한다.

② 각 기기를 실습 보드에서 분리시키고 정리정돈한다.

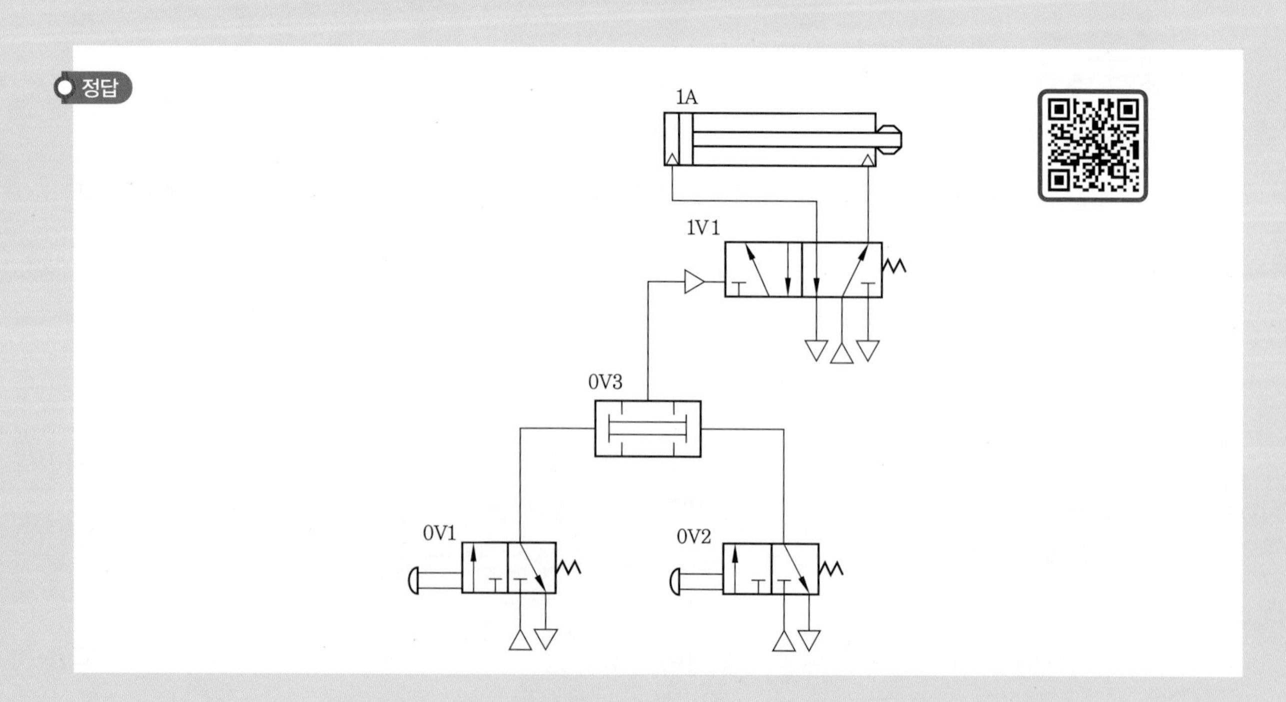

과제 2 OR 논리 제어 회로 실습

1 제어 조건

주어진 공압 회로도를 다음 조건에 맞게 완성하고, 구성하여 운전하시오.

① 작업자의 편리성을 위하여 두 개의 누름 버튼 밸브 중 한 개만 작동시켜도 작업이 가능하도록 하시오.

② 공압 시스템의 공급 공기 압력은 500 kPa로 설정하시오.

2 공압 회로도

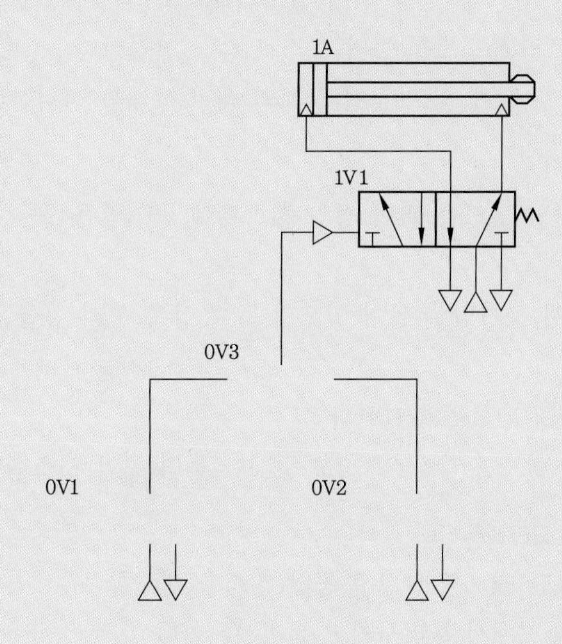

3 실습 순서

(1) 공압 회로도를 완성한다.

① 복동 실린더 1개, 3/2 WAY 누름 버튼 방향 제어 밸브 2개, 5/2 WAY 공압 작동 방향 제어 밸브 1개, 고압 우선 셔틀(OR) 밸브 1개를 사용하여 부품을 배치한다.

② 각 부품을 연결한다.

③ 회로도를 검토한다.

(2) 작업 준비를 한다.

① 서비스 유닛의 공급 압력을 500 kPa로 조정한다.

② 복동 실린더 1개, 3/2 WAY 누름 버튼 방향 제어 밸브 2개, 5/2 WAY 공압 작동 방향 제어 밸브 1개, 고압 우선 셔틀(OR) 밸브 1개를 선택하여 실습 보드에 설치한다.

③ 실습에 사용되는 부품은 실습판에 완전하게 고정한다.

④ 실린더의 운동 구간에 장애물이 없어야 한다.

(3) 배관 작업을 한다.

① 모든 배관은 압축 공기 공급이 차단된 후 실시한다.

② 공압 분배기와 0V1, 0V2 3/2 WAY 누름 버튼 방향 제어 밸브, 1V1 5/2 WAY 공압 작동 방향 제어 밸브의 각 P 포트를 공압 호스로 각각 연결한다.

③ 0V1, 0V2 3/2 WAY 누름 버튼 방향 제어 밸브의 A 포트와 0V3 고압 우선 셔틀(OR) 밸브 포트를 공압 호스로 각각 연결한다.

④ 0V3 고압 우선 셔틀(OR) 밸브 포트와 1V1 5/2 WAY 공압 작동 방향 제어 밸브의 Z 포트를 공압 호스로 연결한다.

⑤ 1V1 5/2 WAY 공압 작동 방향 제어 밸브의 A 포트와 실린더 피스톤 헤드측, 1V1 밸브 B포트와 실린더 로드측 포트를 공압 호스로 각각 연결한다.

⑥ 공압 배관은 가능한 짧게 하고 공압 장치의 배관 상태를 점검한다.

(4) 정상 작동을 확인한다.

① 서비스 유닛의 차단 밸브를 열어 공압 시스템에 공기압을 공급하면서 공기 누설이 없는지 확인한다.

② 압축 공기 공급 시 공기의 누설이 있으면 즉시 압축 공기 공급을 차단한 후 배관을 점검한다.

③ 공기 작동 압력 500 kPa을 확인한다.

④ 0V1 밸브와 0V2 밸브를 각각, 그리고 동시에 눌러 공압 시스템을 작동시킨다.

(5) 각 기기를 해체하여 정리정돈한다.

① 서비스 유닛의 차단 밸브를 잠그고 공압 호스를 해체한다.

② 각 기기를 실습 보드에서 분리시키고 정리정돈한다.

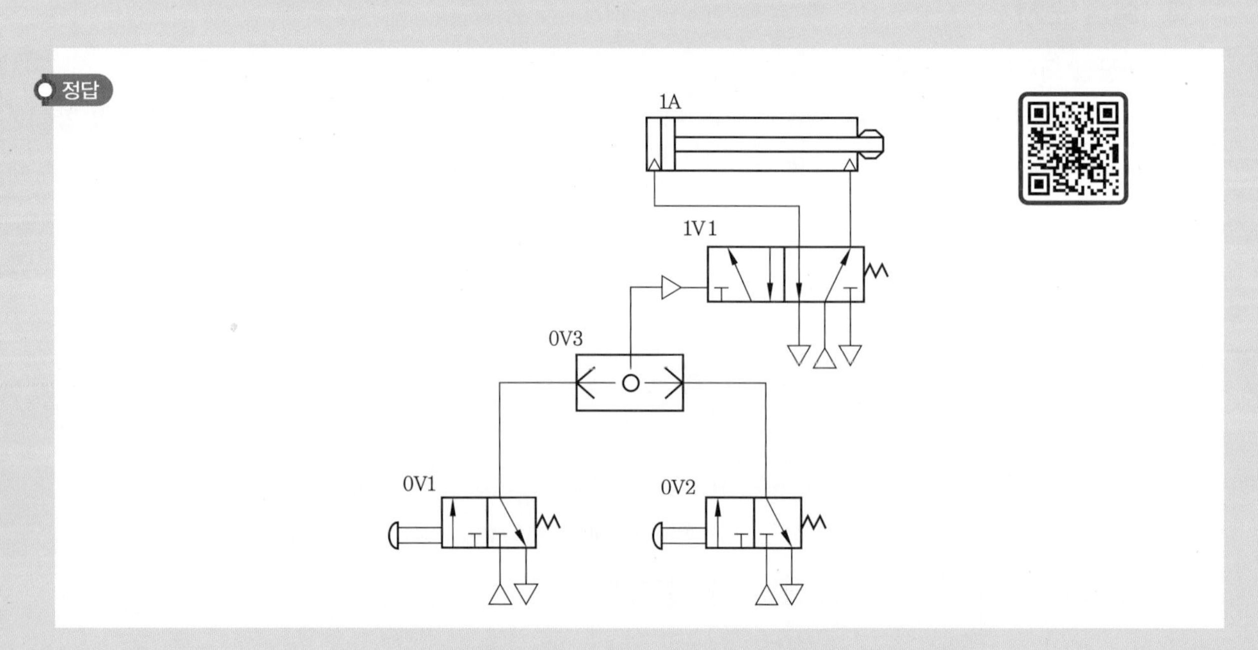

과제 3 논리 제어 응용 회로 실습

1 제어 조건

주어진 공압 프레스 작업기의 공압 회로도를 다음 조건에 맞게 완성하고, 구성하여 운전하시오.

① 작업은 두 개의 누름 버튼 3/2 WAY 밸브를 설치하여 작업자가 두개의 버튼을 모두 눌렀을 때 시작되도록 하시오.

② 작업의 종료는 작업 종료 위치와 작업 시 필요한 힘을 확인하기 위하여 압력을 확인하는 압력 시퀀스 밸브로 한다. 즉, 작업 종료 후 귀환 운동은 프레스 작업을 위한 공압 실린더의 위치와 압력을 확인한 후 시작되어야 한다.

③ 실린더의 전진 속도는 미터 아웃 방식으로 제어하시오.

④ 비상정지 스위치를 설치하여 비상정지 스위치가 눌려지면 실린더는 즉시 복귀하도록 하시오.

⑤ 공압 시스템의 공급 공기 압력을 500 kPa로 설정하시오.

2 공압 회로도

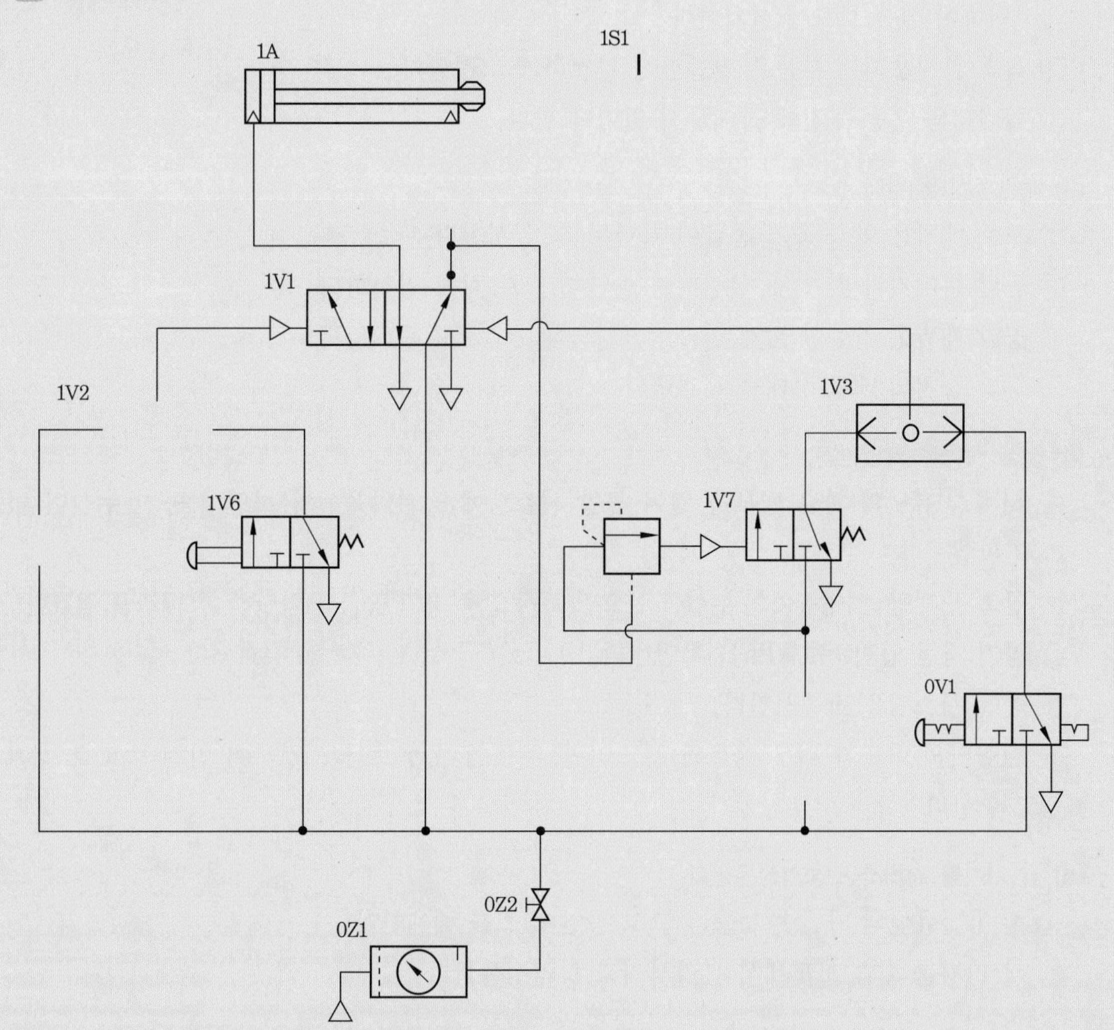

3 실습 순서

(1) 공압 회로도를 완성한다.

① 복동 실린더 1개, 3/2 WAY 누름 버튼 방향 제어 밸브 2개, 3/2 WAY 누름 버튼 잠금 장치 부착 방향 제어 밸브 1개, 5/2 WAY 공압 작동 방향 제어 밸브 1개, 리밋 공압 밸브 1개, AND 밸브 1개, OR 밸브 1개, 압력 시퀀스 밸브 1개, 한방향 유량 제어 밸브 1개를 사용하여 부품을 배치한다.

② 각 부품을 연결한다.

③ 회로도를 검토한다.

(2) 작업 준비를 한다.

① 서비스 유닛의 공급 압력을 500 kPa로 조정한다.

② 복동 실린더 1개, 3/2 WAY 누름 버튼 방향 제어 밸브 2개, 3/2 WAY 누름 버튼 잠금 장치 부착 방향 제어 밸브 1개, 5/2 WAY 공압 작동 방향 제어 밸브 1개, 리밋 공압 밸브 1개, AND 밸브 1개, OR 밸브 1개, 압력 시퀀스 밸브 1개, 한방향 유량 제어 밸브 1개를 선택하여 실습 보드에 설치한다.

③ 실습에 사용되는 부품은 실습판에 완전하게 고정한다.

④ 실린더의 운동 구간에 장애물이 없어야 한다.

(3) 배관 작업을 한다.

① 모든 배관은 압축 공기 공급이 차단된 후 실시한다.

② 공압 분배기와 밸브 및 실린더를 공압 호스로 각각 연결한다.

③ 공압 배관은 가능한 짧게 한다.

④ 공압 장치의 배관 상태를 점검한다.

(4) 정상 작동을 확인한다.

① 서비스 유닛의 차단 밸브를 열어 공압 시스템에 공기압을 공급하면서 공기 누설이 없는지 확인한다.

② 압축 공기 공급 시 공기의 누설이 있으면 즉시 압축 공기 공급을 차단한 후 배관을 점검한다.

③ 공기 작동 압력 500 kPa을 확인한다.

④ 공압 시스템을 작동시킨다.

⑤ 실린더의 속도가 너무 빠르거나 느리면 유량 제어 밸브를 조정하여 안전 속도를 유지하도록 한다.

(5) 각 기기를 해체하여 정리정돈한다.

① 서비스 유닛의 차단 밸브를 잠그고 공압 호스를 해체한다.

② 각 기기를 실습 보드에서 분리시키고 정리정돈한다.

정답

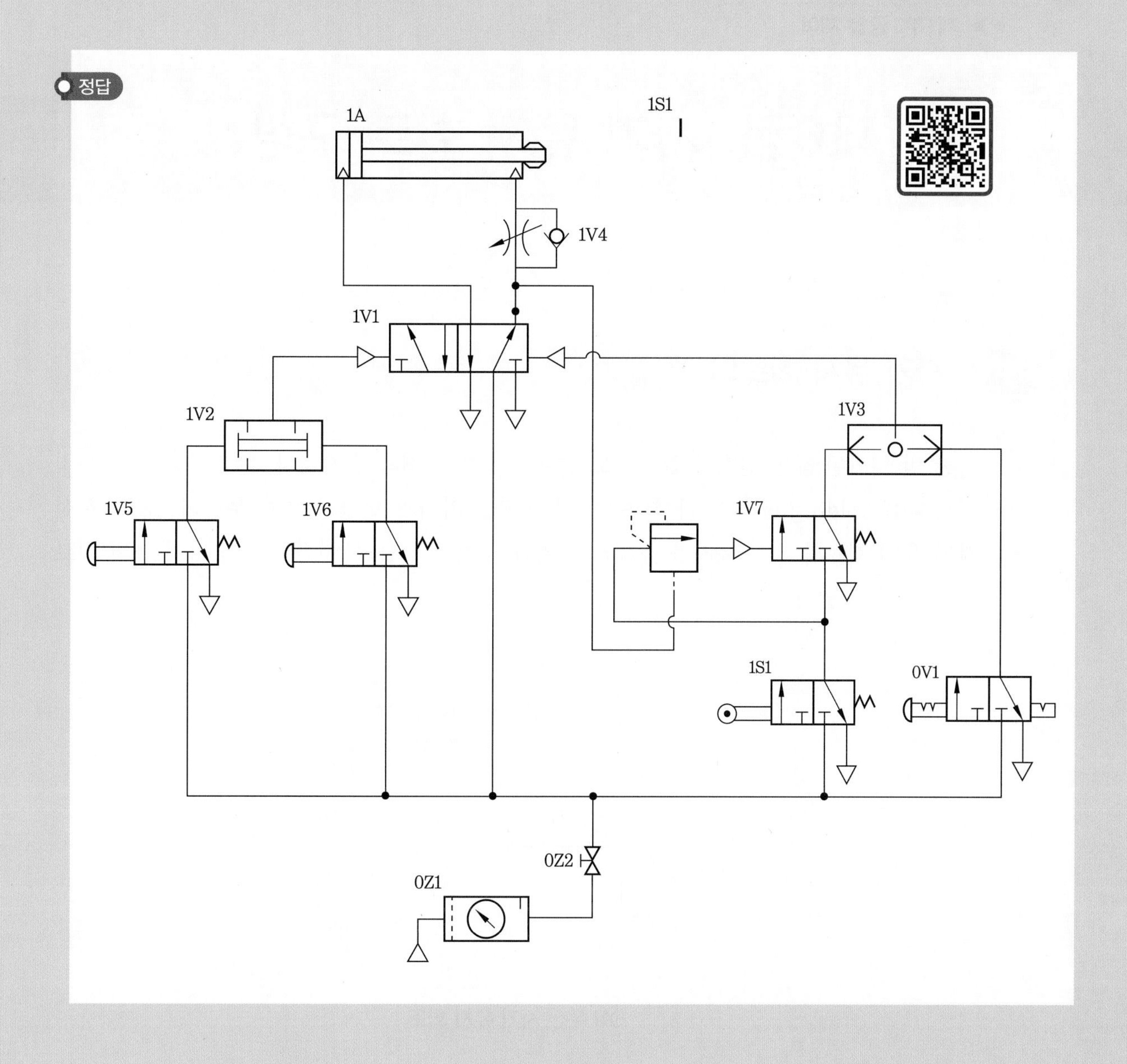

제6장 자기 유지 회로 구성

6-1 자기 유지 회로의 개요

한 번 입력된 제어 신호가 없어져도 현재의 상태를 계속 유지시켜 주는 것을 자기 유지 회로(self holding circuit)라 하며, 자기 유지를 시키기 위한 신호가 우선되는 ON 우선 자기 유지 회로와 자기 유지를 해제하기 위한 신호가 우선되는 OFF 우선 자기 유지 회로의 두 가지가 있다.

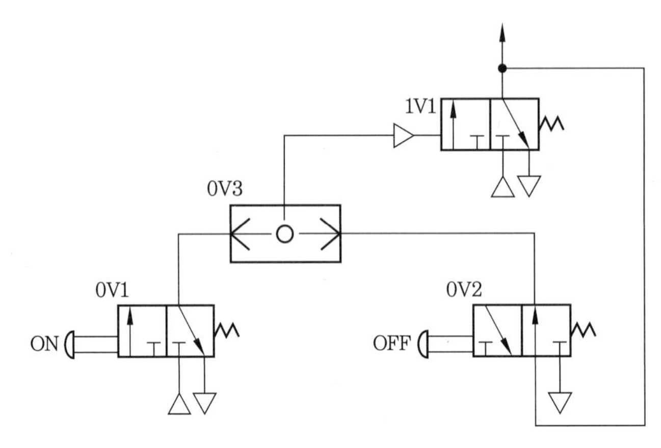

ON 우선 자기 유지 회로

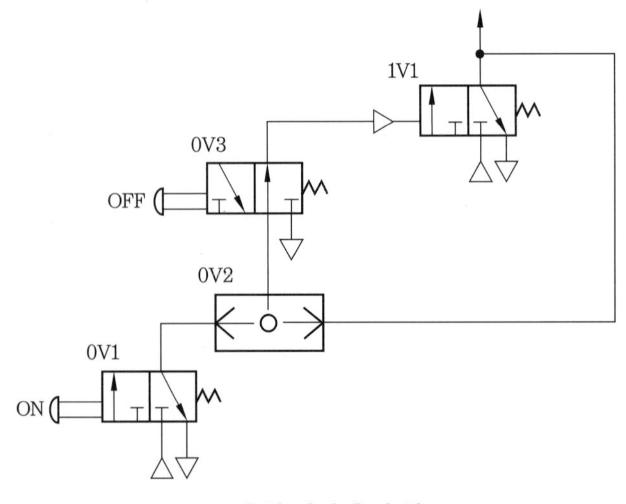

OFF 우선 자기 유지 회로

과제 1 OFF 우선 자기 유지 회로 구성

1 제어 조건

주어진 공압 회로도를 다음 조건에 맞게 구성하여 운전하시오.

① 누름 버튼 밸브 0V1은 NO형 3/2 WAY 밸브, 0V3은 NC형 3/2 WAY 밸브를 사용하여 회로를 구성하시오.

② 누름 버튼 밸브 0V1을 누른 후 떼면 실린더가 전후진을 연속 왕복 운동하도록 하시오.

③ 실린더가 연속 왕복 운동하는 중 누름 버튼 밸브 0V3을 작동시키면 실린더 동작을 완료한 후 정지하도록 하시오.

④ 누름 버튼 밸브 0V1과 0V3을 누르면 실린더가 동작이 되지 않도록 하시오.

⑤ 실린더의 전후진 속도를 배기 교축 방식으로 제어하시오.

⑥ 실린더의 로드나 도그에 호스의 간섭이 없도록 하시오.

⑦ 공압 시스템의 공급 공기 압력은 500 kPa로 설정하시오.

2 공압 회로도

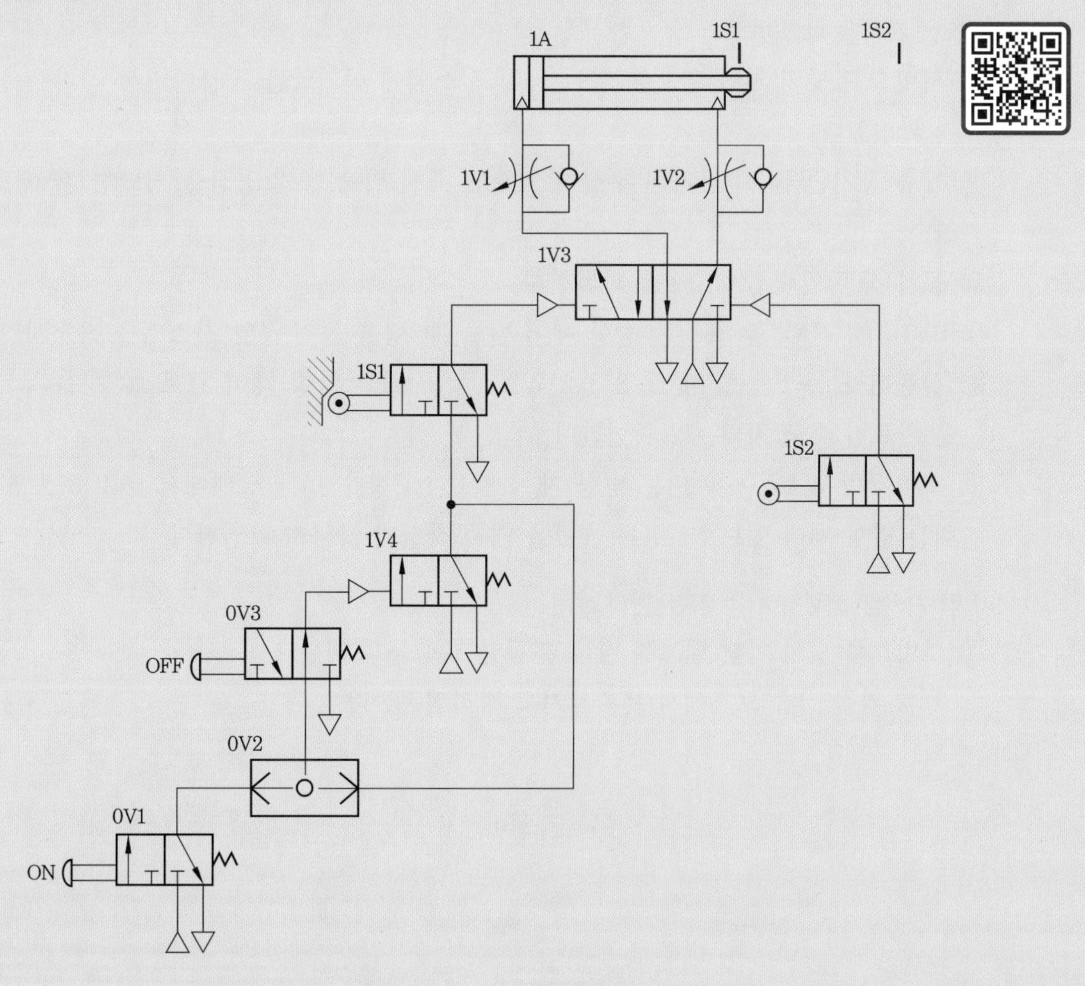

3 실습 순서

(1) 작업 준비를 한다.

① 서비스 유닛의 공급 압력을 500 kPa로 조정한다.

② 복동 실린더 1개, 3/2 WAY 누름 버튼 방향 제어 밸브 NO형 1개, 3/2 WAY 누름 버튼 방향 제어 밸브 NC형 1개, 3/2 WAY 공압 작동 스프링 복귀형 밸브 1개, 3/2 WAY 롤리 리밋 밸브 2개, 5/2 WAY 공압 작동 방향 제어 밸브 1개, 셔틀(OR) 밸브 1개, 한방향 유량 제어 밸브 2개를 선택하여 실습 보드에 설치한다.

③ 실습에 사용되는 부품은 실습판에 완전하게 고정한다.

④ 실린더의 운동 구간에 장애물이 없어야 한다.

(2) 배관 작업을 한다.

① 모든 배관은 압축 공기 공급이 차단된 후 실시한다.

② 공압 분배기와 밸브 및 실린더를 공압호스로 각각 연결한다.

③ 공압 배관은 가능한 짧게 한다.

④ 공압장치의 배관 상태를 점검한다.

(3) 정상 작동을 확인한다.

① 서비스 유닛의 차단 밸브를 열어 공압 시스템에 공기압을 공급하면서 공기 누설이 없는지 확인한다.

② 압축 공기 공급 시 공기의 누설이 있으면 즉시 압축 공기 공급을 차단한 후 배관을 점검한다.

③ 공기 작동 압력 500 kPa을 확인한다.

④ 0V1 3/2 WAY 누름 버튼 방향 제어 밸브 NO형을 눌러 공압 시스템을 작동시킨다.

⑤ 실린더가 동작 중일 때 0V3 3/2 WAY 누름 버튼 방향 제어 밸브 NC형을 누르면 동작을 완료한 후 정지되는지 확인한다.

⑥ 0V3 3/2 WAY 누름 버튼 방향 제어 밸브 NC형을 누른 상태에서 0V2 3/2 WAY 누름 버튼 방향 제어 밸브 NO형을 눌렀을 때 동작되지 않는지 확인한다.

(4) 각 기기를 해체하여 정리정돈한다.

① 서비스 유닛의 차단 밸브를 잠그고 공압 호스를 해체한다.

② 각 기기를 실습 보드에서 분리시키고 정리정돈한다.

과제 2 ON 우선 자기 유지 회로 구성

1 제어 조건

주어진 공압 회로도를 다음 조건에 맞게 회로를 구성하여 운전하시오.

① 누름 버튼 밸브 0V1은 NO형 3/2 WAY 밸브, 0V2는 NC형 3/2 WAY 밸브를 사용하여 회로를 구성하시오.

② 누름 버튼 밸브 0V1을 누른 후 떼면 실린더가 전후진을 연속 왕복 운동하도록 하시오.

③ 실린더가 연속 왕복 운동하는 중 누름 버튼 밸브 0V2를 누르면 동작을 완료한 후 정지하도록 하시오.

④ 누름 버튼 밸브 0V2와 0V1을 동시에 누르면 1회 왕복 동작만 되도록 하시오.

⑤ 실린더의 전후진 속도를 배기 교축 방식으로 제어하시오.

⑥ 실린더의 로드나 도그에 호스의 간섭이 없도록 하시오.

⑦ 공압 시스템의 공급 공기 압력은 500 kPa로 설정하시오.

2 공압 회로도

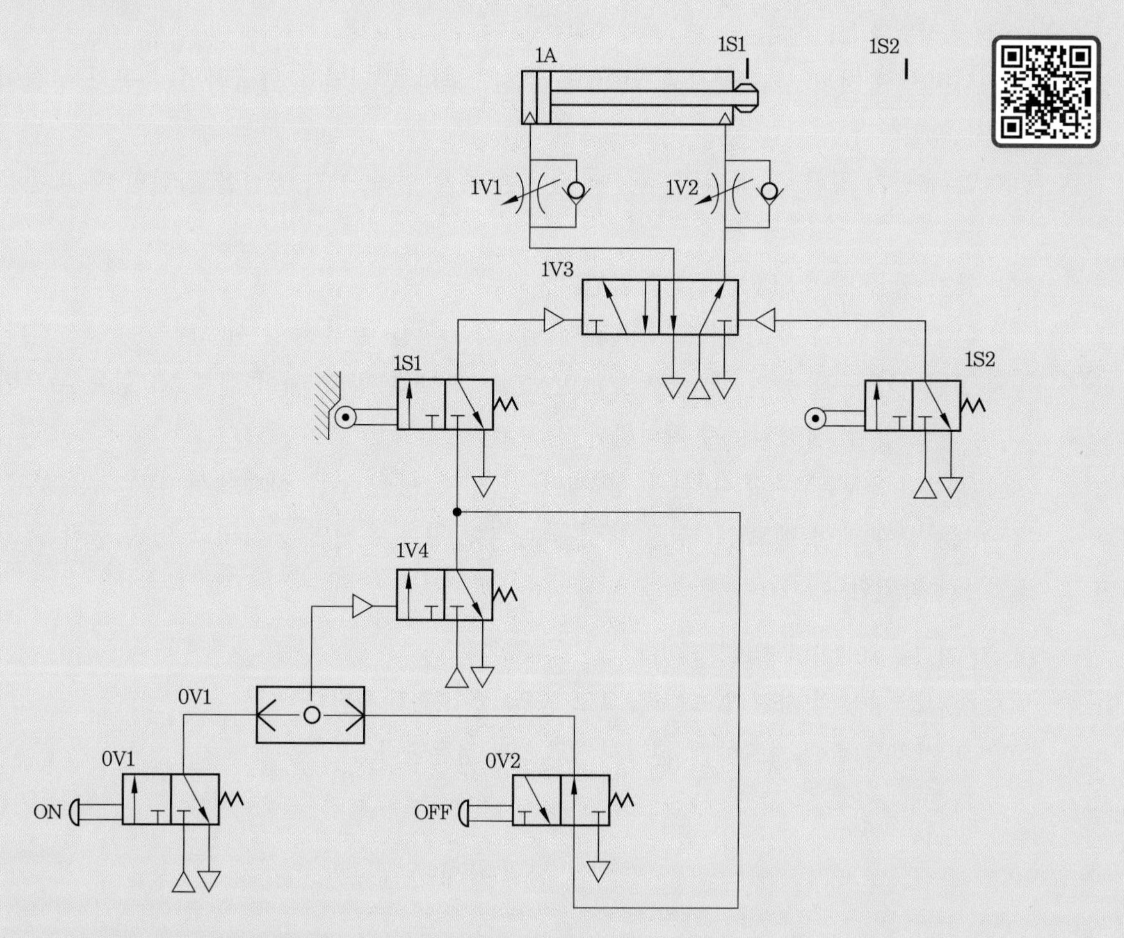

3 실습 순서

(1) 작업 준비를 한다.

① 서비스 유닛의 공급 압력을 500kPa로 조정한다.

② 복동 실린더 1개, 3/2 WAY 누름 버튼 방향 제어 밸브 NO형 1개, 3/2 WAY 누름 버튼 방향 제어 밸브 NC형 1개, 3/2 WAY 공압 작동 스프링 복귀형 밸브1개, 3/2 WAY 롤리 리밋 밸브 2개, 5/2 WAY 공압 작동 방향 제어 밸브 1개, 셔틀(OR) 밸브 1개, 한방향 유량 제어 밸브 2개를 선택하여 실습 보드에 설치한다.

③ 실습에 사용되는 부품은 실습판에 완전하게 고정한다.

④ 실린더의 운동구간에 장애물이 없어야 한다.

(2) 배관 작업을 한다.

① 모든 배관은 압축 공기 공급이 차단된 후 실시한다.

② 공압 분배기와 밸브 및 실린더를 공압 호스로 각각 연결한다.

③ 공압 배관은 가능한 짧게 한다.

④ 공압 장치의 배관 상태를 점검한다.

(3) 정상 작동을 확인한다.

① 서비스 유닛의 차단 밸브를 열어 공압 시스템에 공기압을 공급하면서 공기 누설이 없는지 확인한다.

② 압축 공기 공급 시 공기의 누설이 있으면 즉시 압축 공기 공급을 차단한 후 배관을 점검한다.

③ 공기 작동 압력 500kPa을 확인한다.

④ 0V1 3/2 WAY 누름 버튼 방향 제어 밸브 NO형을 눌러 공압 시스템을 작동시킨다.

⑤ 실린더가 동작 중일 때 0V2 3/2 WAY 누름 버튼 방향 제어 밸브 NC형을 누르면 동작을 완료한 후 정지되는지 확인한다.

⑥ 0V2 3/2 WAY 누름 버튼 방향 제어 밸브 NC형을 누른 상태에서 0V1 3/2 WAY 누름 버튼 방향 제어 밸브 NO형을 눌렀을 때 1회 왕복 운전만 동작되고 연속 동작은 되지 않는지 확인한다.

(4) 각 기기를 해체하여 정리정돈한다.

① 서비스 유닛의 차단 밸브를 잠그고 공압 호스를 해체한다.

② 각 기기를 실습 보드에서 분리시키고 정리정돈한다.

제7장 시퀀스 회로 구성

7-1 시퀀스 제어의 정의

다수의 액추에이터가 미리 정해 놓은 순서에 따라 순차적으로 각 단계를 진행시키도록 제어하는 방식을 시퀀스 제어(sequence control)라 한다.

7-2 시퀀스 제어 회로의 작성 순서

시퀀스 제어 회로를 설계하는 방법에는 여러 가지가 있으나 일반적으로 다음과 같은 방법에 따라 설계한다.

(1) 운동 순서와 스위칭 조건의 표시

① 회로도를 작성하려면 요구되는 운동 순서와 작업 조건을 분명하게 표시할 수 있어야 한다.

② **제어 조건 :** 물체가 롤러 컨베이어로 이송되어 1A 실린더 위치에 도착한 후, 시작 버튼을 누르면 1A 실린더가 전진하여 이송하게 된다. 그러면 2A 실린더가 이 물체를 밀어내게 되고, 물체를 밀어내고 나면 1A 실린더와 2A 실린더는 순서대로 원래의 위치로 후진 운동을 하게 된다.

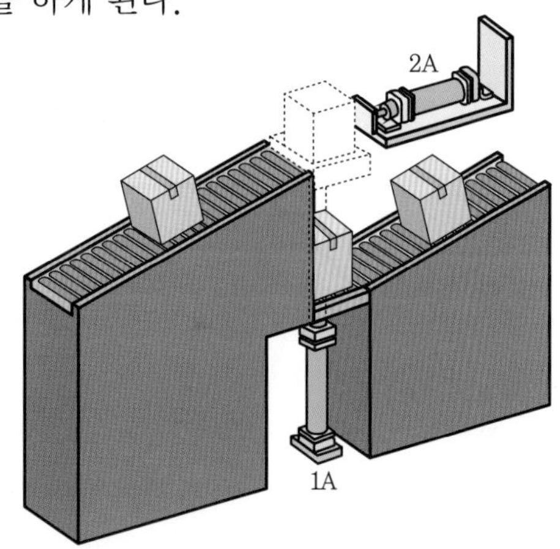

물체 운반 장치의 위치도

(2) 운동의 시간적 순서에 의한 서술적 표현

- 1단계 : 1A 실린더가 물체를 들어 올린다.
- 2단계 : 2A 실린더가 물체를 밀어낸다.
- 3단계 : 1A 실린더가 귀환한다.
- 4단계 : 2A 실린더가 귀환한다.

(3) 테이블 표현법

작업 단계	1A 실린더	2A 실린더
1단계	전진	–
2단계	–	전진
3단계	후진	–
4단계	–	후진

(4) 벡터적 표시법

실린더의 전진 운동을 "→", 후진 운동을 "←"로 하면 다음과 같이 간단하게 표시한다.

1A → 2A → 1A ← 2A ←

(5) 약식 기호에 의한 표시법

실린더의 전진 운동을 "+", 후진 운동을 "–"로 하면 다음과 같이 간단하게 표시한다.

1A+, 2A+, 1A–, 2A–

(6) 그래프에 의한 표시법

① **작동 선도 :** 액추에이터의 작업 순서를 도표로 표현한 것으로 보통 시퀀스 차트라고도 한다.

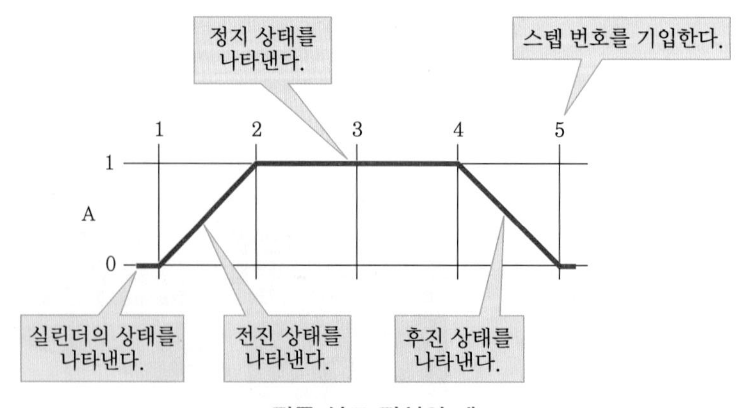

작동 선도 작성의 예

㈎ 변위 단계 선도(displacement step diagram) : 운동 순서도(motion step diagram)라고도 하며 0은 실린더가 후진된 상태(모터는 정지), 1은 실린더가 전진된 상태(모터는 회전)를 나타낸다. 실린더의 행정 거리, 실린더의 운동 속도는 고려되지 않고 모든 요소가 동일한 크기로 그려지는 것으로 실제 시퀀스 제어 회로도를 작성할 때 가장 많이 이용된다.

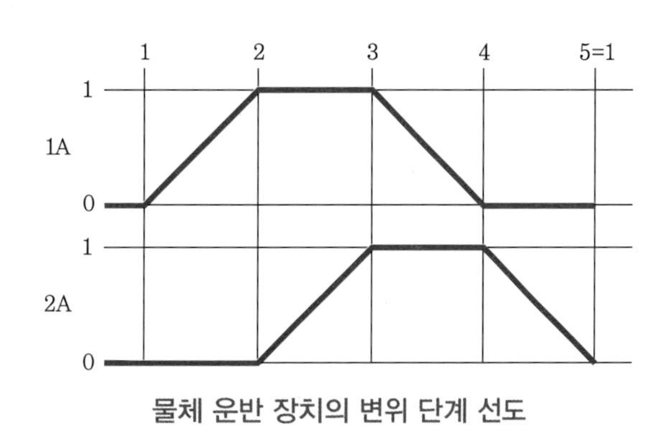

물체 운반 장치의 변위 단계 선도

참고 **변위 단계 선도의 작성법**

① 각 칸의 간격은 액추에이터의 작동 시간과 관계없이 일정한 간격으로 작도한다.
② 실린더의 동작은 스텝 번호 선에서 변화시켜 작도한다.
③ 2개 이상의 실린더가 동시에 운동을 시작하고 종료는 각각 다를 경우 그 종료점은 각각 다른 스텝 번호로 작도한다.
④ 작동 중 실린더의 상태가 변화할 때, 즉 행정 중간에서 작동 속도의 변화가 있는 경우에는 중간 스텝을 나타낸다.
⑤ 실린더가 후진된 상태(모터는 정지)는 0, 실린더가 전진된 상태(모터는 회전)는 1로 작동 상태를 표시한다.

㈏ 변위 시간 선도(displacement time diagram) : 실린더의 변위 상태를 시간을 기준으로 하여 나타내는 것이다.

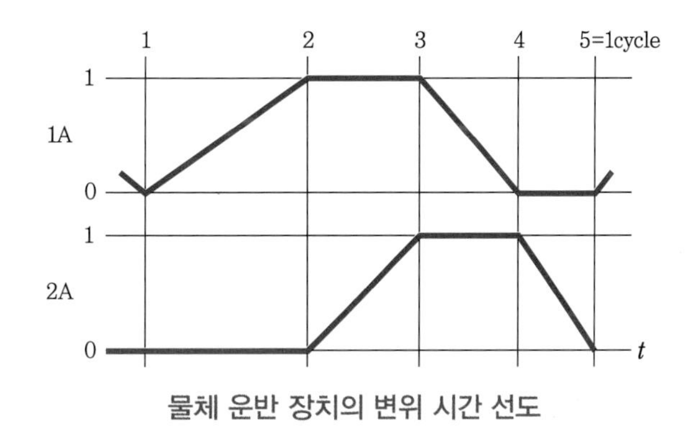

물체 운반 장치의 변위 시간 선도

② **제어 선도(control diagram)** : 리밋 스위치 등의 작동 상태를 그래프로 표현한 것으로 제어 신호의 간섭 현상을 파악하기 쉽기 때문에 가능하면 운동 순서도와 함께 그리는 것이 바람직하다.

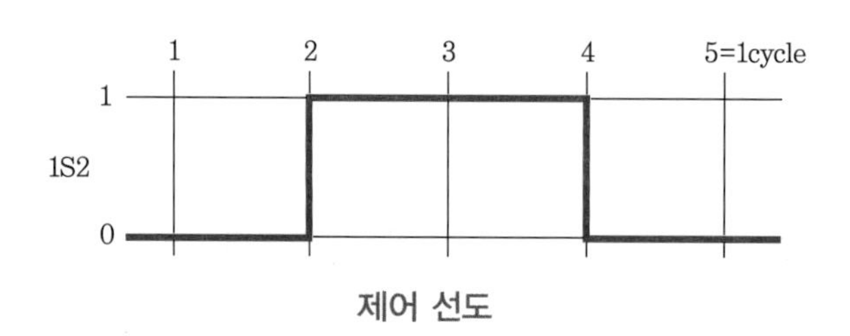

제어 선도

참고 **리밋 스위치의 표시**

① 변위 단계 선도를 작성한 다음 실린더의 운동에 따른 리밋 스위치의 작동 상태를 표시하여 운동 순서를 완성한다.

② 그림에서 화살표는 리밋 스위치가 작동되면 운동하게 될 실린더를 표시하고 있다. 즉 1A 실린더가 전진 운동을 완료하면 1S2 리밋 스위치가 작동되고, 1S2 리밋 스위치가 작동되면 그 결과로 2A 실린더가 전진 운동을 시작하게 된다는 것을 의미한다. 마찬가지로 2A 실린더가 전진 운동을 하면 작동되는 리밋 스위치는 1A 실린더의 후진 운동을 가능하게 하기 때문에 2S1이 된다.

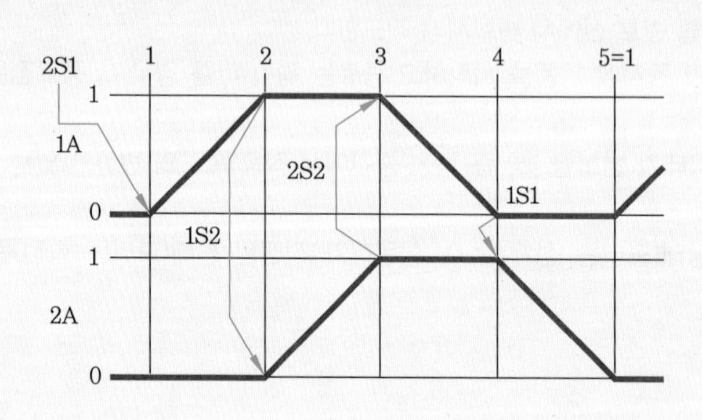

③ **기능 선도(function diagram)** : 변위 단계 선도와 제어 선도를 결합한 것으로 순차 제어 문제를 표시하는 데 적절한 방법이다.

이 선도는 단계나 시간에 따른 제어 요소의 스위칭 상태를 나타내며, 스위칭 시간은 고려하지 않는다.

이 선도를 그릴 때 주의 사항은 다음과 같다.

㈎ 제어 선도와 변위 단계 선도를 연관시켜 그린다.

㈏ 단계나 시간은 선형적으로 그린다.

㈐ 높이와 폭은 가급적 같은 간격으로 분명히 이해할 수 있게 그린다.

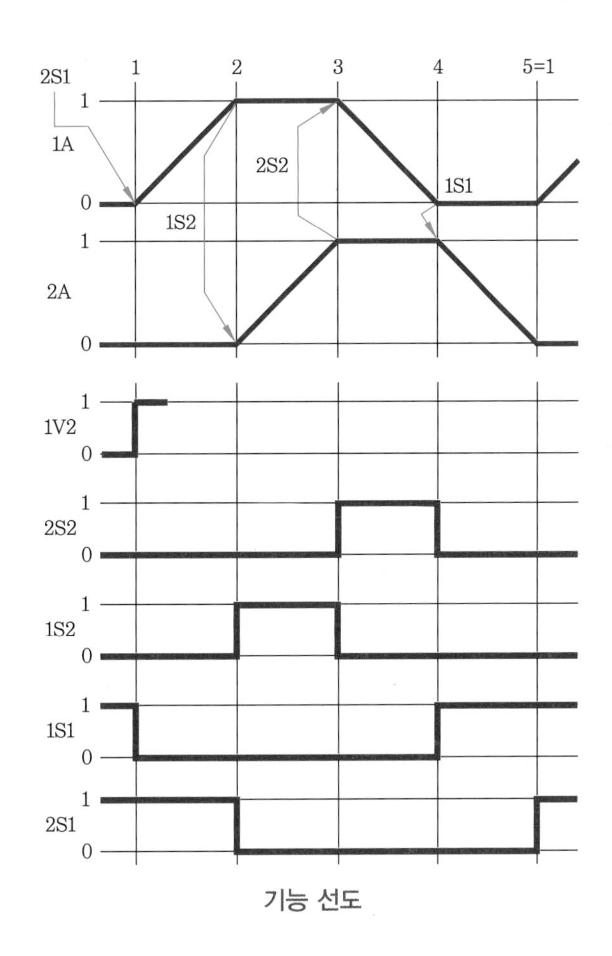

기능 선도

7-3 제어 회로도의 작성

- 1단계 실린더와 리밋 스위치의 위치를 표시한다.

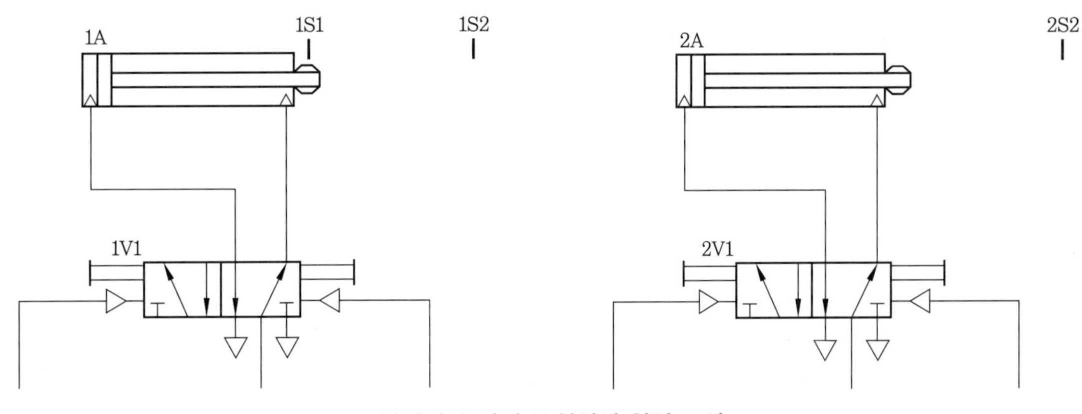

실린더와 리밋 스위치의 위치 표시

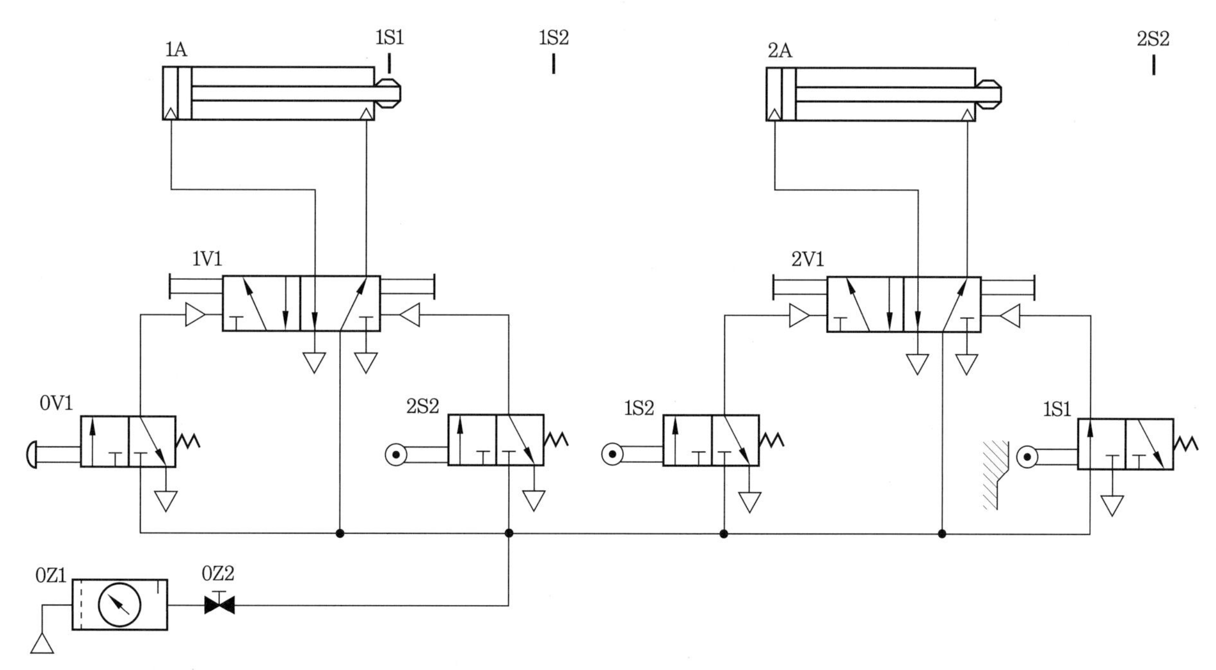

완성된 제어 회로도

한 사이클이 모두 완료된 다음에 다시 작업을 시작하게 하기 위해서는 최종 작업이 끝난 것을 확인하는 리밋 스위치가 필요하다. 마지막 작업인 2A 실린더의 후진 운동을 완료하면 작동되는 위치에 2S1 리밋 스위치를 설치하고 이를 0V1 밸브와 직렬로 연결하면 마지막 작업이 끝난 상태에서만 새로운 작업이 시작되게 할 수 있다.

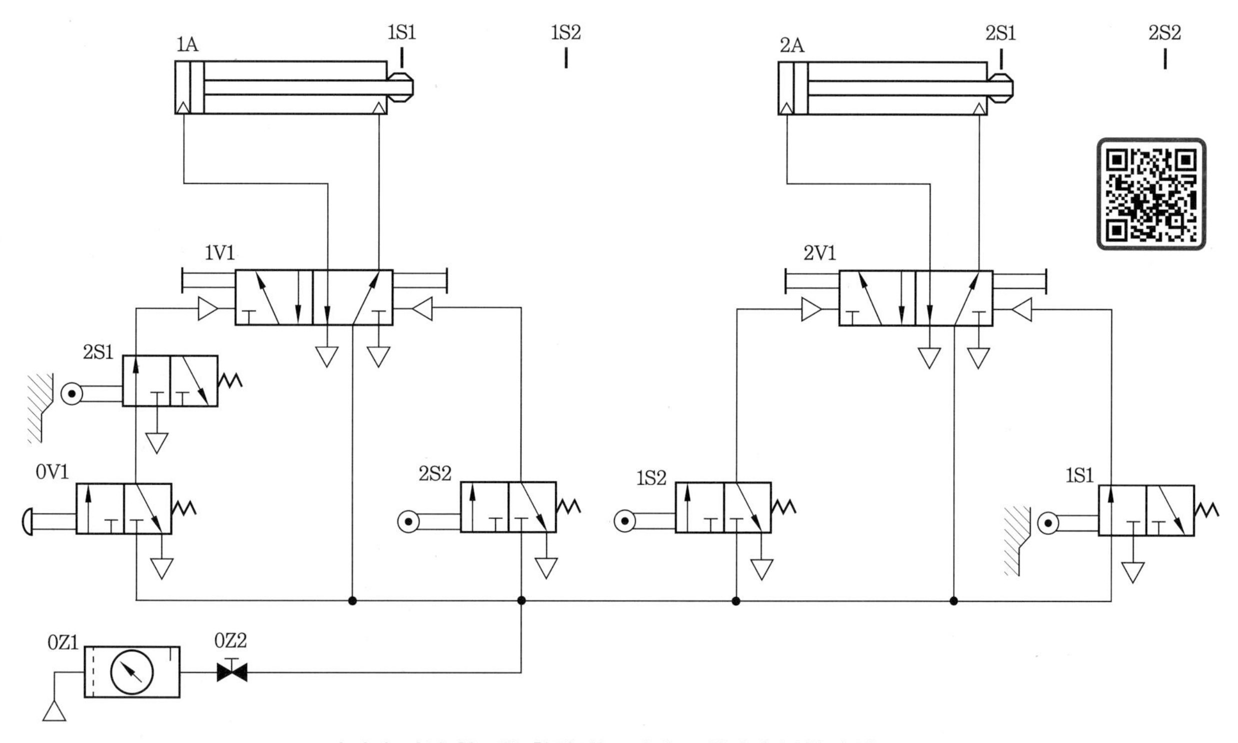

마지막 작업 완료를 확인하는 리밋 스위치가 부착된 회로도

7-4 제어 신호의 간섭 현상

제어 신호의 간섭(중첩) 현상이란 같은 실린더의 상반된 제어 신호, 즉 전진 운동 신호와 후진 운동 신호가 동시에 존재하는 것을 의미한다. 그러므로 제어 선도에서 각 실린더의 전후진을 위한 제어 신호가 동시에 존재하는지를 확인하면 간섭 현상의 발생 여부를 확인할 수 있게 된다.

다음 그림의 리벳 작업기의 작업 순서는 다음과 같다.

① 가공물과 리벳은 수동으로 놓여지게 된다.
② 시작 스위치를 누르면 1A 실린더가 가공물을 고정시킨다
③ 2A 실린더가 리벳 작업을 하게 된다.
④ 2A 실린더가 작업을 마치고 원래의 위치로 복귀한다.
⑤ 1A 실린더가 후진 운동을 하여 작업을 마친다.
⑥ 작업이 끝난 작업물은 수동으로 제거된다.

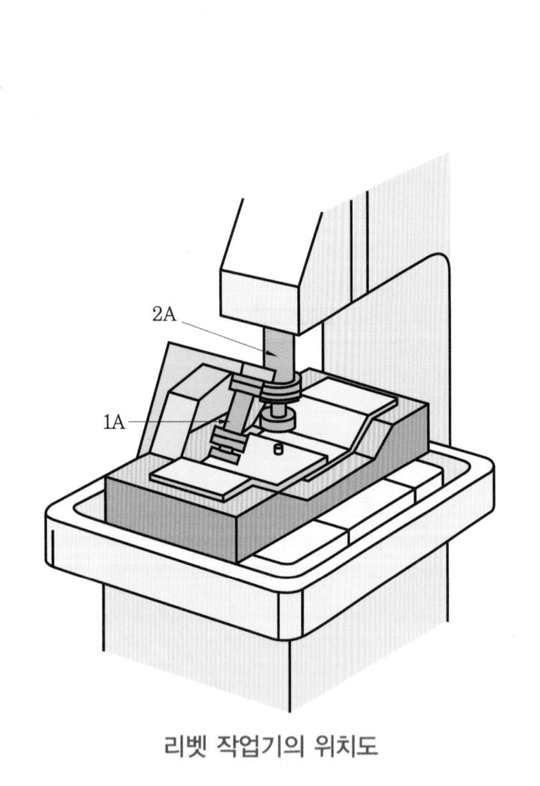

리벳 작업기의 위치도

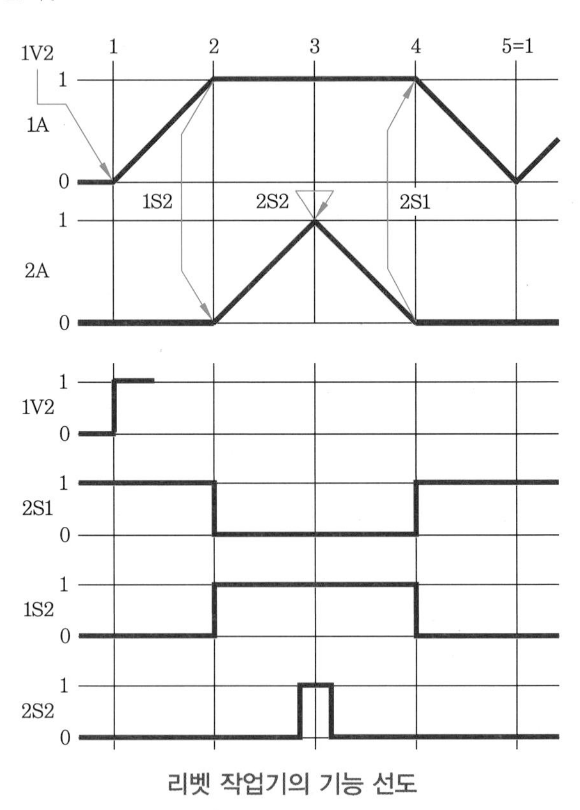

리벳 작업기의 기능 선도

리벳 작업기의 기능 선도에 의하면 1A 실린더의 후진 운동을 담당하는 2S1 리밋 스위치는 2A 실린더가 후진 운동을 완료한 4단계부터 계속 작동된 상태로 있다. 그러므로 1단계에서 작업을 시작하기 위하여 0V1 시작 스위치를 작동시키면 1A 실린더의 전진 운동 신호와 후진 운동 신호가 동시에 존재하게 되는 제어 신호의 간섭 현상이 생기게 된

다. 즉, 1A 실린더의 후진 운동 신호가 존재하는 상태에서 전진 운동 신호가 발생되기 때문에 늦게 입력되는 신호인 전진 운동 제어 신호는 기능을 발휘할 수 없게 되므로 작업을 시작할 수 없게 된다. 2A 실린더도 또한 전진 운동 제어 신호(1S1 리밋 스위치)가 2단계부터 계속 작동되고 있는 상태에서 3단계에서 후진 운동 제어 신호(2S2 리밋 스위치)가 입력되기 때문에 제어 신호의 간섭 현상이 발생되어 후진 운동이 불가능하게 된다.

다음 회로도는 제어 신호의 간섭 현상 문제를 해결하지 않고 작성한 것이다.

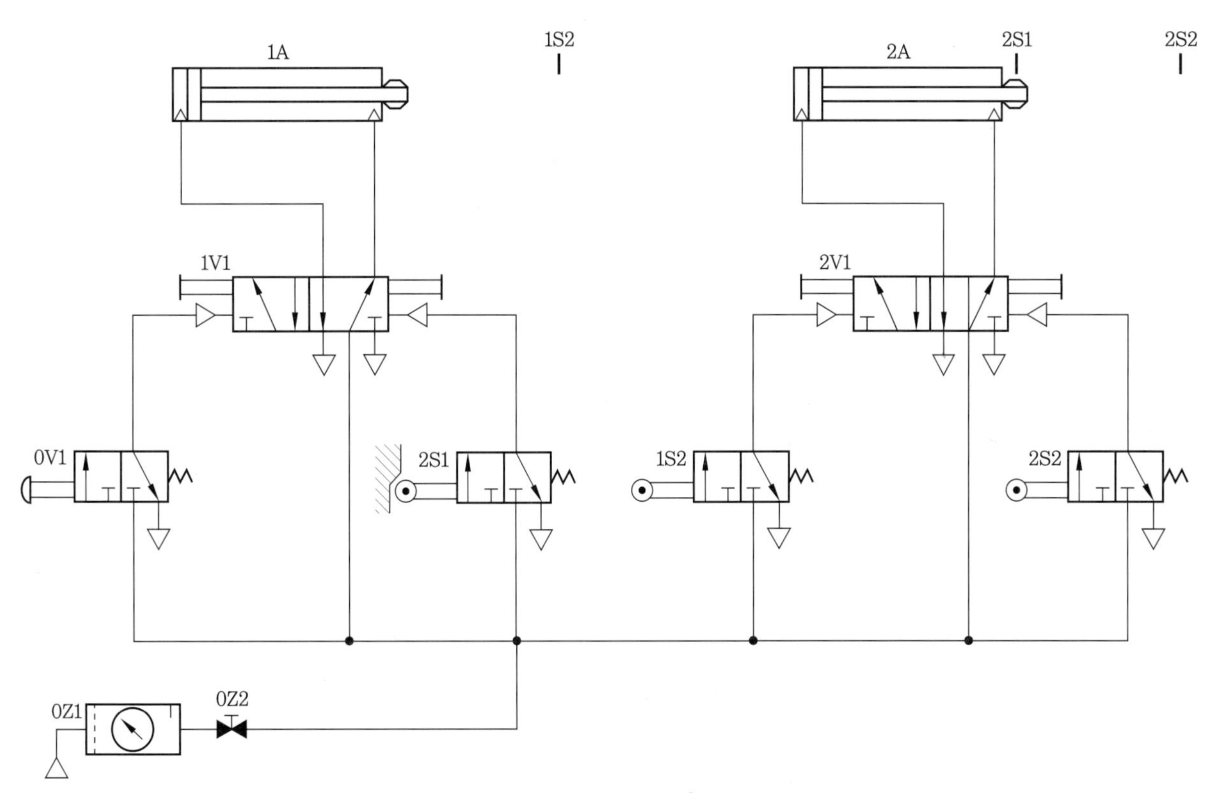

간섭 현상을 해결하지 않은 리벳 작업기의 제어 회로도

7-5 제어 신호의 간섭 현상 배제법

이상에서 살펴본 바와 같이 제어 신호의 간섭 현상이 발생된 이유는 1A 실린더의 후진 운동 제어 신호와 2A 실린더의 전진 운동 제어 신호가 너무 길게 지속되기 때문이다. 그러므로 이와 같은 제어 신호의 간섭 현상을 없애주는 방법은 너무 길게 지속되어 문제가 되는 제어 신호를 짧은 펄스(pluse) 신호로 만드는 것이다.

길게 지속되는 제어 신호를 짧은 펄스 신호로 만드는 데는 한쪽 방향으로만 작동되는 방향성 롤러 레버 리밋 스위치를 이용하는 방법과 상시 열림형(normally open type)의 시간 지연 밸브를 이용하는 방법의 2가지가 있다.

(1) 방향성 리밋 스위치를 이용한 제어

방향성 리밋 스위치(idle return roller lever limit switch)는 한쪽 방향으로만 작동되는 스위치이다.

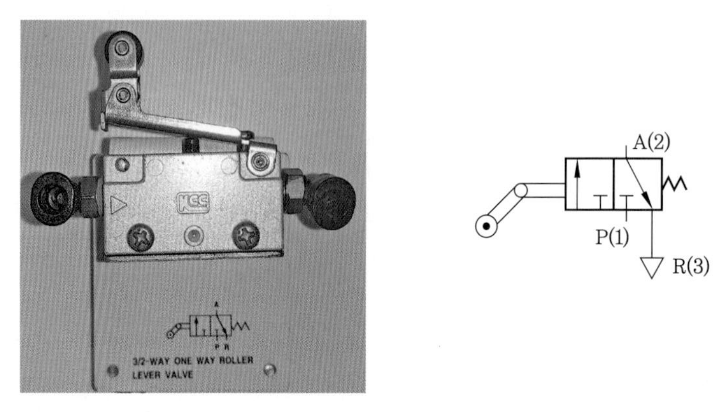

방향성 리밋 스위치

만약 길게 지속되는 신호가 리밋 스위치에서 나오는 것이라면 이 방향성 리밋 스위치를 이용하여 해결할 수 있게 된다.

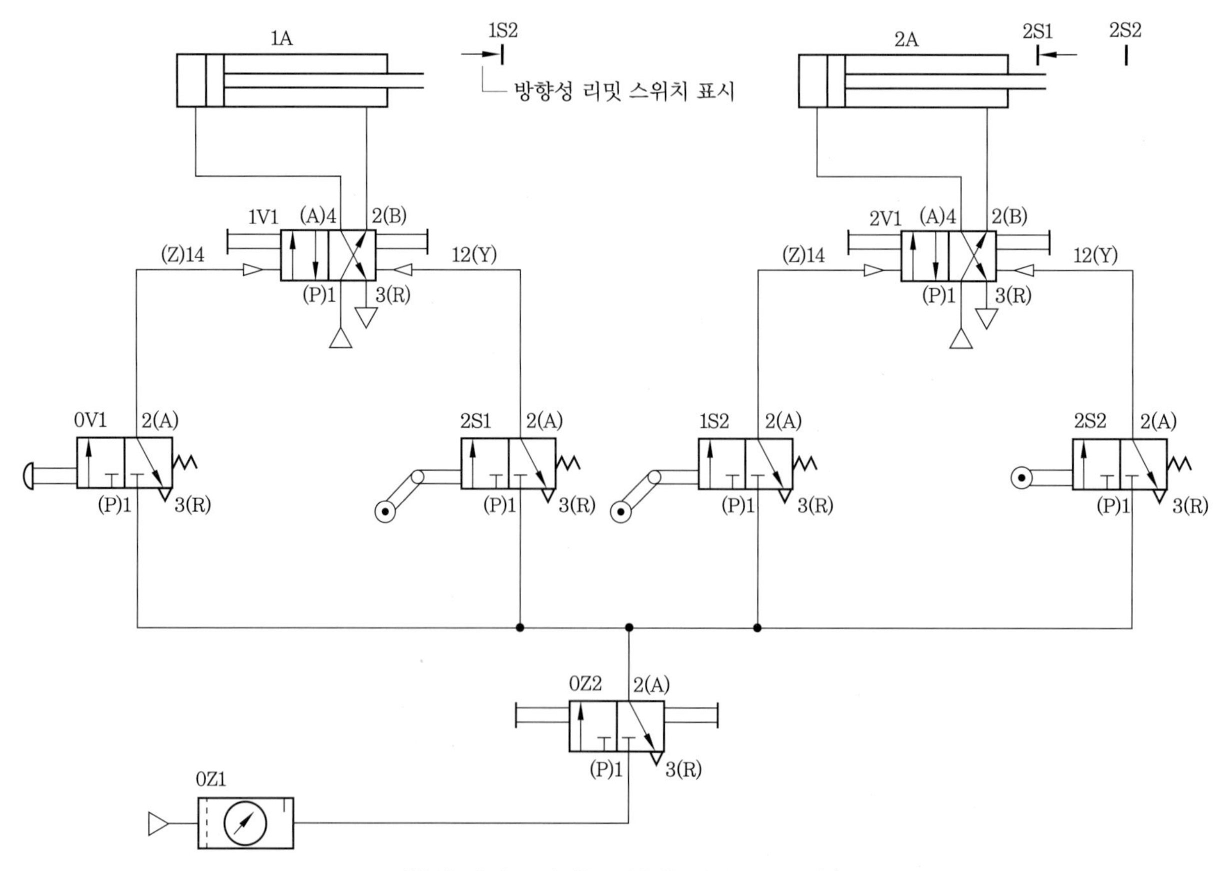

방향성 리밋 스위치를 이용한 제어 회로도 (1)

방향성 리밋 스위치 표시(→|)를 이용하는 방법은 리밋 스위치만을 이용하여 간섭 현상을 해결하는 방법이기 때문에 배선이 제일 간단하고 가장 경제적인 해결 방안이다. 또한 회로 설계도와 제어 시스템의 보수 유지가 간단하기 때문에 실린더 2~3개 정도의 간단한 시퀀스 제어에 많이 이용된다.

그러나 방향성 리밋 스위치는 그 동작이 완료되기 전에 작동될 수 있도록 약간 앞에 설치되어야 하기 때문에 정확한 위치 검출을 할 수 없고, 짧은 펄스 신호가 출력되기 때문에 다른 제어 신호와 AND와 같은 논리 회로를 구성하기 힘들며 시간 지연 회로 등에는 이용이 곤란한 단점이 있다.

또한 방향성 리밋 스위치에서 출력되는 펄스 신호의 길이가 리밋 스위치를 작동시키는 실린더의 속도에 의하여 결정되므로 실린더의 속도가 아주 빠른 경우에는 충분한 길이의 펄스 신호를 얻지 못하게 되기 때문에 주의해야 한다.

그러므로 방향성 리밋 스위치를 이용하는 제어 방법은 정확한 위치를 검출할 필요가 없고 작동 시퀀스가 복잡하지 않은 곳에 이용된다.

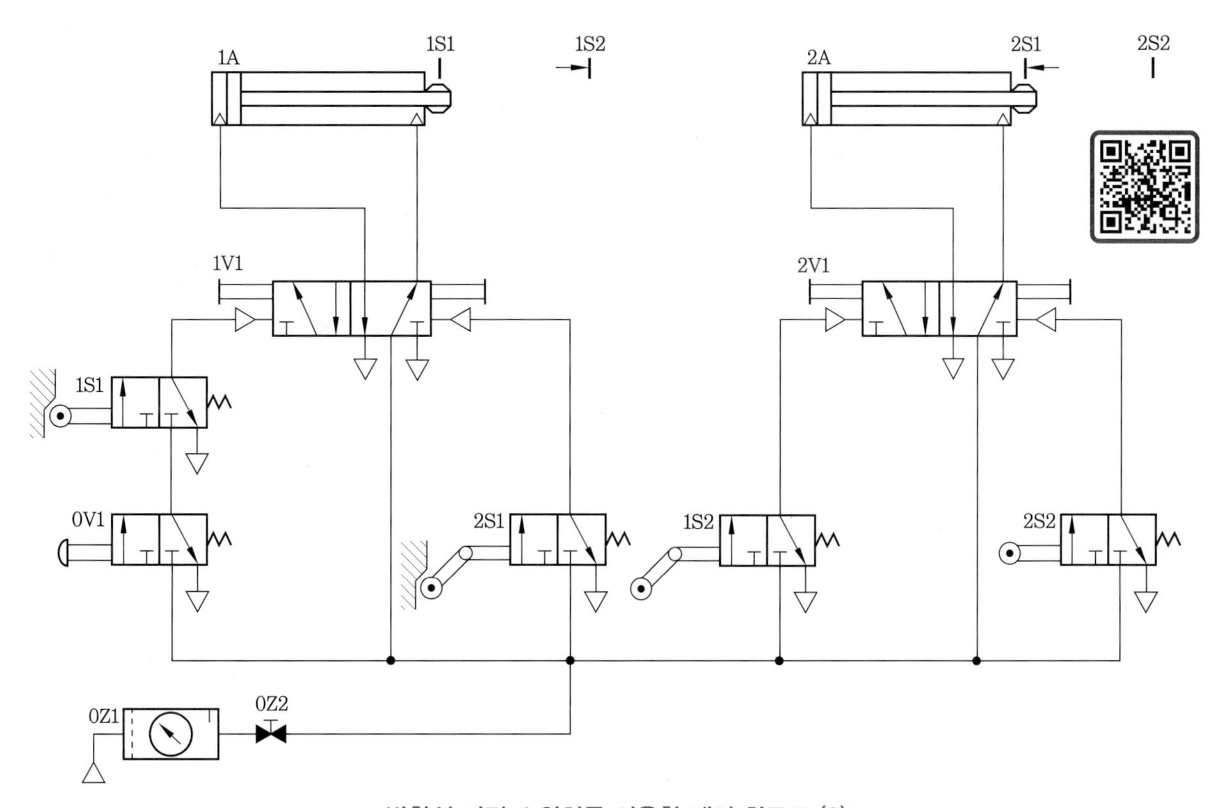

방향성 리밋 스위치를 이용한 제어 회로도 (2)

(2) 시간 지연 밸브를 이용한 제어

상시 열림형(normally open type)의 시간 지연 밸브를 다음 그림과 같이 연결하여 사용하면 P에 입력되는 제어 신호가 길게 지속되어도 A의 출력 신호는 짧은 펄스 신호로 만들 수 있게 된다. 펄스 신호의 지속 시간 Δt는 시간 지연 밸브의 유량 조절 밸브를 이용하면 쉽게 조절이 가능하게 된다.

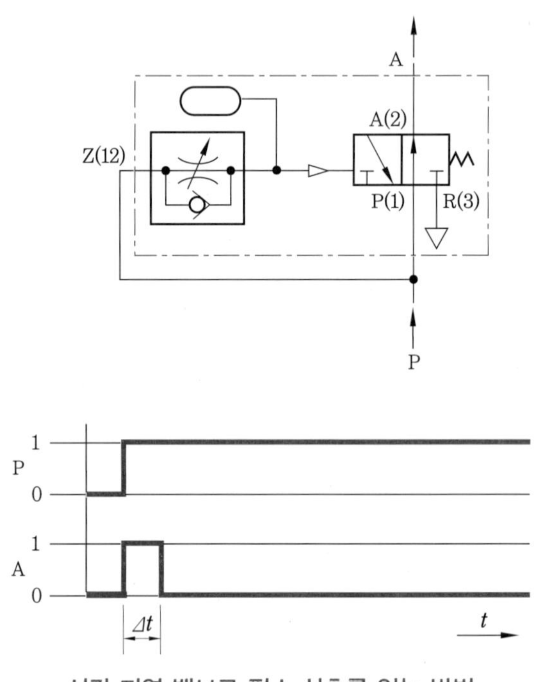

시간 지연 밸브로 펄스 신호를 얻는 방법

시간 지연 밸브를 이용하는 제어 방법은 방향성 리밋 스위치를 보다 정확한 위치를 검출할 수 있어 좀더 높은 신뢰성이 있으나 배선이 복잡하게 되고, 여러 군데의 제어 신호를 펄스 신호화 하기에는 비용이 많이 들게 되어 비경제적이다.

시간 지연 밸브는 리밋 스위치에서 출력되는 신호를 펄스 신호화하는 것이기 때문에 초기 시동 조건에서 작동된 상태에 있는 리밋 스위치에 시간 지연 밸브가 연결된 경우에는 맨 처음 제어 시스템에 에너지를 공급하면 시간 지연 밸브를 통하여 일단 펄스 신호가 출력되어 문제가 발생될 수도 있다.

또한 시간 지연 밸브의 조작 잘못으로 최적 설정 시간이 변할 수 있으며, 리밋 스위치와 시간 지연 밸브를 연결하는 공압 호스가 꺾이는 등의 문제가 발생되면 배압으로 인하여 실린더가 오작동될 수 있어 배기에 항상 주의해야 한다.

시간 지연 밸브를 이용하는 제어 방법은 방향성 리밋 스위치를 이용하는 제어 방법보다는 정확한 위치를 검출할 수 있고 다른 제어 신호와 연동으로 사용할 수도 있는 장점은 있으나 비경제적이기 때문에 방향성 리밋 스위치를 이용하기 곤란한 곳, 즉 정확한 위치 검출이 필요한 경우와 같은 곳에만 제한적으로 사용된다.

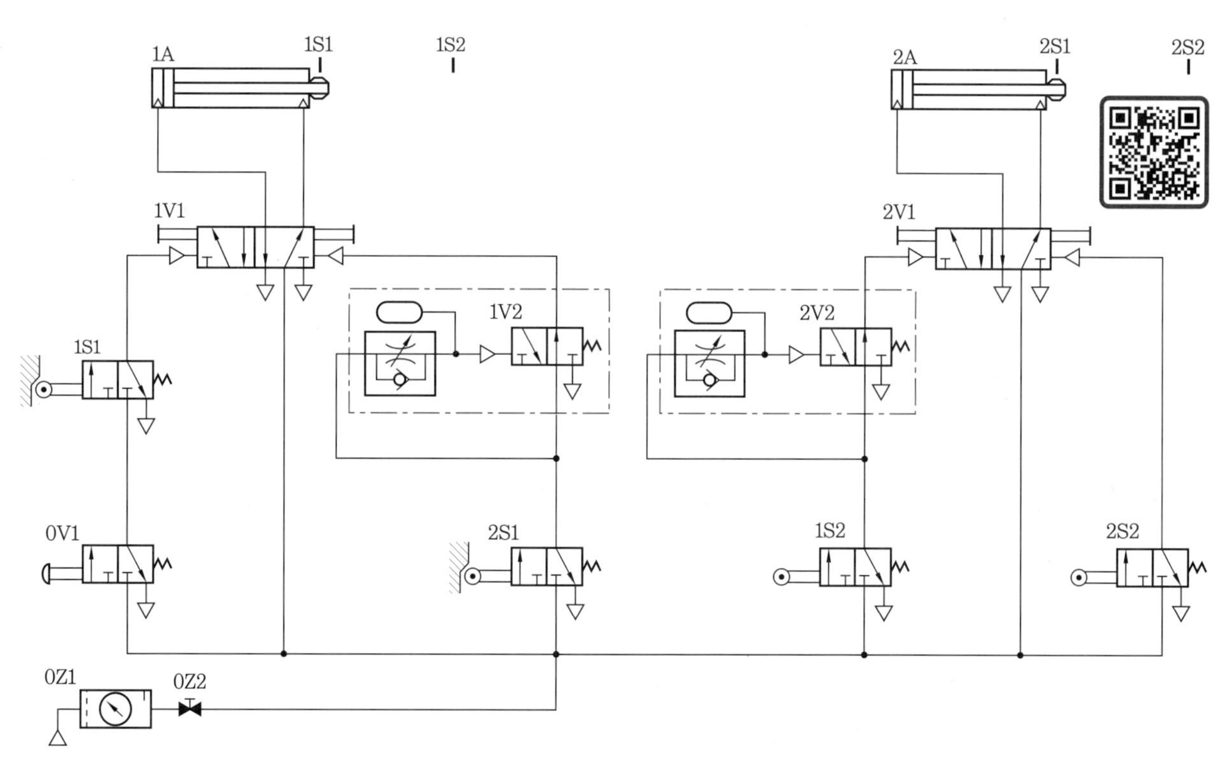

시간 지연 밸브를 이용한 제어 회로도

7-6 캐스케이드 제어 방법

(1) 캐스케이드 제어 방법의 필요성

시퀀스 제어에서 제어 신호의 간섭 현상 중 높은 신뢰성을 보장할 수 있는 제어 방법은 캐스케이드(cascade) 방법이다. 시퀀스 제어에서 간섭 현상을 합리적이고 경제적으로 해결하기 위해 메모리형의 5/2 WAY 밸브가 사용된다.

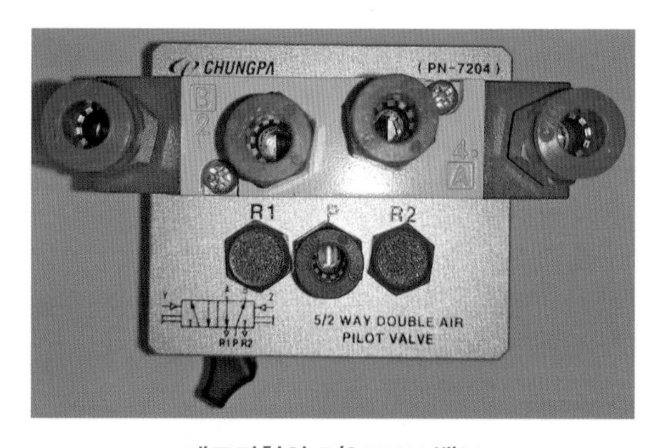

메모리형의 5/2 WAY 밸브

(2) 캐스케이드 제어선의 준비

시퀀스 제어에서 발생되는 제어 신호의 중첩 현상을 근원적으로 해결하는 방법은 작동 시퀀스를 간섭 현상이 발생되지 않는 몇 개의 제어 그룹으로 분류하여 필요한 제어 그룹에만 에너지가 공급되도록 제어하는 것이다.

제어 그룹을 분류하기 위해서는 우선적으로 작동 시퀀스를 약식 기호로 표시하고, 액추에이터의 운동이 동일하면, 같은 그룹에 포함되지 않도록 하여 제어 그룹을 분류한다.

1A+	1A−, 2A+	2A−
그룹 1	그룹 2	그룹 3

제어 그룹의 개수가 n개이면 이를 제어하기 위한 캐스케이드 밸브는 $(n-1)$개가 필요하게 된다. 즉, 제어 그룹의 개수가 3개이면 이를 제어하는 캐스케이드 밸브는 2개가 필요하게 된다. 제어 신호의 간섭 현상이 발생되지 않기 위해서는 항상 어느 순간이든 하나의 제어 그룹에만 에너지가 공급되어야 하기 때문에 캐스케이드 밸브는 직렬로 연결된다.

왼쪽 그림에서 s1, s2, s3는 제어선, 즉 제어 그룹을 나타내고 e1, e2는 제어선을 바꿔주기 위한 입력 신호를 나타낸다. e1 제어 신호가 입력되면 제어선 s1에서 신호를 얻게 되고, e2 제어 신호가 입력되면 s2에서 신호를 얻을 수 있게 된다.

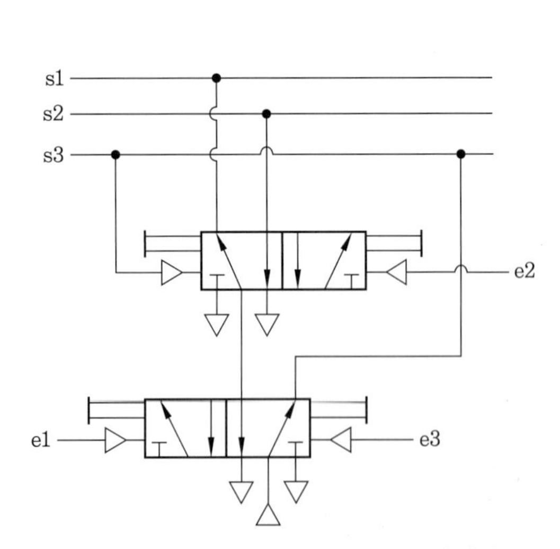

그룹이 3개인 경우의 캐스케이드 제어선

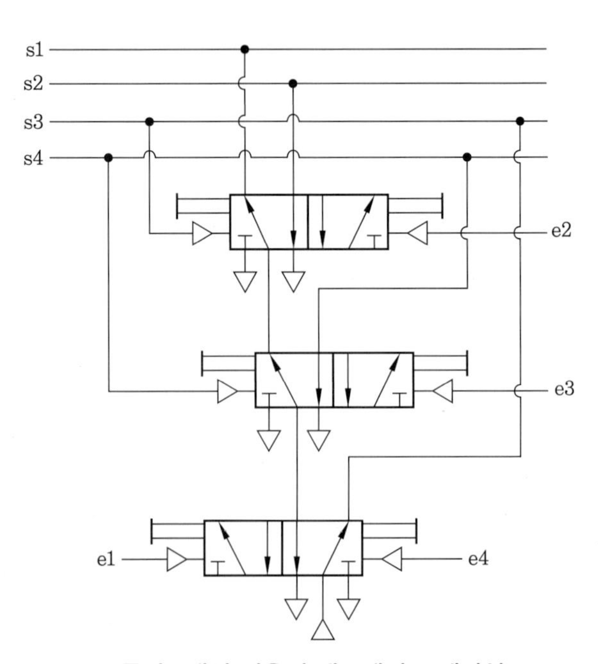

그룹이 4개인 경우의 캐스케이드 제어선

시퀀스 제어는 순서에 따라 작업이 수행되어야 하므로 제어선 s1, s2, s3도 순서대로 ON되어야만 한다. 순서를 정확하게 지키기 위해서는 제어선을 바꿔주기 위한 밸브 또는 리밋 스위치는 다음 그림과 같이 연결되어야 한다.

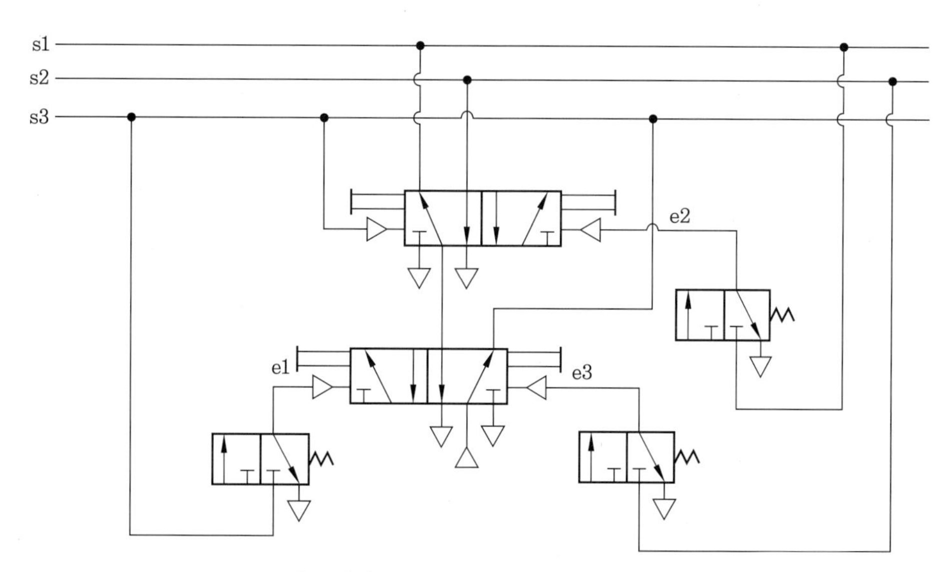

캐스케이드 밸브와 리밋 스위치의 연결

초기 시동 조건에서는 맨 마지막 제어선 s3에만 출력 신호가 존재하게 된다. 제어선을 s3에서 s1로 바꿔주기 위한 e1 입력 신호는 s3이 ON된 상태에서만 유효하게 되므로 s3에서 s1로 제어선이 순서를 지키면서 바뀌게 된다. 마찬가지로 제어선을 s1에서 s2로 바꿔주기 위한 e2 입력 신호도 s1이 ON된 상태에서만 유효하므로 s1에서 s2로 순서를 지키면서 바뀌게 된다. 그리고 e3 입력 신호가 입력되어 제어선이 s3으로 바뀌게 되면 제어선 s1과 s2를 위한 캐스케이드 밸브는 원위치하게 된다.

(3) 캐스케이드 제어 회로의 작성법

다음 그림과 같은 위치도와 변위 단계 선도를 갖는 스탬핑 머신을 이용하여 캐스케이드 제어 회로를 단계별로 작성해 보자.

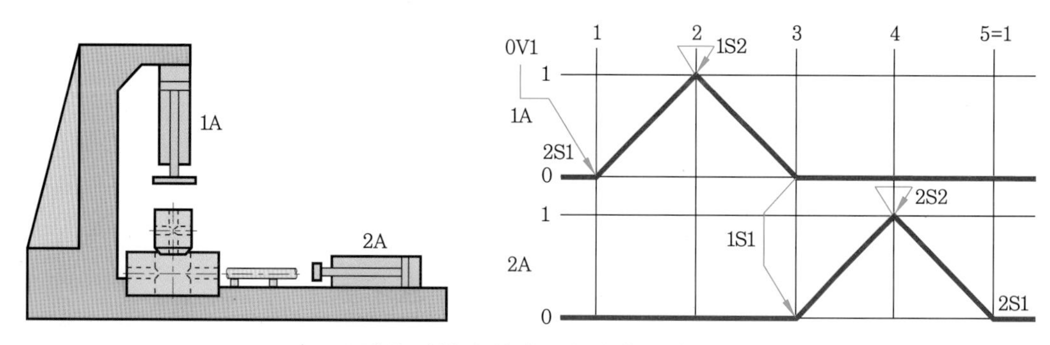

스탬핑 머신의 위치도와 변위 단계 선도

- 1단계 운동 순서를 약호로 표시하고 제어 그룹을 나눈다.

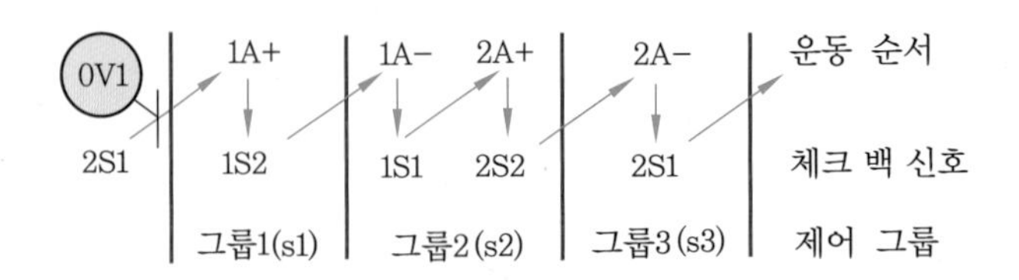

첫 번째 작업인 1A+ 작업은 시동 스위치와 맨 마지막 작업(2A−) 완료를 확인하는 2S1 리밋 스위치의 신호가 필요하고, 두 번째 작업인 1A− 작업을 위해서는 첫 번째 작업의 완료를 확인하는 1S2 리밋 스위치의 신호가 필요하다.

여기에서 1S2 리밋 스위치는 1A+ 작업 완료를 확인하여 다음 단계인 1A− 작업을 위한 신호를 제공해 주기 때문에 체크 백 신호라 한다. 마찬가지로 1A− 작업이 끝나면 1S1 리밋 스위치가 작동되고 이 신호에 의하여 2A+ 작업이 일어나게 된다.

- 2단계 실린더와 캐스케이드 제어선을 그린다.

제어 그룹이 3개가 되면 캐스케이드 밸브는 2개가 필요하다.

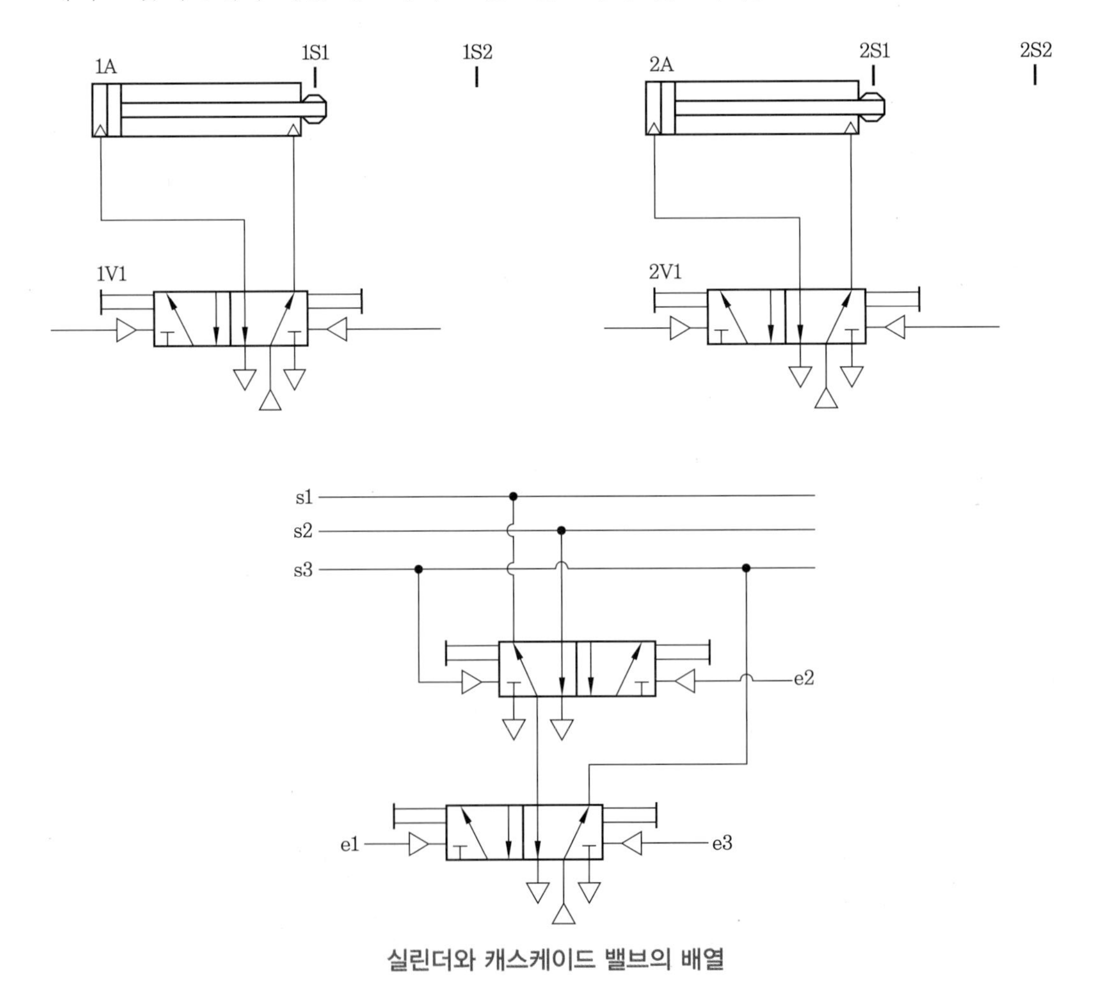

실린더와 캐스케이드 밸브의 배열

• 3단계 첫 번째 작업인 1A+ 작업의 완성

첫 번째 작업인 1A+ 작업은 첫 번째 제어 그룹인 s1을 이용하는 작업이다. 그러나 모든 작업이 완료된 초기 상태에서는 마지막 제어선 s3에만 압축 공기가 공급되고 있으므로, 1A+ 작업을 위해서는 우선적으로 제어선을 s3에서 s1로 바꿔줘야만 한다. 그러므로 첫 번째 작업인 1A+ 작업을 위한 시동 스위치와 맨 마지막 작업이 끝난 것을 확인하는 2S1 리밋 스위치는 제어선을 s3에서 s1로 바꿔주기 위한 신호(e1)가 되어야 한다. 그리고 1A+ 작업을 위한 1V1밸브의 Z(14) 신호는 s1에서 직접 연결된다.

초기 상태에서 1A 실린더와 2A 실린더는 후진된 상태에 있기 때문에 리밋 스위치 1S1와 2S1는 각각 작동된 상태로 있게 되므로 제어 회로도에도 작동된 상태로 그려져야만 한다.

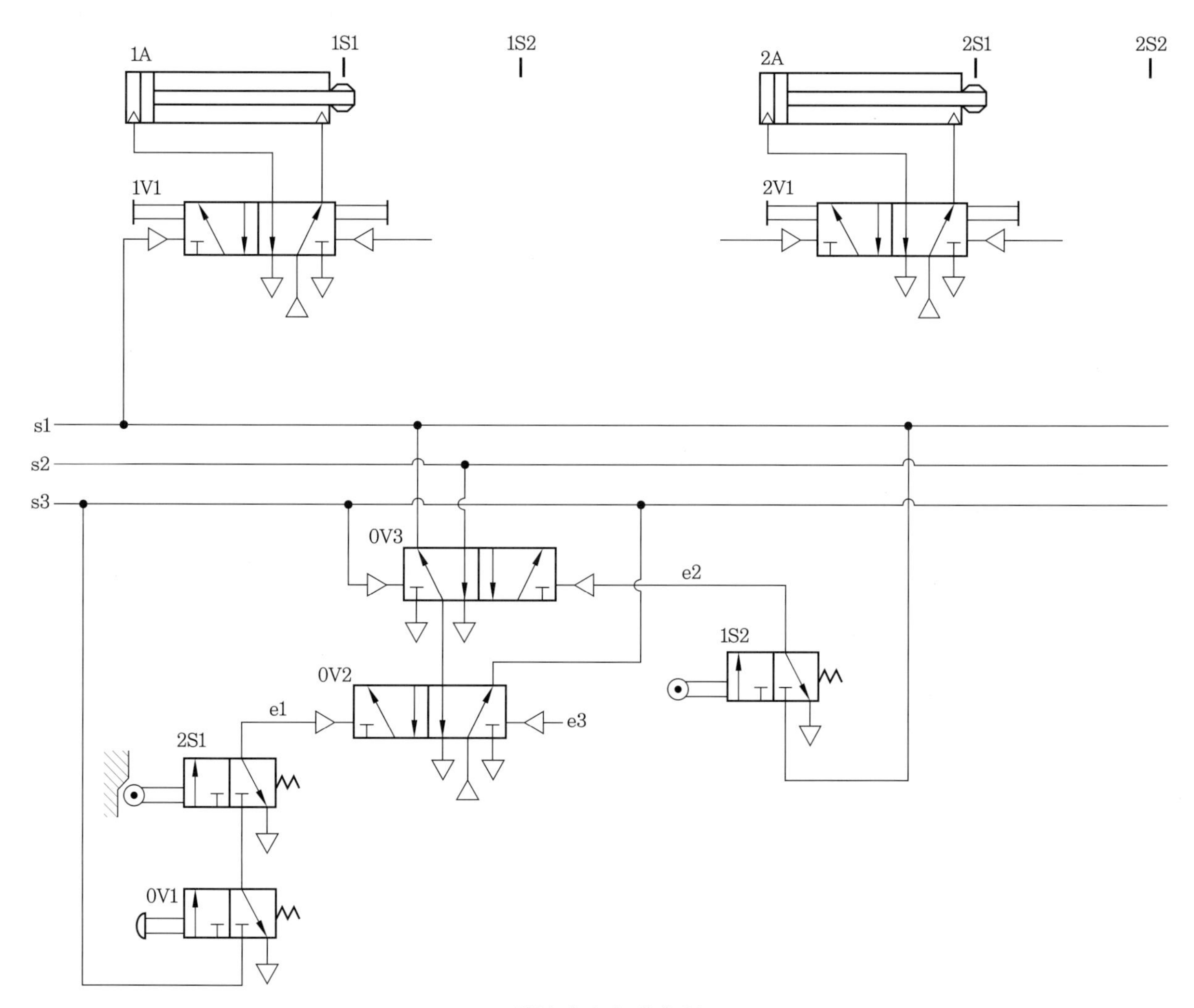

1A+ 작업까지의 제어 회로도

• 4단계 두 번째 작업인 1A− 작업의 완성

1A− 작업은 두 번째 제어 그룹에 속하는 작업이다.

그러므로 A− 작업을 하기 위해서는 제어선을 s1에서 s2로 바꿔줘야만 한다. 그러므로 첫 번째 작업(A+)이 끝난 것을 확인하여 다음 단계의 A− 작업을 위한 1S2 리밋 스위치는 제어선을 s1에서 s2로 바꿔주기 위한 신호(e2)가 된다. 그리고 A− 작업을 위한 1V1 밸브의 2(Y) 신호는 제어선 s2에서 직접 연결된다.

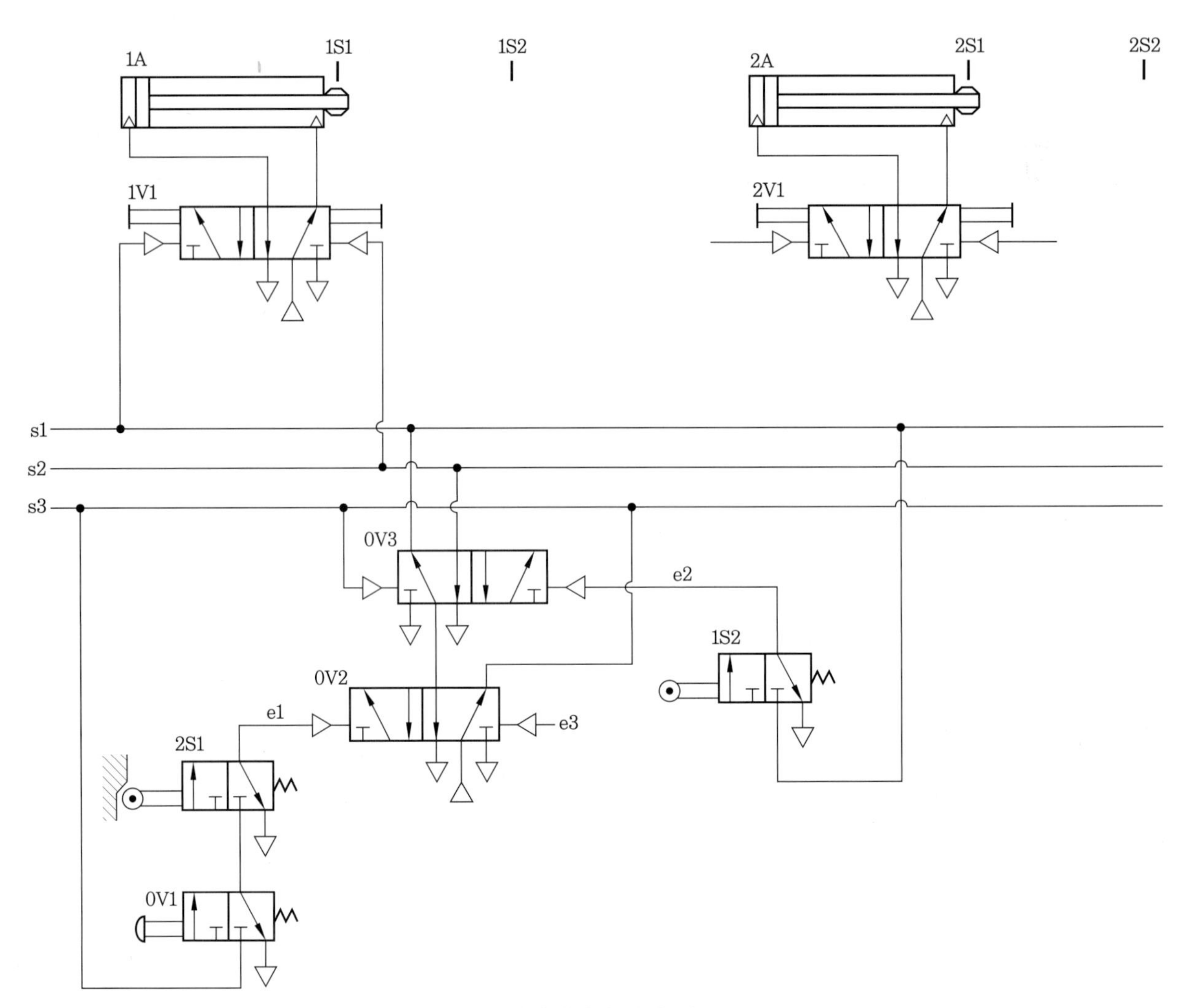

1A− 작업까지의 제어 회로도

• 5단계 세 번째 작업인 2A+ 작업의 완성

2A+ 작업은 1A- 작업과 마찬가지로 두 번째 제어 그룹에 속하는 작업이다. 그러므로 2A+ 작업을 위해서는 제어선을 바꿔야 할 필요가 없기 때문에 2A+ 작업을 위한 리밋 스위치 1S1는 두 번째 제어선 s2에서 압축 공기를 공급받아 2A+ 작업을 할 수 있게 해 준다.

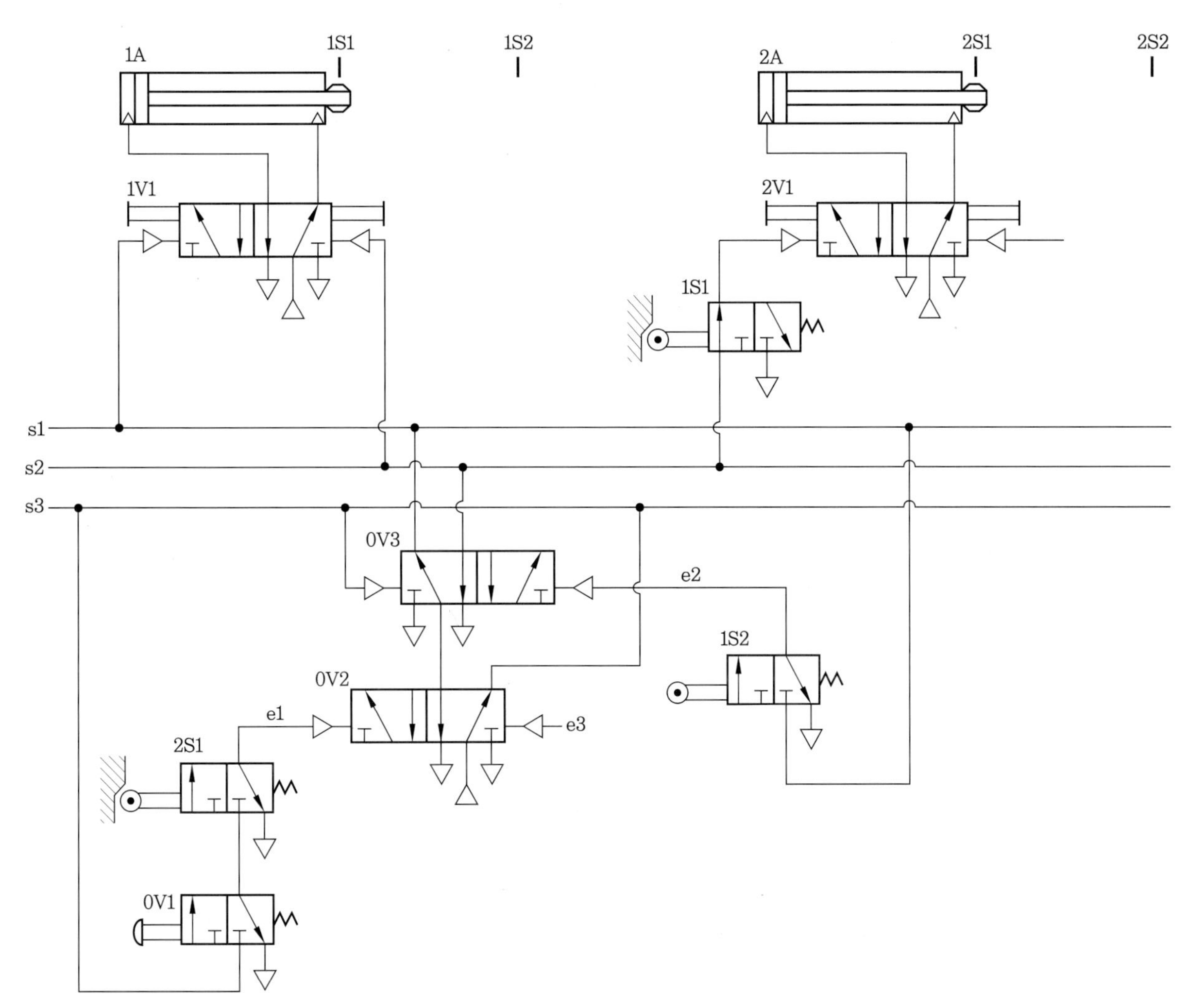

2A+ 작업까지의 제어 회로도

• 6단계 제어 회로도의 완성

마지막 작업인 2A- 작업은 세 번째 제어 그룹에 속하는 작업이다. 그러므로 2A- 작업을 위한 2S2 리밋 스위치는 제어선을 s2에서 s3로 바꿔주기 위한 신호(e3)가 된다.

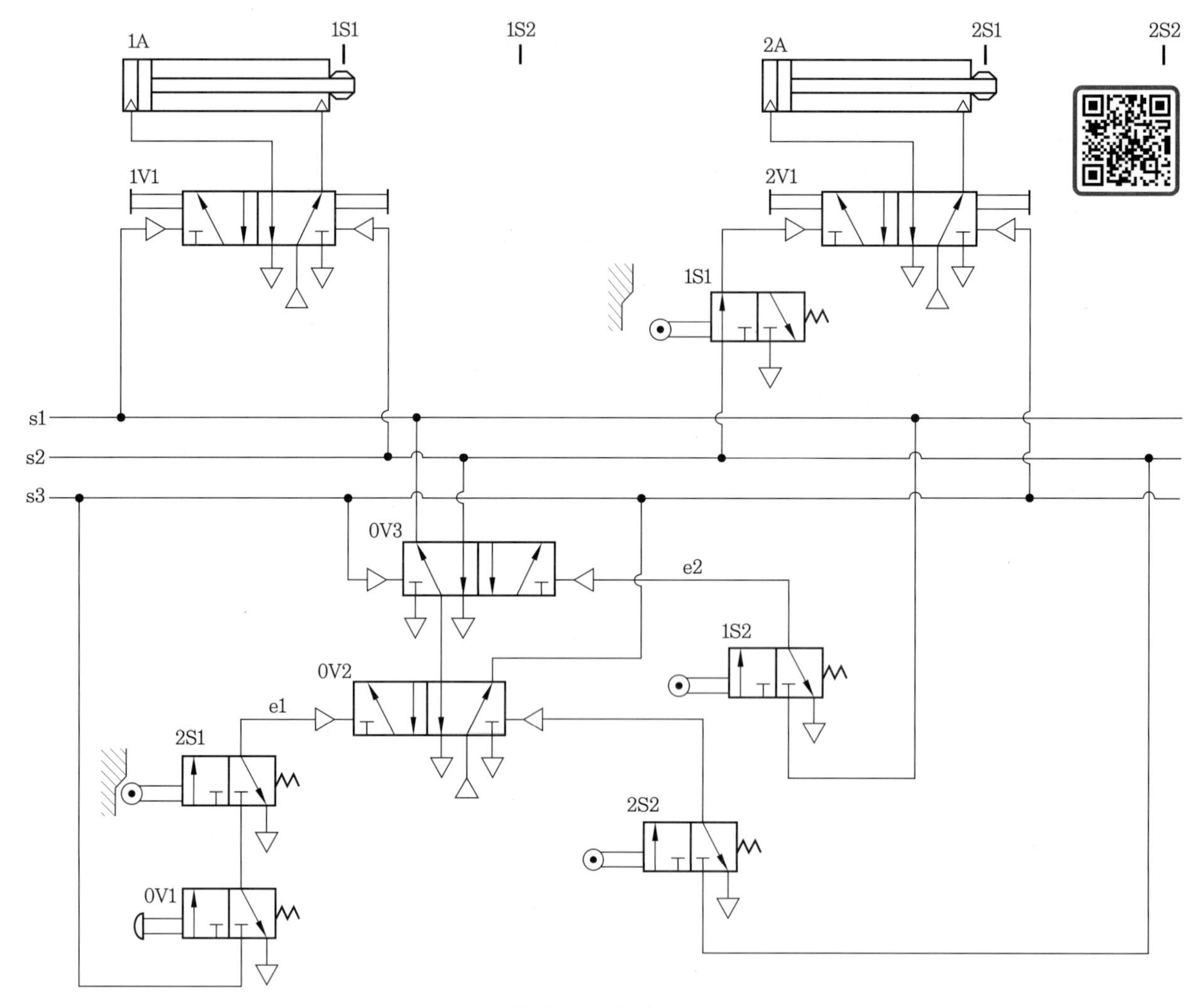

완성된 제어 회로도

(4) 캐스케이드 제어 회로의 장단점

캐스케이드 제어 회로는 특수 밸브를 사용하지 않고 일반적으로 널리 쓰이는 밸브를 이용한다. 그리고 리밋 스위치도 방향성이 없는 것을 사용하며, 리밋 스위치가 주어진 순서에 따라 작동되어야만 제어 신호가 출력되기 때문에 높은 신뢰성을 보장할 수 있다.

그러나 작동 시퀀스가 복잡하게 되어 제어 그룹의 개수가 많아지게 되면 배선이 복잡하게 되고, 제어 시스템의 보수 유지가 힘든 단점이 있다. 그리고 캐스케이드 밸브의 수가 많아지게 되면 캐스케이드 밸브는 직렬로 연결되어 있기 때문에 연결 배관에서의 압력 손실 및 배관 저항이 크게 되어 제어 그룹을 변환시켜 주는 메모리 밸브 및 리밋 스위치의 작동에 걸리는 스위칭 시간이 길어지는 단점이 있다.

과제 1 캐스케이드 회로 구성

1 제어 조건

주어진 공압 회로도를 다음 조건에 맞게 구성하여 운전하시오.

① 주어진 위치도 및 변위 단계 선도를 참고하여 캐스케이드 회로 구성법에 의한 스탬핑 작업기의 회로를 설계하고 구성하시오.

② 각 실린더의 전후진 속도를 배기 교축 방식으로 제어하시오.

③ 실린더의 로드나 도그에 호스의 간섭이 없도록 하시오.

④ 공압 시스템의 공급 공기 압력은 500 kPa로 설정하시오.

2 위치도

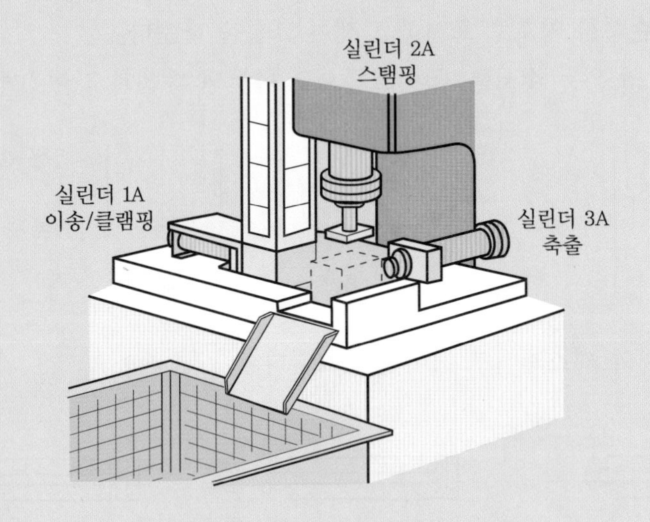

3 변위 단계 선도

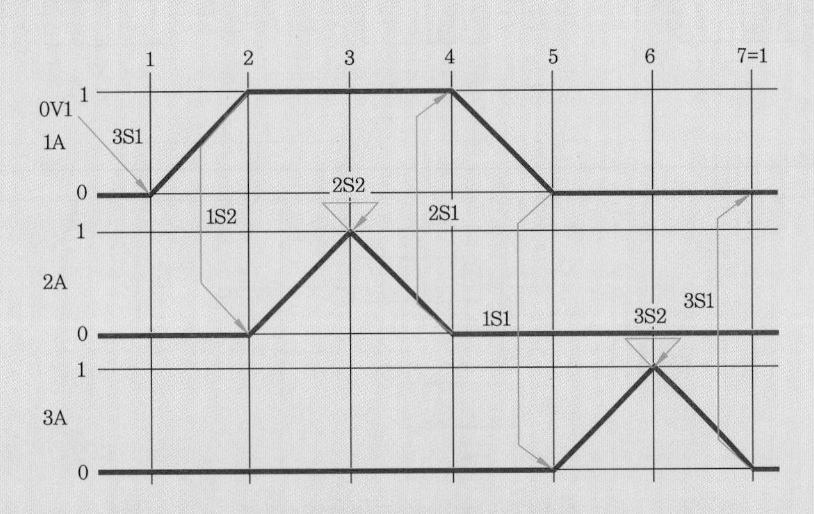

4 공압 회로도

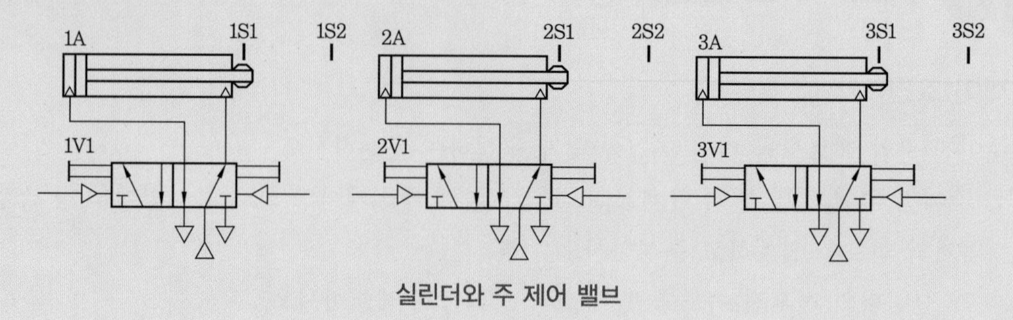

실린더와 주 제어 밸브

5 실습 순서

(1) 공압 회로도를 완성한다(기본 시퀀스 제어 회로의 완성).

- 1단계 : 운동 순서를 약호로 표시하고 제어 그룹을 나눈다.

  스탬핑 작업기의 운동 순서를 제어 그룹으로 나누면 다음과 같이 3개로 나누어진다.

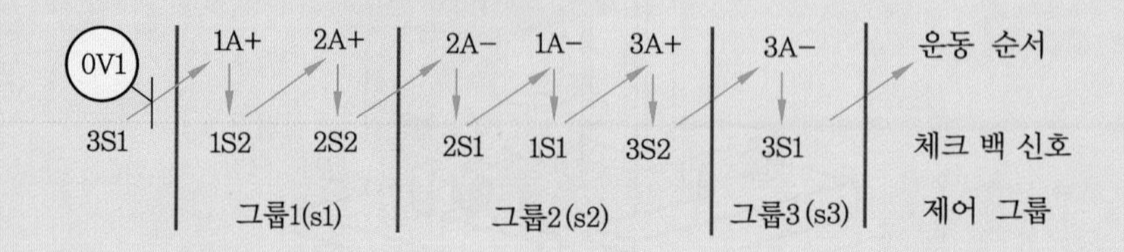

- 2단계 : 실린더와 캐스케이드 제어선을 그린다.

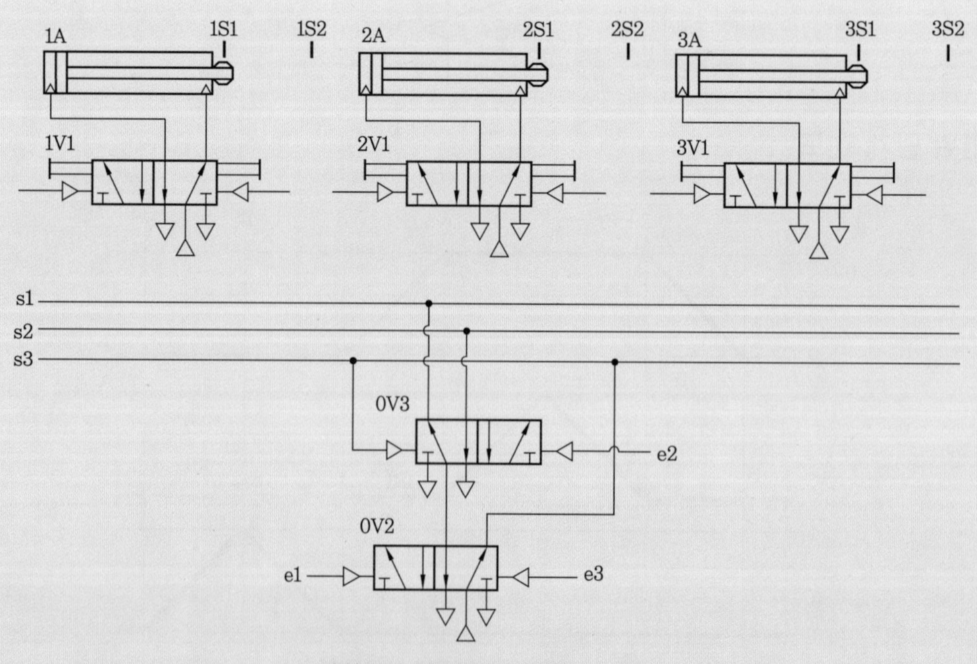

실린더와 캐스케이드 밸브의 배열

• 3단계 : 첫 번째 작업인 1A+, 2A+ 작업의 완성

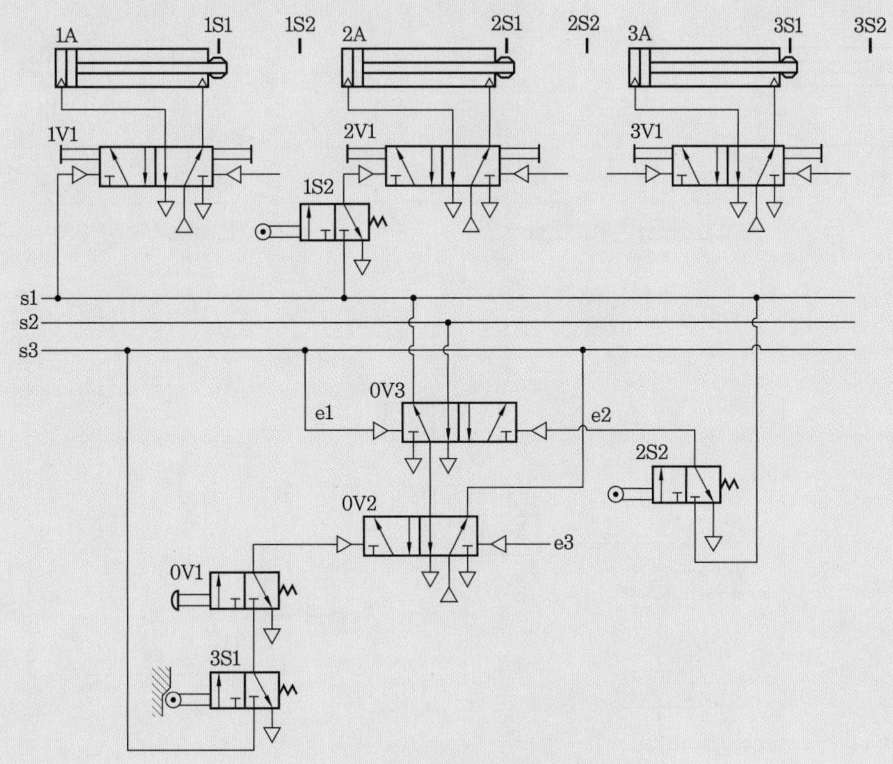

1A+, 2A+ 작업까지의 제어 회로도

• 4단계 : 두 번째 작업인 2A−, 1A−, 3A+ 작업의 완성

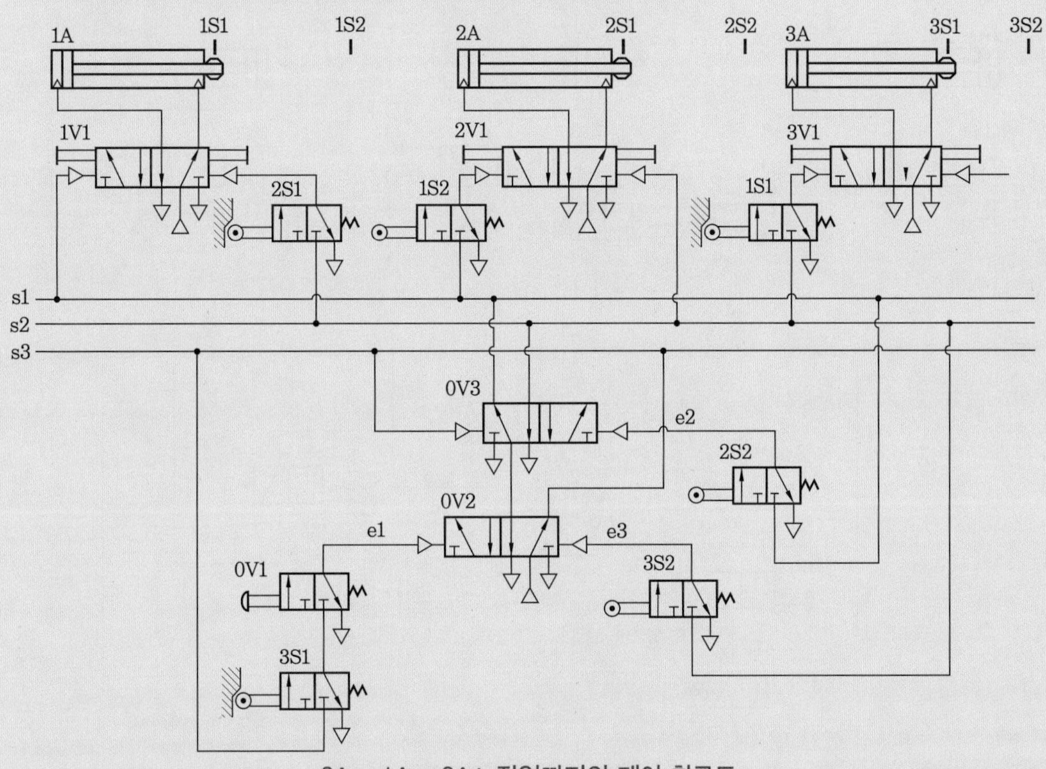

2A−, 1A−, 3A+ 작업까지의 제어 회로도

• 5단계 : 세 번째 작업인 3A− 작업의 완성

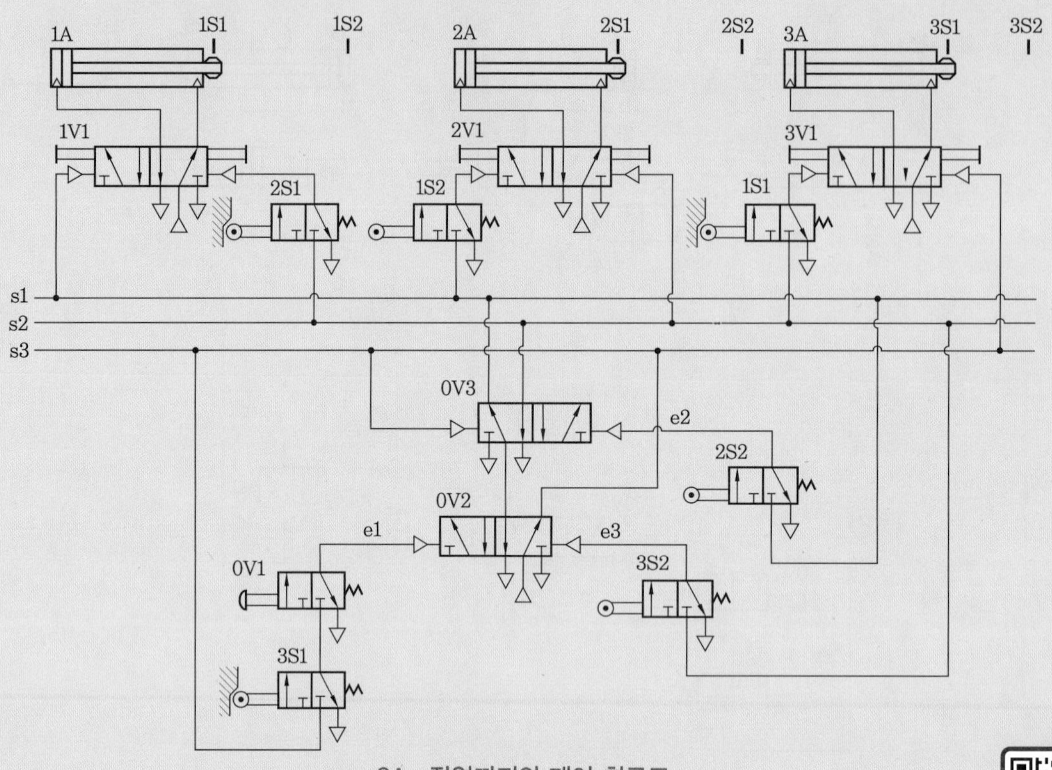

3A− 작업까지의 제어 회로도

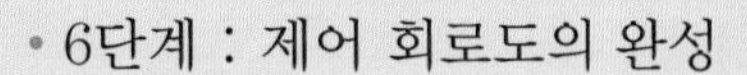

• 6단계 : 제어 회로도의 완성

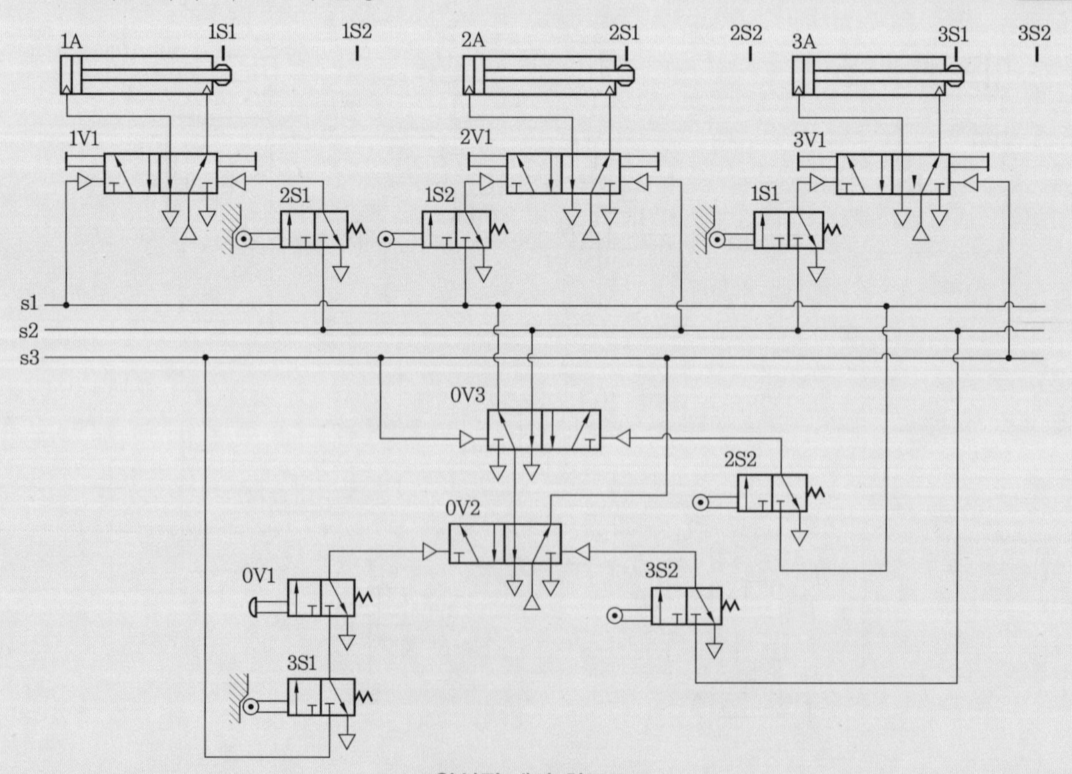

완성된 제어 회로도

(2) 작업 준비를 한다.

① 서비스 유닛의 공급 압력을 500kPa로 조정한다.

② 복동 실린더 3개, 3/2 WAY 누름 버튼 방향 제어 밸브 1개, 3/2 WAY 롤리 리밋 밸브 6개, 5/2 WAY 공압 작동 방향 제어 밸브 5개를 선택하여 실습 보드에 설치한다.

③ 실습에 사용되는 부품은 실습판에 완전하게 고정한다.

④ 실린더의 운동 구간에 장애물이 없어야 한다.

(3) 배관 작업을 한다.

① 모든 배관은 압축 공기 공급이 차단된 후 실시한다.

② 공압 분배기와 밸브 및 실린더를 공압 호스로 각각 연결한다.

③ 공압 배관은 가능한 짧게 한다.

④ 공압 장치의 배관 상태를 점검한다.

(4) 정상 작동을 확인한다.

① 서비스 유닛의 차단 밸브를 열어 공압 시스템에 공기압을 공급하면서 공기 누설이 없는지 확인한다.

② 압축 공기 공급 시 공기의 누설이 있으면 즉시 압축 공기 공급을 차단한 후 배관을 점검한다.

③ 공기 작동 압력 500kPa을 확인한다.

④ 0V1 3/2 WAY 누름 버튼 방향 제어 밸브를 조작하여 변위 단계 선도와 같이 운전한다.

(5) 각 기기를 해체하여 정리정돈한다.

① 서비스 유닛의 차단 밸브를 잠그고 공압 호스를 해체한다.

② 각 기기를 실습 보드에서 분리시키고 정리정돈한다.

제 2 부

유압 제어

제1장 유압 회로 구성

1-1 유압 회로도 작성법

(1) 유압 회로도의 표현에 따른 종류

① **단면 회로도 :** 기기와 관로의 단면도를 가지고 유압유가 흐르는 회로를 알기 쉽게 나타낸 회로도로서 기기의 작동을 설명하는 데 편리하다.

② **종식 회로도 :** 기기의 외형도를 배치한 회로도로서 과거에는 견적도, 승인도 등으로 널리 사용하였다.

③ **기호 회로도 :** 유압 기기의 제어와 기능을 기호로 간단히 표시하여 배관, 회로, 작동 해석 등에 사용되어 설계, 제작, 판매 등에 편리하다.

(2) 기호 회로도 표현 방법

① 기호는 접속, 흐름의 통로 및 구성 부품의 기능을 표시하고 있다. 이들의 유로 상태는 중간의 과도기적 상태는 표시하지 않는다.

② 기호는 포트의 위치, 스풀의 이동 방향, 작동 기구의 제어 요소 위치, 구조나 압력, 유량의 크기나 구성 부품의 설정값 등도 표시하지 않는다.

③ 선의 굵기로 기호의 의미를 변경해서는 안 된다.

④ 기호의 크기는 임의적이라도 무방하다. 강조하거나 명확히 하기 위해 기호의 크기를 변경시켜도 무방하다.

⑤ 기호 윤곽의 외측에서 관로가 교차하는 경우에만 반원 기호를 사용한다.

⑥ 복잡한 윤곽 기호 속에서는 그때의 제어 상태에 가장 가까운 기호로 흐름의 상황을 표시한다.

⑦ 회로도의 모든 기호는 회로 조작의 위치 변화가 표시되어 있지 않으면 구성 부품이 정상 또는 중립 상태로 되어 있는 경우를 기입한다.

⑧ 화살표는 흐름의 방향을 표시하고, 양단에 화살표가 있는 것은 그 흐름의 방향이 정 · 역으로 되는 것을 표시한다.

⑨ 구성 요소를 둘러싼 테두리의 밖에서 유로가 기본 기호에 접속하고 있는 경우에는 그 포트가 외부로 나와 있는 것을 표시한다.

1-2 유압 요소의 표시 방법

(1) 밸브 연결구 기호 표시

ISO 1219와 ISO 5599의 표시법

구분	ISO 1219 규정	ISO 5599 규정	표시 방법
에너지 공급구	P	1	A (4), B (2), (Z)12, P(1), T(3)
작업 라인	A, B, C …	2, 4, 6	
배출구	R, S, T	3, 5, 7	
누출 라인	L	9	
제어 라인	Z, Y, X	10, 12, 14	

(2) 부품의 식별 코드(배관 포함) ISO 1219-2

설비 번호, 회로 번호, 부품 코드, 부품 번호 등의 상세 내용은 공압과 같다.

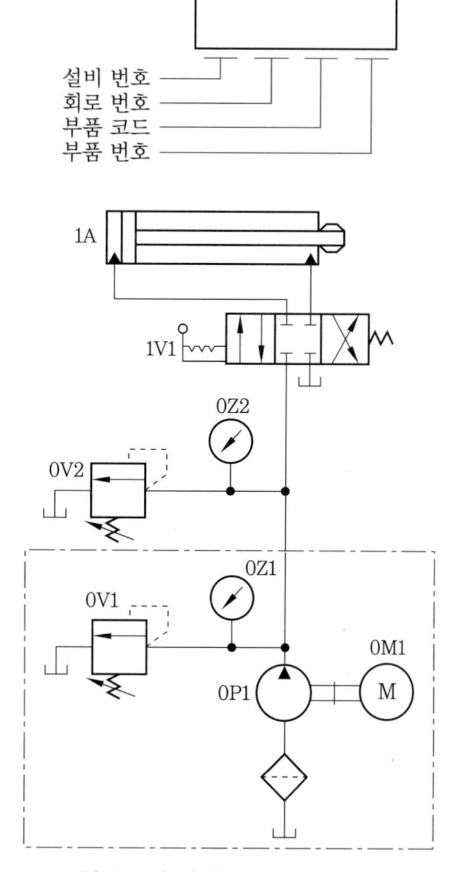

회로도의 각 유압 요소의 표현

과제 1 유압 회로 구성

1 제어 조건

주어진 유압 회로도를 보고 ISO 규정에 의한 각 유압 기기의 부품 코드와 부품 번호를 알맞게 써 넣으시오.

2 유압 회로도

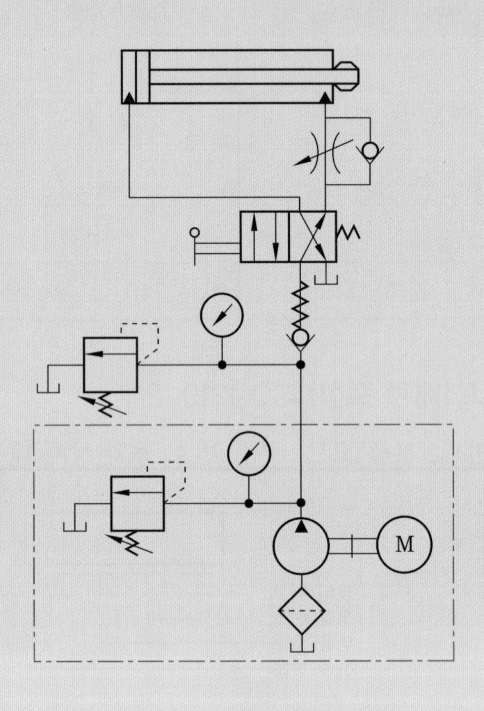

정답

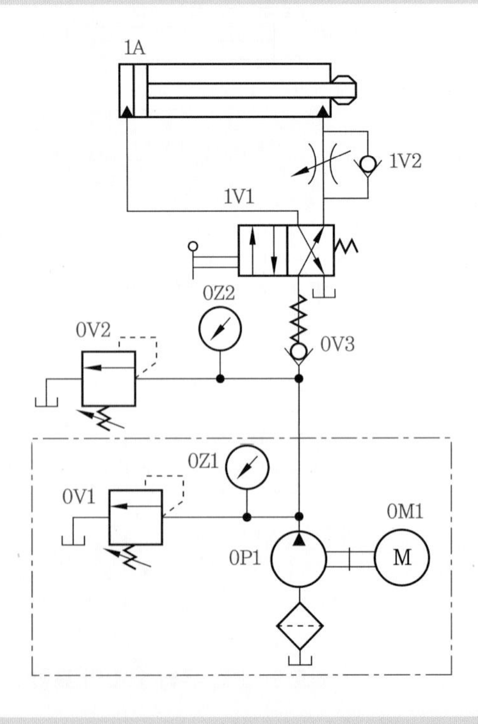

제2장 유압 시스템 구성

2-1 유압 회로의 종류

유압 회로는 압력 제어 회로, 속도 제어 회로, 방향 제어 회로, 유압 모터 제어 회로 등으로 구성된다.

- **압력 제어** : 펌프에서 토출한 작동유의 압력을 일정하게 유지하거나, 감압하거나, 무부하할 수 있으며, 압력을 이용하여 액추에이터를 순차 동작시키거나 부하와 평행시키는 것도 압력 제어에 의해 가능하다.
- **속도 제어** : 유량 제어로 간단하게 제어하는 것으로 액추에이터의 이송 또는 회전 속도를 빠르게 하거나 느리게 할 수 있다.
- **방향 제어** : 액추에이터의 전진 또는 후진, 모터의 정 · 역회전 방향 전환 또는 중간 정지 등의 제어가 가능하다.

2-2 유압 동력원

유압 동력원은 모터, 펌프, 릴리프 밸브 및 압력 게이지, 기름 탱크, 스트레이너, 냉각기, 가열기 및 유압유 등으로 구성되어 있고, 탱크 위와 내부에 설치되어 있으며, 유압 시스템에 필요한 유압 에너지를 공급한다.

다음의 그림에서 1점 쇄선의 포위선은 유압 동력원을 나타내는 것으로 유압 설비에 설치되어 있으며 작업자가 구성하지 않는다.

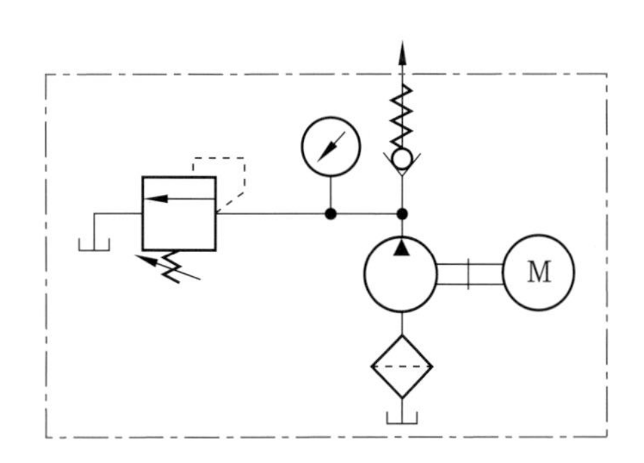

2-3 압력 제어 구성

(1) 최대 압력 제한 회로

모든 유압 회로의 기본으로 회로 내의 최대 압력을 설정 압력으로 조정하는 회로이다.

(2) 언로드 회로(unload circuit, 무부하 회로)

유압 펌프의 유량이 필요하지 않게 되었을 때, 즉 조작단의 일을 하지 않을 때 작동유를 저압으로 탱크에 귀환시켜 펌프를 무부하로 만드는 회로이다.

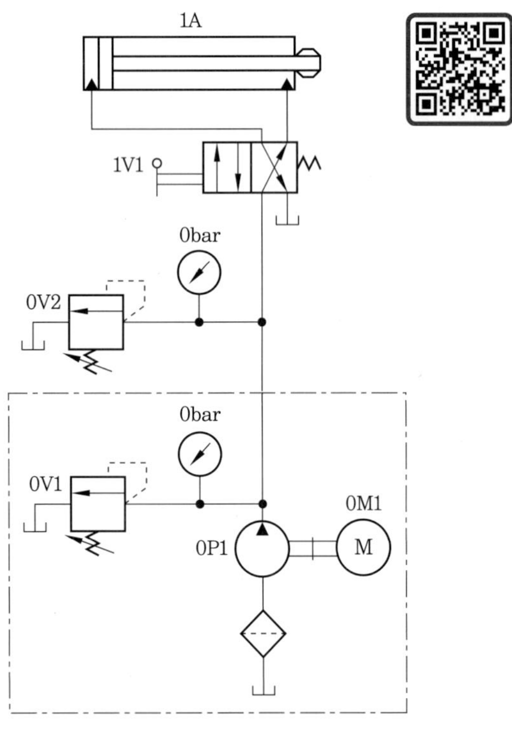

최대 압력 제한 회로

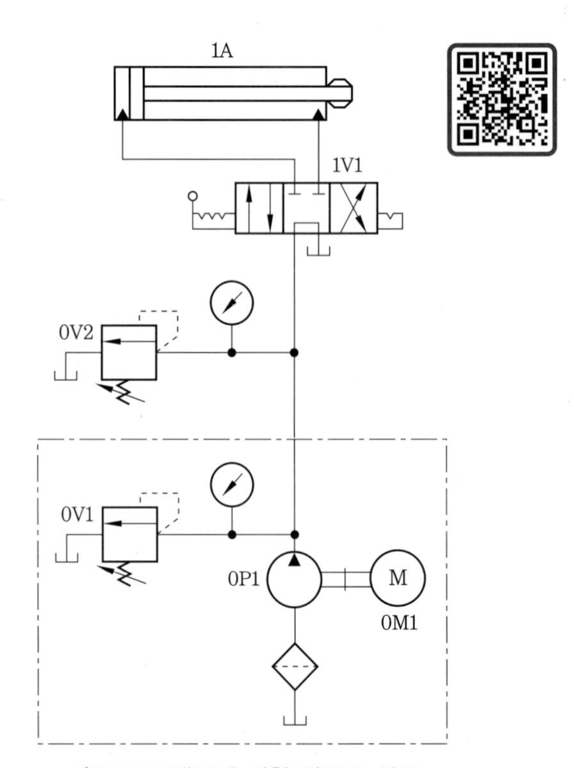

4/3 WAY 밸브에 의한 언로드 회로

과제 1 유압 시스템 구성

1 제어 조건

주어진 유압 회로도에 쓰인 유압 기기의 명칭 또는 용도를 빈칸에 알맞게 써 넣으시오.

2 유압 회로도

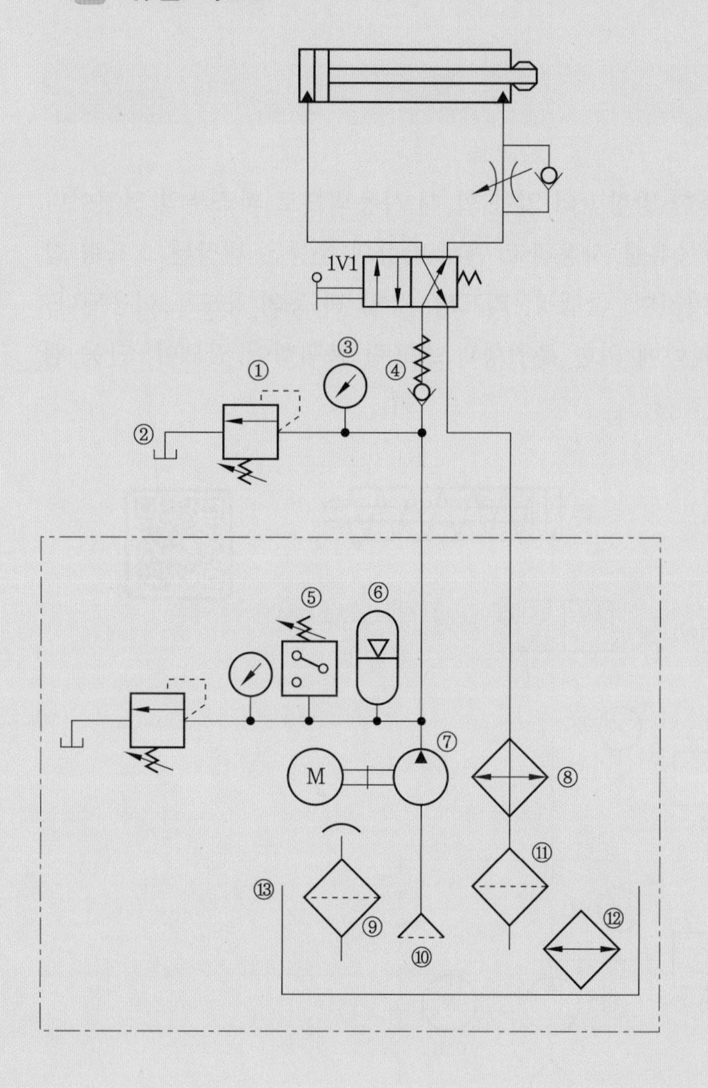

번호	명칭	용도
①	릴리프 밸브	
②, ⑬	탱크	
③	압력 게이지	
④	체크 밸브	
⑤		압력 강하 제어
⑥	축압기	
⑦	유압 펌프	유압유 토출
⑧		유압유 온도 제어
⑨	에어 블리더	
⑩		흡입유 여과
⑪		복귀유 여과
⑫	가열기	

정답
① 시스템 최대 압력 제어
②, ⑬ 유압유 저장
③ 유압 압력 확인
④ 유압유 역류 방지
⑤ 압력 스위치
⑥ 맥동 방지 등
⑧ 냉각기
⑨ 탱크내 압력 제어
⑩ 스트레이너
⑪ 리턴 필터
⑫ 유압유 온도 제어

제3장 속도 제어 회로 구성

3-1 단동 실린더 제어

단동 실린더는 유압 시스템에서 한 방향만의 일을 할 때 사용되므로 피스톤의 전진이나 후진 중 한 방향 운동에만 유압 작동유를 사용하고 반대 방향의 운동은 내장된 스프링 힘이나 자중 또는 외력에 의해 이루어지며, 클램핑, 리프팅, 유압 잭 등의 용도로 이용된다.

유압 단동 실린더의 종류에는 외력에 의한 복귀형과 스프링 복귀형이 있으며, 단동 램형과 단동 텔레스코프형도 있다.

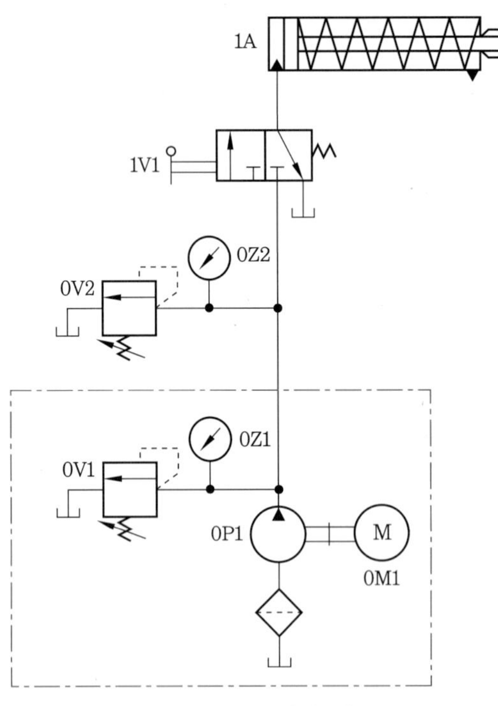

단동 실린더 제어 회로

3-2 복동 실린더 제어

복동 실린더는 유압 작동유의 유체 에너지를 이용하여 직선 왕복 운동을 기계적 에너지로 변환시키는 기기로 유압 시스템에서 양 방향의 힘이 필요할 때 사용된다.

복동 실린더는 한쪽은 유압유를 공급하면 다른 한쪽은 배출시켜야 하므로 4포트 밸브가 사용된다.

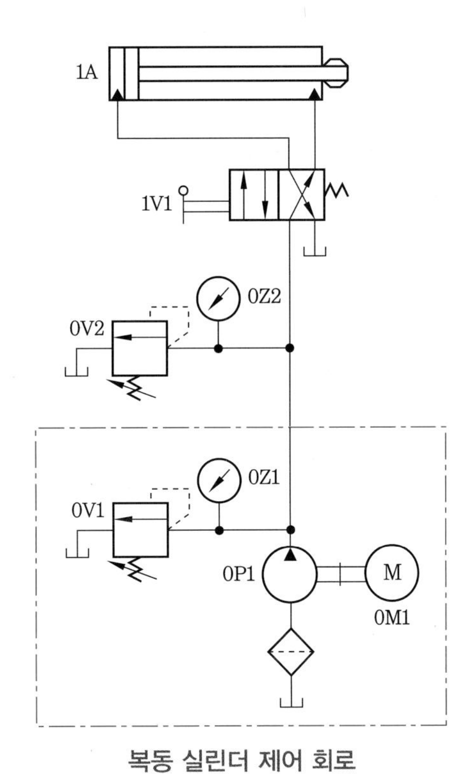

복동 실린더 제어 회로

3-3 실린더 속도 제어

(1) 미터 인(meter in) 속도 제어 회로

다음 그림과 같이 실린더로 유입되는 유압유의 양을 교축하여 속도를 제어하는 회로로 연삭기의 이송 부하의 변동이 작은 경우에 사용된다.

이 회로는 펌프가 실린더 소요 유량보다 더 많은 유량을 토출시켜야 하며 릴리프 밸브에서 항상 여분의 유압유를 탱크로 리턴시키므로 작동유의 유체 에너지가 열로 변환되어 유압유의 온도 상승 결과가 된다.

다음 그림에서 1A는 미터 인 전진 속도 제어, 2A는 미터 인 후진 속도 제어이다.

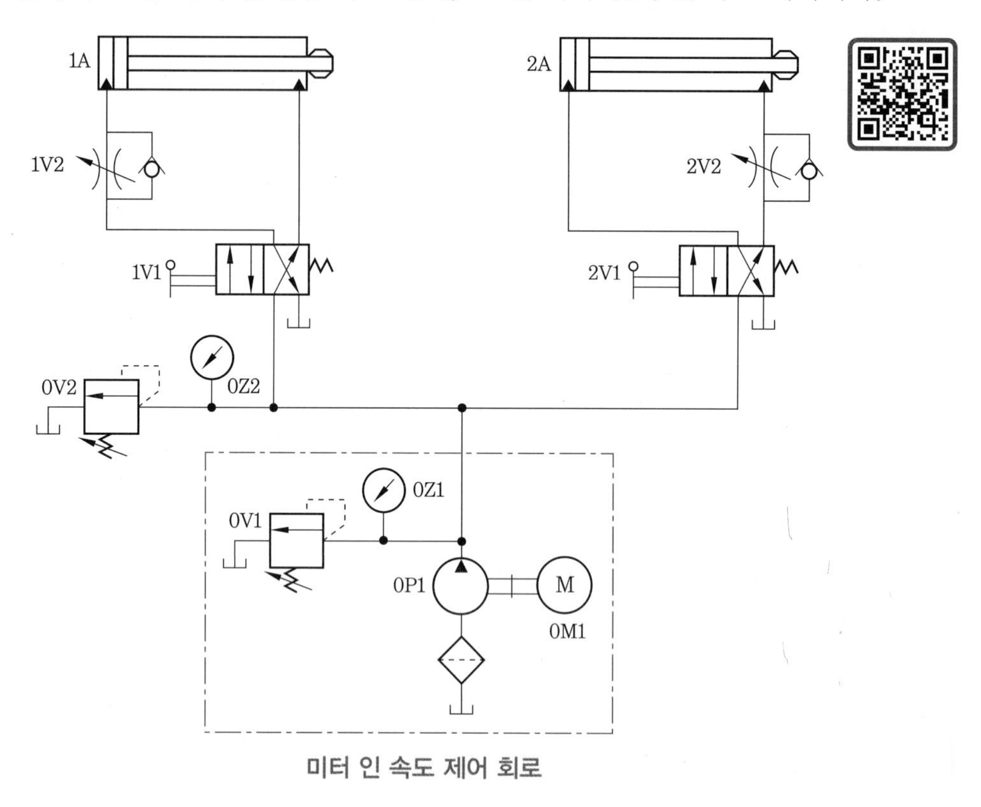

미터 인 속도 제어 회로

(2) 미터 아웃(meter out) 속도 제어 회로

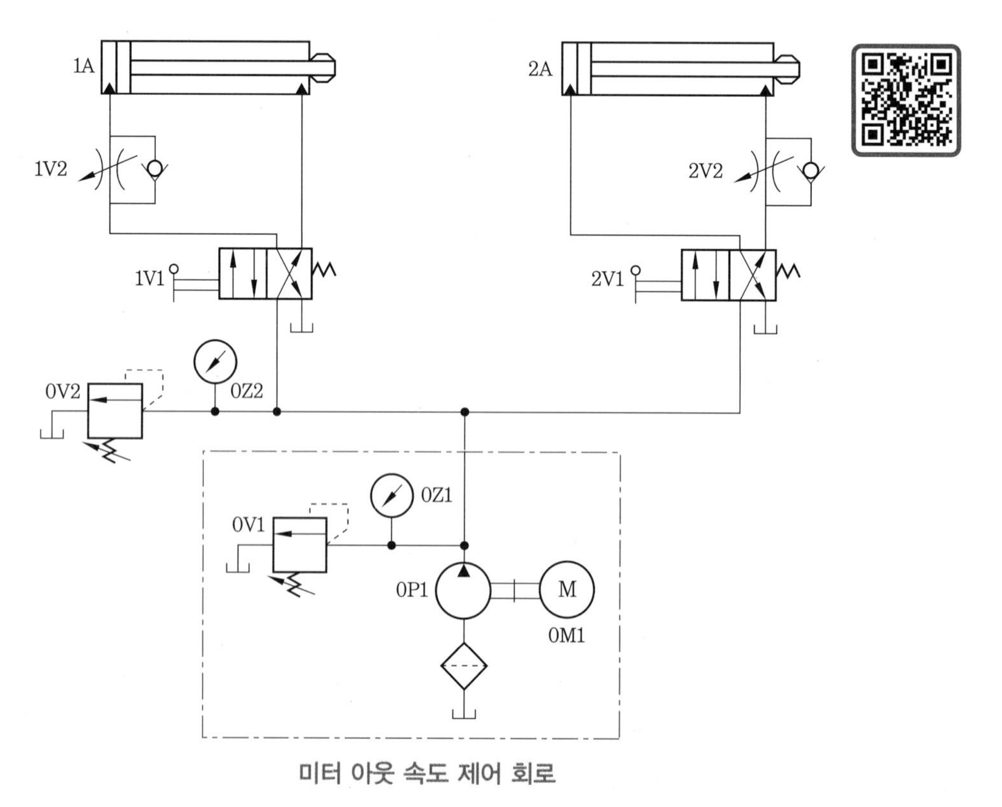

미터 아웃 속도 제어 회로

액추에이터에서 유출되는 유압 작동유의 양을 교축하여 속도를 제어하는 회로로 피스톤에 배압이 발생되어 피스톤이 폭주하지 않고, 부하 변동이 있어도 로드가 일정 속도로 작동한다. 드릴링 머신, 기계 톱 등의 유압 회로에 사용되며, 미터 인 속도 제어와 마찬가지로 릴리프 밸브에서 항상 여분의 유압유를 탱크로 리턴시키므로 작동유의 유체 에너지가 열로 변환되어 유압유의 온도 상승 결과가 된다.

앞의 그림에서 1A는 미터 아웃 후진 속도 제어, 2A는 미터 아웃 전진 속도 제어이다.

(3) 블리드 오프 속도 제어 회로

이 회로는 유량 조절 밸브를 실린더의 전진 측에 병렬로 설치, 실린더로 유압되거나 실린더에서 토출되는 유압 작동유를 탱크로 드레인시키는 것으로 실린더 전진 및 후진 속도를 같이 제어할 수 있고, 동력 손실이나 열 발생이 적다.

그러나 펌프 토출량이 부하 압력에 영향을 주므로 부하 변동이 큰 경우의 속도 제어는 곤란하여 부하 변동이 작은 연삭기 테이블 이송, 브로칭 머신, 호닝 머신 등에 사용하는 데 적합하다.

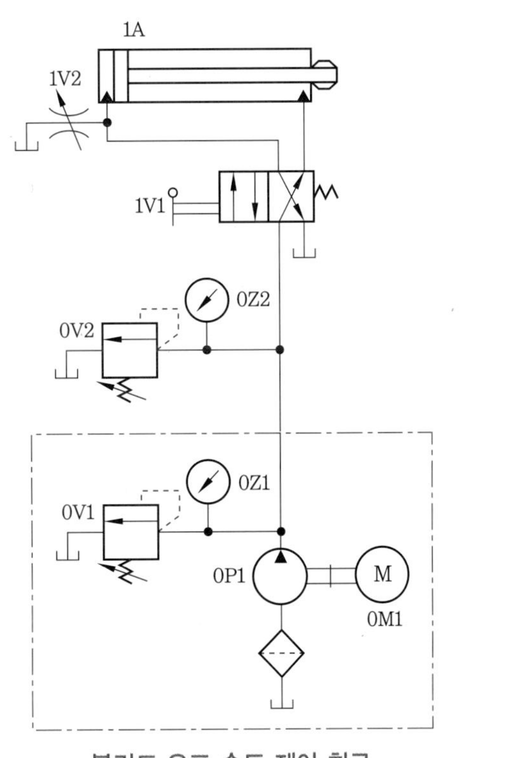

블리드 오프 속도 제어 회로

과제 1 유압 실린더 미터 인 전후진 속도 제어 회로 구성

1 제어 조건

주어진 유압 회로도를 다음 조건에 맞게 구성하여 운전하시오.

① 4/2 WAY 레버 작동 스프링 복귀형 유압 방향 제어 밸브를 사용하시오.

② 레버를 조작하면 실린더는 전진하고, 레버를 놓으면 실린더는 후진하도록 하시오.

③ 한방향 유량 제어 밸브를 사용하여 실린더의 전진 속도 및 후진 속도를 미터 인 회로로 제어하시오.

④ 유압 호스는 가급적 짧은 것을 사용하되 곡률 반지름은 70mm 이상 되게 하여 기기를 연결하시오.

⑤ 유압 시스템의 공급 압력은 4MPa로 설정하시오.

2 유압 회로도

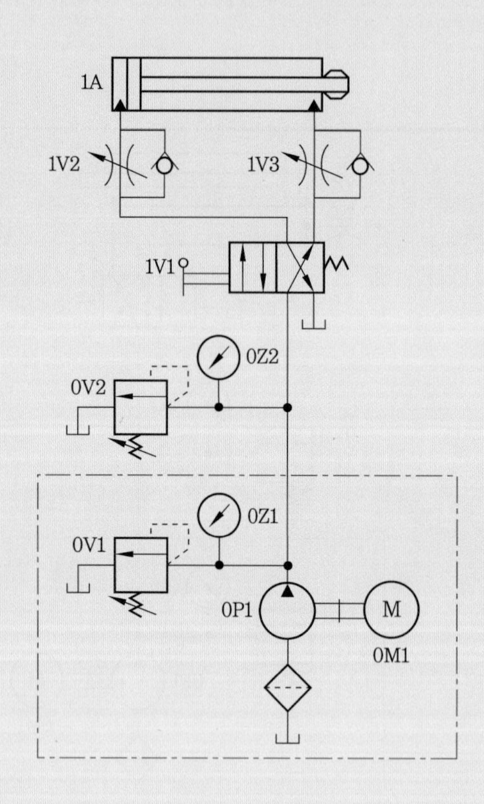

3 실습 순서

(1) 작업 준비를 한다.

① 복동 실린더 1개, 4/2 WAY 레버 방향 제어 밸브 1개, 릴리프 밸브 1개, 한방향 유량 제어 밸브 2개, 압력 게이지 1개를 선택하여 실습 보드에 설치한다. 이때 한방향 유량 제어 밸브는 실린더 포트에 각각 설치하면서 방향을 반드시 확인해야 한다.

② 실습에 사용되는 부품은 실습판에 완전하게 고정한다.

③ 실린더의 운동 구간에 장애물이 없어야 한다.

(2) 배관 작업을 한다.

① 모든 기기의 설치 및 배관은 유압 펌프가 정지된 후 실시한다.

② 펌프측 포트와 0Z2 압력 게이지 포트를 호스로 연결하고, 압력 게이지 포트와 0V2 릴리프 밸브의 P 포트를, 릴리프 밸브의 T 포트와 탱크의 드레인 포트를 호스로 각각 연결한다.

③ 펌프를 가동시켜 0V2 릴리프 밸브의 압력을 4MPa(40kgf/cm^2)로 조정한 후 펌프를 정지시킨다.

④ 0Z2 압력 게이지와 1V1 4/2 WAY 레버 방향 제어 밸브의 P포트, 1V1 밸브의 T 포트와 탱크의 드레인 포트를 호스로 각각 연결한다.

⑤ 실린더 피스톤 헤드측 포트에 1V2 유량 조절 밸브를, 실린더 로드측 포트에 1V3 유량 조절 밸브를 각각 삽입한다.

⑥ 1V1 4/2 WAY 레버 방향 제어 밸브의 A 포트에 1V2 유량 조절 밸브의 포트, 1V1 밸브 B 포트에 1V3 유량 조절 밸브의 포트를 호스로 각각 연결한다.

⑦ 유압 호스는 가급적 짧은 것을 사용하되 곡률 반지름은 70mm 이상 되도록 한다.

⑧ 유압 장치의 배관 상태를 점검한다.

(3) 정상 작동을 확인한다.

① 펌프를 가동시켜 압력 게이지의 압력 4MPa을 확인하고, 유압 시스템에 유압을 공급하면서 누설이 없는지 확인한다.

② 유압 작동유의 누설이 있으면 즉시 펌프를 정지시킨 후 배관을 점검한다.

③ 실린더의 속도가 너무 빠르거나 느리면 유량 제어 밸브를 조정하여 안전 속도를 유지하도록 한다.

(4) 각 기기를 해체하여 정리정돈한다.

① 펌프를 정지시키고 유압 호스를 해체한다.

② 각 기기를 실습 보드에서 분리시키고 정리정돈한다.

과제 2 유압 실린더 미터 아웃 전후진 속도 제어 회로 구성

1 제어 조건

주어진 유압 회로도를 다음 조건에 맞게 구성하여 운전하시오.

① 4/2 WAY 레버 작동 스프링 복귀형 유압 방향 제어 밸브를 사용하시오.

② 레버를 조작하면 실린더는 전진하고, 레버를 놓으면 실린더는 후진하도록 하시오.

③ 한방향 유량 제어 밸브를 사용하여 실린더의 전진 속도 및 후진 속도를 미터 아웃 회로로 제어하시오.

④ 유압 호스는 가급적 짧은 것을 사용하되 곡률 반지름은 70mm 이상 되게 하여 기기를 연결하시오.

⑤ 유압 시스템의 공급 압력은 4MPa로 설정하시오.

2 유압 회로도

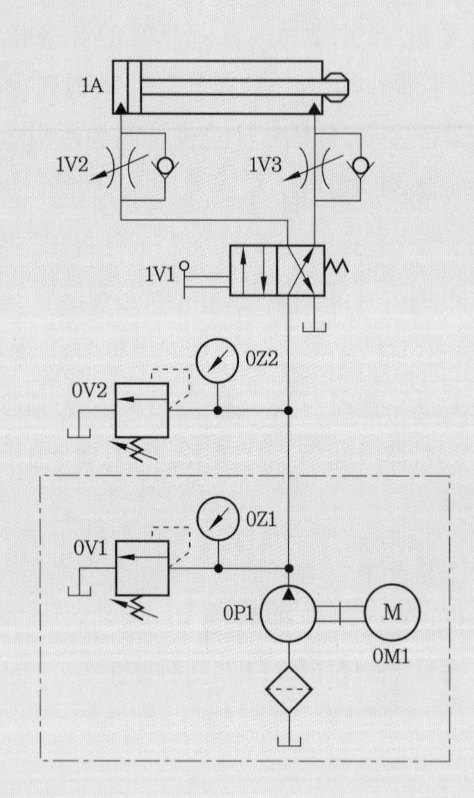

3 실습 순서

(1) 작업 준비를 한다.

① 복동 실린더 1개, 4/2 WAY 레버 방향 제어 밸브 1개, 릴리프 밸브 1개, 한방향 유량 제어 밸브 2개, 압력 게이지 1개를 선택하여 실습 보드에 설치한다. 이때 한방향 유량 제어 밸브는 방향 제어 밸브 포트에 설치하면서 방향을 반드시 확인해야 한다.

② 실습에 사용되는 부품은 실습판에 완전하게 고정한다.

③ 실린더의 운동 구간에 장애물이 없어야 한다.

(2) 배관 작업을 한다.

① 모든 기기의 설치 및 배관은 유압 펌프가 정지된 후 실시한다.

② 펌프측 포트와 0Z2 압력 게이지를 호스로 연결하고, 0Z2 압력 게이지와 0V2 릴리프 밸브의 P 포트를, 릴리프 밸브의 T 포트와 탱크의 드레인 포트를 호스로 각각 연결한다.

③ 펌프를 가동시켜 0V2 릴리프 밸브의 압력을 4MPa(40kgf/cm^2)로 조정한 후 펌프를 정지시킨다.

④ 0Z2 압력 게이지와 1V1 4/2 WAY 레버 방향 제어 밸브의 P 포트, 1V1 밸브의 T 포트와 탱크의 드레인 포트를 호스로 각각 연결한다.

⑤ 1V1 4/2 WAY 레버 방향 제어 밸브의 A 포트에 1V2 유량 조절 밸브를, B 포트에 1V3 유량 조절 밸브를 삽입한다.

⑥ 1V2 유량 조절 밸브 포트와 실린더 피스톤 헤드측 포트를, 1V3 유량 조절 밸브의 포트와 실린더 로드측 포트를 호스로 각각 연결한다.

⑦ 유압 호스는 가급적 짧은 것을 사용하되 곡률 반지름은 70mm 이상 되도록 한다.

⑧ 유압 장치의 배관 상태를 점검한다.

(3) 정상 작동을 확인한다.

① 펌프를 가동시켜 0Z2 압력 게이지의 압력 4MPa을 확인하고, 유압 시스템에 유압을 공급하면서 누설이 없는지 확인한다.

② 유압 작동유의 누설이 있으면 즉시 펌프를 정지시킨 후 배관을 점검한다.

③ 실린더의 속도가 너무 빠르거나 느리면 유량 제어 밸브를 조정하여 안전 속도를 유지하도록 한다.

(4) 각 기기를 해체하여 정리정돈한다.

① 펌프를 정지시키고 유압 호스를 해체한다.

② 각 기기를 실습 보드에서 분리시키고 정리정돈한다.

제4장 방향 제어 회로 구성

4-1 로킹 회로

실린더 로드를 비교적 장시간 임의의 위치에서 정지시키는 회로를 로킹(locking) 회로라 하며 위치 제어의 한 종류이다. 공작기계 등에 적용되고 있으며, 유압 밸브만의 사용으로도 가능하지만 솔레노이드 밸브를 사용하면 더욱 간단히 구성할 수 있다.

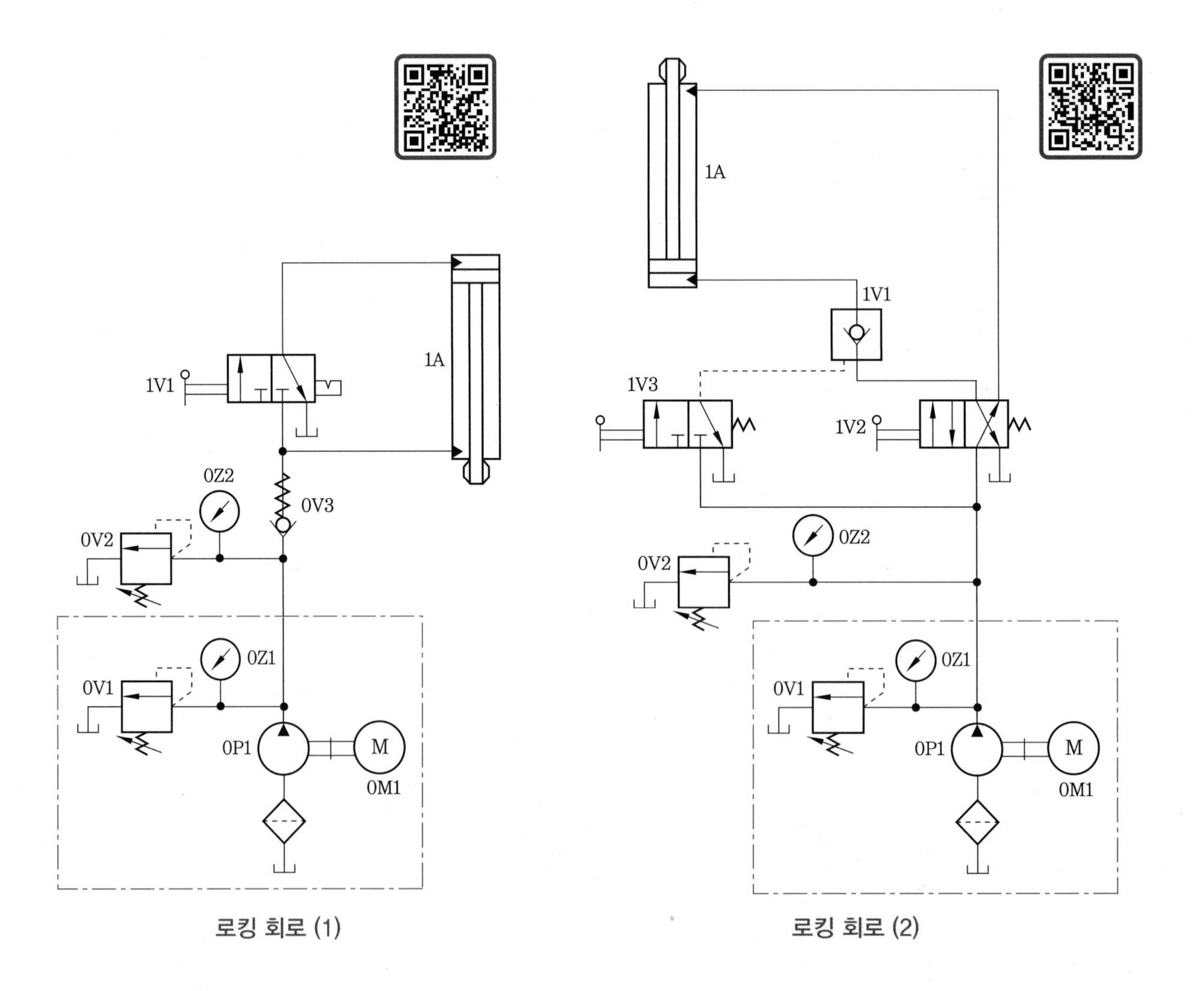

로킹 회로 (1)

로킹 회로 (2)

4-2 감압 회로

유압 시스템의 주 회로 압력은 고압이지만 기계적 강도 등에 의해 주 회로 압력보다 저압이 필요할 때 감압 회로가 이용된다.

감압 밸브에는 드레인 라인이 있는 3 WAY 감압 밸브와 드레인 라인이 없는 2 WAY 감압 밸브의 두 가지가 있다.

2 WAY 감압 밸브는 감압 밸브를 통하여 유압유가 흐르는 상태에서는 설정된 압력보다 낮은 압력을 유지하면서 흐르나, 실린더가 운동을 완료하고 나면 감압 밸브의 구조와 반응 시간 때문에 설정된 압력보다 높은 서지 압력이 형성되므로 근래에는 3 WAY 감압 밸브를 사용하고 있다.

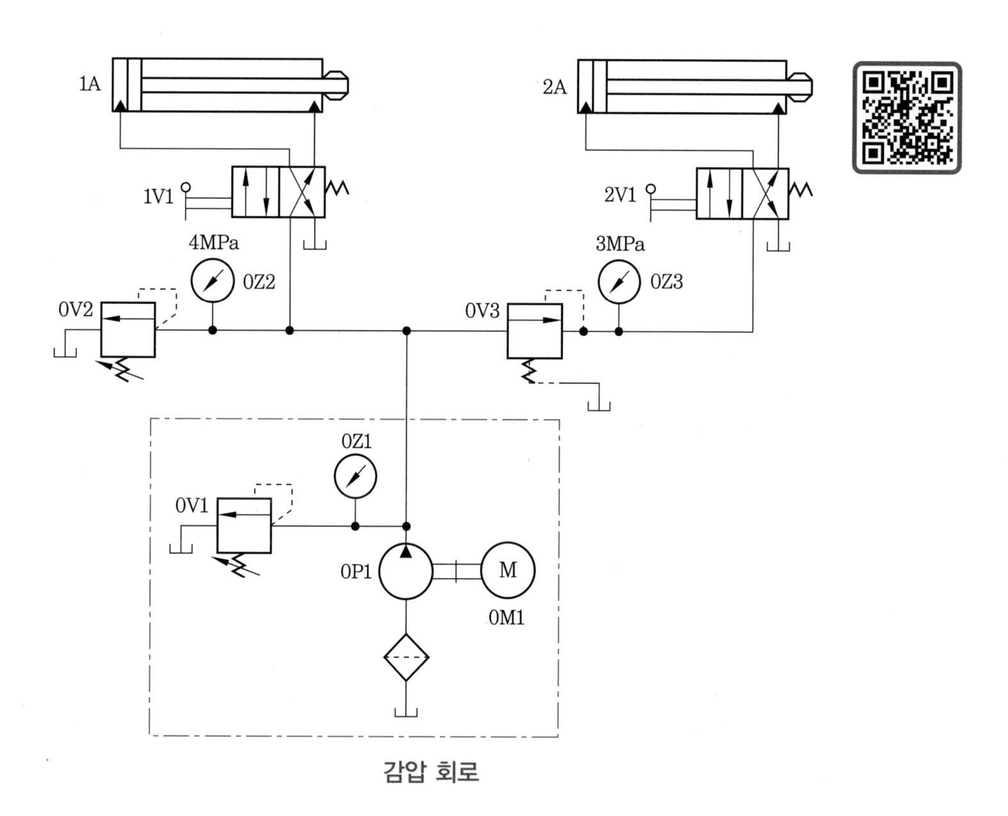

감압 회로

과제 1 유압 실린더 로킹 회로 구성

1 제어 조건

주어진 유압 회로도를 다음 조건에 맞게 구성하여 운전하시오.

① 파일럿 체크 밸브를 사용하여 완전 로크 회로를 구성하시오.

② 레버를 조작하면 실린더는 전진, 후진, 중간 정지가 되도록 하시오.

③ 유압 호스는 가급적 짧은 것을 사용하되 곡률 반지름은 70mm 이상 되게 하여 기기를 연결하시오.

④ 유압 시스템의 공급 압력은 4MPa로 설정하시오.

2 유압 회로도

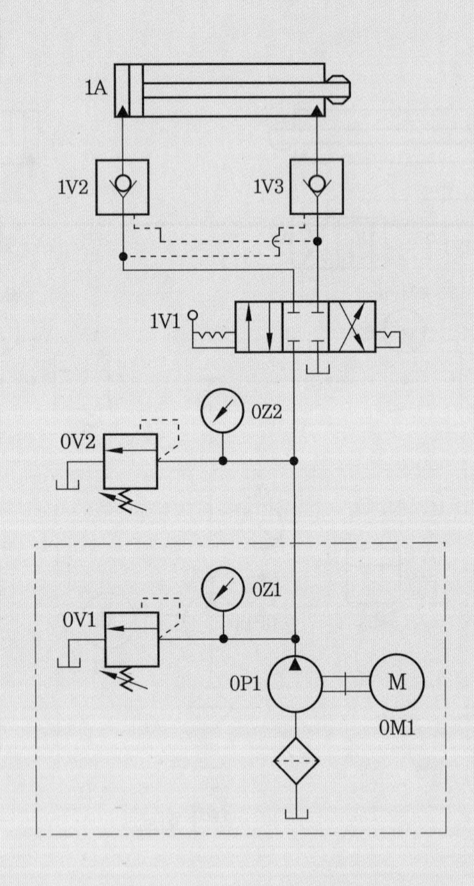

3 실습 순서

(1) 작업 준비를 한다.

① 복동실린더 1개, 4/3 WAY 올포트 블록 레버 방향 제어 밸브 1개, 파일럿 작동 체크 밸브 2개, 릴리프 밸브 1개, 압력 게이지 1개를 선택하여 실습 보드에 설치한다.

② 실습에 사용되는 부품은 실습판에 완전하게 고정한다.

③ 실린더의 운동 구간에 장애물이 없어야 한다.

(2) 배관 작업을 한다.

① 모든 기기의 설치 및 배관은 유압 펌프가 정지된 후 실시한다.

② 펌프측 포트와 0Z2 압력 게이지를 호스로 연결하고, 0Z2 압력 게이지와 0V2 릴리프 밸브의 P 포트를, 0V2 릴리프 밸브의 T 포트와 탱크의 드레인 포트를 호스로 각각 연결한다.

③ 펌프를 가동시켜 0V2 릴리프 밸브의 압력을 4 MPa(40 kgf/cm^2)로 조정한 후 펌프를 정지시킨다.

④ 0Z2 압력 게이지와 1V1 4/3 WAY 레버 방향 제어 밸브의 P 포트, 1V1 밸브의 T 포트와 탱크의 드레인 포트를 호스로 각각 연결한다.

⑤ 1V1 4/3 WAY 레버 방향 제어 밸브의 A 포트와 B 포트에 T 커넥터를 각각 삽입한다.

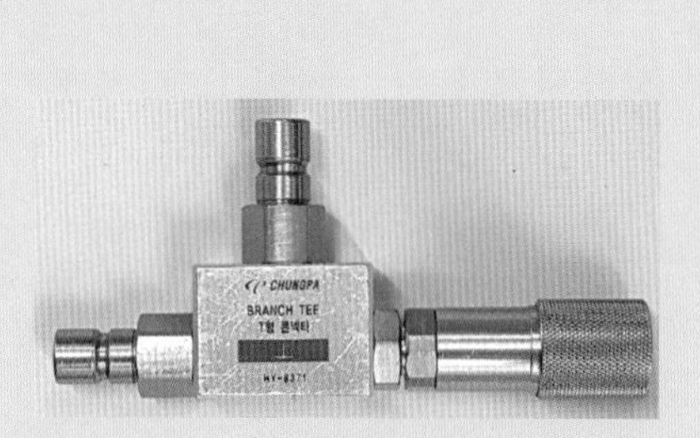

T 커넥터

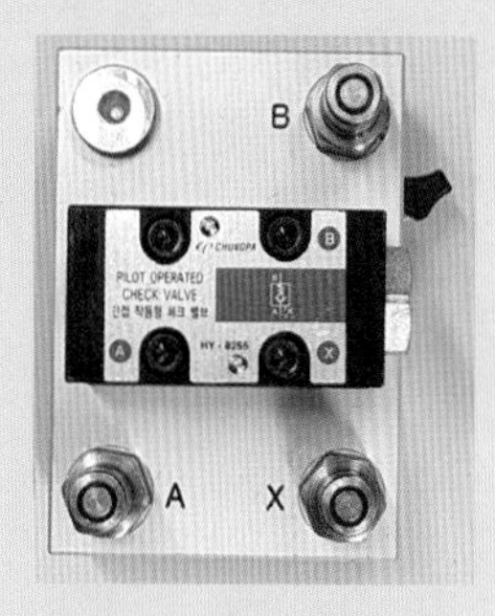

파일럿 작동 체크 밸브

⑥ 1V2 파일럿 작동 체크 밸브의 X 포트와 1V1 4/3 WAY 레버 방향 제어 밸브 B 포트에 설치되어 있는 T 커넥터에 연결하고, 1V3 파일럿 작동 체크 밸브의 X 포트와 1V1 4/3 WAY 레버 방향 제어 밸브 A 포트에 설치되어 있는 T 커넥터에 연결한다.

⑦ 실린더 피스톤 헤드측 포트와 1V2 체크 밸브의 B 포트를, 실린더 로드측 포트와 1V3 체크 밸브의 B 포트를 호스로 각각 연결한다.

⑧ 1V2 체크 밸브의 A 포트와 1V1 4/3 WAY 레버 방향 제어 밸브의 A 포트에 설치되어 있는 T 커넥터를, 1V3 체크 밸브의 A 포트와 1V1 밸브의 B 포트에 설치되어 있는 T 커넥터를 호스로 각각 연결한다.

⑨ 유압 호스는 가급적 짧은 것을 사용하되 곡률 반지름은 70 mm 이상 되도록 한다.

⑩ 유압 장치의 배관 상태를 점검한다.

(3) 정상 작동을 확인한다.

① 펌프를 가동시켜 0Z2 압력 게이지의 압력 4 MPa을 확인하고, 유압 시스템에 유압을 공급하면서 누설이 없는지 확인한다.

② 유압 작동유의 누설이 있으면 즉시 펌프를 정지시킨 후 배관을 점검한다.

(4) 각 기기를 해체하여 정리정돈한다.

① 펌프를 정지시키고 유압 호스를 해체한다.

② 각 기기를 실습 보드에서 분리시키고 정리정돈한다.

과제 2 감압 밸브에 의한 2압 회로 구성

1 제어 조건

주어진 유압 회로도를 다음 조건에 맞게 구성하여 운전하시오.

① 4/2 WAY 레버 작동 스프링 복귀형 유압 방향 제어 밸브를 사용하시오.

② 레버를 조작하면 실린더는 전진하고, 레버를 놓으면 실린더는 후진하도록 하시오.

③ 한방향 유량 제어 밸브를 사용하여 실린더의 전진 속도 및 후진 속도를 미터 아웃 회로로 제어하시오.

④ 유압 호스는 가급적 짧은 것을 사용하되 곡률 반지름은 70mm 이상 되게 하여 기기를 연결하시오.

⑤ 유압 시스템의 공급 압력은 4MPa로 설정하시오.

2 유압 회로도

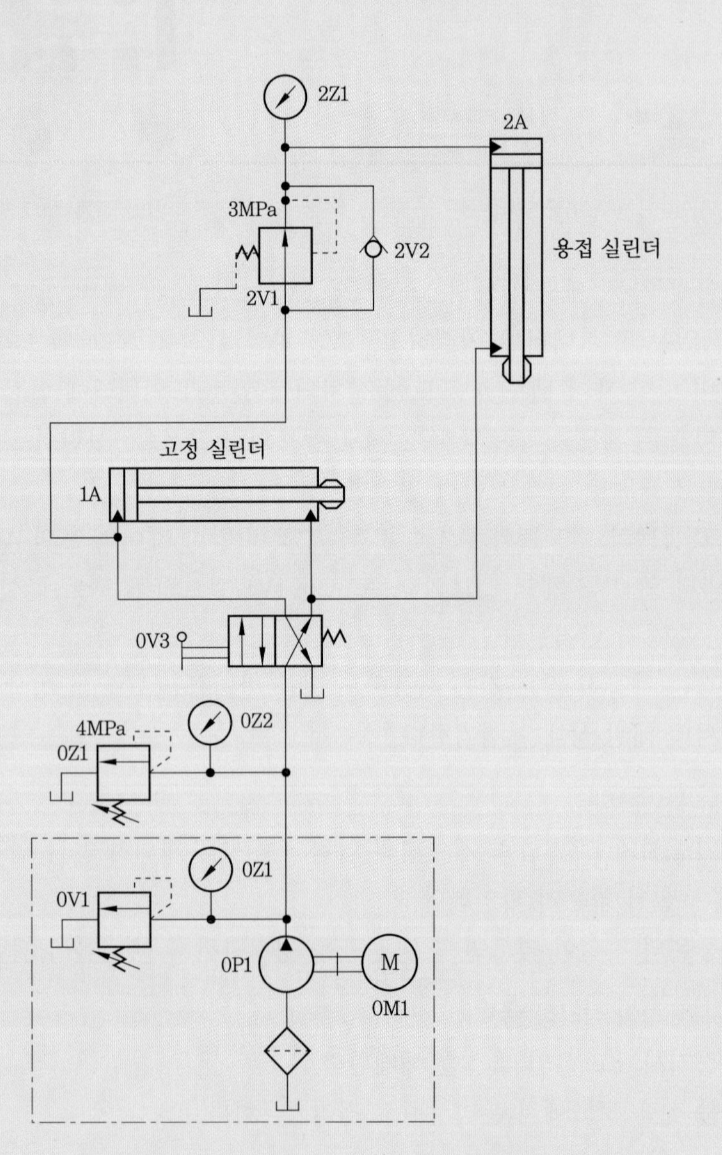

3 실습 순서

(1) 작업 준비를 한다.

① 복동 실린더 2개, 4/2 WAY 레버 방향 제어 밸브 1개, 릴리프 밸브 1개, 감압 밸브 1개, 압력 게이지 2개, T 커넥터 3개를 선택하여 실습 보드에 설치한다. 이때 감압 밸브와 체크 밸브의 방향을 반드시 확인해야 한다.

② 실습에 사용되는 부품은 실습판에 완전하게 고정한다.

③ 실린더의 운동 구간에 장애물이 없어야 한다.

(2) 배관 작업을 한다.

① 모든 기기의 설치 및 배관은 유압 펌프가 정지된 후 실시한다.

② 펌프측 포트와 0Z2 압력 게이지를 호스로 연결하고, 0Z2 압력 게이지와 0V2 릴리프 밸브의 P 포트를, 릴리프 밸브의 T 포트와 탱크의 드레인 포트를 호스로 각각 연결한다.

③ 펌프를 가동시켜 0V2 릴리프 밸브의 압력을 4 MPa(40 kgf/cm^2)로 조정한 후 펌프를 정지시킨다.

④ 0Z2 압력 게이지와 0V3 4/2 WAY 레버 방향 제어 밸브의 P 포트, 0V3 밸브의 T 포트와 탱크의 드레인 포트를 호스로 각각 연결한다.

⑤ 0V3 4/2 WAY 레버 방향 제어 밸브의 A 포트와 B 포트에 T 커넥터를 각각 삽입한다.

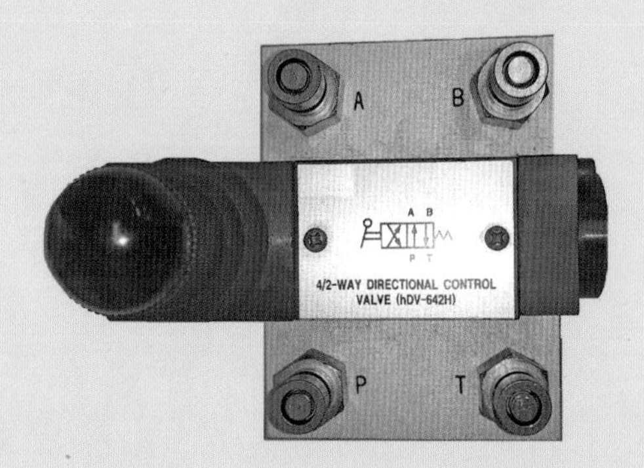

4/2 WAY 레버 방향 제어 밸브

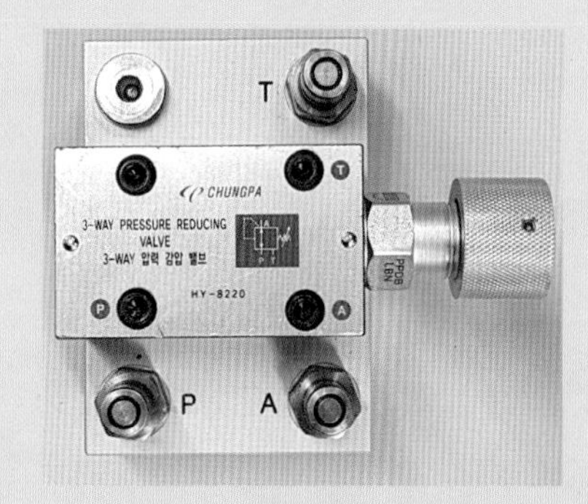

감압 밸브

⑥ 2V1 감압 밸브 P 포트에 T 커넥터를 삽입한다.

⑦ 0V3 4/2 WAY 레버 방향 제어 밸브의 B 포트에 설치되어 있는 T 커넥터에 1A 고정 실린더 로드측 포트와 2A 용접 실린더 로드측 포트를 호스로 각각 연결한다

⑧ 0V3 4/2 WAY 레버 방향 제어 밸브의 A 포트에 설치되어 있는 T 커넥터에 1A 고정 실린더 피스톤 헤드측 포트와 2V1 감압 밸브 P 포트에 설치되어 있는 T 커넥터를 호스로 각각 연결한다.

⑨ 2V1 감압 밸브 P 포트에 설치되어 있는 T 커넥터와 2V2 체크 밸브 A 포트를 호스로 각각 연결한다.

⑩ 2V1 감압 밸브 A 포트와 2A 용접 실린더 피스톤 헤드측 포트를 2Z1 압력 게이지에 호스로 연결한다.

⑪ 2Z1 압력 게이지에 2V2 체크 밸브 B 포트를 삽입하여 연결한다.

⑫ 2V1 감압 밸브 T 포트와 탱크 드레인 포트를 호스로 연결한다.

⑬ 유압 호스는 가급적 짧은 것을 사용하되 곡률 반지름은 70 mm 이상 되도록 한다.

⑭ 유압 장치의 배관 상태를 점검한다.

(3) 정상 작동을 확인한다.

① 펌프를 가동시켜 릴리프 밸브측 0Z2 압력 게이지의 압력 4 MPa을 확인하고, 2V1 감압 밸브의 손잡이를 조작하여 2Z1의 압력 게이지가 3 MPa이 되도록 조정한다.

② 유압 시스템에 유압을 공급하면서 누설이 없는지 확인한다.

③ 유압 작동유의 누설이 있으면 즉시 펌프를 정지시킨 후 배관을 점검한다.

④ 1A, 2A 실린더가 각각 이상 없이 운동하는지 확인한다.

⑤ 실린더 운동 중 각 압력 게이지의 압력 변화를 관찰한다.

(4) 각 기기를 해체하여 정리정돈한다.

① 펌프를 정지시키고 유압 호스를 해체한다.

② 각 기기를 실습 보드에서 분리시키고 정리정돈한다.

제5장 시퀀스 회로 구성

5-1 시퀀스 회로

복수의 액추에이터를 사용하는 회로에서 압력차를 이용하여 순차 작동시키는 회로를 압력 종속 시퀀스 회로라 한다. 이 회로에서 시퀀스 밸브 2V1은 설정 압력까지 회로의 압력이 상승하면 자동적으로 열리는 밸브이며, 1V1 방향 제어 밸브에 의해 작업을 시작하면 1A가 먼저 전진한 후 2A가 전진하는 순차 작동 회로이다.

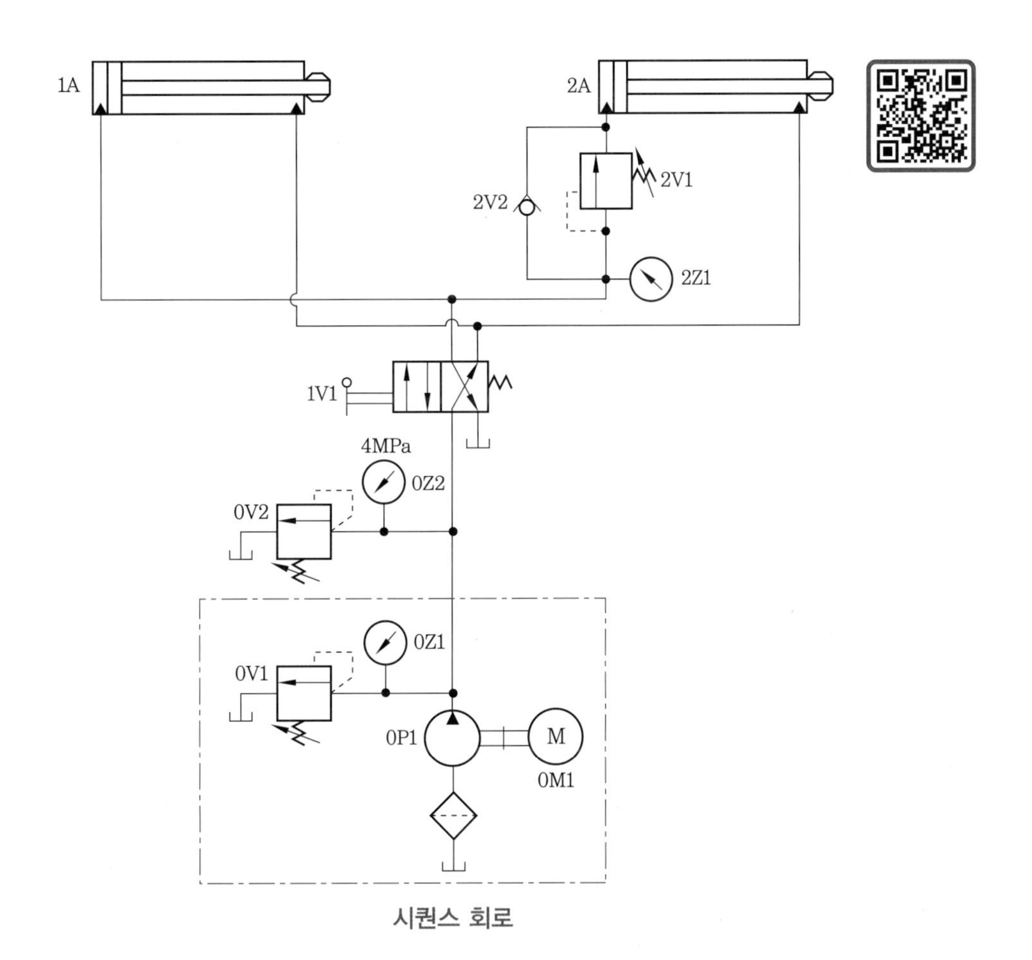

시퀀스 회로

5-2 차동 회로

차동 회로는 펌프의 토출량으로 얻어지는 속도보다 빠른 속도가 필요할 때 사용하는 회로로 소비 전력이 절감되는 회로 중 하나이다. 이 회로는 피스톤 로드측(후진측) 포트에서 배출되는 압유를 피스톤 헤드측(전진측)으로 합류시켜 피스톤의 전진 속도를 증가시킨다.

이 회로에서 실린더의 전진 속도를 증가시키거나 전진 또는 후진 속도를 등속도로 운전하기 위해 피스톤 헤드측과 로드측의 단면적 비가 2：1인 차동 실린더를 사용한다.

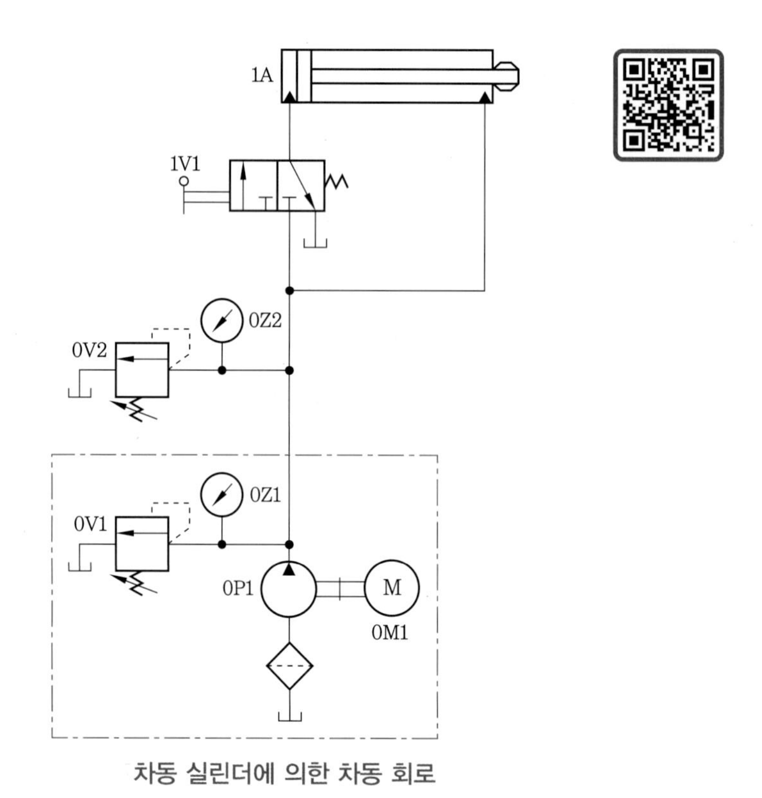

차동 실린더에 의한 차동 회로

5-3 카운터 밸런스 회로

카운터 밸런스 회로는 실린더 포트에 카운터 밸런스 밸브를 직렬로 연결시키거나 릴리프 밸브와 체크 밸브를 조합시킨 회로로 실린더 부하가 갑자기 감소하더라도 실린더 피스톤이 급진하는 것을 방지하거나 수직 램의 자중에 의한 낙하를 막아주는 역할을 하며, 실린더의 유압 탱크의 복귀측에 일정한 배압을 유지시켜 주는 경우에 사용된다.

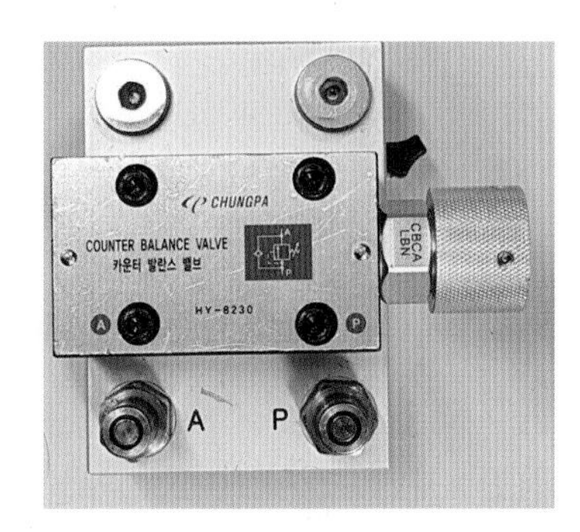

카운터 밸런스 밸브

이 회로에서 1V2 카운터 밸런스 밸브의 설정압을 먼저 작업하고 0V2 릴리프 밸브의 설정압을 맞추는 것이 주의할 사항이다.

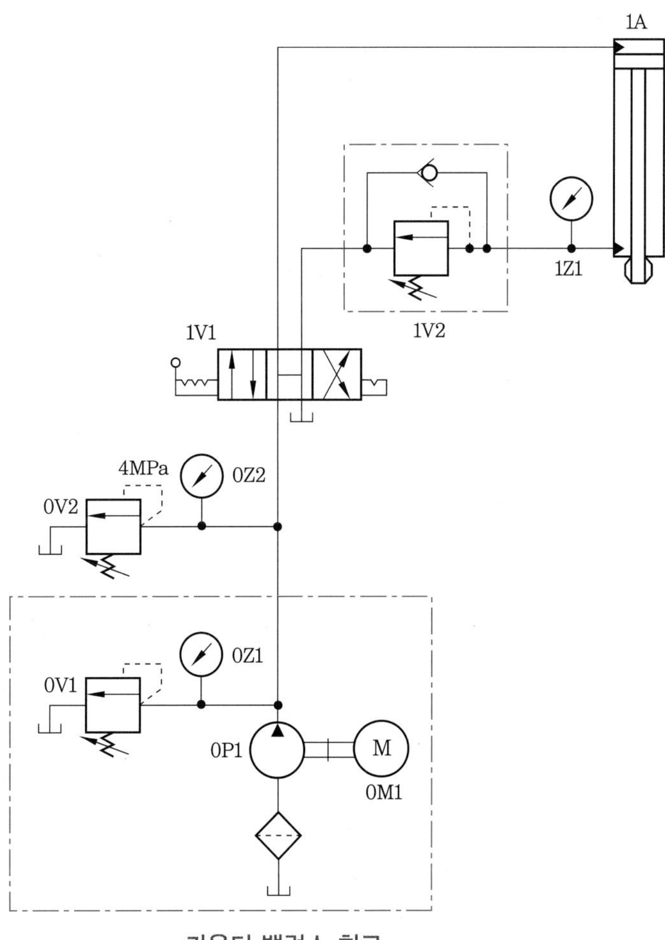

카운터 밸런스 회로

과제 1 유압 시퀀스 회로 구성

1 제어 조건

주어진 유압 회로도를 다음 조건에 맞게 구성하여 운전하시오.

① 릴리프 밸브와 체크 밸브를 사용하여 시퀀스 회로를 구성하시오.

② 실린더의 운동은 1A 전진 → 2A 전진 → 2A 후진 → 1A 후진 순서로 동작하도록 하시오.

③ 유압 호스는 가급적 짧은 것을 사용하되 곡률 반지름은 70 mm 이상 되게 하여 기기를 연결하시오.

④ 유압 시스템의 공급 압력은 4 MPa로 설정하시오.

2 유압 회로도

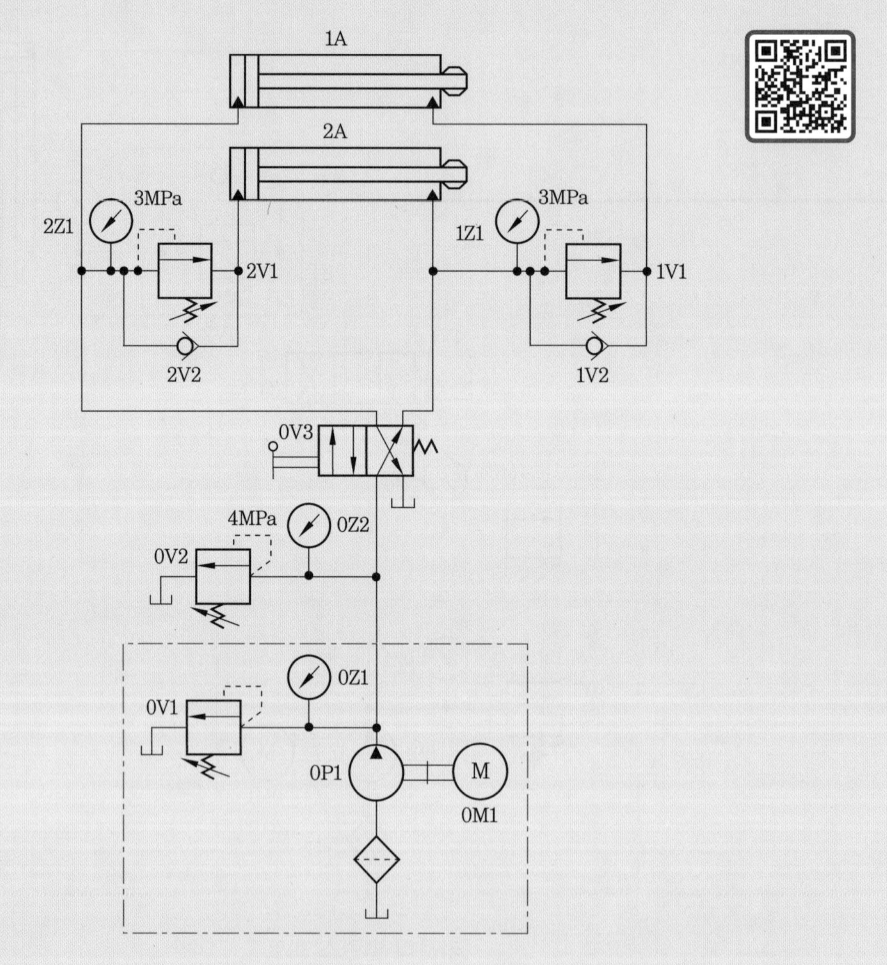

3 실습 순서

(1) 작업 준비를 한다.

① 복동 실린더 2개, 4/2 WAY 레버 방향 제어 밸브 1개, 릴리프 밸브 3개, 체크 밸브 2개, 압력 게이지 3개, T 커넥터 2개를 선택하여 실습 보드에 설치한다.

② 릴리프 밸브와 체크 밸브의 방향에 유의하여 설치한다.

③ 실습에 사용되는 부품은 실습판에 완전하게 고정한다.

④ 실린더의 운동 구간에 장애물이 없어야 한다.

(2) 배관 작업을 한다.

① 모든 기기의 설치 및 배관은 유압 펌프가 정지된 후 실시한다.

② 펌프측 포트와 0Z2 압력 게이지를 호스로 연결하고, 0Z2 압력 게이지와 릴리프 밸브의 P 포트를, 릴리프 밸브의 T 포트와 탱크의 드레인 포트를 호스로 각각 연결한다.

③ 펌프를 가동시켜 3개의 0V2, 1V1, 2V1 릴리프 밸브 압력을 4 MPa(40 kgf/cm^2)와 3 MPa(30 kgf/cm^2)로 각각 조정한 후 펌프를 정지시킨다.

④ 1V1, 2V1 릴리프 밸브에 연결된 호스를 제거하고, 릴리프 밸브를 회로도와 같이 설치한다.

⑤ 이때 0V2 릴리프 밸브의 압력을 가장 늦게 설치, 조정한다.

⑥ 0Z2 압력 게이지와 0V3 4/2 WAY 레버 방향 제어 밸브의 P 포트, 방향 제어 밸브의 T 포트와 탱크의 드레인 포트를 호스로 각각 연결한다.

⑦ 2Z1 압력 게이지의 포트에 1A 실린더 피스톤 헤드쪽 포트, 0V3 4/2 WAY 레버 방향 제어 밸브의 A 포트, 2V2 체크 밸브의 A 포트, 2V1 릴리프 밸브 P 포트를 호스로 각각 연결한다.

⑧ T 커넥터를 2V1 릴리프 밸브 T 포트에 삽입하고, 2A 실린더 피스톤 헤드쪽 포트와 2V2 체크 밸브의 B 포트를 호스로 연결한다.

⑨ 1Z1 압력 게이지의 포트에 2A 실린더 피스톤 로드쪽 포트, 0V3 4/2 WAY 레버 방향 제어 밸브의 B 포트, 1V2 체크 밸브의 A 포트, 1V1 릴리프 밸브 P 포트를 호스로 각각 연결한다.

⑩ T 커넥터를 1V1 릴리프 밸브 T 포트에 삽입하고, 1A 실린더 피스톤 로드쪽 포트와 1V2 체크 밸브의 B 포트 호스로 연결한다.

⑪ 유압 호스는 가급적 짧은 것을 사용하되 곡률 반지름은 70 mm 이상 되도록 한다.

⑫ 유압 장치의 배관 상태를 점검한다.

(3) 정상 작동을 확인한다.

① 펌프를 가동시켜 0Z2 압력 게이지의 압력 4 MPa을 확인하고, 유압 시스템에 유압을 공급하면서 누설이 없는지 확인한다.

② 유압 작동유의 누설이 있으면 즉시 펌프를 정지시킨 후 배관을 점검한다.

③ 실린더의 작동 순서를 확인한다.

(4) 각 기기를 해체하여 정리정돈한다.

① 펌프를 정지시키고 유압 호스를 해체한다.

② 각 기기를 실습 보드에서 분리시키고 정리정돈한다.

과제 2 차동 회로 구성

1 제어 조건

주어진 유압 회로도를 다음 조건에 맞게 구성하여 운전하시오.

① 3/2 WAY 레버 작동 스프링 복귀형 유압 방향 제어 밸브를 사용하는 차동 회로를 구성하시오.

② 레버를 조작하면 실린더는 전진하고, 레버를 놓으면 실린더는 후진하도록 하시오.

③ 유압 호스는 가급적 짧은 것을 사용하되 곡률 반지름은 70mm 이상 되게 하여 기기를 연결하시오.

④ 유압 시스템의 공급 압력은 4MPa로 설정하시오.

2 유압 회로도

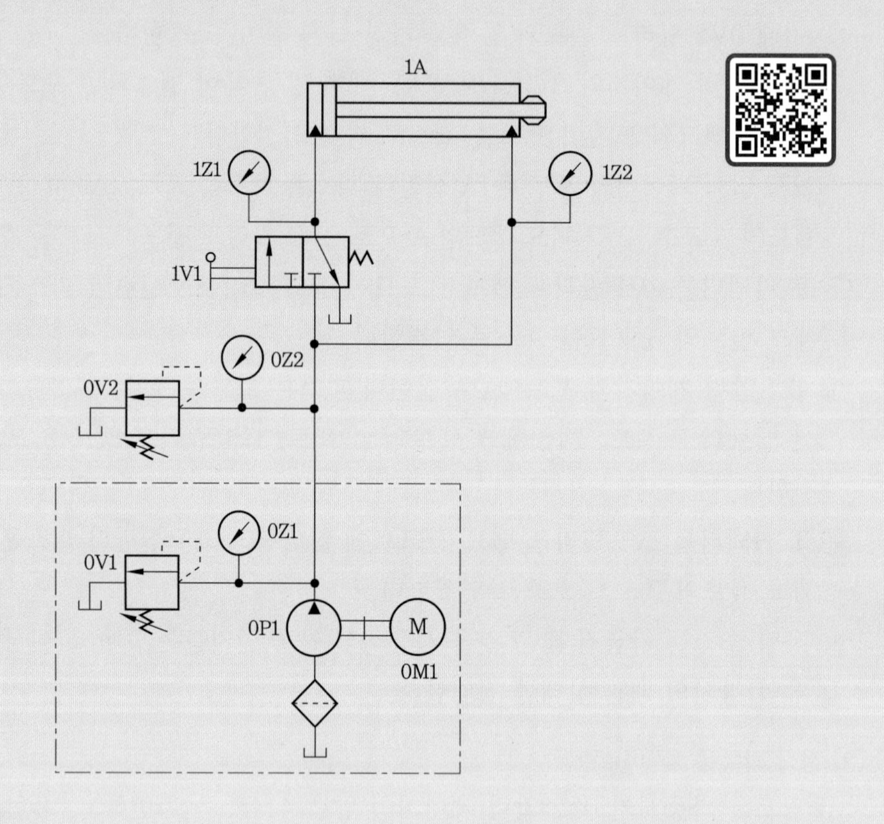

3 실습 순서

(1) 작업 준비를 한다.

① 복동 실린더 1개, 3/2 WAY 레버 방향 제어 밸브 1개, 릴리프 밸브 1개, 압력 게이지 3개를 선택하여 실습 보드에 설치한다.

② 실습에 사용되는 부품은 실습판에 완전하게 고정한다.

③ 실린더의 운동 구간에 장애물이 없어야 한다.

(2) 배관 작업을 한다.

① 모든 기기의 설치 및 배관은 유압 펌프가 정지된 후 실시한다.

② 펌프측 포트와 0Z2 압력 게이지를 호스로 연결하고, 0Z2 압력 게이지와 0V2 릴리프 밸브의 P 포트를, 릴리프 밸브의 T 포트와 탱크의 드레인 포트를 호스로 각각 연결한다.

③ 펌프를 가동시켜 릴리프 밸브의 압력을 4 MPa(40 kgf/cm^2)로 조정한 후 펌프를 정지시킨다.

④ 0Z1 압력 게이지 포트에 1V1 3/2 WAY 레버 방향 제어 밸브 A 포트, 실린더 피스톤 헤드측 포트를 호스로 각각 연결한다.

⑤ 1V1 3/2 WAY 레버 방향 제어 밸브 T 포트와 탱크를 호스로 연결한다.

⑥ 0Z1 압력 게이지 포트에 1Z2 압력 게이지를 호스로 연결한다.

⑦ 1Z2 압력 게이지 포트에 실린더 피스톤 로드측 포트를 호스로 연결한다.

⑧ 유압 호스는 가급적 짧은 것을 사용하되 곡률 반지름은 70 mm 이상 되도록 한다.

⑨ 유압 장치의 배관 상태를 점검한다.

(3) 정상 작동을 확인한다.

① 펌프를 가동시켜 릴리프 밸브측 0Z2 압력 게이지의 압력 4 MPa을 확인하고, 1V1 3/2 WAY 레버 방향 제어 밸브 레버를 조작하여 운전한다.

② 유압 시스템에 유압을 공급하면서 누설이 없는지 확인한다.

③ 유압 작동유의 누설이 있으면 즉시 펌프를 정지시킨 후 배관을 점검한다.

④ 실린더 운동 중 각 압력 게이지의 압력 변화를 관찰한다.

(4) 각 기기를 해체하여 정리정돈한다.

① 펌프를 정지시키고 유압 호스를 해체한다.

② 각 기기를 실습 보드에서 분리시키고 정리정돈한다.

과제 3 카운터 밸런스 회로 구성

1 제어 조건

주어진 유압 회로도를 다음 조건에 맞게 구성하여 운전하시오.

① 릴리프 밸브와 체크 밸브를 사용한 카운터 밸런스 회로를 구성하시오.

② 카운터 밸런스 회로의 릴리프 밸브 작동 압력은 3MPa로 설정하시오.

③ 탠덤 센터 레버형 방향 제어 밸브를 사용하여 레버를 조작하면 실린더가 전진 및 후진과 중간 정지를 하도록 하시오.

④ 유압 호스는 가급적 짧은 것을 사용하되 곡률 반지름은 70mm 이상 되게 하여 기기를 연결하시오.

⑤ 유압 시스템의 공급 압력은 4MPa로 설정하시오.

2 유압 회로도

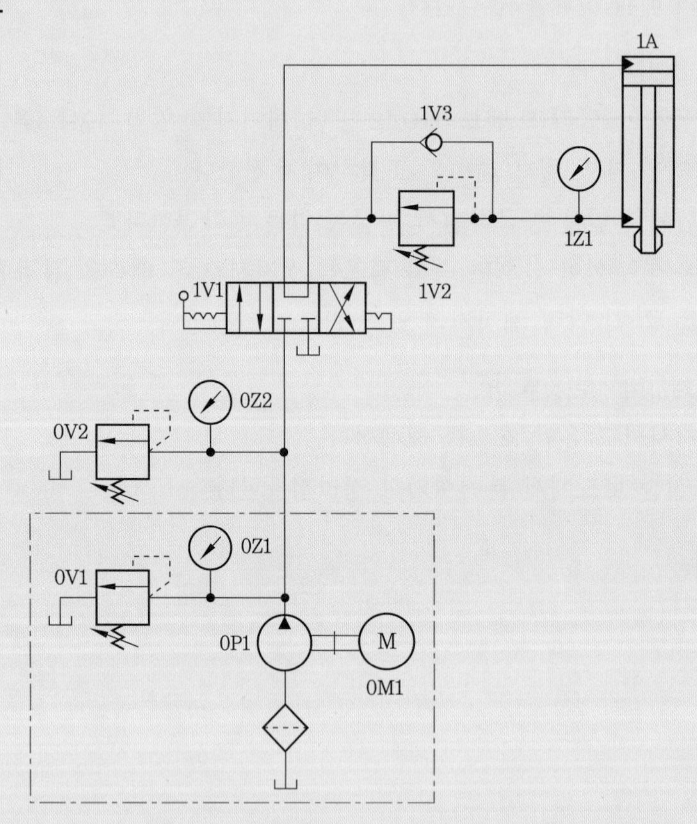

3 실습 순서

(1) 작업 준비를 한다.

① 복동 실린더 1개, 4/3 WAY AB 접속 센터형 레버 방향 제어 밸브 1개, 릴리프 밸브 2개, 체크 밸브 1개, 압력 게이지 2개, T 커넥터 1개를 선택한 후 복동 실린더와 4/3 WAY AB 접속 센터형 레버 방향 제어 밸브, 압력 게이지만 실습 보드에 설치한다.

② 실습에 사용되는 부품은 실습판에 완전하게 고정한다.

③ 실린더의 운동 구간에 장애물이 없어야 한다.

(2) 배관 작업을 한다.

① 모든 기기의 설치 및 배관은 유압 펌프가 정지된 후 실시한다.

② 펌프측 포트와 0Z2 압력 게이지를 호스로 연결하고, 0Z2 압력 게이지와 1V2 릴리프 밸브의 P 포트를, 릴리프 밸브의 T 포트와 탱크의 드레인 포트를 호스로 각각 연결한다.

③ 펌프를 가동시켜 1V2 릴리프 밸브의 압력을 3 MPa(30 kgf/cm²)로 조정한 후 펌프를 정지시킨다.

④ 1V2 릴리프 밸브를 해체한 후 1V3 체크 밸브와 1V2 릴리프 밸브의 방향에 유의하여 회로도와 같이 설치한다.

⑤ 0Z2 압력 게이지 포트에 0V2 릴리프 밸브의 P 포트를, 릴리프 밸브의 T 포트와 탱크의 드레인 포트를 호스로 각각 연결한다.

⑥ 펌프를 가동시켜 0V2 릴리프 밸브의 압력을 4 MPa(40 kgf/cm²)로 조정한 후 펌프를 정지시킨다.

⑦ 0Z2 압력 게이지 포트에 1V1 4/3 WAY AB 접속 센터형 레버 방향 제어 밸브 P 포트를, 이 밸브 T 포트와 탱크를 호스로 각각 연결한다.

⑧ 1V1 4/3 WAY AB 접속 센터형 레버 방향 제어 밸브 A 포트와 실린더 피스톤 헤드측 포트를 호스로 연결한다.

⑨ T 커넥터를 1V1 4/3 WAY AB 접속 센터형 레버 방향 제어 밸브 B 포트에 설치한다.

⑩ T 커넥터 포트에 1V3 체크 밸브 B 포트와 1V2 릴리프 밸브 T 포트를 호스로 각각 연결한다.

⑪ 1Z1 압력 게이지 포트에 1V3 체크 밸브를 설치하고, 1V2 릴리프 밸브 P 포트와 실린더 로드측 포트를 호스로 각각 연결한다.

⑫ 유압 호스는 가급적 짧은 것을 사용하되 곡률 반지름은 70 mm 이상 되도록 한다.

⑬ 유압 장치의 배관 상태를 점검한다.

(3) 정상 작동을 확인한다.

① 펌프를 가동시켜 0V2 릴리프 밸브측 0Z2 압력 게이지의 압력 4 MPa을 확인한 후, 1V1 4/3 WAY AB 접속 센터형 레버 방향 제어 밸브 레버를 조작하여 운전한다.

② 유압 시스템에 유압을 공급하면서 누설이 없는지 확인한다.

③ 유압 작동유의 누설이 있으면 즉시 펌프를 정지시킨 후 배관을 점검한다.

④ 실린더 운동 중 각 압력 게이지의 압력 변화를 관찰한다.

(4) 각 기기를 해체하여 정리정돈한다.

① 펌프를 정지시키고 유압 호스를 해체한다.

② 각 기기를 실습 보드에서 분리시키고 정리정돈한다.

제6장 축압기 제어 회로 구성

6-1 축압기의 기능 및 용도

축압기(accumulator)는 유압 작동유의 압력 에너지를 축적하는 용기로 구조가 간단하고, 다음과 같은 대표적인 용도가 있다.

- **에너지 축적용 :** 정전 등으로 펌프가 정지했을 때 또는 누유 등으로 유압 작동유의 변화가 있을 때 축압기에 축적된 유압을 방출시켜 유압 회로를 작동시킬 수 있다.
- **충격 흡수용 :** 동작 중인 유압 회로에서 과부하 발생, 액추에이터의 방향 전환 또는 압력 차단 등으로서 발생하는 충격압력을 흡수하여 각종 기기를 보호한다.
- **펌프의 맥동 제거용 :** 피스톤형 펌프에서 발생하는 맥동압을 흡수하여 유압을 일정하게 한다.

6-2 서지 압력 방지 회로

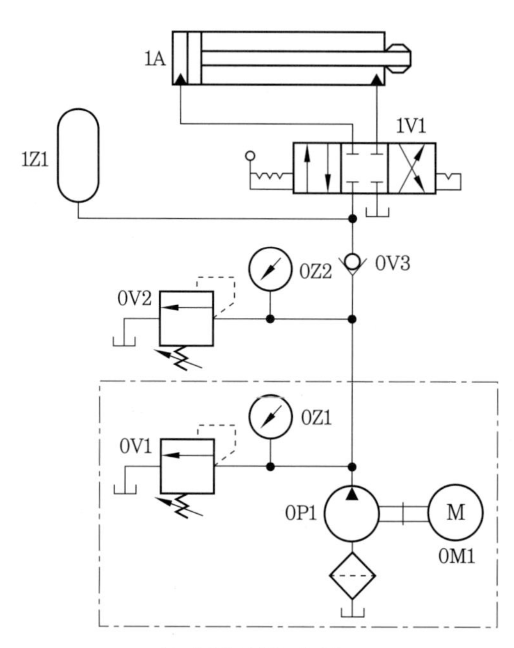

서지 압력 방지 회로

서지 압력 방지 회로는 올포트 블록형인 센터 클로즈드 4/3 WAY 밸브를 변환할 때 발생되는 충격압인 서지 압력(surge pressure)을 방지할 수 있다.

6-3 보조 동력원 회로

보조 동력원 회로는 유압 액추에이터의 속도를 증가시키거나 출력을 증가시키기 위한 회로로 축압기가 보조 동력 역할을 하므로 유압 펌프 보조 회로라고도 한다. 이 회로는 결과적으로 사이클 타임(cycle time)의 단축 효과도 있어 사이클 타임 단축 회로라고도 한다.

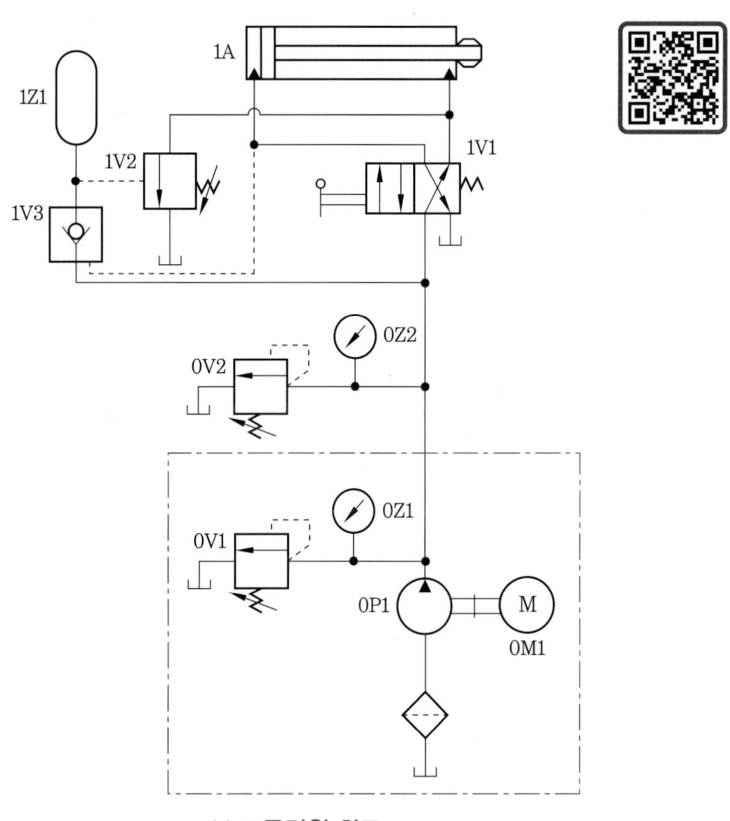

보조 동력원 회로

과제 1 축압기 제어 회로 구성

1 제어 조건

주어진 유압 회로도를 다음 조건에 맞게 구성하여 운전하시오.

① 축압기를 사용하여 실린더가 전진할 때 발생될 수 있는 충격압 및 맥동을 방지할 수 있도록 하시오.

② 축압기가 보조 동력원 역할을 하여 실린더에 전진 신호가 제거되면 자동으로 후진될 수 있도록 축압기 회로를 구성하시오.

③ 유압 호스는 가급적 짧은 것을 사용하되 곡률 반지름은 70mm 이상 되게 하여 기기를 연결하시오.

④ 유압 시스템의 공급 압력은 4MPa로 설정하시오.

2 유압 회로도

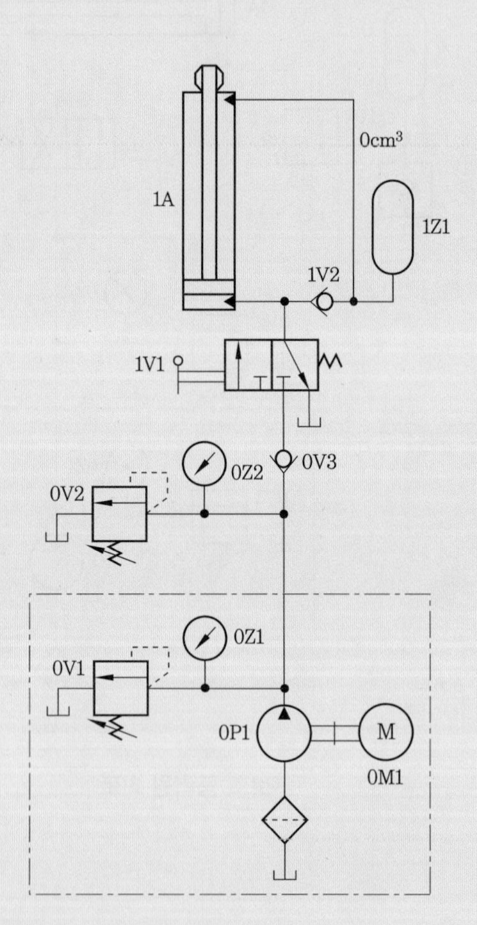

3 실습 순서

(1) 작업 준비를 한다.

① 복동 실린더 1개, 3/2 WAY 레버 방향 제어 밸브 1개, 릴리프 밸브 1개, 체크 밸브 2개,

압력 게이지 1개, T 커넥터 2개, 축압기 1개를 선택하여 실습 보드에 설치한다.

② 체크 밸브의 방향에 유의하여 설치한다.

③ 실습에 사용되는 부품은 실습판에 완전하게 고정한다.

④ 실린더의 운동 구간에 장애물이 없어야 한다.

(2) 배관 작업을 한다.

① 모든 기기의 설치 및 배관은 유압 펌프가 정지된 후 실시한다.

② 0V2 릴리프 밸브의 T 포트, 1V1 3/2 WAY 레버 조작 방향 제어 밸브의 T 포트를 탱크의 드레인 포트에 호스로 각각 연결한다.

③ 펌프측 포트와 0Z2 압력 게이지 포트를 호스로 연결하고, 0Z2 압력 게이지 포트와 0V2 릴리프 밸브의 P 포트를 호스로 연결한다.

④ 펌프를 가동시켜 0V2 릴리프 밸브 압력을 4 MPa(40 kgf/cm^2)로 조정한 후 펌프를 정지시킨다.

⑤ 1V1 3/2 WAY 레버 조작 방향 제어 밸브의 P 포트에 0V3 체크 밸브 B 포트를 삽입하여 연결한 후, 0Z2 압력 게이지 포트에 0V3 체크 밸브 A 포트를 호스로 연결한다.

⑥ T 커넥터를 1V1 3/2 WAY 레버 조작 방향 제어 밸브 A 포트에 삽입하고, 1A 실린더 피스톤 헤드쪽 포트와 1V2 체크 밸브의 A 포트를 호스로 연결한다.

⑦ 1Z1 축압기 포트에 T 커넥터를 삽입하고, 1V2 체크 밸브의 B포트, 1A 실린더 로드측 포트를 호스로 각각 연결한다.

⑧ 유압 호스는 가급적 짧은 것을 사용하되 곡률 반지름은 70 mm 이상 되도록 한다.

⑨ 유압 장치의 배관 상태를 점검한다.

(3) 정상 작동을 확인한다.

① 펌프를 가동시켜 0Z2 압력 게이지의 압력 4 MPa을 확인하고, 유압 시스템에 유압을 공급하면서 누설이 없는지 확인한다.

② 유압 작동유의 누설이 있으면 즉시 펌프를 정지시킨 후 배관을 점검한다.

③ 실린더의 작동 순서를 확인한다.

(4) 각 기기를 해체하여 정리정돈한다.

① 펌프를 정지시키고 유압 호스를 해체한다.

② 각 기기를 실습 보드에서 분리시키고 정리정돈한다.

제7장 유압 모터 제어 회로 구성

7-1 정토크 구동 회로

① 가변 체적형 펌프와 고정 체적형 유압 모터를 조합하여 일정 속도로 유압 모터를 구동하여 정토크를 얻는 방식이 있다. 이 회로는 유압 모터 축의 최대 토크를 전 속도 범위에 걸쳐 일정히 할 수 있어 인쇄 기계, 제지 기계, 고무나 직물 기계 등의 구동에 적합하다.

② 양방향 유량 제어 밸브를 사용한 블리드 오프 회로에 정용량형 펌프와 모터를 일정 토크로 구동시키는 회로로 설비비는 염가이나, 효율은 좋지 않다. 이 회로는 콘크리트 믹서 트럭을 구동시키는 데 사용되는 것으로 엔진 속도가 일정할 경우 블리드 오프 회로에 의해 유압 모터의 속도를 변화시킨다.

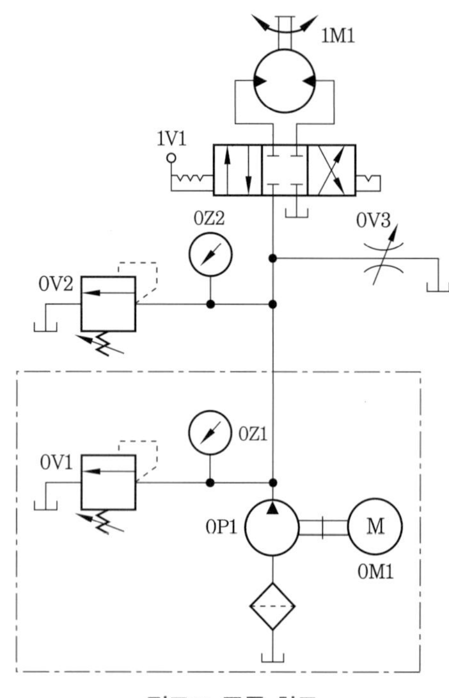

정토크 구동 회로

7-2 정출력 구동 회로

정용량형 펌프를 일정 압력, 일정 유량으로 운전하여 가변 용량형 유압 모터를 가동시키는 회로로 유압 모터의 변위량을 바꿈으로써 유압 모터의 속도를 변환시켜 출력을 일정하게 한다.

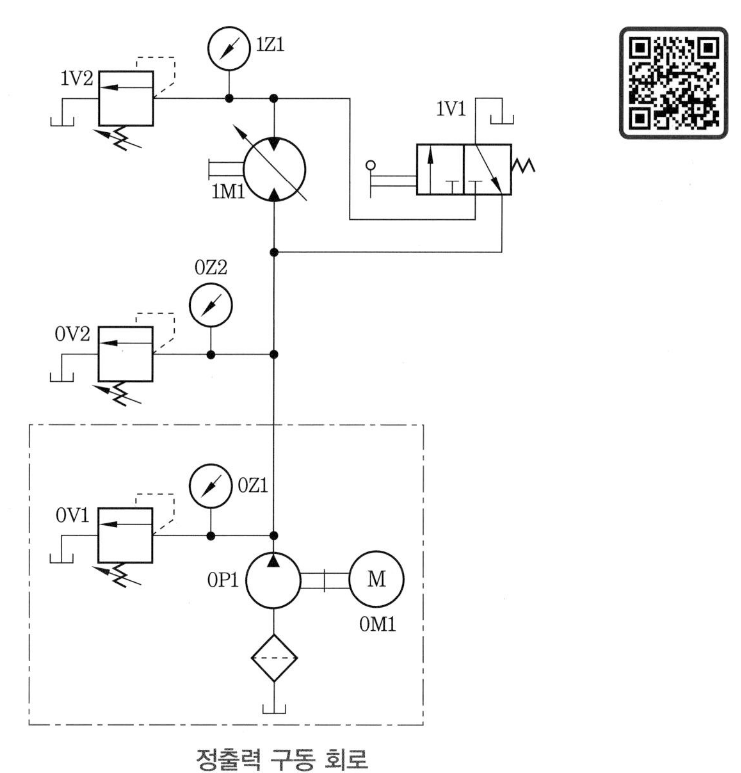

정출력 구동 회로

7-3 유압 모터 병렬 회로

유압 모터 병렬 회로에는 병렬 배치 미터 인 회로와 병렬 배치 미터 아웃 회로가 있다. 병렬 배치 회로는 유압 시스템 장치의 압력을 높임으로써 유압 모터의 구동 토크를 증대시킬 수 있고 비교적 저압으로 충분하며, 저속에 적합한 회로이다.

병렬 배치 미터 인 회로는 각각의 유압 모터를 독립적으로 구동, 정지, 속도 제어하는 것이 가능하며, 각각의 모터에 발생되는 부하가 같은 경우에 유리하다. 또한 한 개의 유압 모터가 정지하거나 속도가 변해도 다른 모터의 속도 등에 영향을 주지 않는다. 부하에 차이가 있으면 부하가 작은 모터 쪽으로 유압이 흐르게 되므로 압력 보상 유량 제어 밸브를 사용해야 한다. 병렬 배치 미터 아웃 회로는 각 유압 모터의 속도를 미터 아웃 회로로 제어하고 유압 모터의 부하 변동에 따라 다른 유압 모터의 회전에 영향을 줄 수 있다.

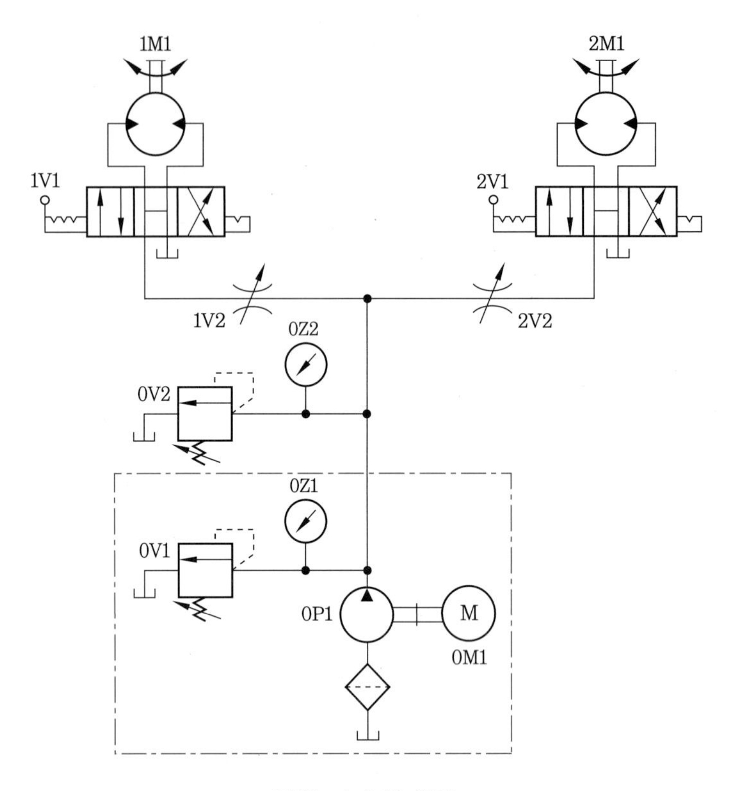

병렬 미터 인 회로

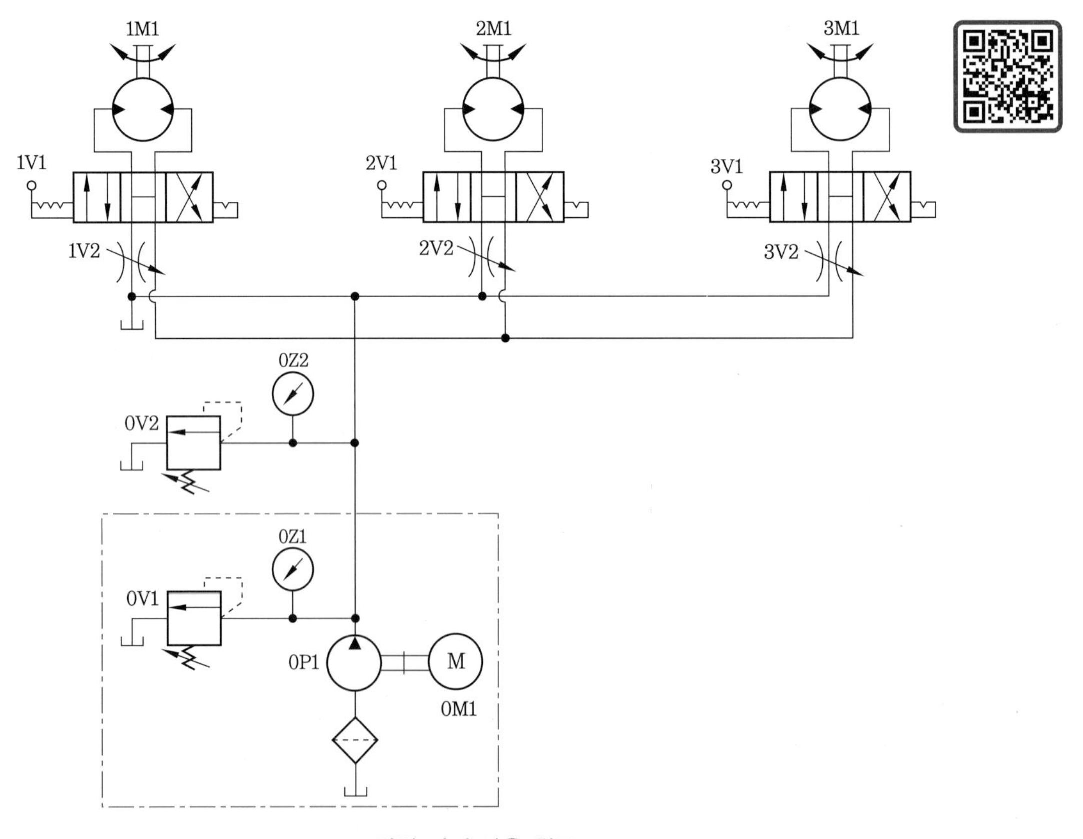

병렬 미터 아웃 회로

7-4 유압 모터 직렬 회로

2개 이상의 모터를 직렬로 배치하면 펌프의 용량을 작게 할 수 있고, 유량 분배 장치도 필요 없으며, 입력관과 귀환관도 각각 한 개의 관이면 충분하다.

이 회로는 각각의 유압 모터를 독립적으로 구동, 정지, 속도 제어하는 것이 불가능하지만, 운전 중 각 유압 모터의 회전수는 부하 토크의 차가 있어도 변동하지 않고, 소용량의 펌프로 고속 운전이 가능하다.

펌프 송출 압력은 각 유압 모터의 필요 압력의 합이 되므로 고압이 되며, 고속 저토크에 적합하다.

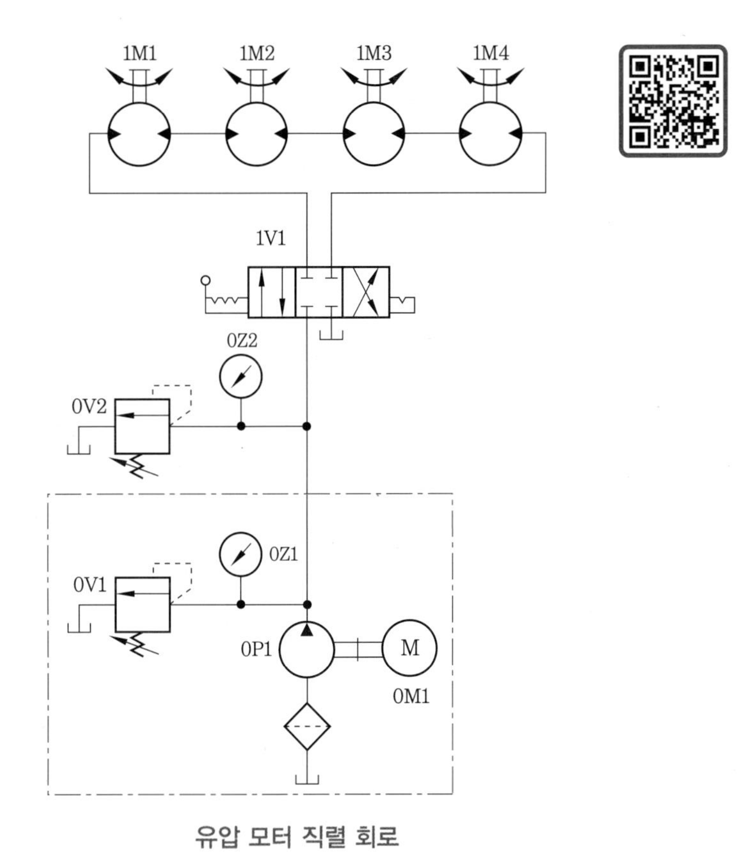

유압 모터 직렬 회로

7-5 유압 모터 브레이크 회로

유압 모터는 급정지하거나 회전 방향을 급변환할 때 관성력 때문에 회전을 계속하려 한다. 이때 모터에는 서지압 및 충격압이 발생되므로 공기 흡입 방지 및 브레이크 장치로서 보상 회로가 필요하다.

다음 회로는 한 방향에서만 브레이크 회로가 적용된 것이다.

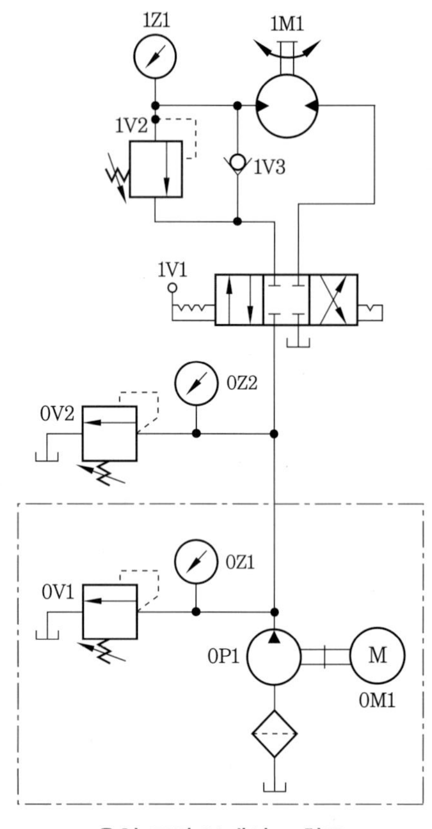

유압 모터 브레이크 회로

과제 1 유압 모터 정토크 구동 회로 구성

1 제어 조건

주어진 유압 회로도를 다음 조건에 맞게 구성하여 운전하시오.

① 정용량형 양방향 유압 모터를 사용하여 정토크 구동 회로를 구성하시오.

② 정역전 회전 중 한방향 유량 조절 밸브를 이용한 미터 아웃 속도 제어 회로를 구성하시오.

③ 4/3 WAY 올포트 블록 레버 방향 제어 밸브를 사용하여 모터를 정역전하도록 하시오.

④ 압력 보상형 유량 조절 밸브를 사용하여 펌프 토출량을 조절하시오.

⑤ 유압 호스는 가급적 짧은 것을 사용하되 곡률 반지름은 70mm 이상 되게 하여 기기를 연결하시오.

⑥ 유압 시스템의 공급 압력은 4MPa로 설정하시오.

2 유압 회로도

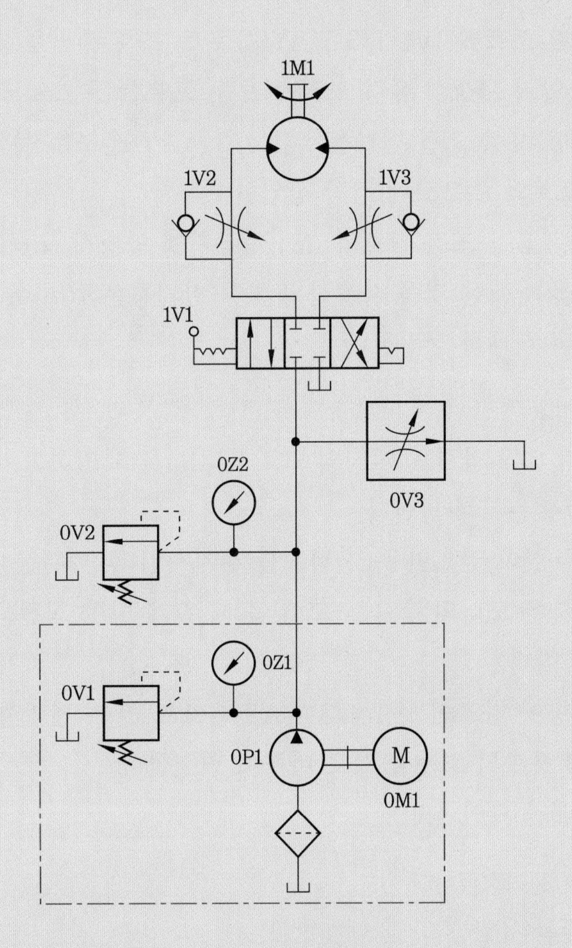

3 실습 순서

(1) 작업 준비를 한다.

① 정용량형 양방향 유압 모터 1개, 3/2 WAY 4/3 올포트 블록 센터형 레버 방향 제어 밸

브 1개, 릴리프 밸브 1개, 한방향 유량 조절 밸브 2개, 압력 게이지 1개, 압력 보상형 유량 조절 밸브 1개를 선택하여 실습 보드에 설치한다.

② 각각의 유량 조절 밸브 방향에 유의하여 설치한다.

③ 실습에 사용되는 부품은 실습판에 완전하게 고정한다.

④ 실린더의 운동 구간에 장애물이 없어야 한다.

(2) 배관 작업을 한다.

① 모든 기기의 설치 및 배관은 유압 펌프가 정지된 후 실시한다.

② 펌프측 포트와 0Z2 압력 게이지를 호스로 연결하고, 0V2 릴리프 밸브의 T 포트, 1V1 4/3 WAY 올포트 블록 센터형 레버 조작 방향 제어 밸브의 T 포트, 0V3 압력 보상형 유량 조절 밸브 B 포트를 탱크의 드레인 포트에 호스로 각각 연결한다.

③ 펌프를 가동시켜 0V2 릴리프 밸브 압력을 4 MPa(40 kgf/cm²)로 조정한 후 펌프를 정지시킨다.

④ 0Z2 압력 게이지 포트에 1V1 4/3 WAY 올포트 블록 센터형 레버 조작 방향 제어 밸브의 P 포트, 0V3 압력 보상형 유량 조절 밸브 A 포트를 호스로 각각 연결한다.

⑤ 1V2, 1V3 한방향 유량 조절 밸브를 1V1 4/3 WAY 올포트 블록 센터형 레버 조작 방향 제어 밸브의 A 포트와 B 포트에 각각 삽입한다.

⑥ 1V2, 1V3 한방향 유량 조절 밸브와 1M1 정용량형 양방향 모터를 각각 호스로 연결한다.

⑦ 유압 호스는 가급적 짧은 것을 사용하되 곡률 반지름은 70 mm 이상 되도록 한다.

⑧ 유압 장치의 배관 상태를 점검한다.

(3) 정상 작동을 확인한다.

① 펌프를 가동시켜 0Z2 압력 게이지의 압력 4 MPa을 확인하고, 유압 시스템에 유압을 공급하면서 누설이 없는지 확인한다.

② 유압 작동유의 누설이 있으면 즉시 펌프를 정지시킨 후 배관을 점검한다.

③ 모터의 회전 방향은 모터의 축을 보고 있을 때 시계 방향 회전을 정회전, 반시계 방향 회전을 역회전이라 한다.

④ 모터의 회전 방향이 다르면 1V1 4/3 WAY 올포트 블록 센터형 레버 조작 방향 제어 밸브의 A 포트와 B 포트의 호스를 서로 바꾸어 연결한다.

⑤ 모터의 작동 상태를 확인한다.

(4) 각 기기를 해체하여 정리정돈한다.

① 펌프를 정지시키고 유압 호스를 해체한다.

② 각 기기를 실습 보드에서 분리시키고 정리정돈한다.

과제 2 유압 모터 브레이크 회로 구성

1 제어 조건

주어진 유압 회로도를 다음 조건에 맞게 구성하여 운전하시오.

① 정용량형 양방향 유압 모터와 4/3 WAY 올포트 블록 레버 방향 제어 밸브를 사용하여 모터를 정역전하도록 구성하시오.

② 정역전 두 방향에 릴리프 밸브와 체크 밸브 및 압력 게이지를 사용하여 브레이크 회로를 구성하시오.

③ 브레이크 밸브의 설정압은 3 MPa로 설정하시오.

④ 유압 호스는 가급적 짧은 것을 사용하되 곡률 반지름은 70 mm 이상 되게 하여 기기를 연결하시오.

⑤ 유압 시스템의 공급 압력은 4 MPa로 설정하시오.

2 유압 회로도

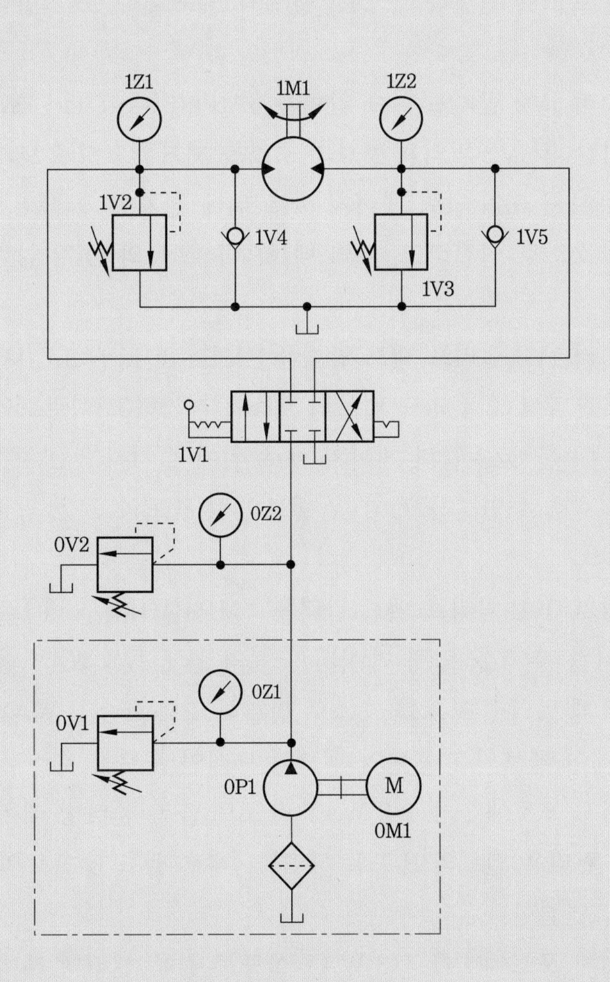

3 실습 순서

(1) 작업 준비를 한다.

① 정용량형 양방향 유압 모터 1개, 4/3 wa 올포트 블록 센터형 레버 방향 제어 밸브 1개, 릴리프 밸브 3개, 체크 밸브 2개, 압력 게이지 3개, T 커넥터 2개를 선택하여 실습 보드에 설치한다.

② 체크 밸브와 릴리프 밸브의 방향에 유의하여 설치한다.

③ 실습에 사용되는 부품은 실습판에 완전하게 고정한다.

④ 실린더의 운동 구간에 장애물이 없어야 한다.

(2) 배관 작업을 한다.

① 모든 기기의 설치 및 배관은 유압 펌프가 정지된 후 실시한다.

② 펌프측 포트와 0Z2 압력 게이지를 호스로 연결한다.

③ 1V2 릴리프 밸브를 0Z2 압력 게이지 바로 위에 설치한 후 1V2 밸브의 T 포트와 탱크의 드레인 포트에 호스로 연결하고, 1V2 밸브의 P 포트와 OZ2 압력 게이지 포트에 호스로 연결한다.

④ 펌프를 가동시켜 1V2 릴리프 밸브 압력을 3 MPa(30 kgf/cm^2)로 조정한다.

⑤ 펌프를 정지시킨 후 1V2 릴리프 밸브의 호스를 제거하고 회로도의 위치와 같이 이동한다.

⑥ 1V3 릴리프 밸브를 0Z2 압력 게이지 바로 위에 설치한 후 1V3 밸브의 T 포트와 탱크의 드레인 포트에 호스로 연결하고, 1V3 밸브의 P 포트와 OZ2 압력 게이지 포트에 호스로 연결한다.

⑦ 펌프를 가동시켜 1V3 릴리프 밸브 압력을 3 MPa(30 kgf/cm^2)로 조정한다.

⑧ 펌프를 정지시킨 후 1V3 릴리프 밸브의 호스를 제거하고 회로도의 위치와 같이 이동한다.

⑨ 0V2 릴리프 밸브를 0Z2 압력 게이지 바로 위에 설치하고 0V2 밸브의 T 포트와 탱크의 드레인 포트에 호스로 연결하고, 0V2 밸브의 P 포트와 OZ2 압력 게이지 포트에 호스로 연결한다.

⑩ 펌프를 가동시켜 0V2 릴리프 밸브 압력을 4 MPa(40 kgf/cm^2)로 조정한다.

⑪ 펌프를 정지시킨 후 0Z2 압력 게이지 포트와 1V1 4/3 WAY 올포트 블록 센터형 레버 조작 방향 제어 밸브의 P 포트를 호스로 연결하고, 1V1 4/3 WAY 올포트 블록 센터형 레버 조작 방향 제어 밸브의 T 포트와 탱크의 드레인 포트를 호스로 연결한다.

⑫ 1Z1 압력 게이지 포트에 1V1 4/3 WAY 올포트 블록 센터형 레버 조작 방향 제어 밸브의 A 포트와 1V2 릴리프 밸브의 P 포트 및 1V4 체크 밸브 B 포트와 1M1 유압 모터 A 포트를 호스로 각각 연결한다.

⑬ 1Z2 압력 게이지 포트에 1V1 4/3 WAY 올포트 블록 센터형 레버 조작 방향 제어 밸브의 B 포트와 1V3 릴리프 밸브의 P 포트 및 1V5 체크 밸브 B 포트와 1M1 유압 모터 A 포트

를 호스로 각각 연결한다.

⑭ T 커넥터 2개를 1V2 릴리프 밸브의 T 포트와 1V3 릴리프 밸브의 T 포트에 각각 삽입하여 설치한다.

⑮ 1V2 릴리프 밸브의 T 포트에 설치되어 있는 T 커넥터와 1V4 체크 밸브 A 포트 및 탱크 드레인 포트에 호스를 연결한다.

⑯ 1V3 릴리프 밸브의 T 포트에 설치되어 있는 T 커넥터와 1V3 체크 밸브 A 포트 및 탱크 드레인 포트에 호스를 연결한다.

⑰ 유압 호스는 가급적 짧은 것을 사용하되 곡률 반지름은 70mm 이상 되도록 한다.

⑱ 유압 장치의 배관 상태를 점검한다.

(3) 정상 작동을 확인한다.

① 펌프를 가동시켜 0Z2 압력 게이지의 압력 4MPa을 확인하고, 유압 시스템에 유압을 공급하면서 누설이 없는지 확인한다.

② 유압 작동유의 누설이 있으면 즉시 펌프를 정지시킨 후 배관을 점검한다.

③ 모터의 작동 상태를 확인한다.

(4) 각 기기를 해체하여 정리정돈한다.

① 펌프를 정지시키고 유압 호스를 해체한다.

② 각 기기를 실습 보드에서 분리시키고 정리정돈한다.

제8장 유압 동조 회로 구성

8-1 동조 회로의 정의

두 개 이상의 액추에이터를 동일한 속도, 동일한 위치로 작동시키는 회로를 동조 회로라 한다. 같은 크기의 액추에이터에 같은 종류의 유압 작동유를 같은 압력으로 운전하더라도 기기의 제작상 오차, 부하의 불평형, 기기 내부 누설, 마찰 저항의 차이 등으로 인하여 완전한 동조가 되기 어렵다.

8-2 유량 조절 밸브를 이용한 동조 회로

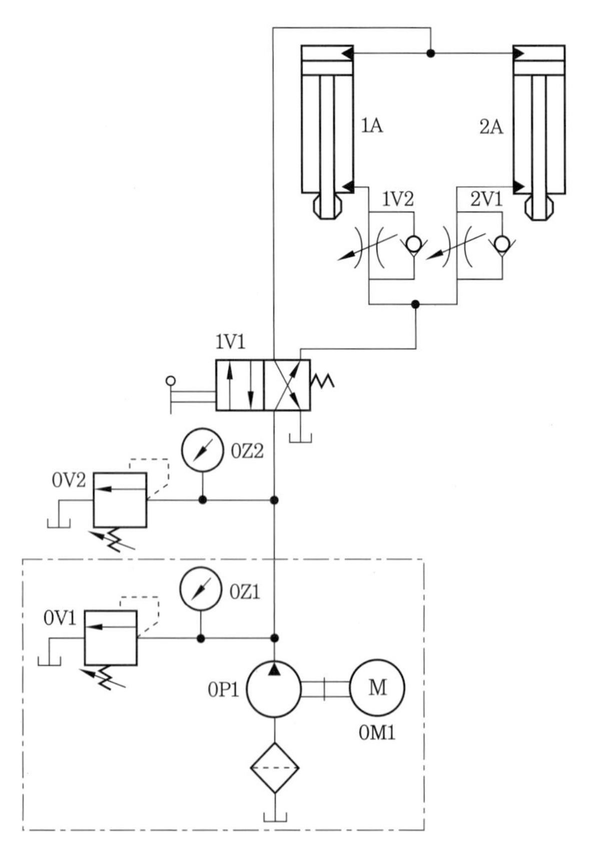

유량 조절 밸브를 이용한 동조 회로

두 개의 유량 조절 밸브를 실린더의 배출 쪽에 설치하고, 두 실린더에서 배출되는 유압 작동유의 양을 조절하여 동조 운전을 하는 회로이다.

8-3 유압 모터를 이용한 동조 회로

동일 형식, 동일 용량의 유압 모터를 실린더의 수량만큼 사용하여 각 모터를 기계적으로 동일하게 회전시켜 유량을 동일하게 분배함으로써 비교적 안정되게 동조시키는 회로이다.

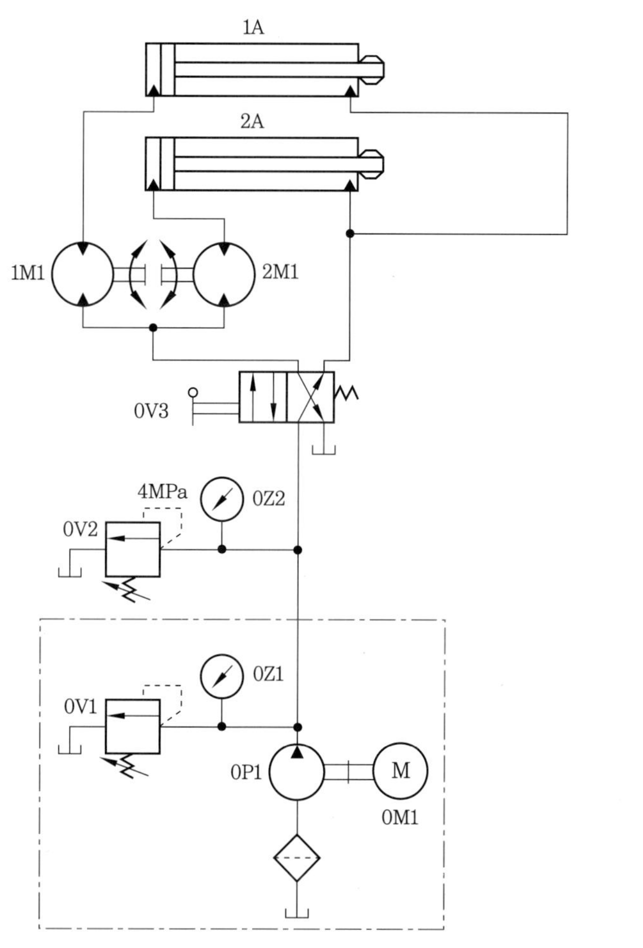

유압 모터를 이용한 동조 회로

8-4 유압 실린더의 직렬 배치에 의한 동조 회로

이 회로는 같은 치수의 실린더를 직렬로 배관하여 동기시키는 회로이다. 그러나 누유, 공기 혼입, 유온 변화 등으로 동조 오차가 발생되어 이 오차의 누적으로 인하여 동조를 어렵게 한다.

특히 유압 실린더의 내부 누유는 정상적인 작동에 악영향을 주며, 피스톤이 마모되면 신품으로 교환하는 등의 주의를 요한다. 또 공기 혼입도 고장 및 동조 불량의 원인이 되므로 적극 피해야 한다.

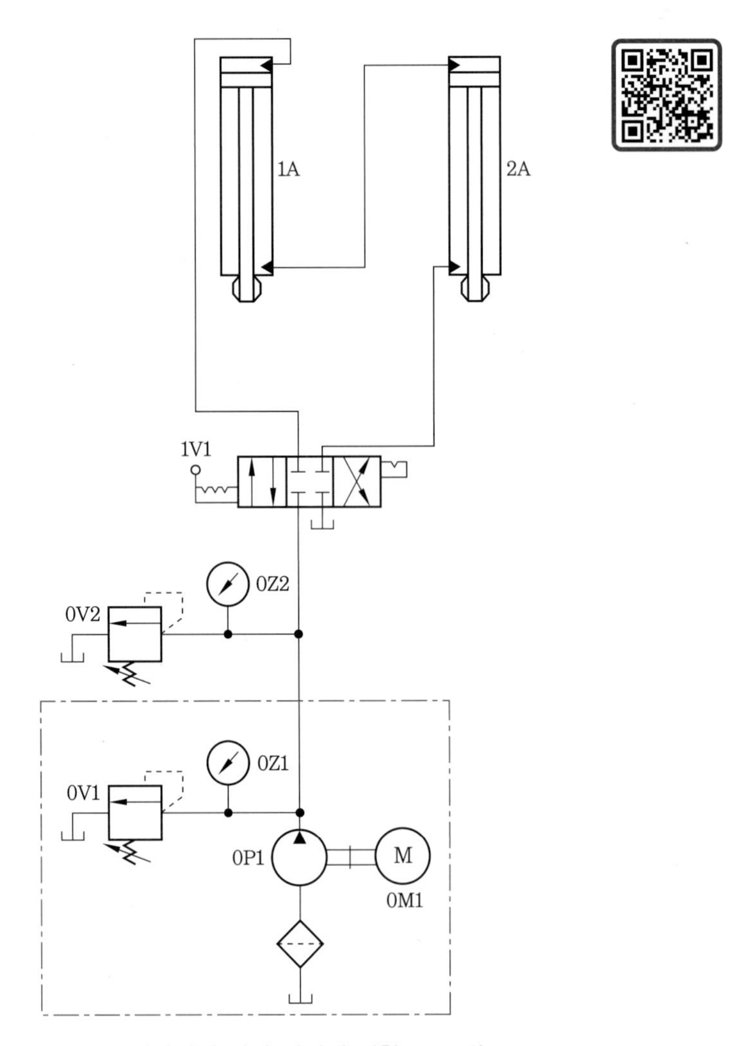

유압 실린더의 직렬 배치에 의한 동조 회로

과제 1 유량 분류 밸브를 이용한 동조 회로 구성

1 제어 조건

주어진 유압 회로도를 다음 조건에 맞게 구성하여 운전하시오.

① 유량 분류 밸브를 사용하여 동조 회로를 구성하시오.

② 한방향 유량조절밸브 2개를 사용하여 미터 인 전진 속도제어, 미터 아웃 후진 속도 제어 회로를 구성하시오.

③ 4/3 WAY 올포트 블록 레버 방향 제어 밸브를 사용하여 실린더를 전후진시키시오.

④ 유압 호스는 가급적 짧은 것을 사용하되 곡률 반지름은 70m 이상 되게 하여 기기를 연결하시오.

⑤ 유압 시스템의 공급 압력은 4 MPa로 설정하시오.

2 유압 회로도

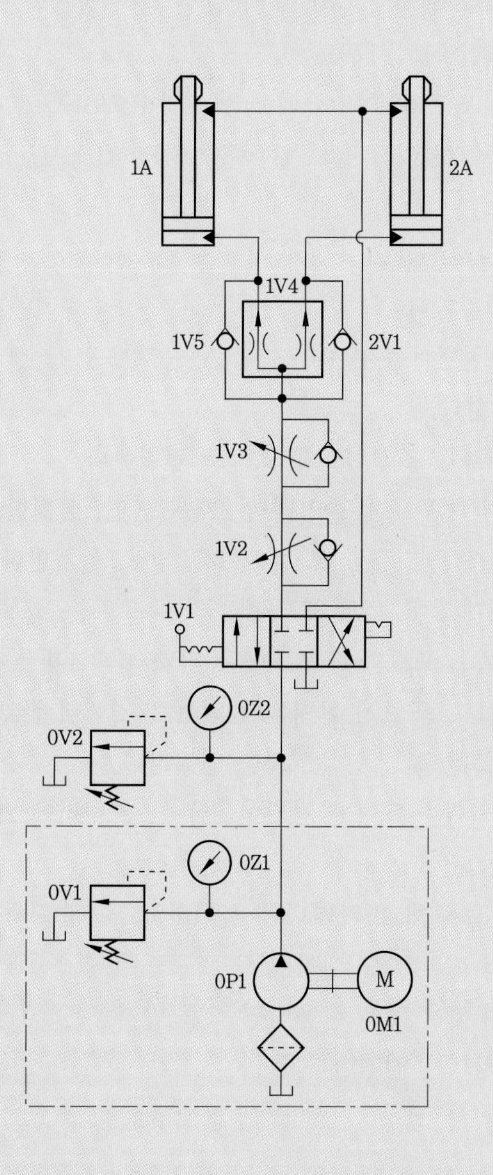

3 실습 순서

(1) 작업 준비를 한다.

① 실린더 2개, 4/3 WAY 올포트 블록 센터형 레버 방향 제어 밸브 1개, 릴리프 밸브 1개, 한방향 유량 조절 밸브 2개, 압력 게이지 1개, T 커넥터 5개, 유량 분류 밸브 1개, 체크 밸브 2개를 선택하여 실습 보드에 설치한다.

② 한방향 유량 조절 밸브와 체크 밸브의 방향에 유의하여 설치한다.

③ 실습에 사용되는 부품은 실습판에 완전하게 고정한다.

④ 실린더의 운동 구간에 장애물이 없어야 한다.

(2) 배관 작업을 한다.

① 모든 기기의 설치 및 배관은 유압 펌프가 정지된 후 실시한다.

② 펌프측 포트와 0Z2 압력 게이지를 호스로 연결하고, 0V2 릴리프 밸브의 T 포트, 1V1 4/3 WAY 올포트 블록 센터형 레버 조작 방향 제어 밸브의 T 포트를 탱크의 드레인 포트에 호스로 각각 연결한다.

③ 0Z2 압력 게이지의 포트와 0V2 릴리프 밸브의 P 포트를 호스로 연결한다.

④ 펌프를 가동시켜 0V2 릴리프 밸브 압력을 4 MPa(40 kgf/cm^2)으로 조정한 후 펌프를 정지시킨다.

⑤ 0Z2 압력 게이지 포트에 1V1 4/3 WAY 올포트 블록 센터형 레버 조작 방향 제어 밸브의 P 포트 호스로 연결한다.

⑥ 1V2 한방향 유량조절밸브를 1V1 4/3 WAY 올포트 블록 센터형 레버 조작 방향 제어 밸브의 A 포트에 삽입한다.

⑦ 1V2와 1V3 한방향 유량 조절밸브를 호스로 연결한다.

⑧ 1V4 유량 분류 밸브 P 포트에 T 커넥터 2개를 삽입, 설치한다.

⑨ 1V4 밸브 T 커넥터에 1V3 유량 조절 밸브를 삽입, 설치한다.

⑩ 1V4 밸브 T 커넥터에 1V5, 2V1 체크 밸브의 A 포트를 호스로 각각 연결한다.

⑪ 1V4 유량 분류 밸브 A 포트와 B 포트에 T 커넥터 각 1개를 각각 삽입, 설치한다.

⑫ 1V4 유량 분류 밸브 A 포트에 설치되어 있는 T 커넥터에 1V5 체크 밸브 B 포트를 삽입하고, 1A 실린더 피스톤 헤드측에 호스를 연결한다.

⑬ 1V4 유량 분류 밸브 A 포트에 설치되어 있는 T 커넥터에 2V1 체크 밸브 B 포트를 삽입하고, 2A 실린더 피스톤 헤드측에 호스를 연결한다.

⑭ 2A 실린더 로드측 포트에 T 커넥터를 설치하고 1A 로드측 포트와 1V1 4/3 WAY 올포트 블록 센터형 레버 조작 방향 제어 밸브 B 포트에 호스를 각각 연결한다.

⑮ 유압 호스는 가급적 짧은 것을 사용하되 곡률 반지름은 70 mm 이상 되도록 한다.

⑯ 유압 장치의 배관 상태를 점검한다.

(3) 정상 작동을 확인한다.

① 펌프를 가동시켜 0Z2 압력 게이지의 압력 4MPa을 확인하고, 유압 시스템에 유압을 공급하면서 누설이 없는지 확인한다.

② 유압 작동유의 누설이 있으면 즉시 펌프를 정지시킨 후 배관을 점검한다.

③ 두 실린더의 전후진 동조 회로에 오차가 발생하면 유량 조절 밸브를 조정하여 동조 회로를 운전한다.

(4) 각 기기를 해체하여 정리정돈한다.

① 펌프를 정지시키고 유압 호스를 해체한다.

② 각 기기를 실습 보드에서 분리시키고 정리정돈한다.

제 3 부

전기 공압 제어

제 1 장 전기 공압 제어 회로 구성

1-1 전기 제어반 구성

1 접점

(1) a 접점

외력이 작용하지 않으면 접점이 항상 열려 있는 것으로 상시 열림형, 정상 상태 열림형(normally open, N/O형), 메이크 접점(make contact)이라고도 한다.

(2) b 접점

접점이 항상 닫혀 있어 통전되고 있다가 외력이 작용하면 열리는 것, 즉 통전이 차단되는 것으로 상시 닫힘형, 정상 상태 닫힘형(normally closed, N/C형), 브레이크 접점(break contact)이라고도 한다.

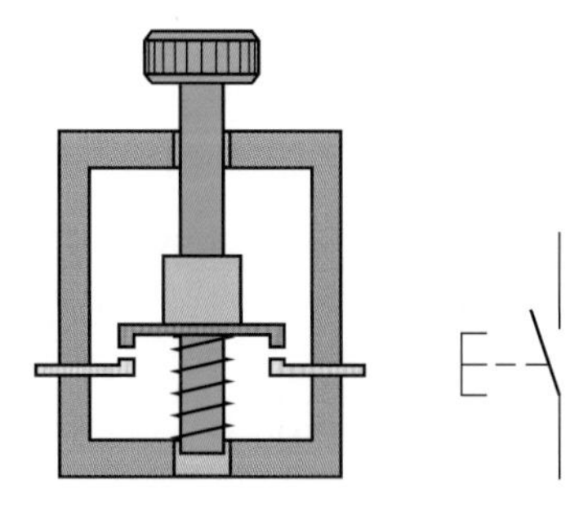
누름 버튼 a 접점 스위치와 기호

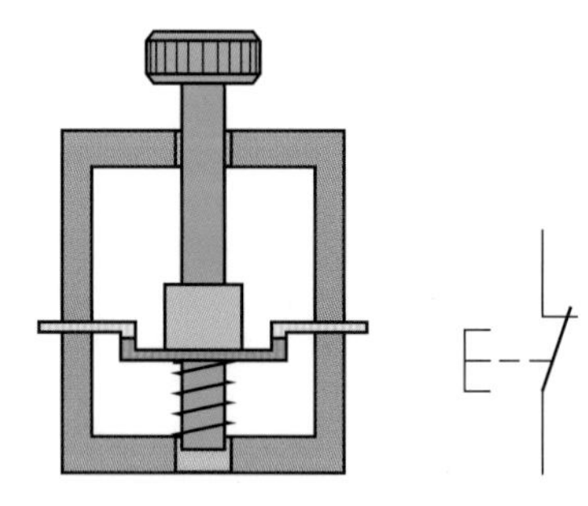
누름 버튼 b 접점 스위치와 기호

(3) c 접점

하나의 스위치에 a, b 접점을 동시에 가지고 있는 것으로 전환 접점(change over contact) 또는 절환 접점이라고도 한다.

이 접점은 전기적으로 독립되어 있지 않으므로 a 접점이나 b 접점을 동시에 사용하지 않고 두 접점 중 하나의 기능을 선택하여 사용한다.

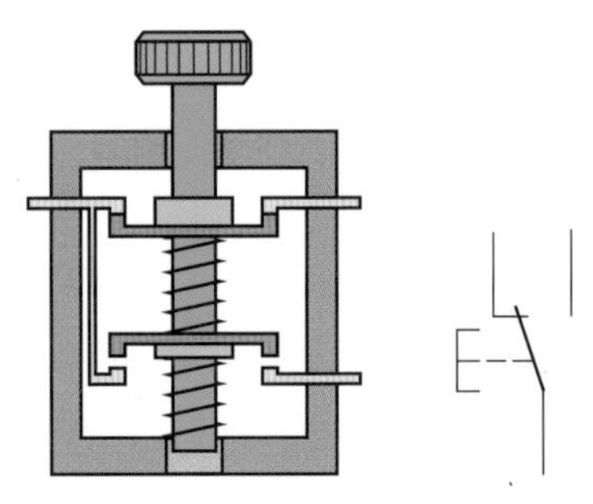

누름 버튼 c 접점 스위치와 기호

(4) 다접점 스위치

하나의 스위치에 여러 개의 독립된 접점을 갖고 있어 한 번의 동작에 여러 개의 접점을 ON/OFF시킨다. 독립된 접점이란 기계적인 동작은 동시에 이루어지지만 전기적으로는 각각 독립된 통전을 하는 것이다.

2 전기 제어 기기

(1) 누름 버튼 스위치(push button switch)

가장 일반적으로 사용하고 있는 스위치로서 버튼을 누르면 전환 요소는 스프링의 힘에 대항하여 동작한다. a 접점, b 접점, c 접점이 있다.

① 버튼을 누르는 것에 의하여 개폐되는 스위치를 말한다.

② 직접 손가락에 의하여 조작되는 누름 버튼 기구와 이것으로부터 받은 힘에 의하여 전기 회로를 개폐하는 접점 기구로 구성되어 있다.

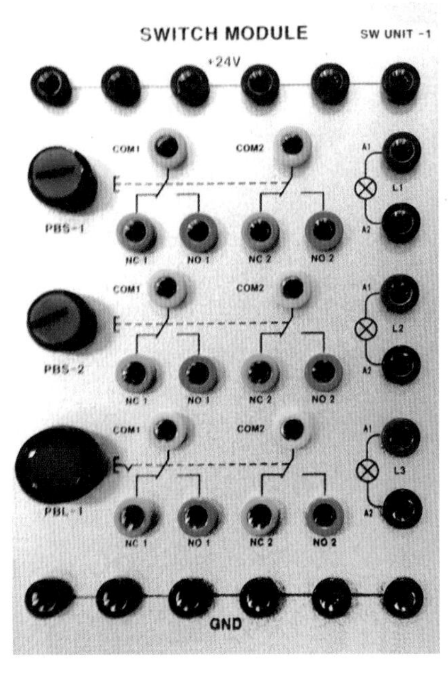

누름 버튼 스위치 키트

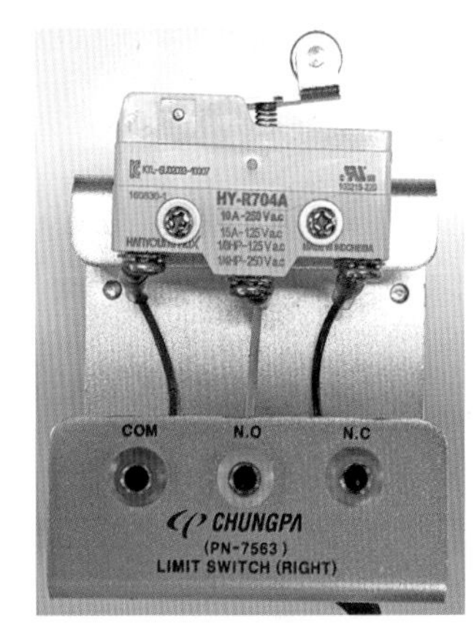

리밋 스위치

(2) 리밋 스위치(limit switch)

수동으로 조작하는 누름 버튼 스위치를 대신하여 기기의 운동 행정 중 정해진 위치에서 동작하는 제어용 검출 스위치로서 스냅액션형의 ON, OFF 접점을 갖추고 있다.

(3) 비접촉 스위치(비접촉 센서)

피검출체에 전혀 접촉하지 않고 검출하는 스위치이다.

① **광센서**(photo electric sensor)

㈎ 빛을 매체로 하는 검출기로서 포토 트랜지스터 등을 이용한 투광기, 수광기, 앰프, 비교회로 및 출력회로를 갖추고 있다.

㈏ 비금속의 검출도 가능하고 비교적 원거리에서의 검출도 가능하며, 부착 장소, 환경 온도, 진동 등의 제약도 적어 미소 물체 검출 등에 적합하다.

㈐ 종류에는 투과형, 미러 반사형, 직접 반사형이 있다.

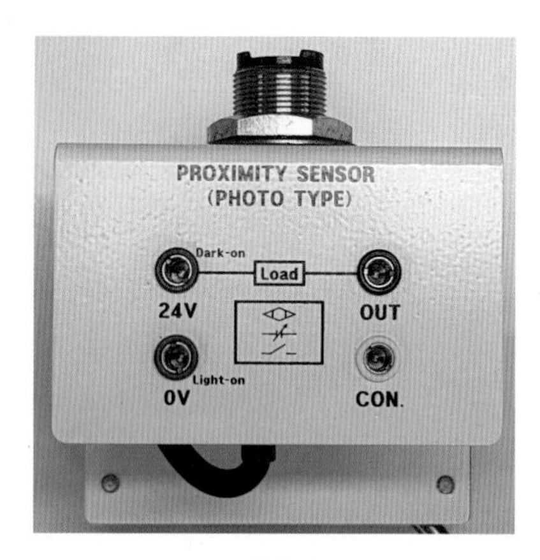

광센서

② **유도형 근접 센서**(inductive proximity sensor) : 금속만 감지하며, 일반적으로 센서의 검출거리는 센서의 검출면의 크기에 따른다.

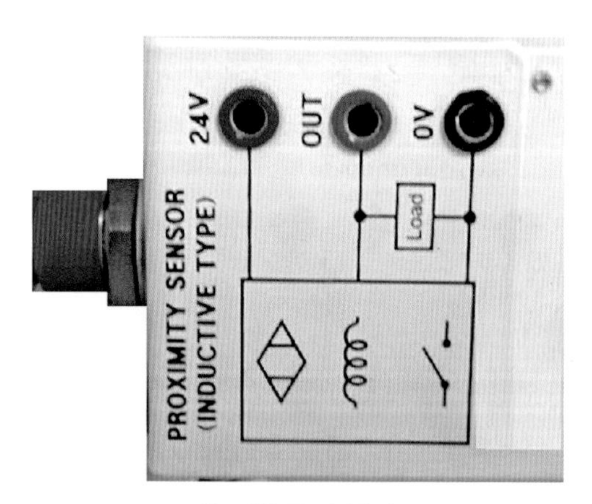

유도형 근접 센서

③ **용량형 센서**(capacitive sensor) : 금속, 비금속 물체와 액체의 레벨 검출이 가능하며, 범용의 레벨 스위치에 비해 일반적으로 검출 감도가 높고, 미세한 정전 용량의 변화에 대해서도 반응을 한다.

용량형 센서

(4) 전자 릴레이(전자 계전기)

전자 릴레이는 제어 전류를 개폐하는 스위치의 조작을 전자석의 힘으로 하는 것으로, 전압이 코일에 공급되면 전류는 코일이 감겨 있는 데로 흘러 자장이 형성되고 전기자가 코일의 중심으로 당겨진다. 접점은 2a-2b 접점, 3a-1b 접점 등이 있으나 최근의 릴레이 키트는 4c 접점으로 구성되어 있다.

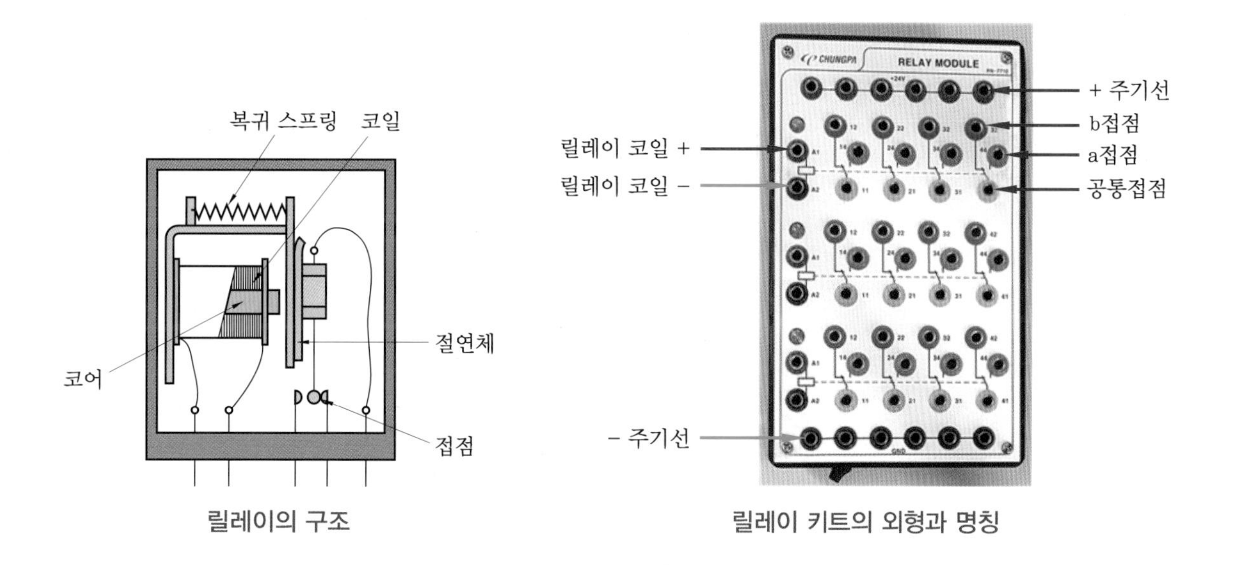

릴레이의 구조

릴레이 키트의 외형과 명칭

(5) 타이머

릴레이의 일종으로 입력 신호를 받고 설정 시간이 경과된 후에 회로를 개폐하는 기기이다. 기호는 TR(time-lage relay)로 표시한다. 종류에는 전기 신호를 주게 되면 일정 시간 후에 출력 신호(접점)를 내는 여자 지연(delay ON type)과 전기 신호를 차단한 후 출력 신호(접점)를 내는 소자 지연(delay OFF type)이 있다.

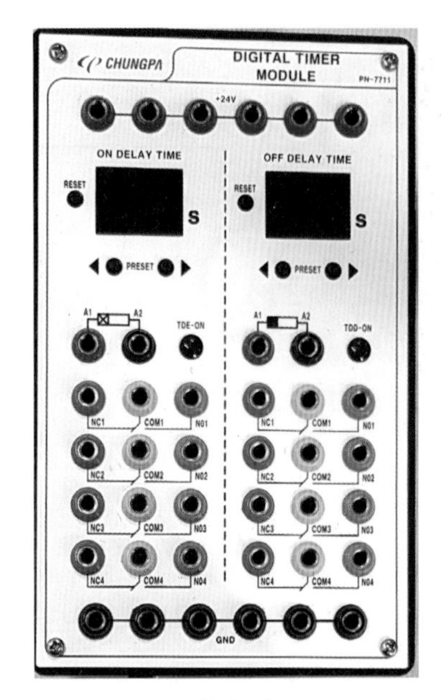

타이머 키트

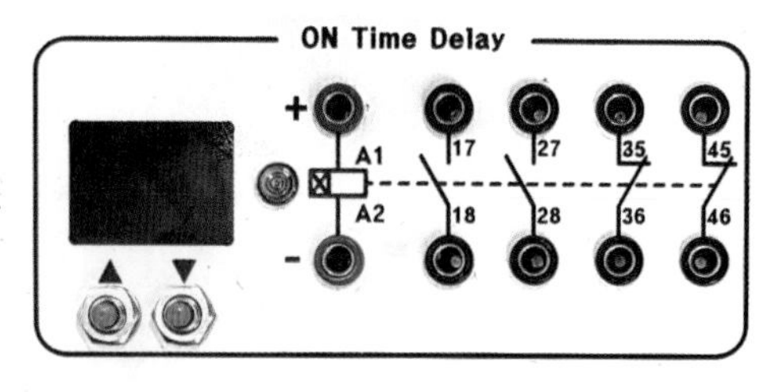

여자 지연 타이머

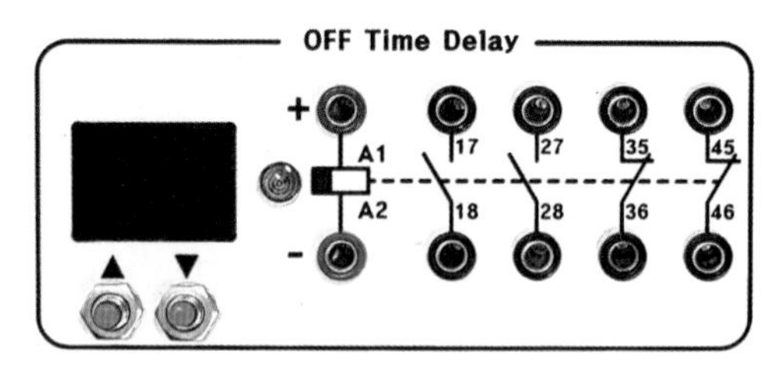

소자 지연 타이머

(6) 계수기(counter)

물체의 위치나 상태를 감지하여 코일에 전류를 통과하면 전자석에 의해 휠을 1개씩 회전시켜 계수를 표시하는 기기이다.

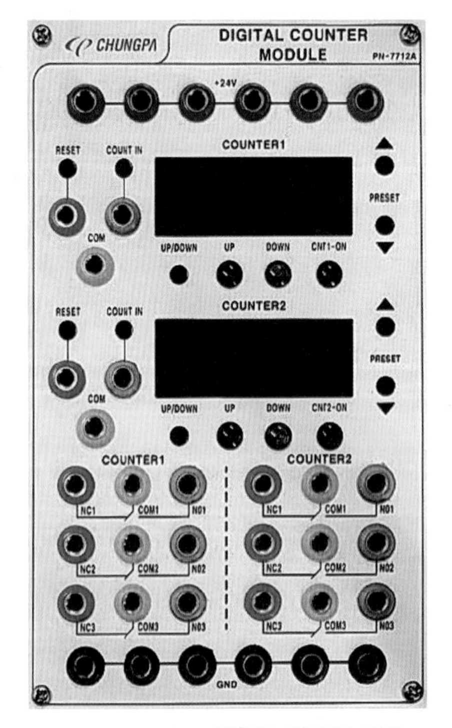

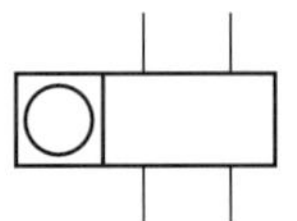

카운터 키트와 기호

1-2 전기 시퀀스도 작성 방법

전기 시퀀스도란 시퀀스 제어에 사용되는 전기장치 및 관련 기기 또는 기구 등을 작동 기능을 중심으로 전개하여 표시한 것으로 전개 접속도라고도 한다.

① 일일이 모선을 표시하지 않고 전원 도선으로서 다음과 같이 표시한다.

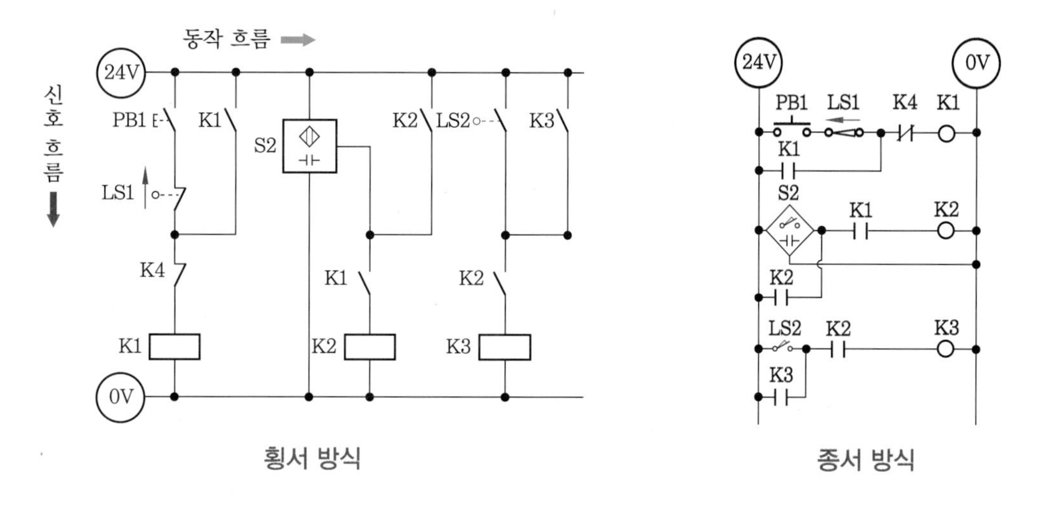

횡서 방식 종서 방식

㈎ 횡서 방식 : 전원 수평 방식으로 제어 모선(제어 전원)을 수평으로 상하로 나누어 그리고 그 사이에 접점, 코일, 램프 등의 전기 기기의 심벌을 왼쪽에서 오른쪽으로 쓰는 방식

㈏ 종서 방식 : 제어 전원 수직 방식으로 제어 모선을 수직으로 좌우로 나누어 그리고 그 사이에 전기 기기의 심벌을 위에서 아래로 사다리 모양으로 그리는 방식

② 제어 기기를 잇는 접속선은 상하 모선일 경우에는 종선으로, 좌우 모선일 경우에는 횡선으로 표시한다.

③ 접속선은 동작 순서별로 좌에서 우로 또는 위에서 아래로 표시한다.

④ 개폐 접점을 가진 제어 기기는 그 기구 부분이나 지지 보호 부분 등의 기구적 관련은 생략하고 접점 코일 등으로 표시하며, 각 접속선은 분리한다.

⑤ 제어 기기를 나타내는 문자 등을 병기한다. (접점에도 제어 기기의 문자를 기입한다.)

⑥ 제어 회로는 기계의 조작이나 동작 순서에 따라 차례로 표시한다.

⑦ 개폐 접점을 가지는 기기를 나타낼 때에 수동 조작일 때는 접점부가 닿지 않은 상태, 즉 힘이 가해지지 않은 상태로 하고, 전기 등의 에너지로 작동시키는 것일 때는 구동부의 전원이 모두 차단된 상태로 한다.

⑧ 회로도를 쉽게 읽고, 보수 점검을 용이하게 하기 위해 선 번호 및 릴레이 접점 번호 등을 표시할 수도 있다.

⑨ 검출기는 용량이 적으므로 일반적으로 증폭하여 사용한다.

1-3 전기 제어 기기의 기호

일반적으로 회로도 작성에 가장 많이 사용되고 있는 기호는 ISO 방식이며, 경우에 따라서는 Ladder 방식을 병용하기도 한다.

ISO 방식과 Ladder 방식의 기호

제어 기기		ISO		Ladder	
		a 접점	b 접점	a 접점	b 접점
누름 버튼 스위치		PB_1	PB_2	PB_1	PB_2
리밋 스위치	정상 상태	S_3	S_4	$LS_3(a)$	$LS_4(b)$
	작동 상태	S_3	S_4	$LS_3(a)$	$LS_4(b)$
릴레이		K_1 (3a-1b)		CR_1 (3a-1b)	
솔레노이드		Y_1		Sol_1	

1-4 솔레노이드 밸브의 특성과 원리

솔레노이드 밸브(전자 밸브)는 방향 제어 밸브와 전자석에 전류를 통전시키거나 단전시키는 조작에 의해 공기의 흐름을 변환시키는 전환 밸브로 솔레노이부(전자석부)와 밸브부의 두 부분으로 되어 있다. 종류에는 솔레노이드의 힘으로 직접 밸브를 움직이는 직동식과 소형의 솔레노이드로 파일럿 밸브를 움직여 그 출력 압력에 의한 힘을 이용하여 밸브를 움직이는 간접식(파일럿식)이 있다.

(1) 3포트 2위치 솔레노이드 밸브

3포트 2위치, 즉 3/2 WAY 솔레노이드 밸브는 정상 상태 닫힘형과 열림형이 있으며,

작동 형식에도 직동식과 파일럿식이 있다. 단동 실린더의 방향 제어나 공기 클러치, 공기 브레이크 등의 조작, 공압원 차단과 방출 등에 사용된다.

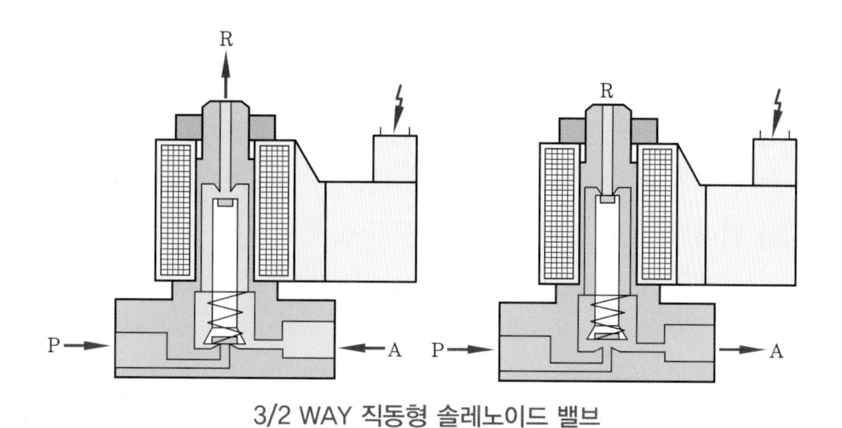

3/2 WAY 직동형 솔레노이드 밸브

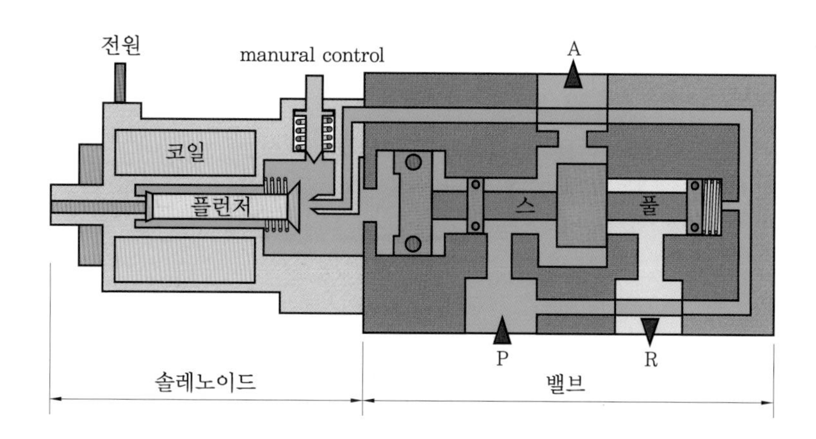

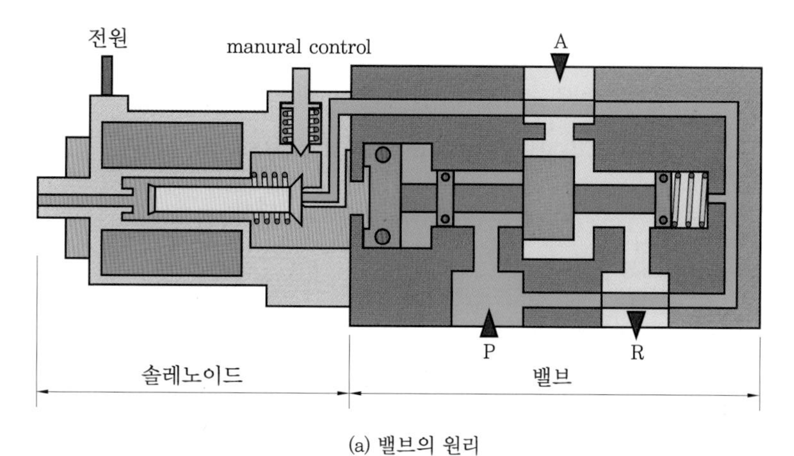

(a) 밸브의 원리

(b) NC형 기호 (c) NO형 기호

3/2 WAY 파일럿형 솔레노이드 밸브

(2) 5포트 2위치 솔레노이드 밸브

5포트 2위치, 즉 5/2 WAY 솔레노이드 밸브는 복동 실린더나 공압 모터, 공압 요동형 모터 등의 방향 제어에 사용된다.

① **5/2 WAY 단동 솔레노이드 밸브** : 솔레노이드에 전류를 통전시키면 여자 상태가 되면서 전자력에 의해 스풀이 동작을 하여 P 포트의 공압이 A 포트로 통과하고, B 포트의 공기는 S 포트로 배기된다. 솔레노이드가 작동하지 않으면(소자 상태) 스프링의 힘이 스풀을 밀어내면서 P 포트에 들어가는 공압은 B 포트로 통과하고, A 포트의 공압은 R 포트로 배기된다.

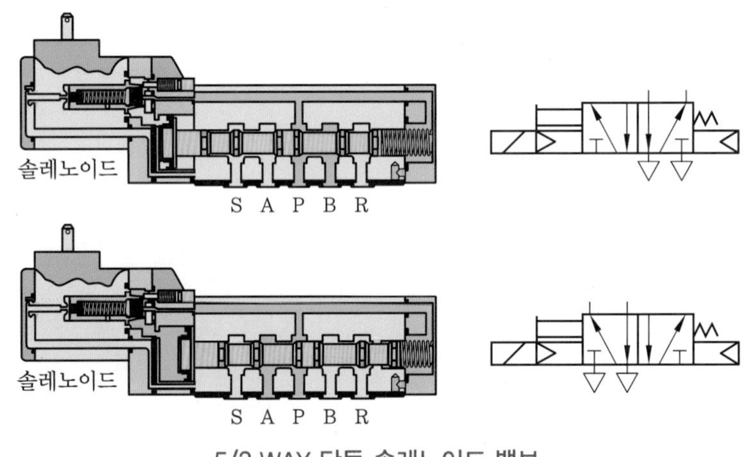

5/2 WAY 단동 솔레노이드 밸브

② **5/2 WAY 복동 솔레노이드 밸브** : 오른쪽 솔레노이드가 작동하면(여자 상태) 전자력의 힘으로 스풀을 이동시킴으로써 P 포트에서 B 포트로 공압이 통과하고, A 포트의 공압은 S 포트로 배기된다. 오른쪽 솔레노이드가 소자되고 왼쪽 솔레노이드가 여자되면 왼쪽 솔레노이드에 전자력이 발생되어 스풀을 이동시켜 P 포트의 공압이 A 포트로 통과하고, B 포트의 공기는 R 포트로 배기된다.

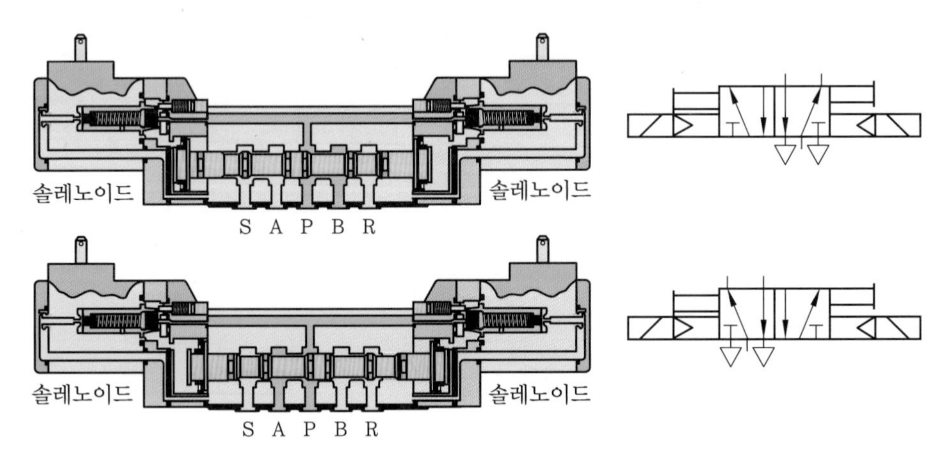

5/2 WAY 복동 솔레노이드 밸브

1-5 논리 회로

(1) AND 회로

AND 회로는 2개 이상의 자동 복귀형 누름 버튼을 모두 ON시켜야 실린더가 전진하는 경우의 회로이며 회로도에서 LS1 리밋 스위치가 통전되어 있고, PB1도 ON이 되어야 실린더가 전진한다.

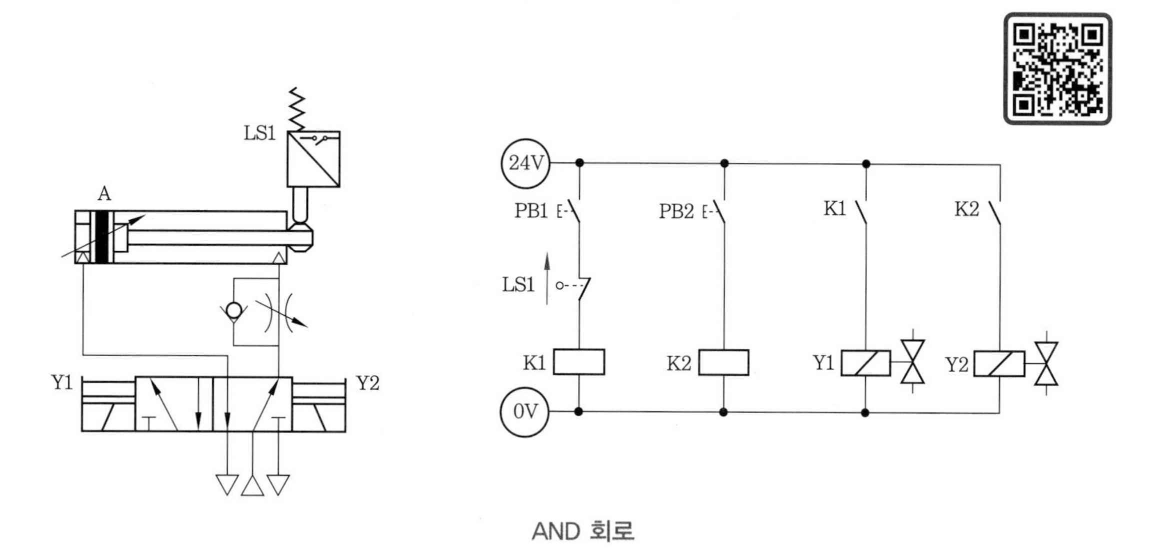

AND 회로

(2) OR 회로

OR 회로는 2개 이상의 자동 복귀형 누름 버튼 중 1개 이상만 ON시키면 실린더가 전진하는 경우의 회로이며 회로도에서 PB1이나 PB2 중 1개만 ON이 되면 실린더가 전진한다.

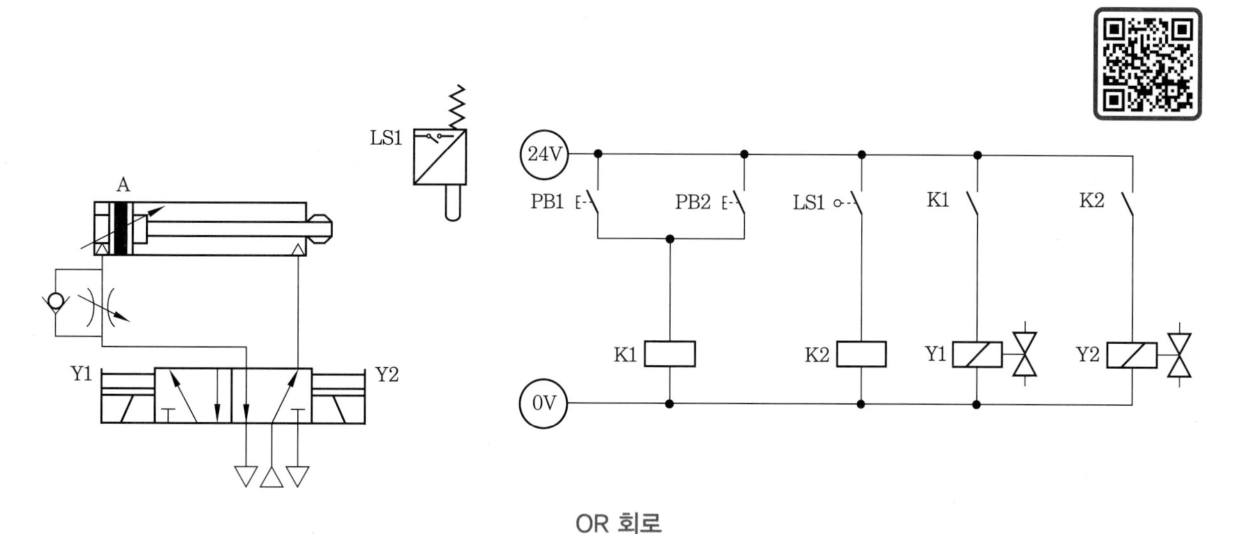

OR 회로

(3) NOT 회로

NOT 회로는 자동 복귀형 누름 버튼을 조작하지 않으면 실린더는 전진하고, 조작하면 실린더는 후진한다.

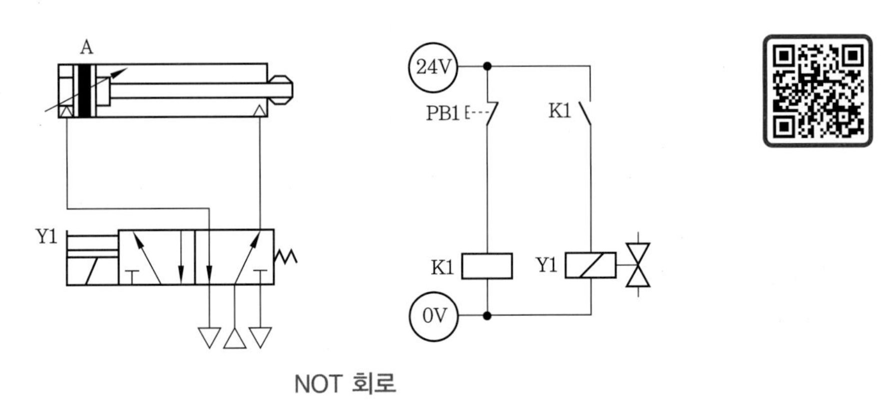

NOT 회로

(4) NAND 회로

NAND 회로는 2개의 자동 복귀형 누름 버튼을 조작하지 않으면 실린더는 전진하고, 누름 버튼을 1개라도 조작하면 실린더는 후진한다.

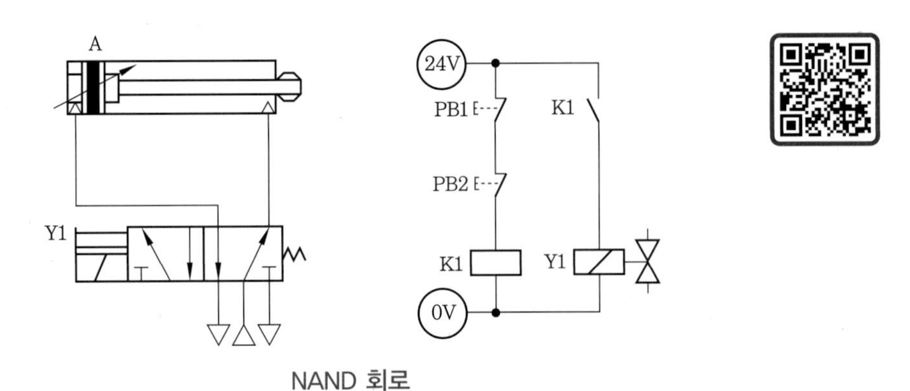

NAND 회로

1-6 공압 부품 설치 방법

(1) 실린더, 리밋 스위치, 솔레노이드 밸브의 설치

① 실린더는 수직과 수평으로 설치하는 방법이 있으나 수직 방법이 작업하는 데 더 유리하다.

② 실린더를 세워서 보드 양쪽에 벌려 놓는다.

③ 리밋 스위치를 다음 그림과 같이 좌우 방향을 정확하게 정한 후 두 개의 실린더 안쪽에 설치한다.

리밋 스위치의 방향

④ 솔레노이드 방향 제어 밸브는 양 실린더 안쪽에, 실린더 하단 보드 홈 4개 아래에 위치하도록 설치한다.

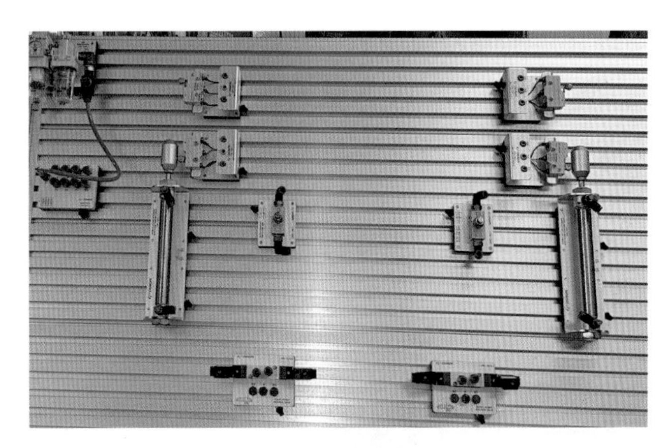

공압 부품 설치

(2) 유량 제어 밸브의 설치

① 공압에서 복동 실린더의 속도 제어는 미터 아웃, 즉 배기 교축 방식으로만 제어한다.

② 유량 제어 밸브를 설치할 때에는 반드시 체크 밸브의 방향을 다음 그림의 기호와 같이 하여 유량 제어 밸브를 수직으로 설치해야 한다.

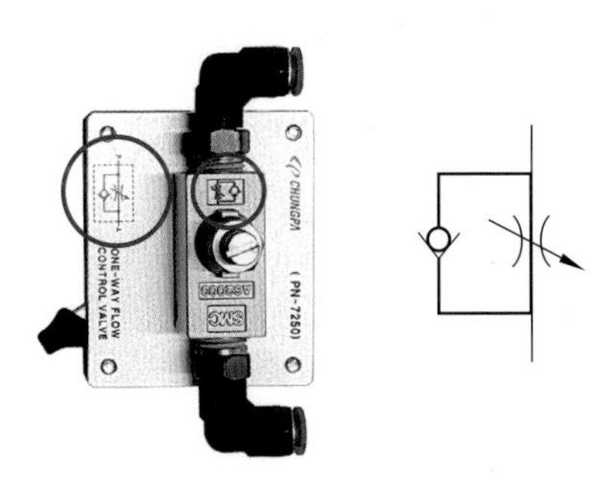

유량 제어 밸브의 방향과 기호

1-7 공압 호스 삽입

① 공압 호스를 배관할 때에는 반드시 공압을 차단한 후 작업을 해야 한다.

② 공압 호스를 피팅에 삽입할 때에 두 번 힘주어 삽입한다.

③ 특히 분배기에 삽입할 때 유의해야 한다. 삽입이 불확실하면 공기 새는 소리가 없어도 공압 호스에 공기가 공급되지 않는다.

④ 피팅에서 호스를 제거시킬 때는 피팅에 부착되어 있는 와셔를 왼손으로 밀고 있는 상태에서 공압 호스를 피팅으로부터 분리시켜야 한다.

⑤ 공압 호스를 밸브에 삽입할 때는 포트 표시법 해당되는 기호의 피팅에 삽입해야 한다.

⑥ 분배기 피팅에 호스를 삽입한 후 호스 반대쪽을 솔레노이드 밸브 P 또는 1의 피팅에 삽입한다.

⑦ 실린더 초기 상태가 후진된 것이라면 복동 솔레노이드 밸브 피팅 A와 실린더 전진측 피팅에 삽입하고 밸브 피팅 B와 실린더 후진측 피팅에 삽입한다. 그러나 실린더 초기 상태가 전진된 경우에는 밸브 피팅 B와 실린더 전진측 피팅에 삽입하고 밸브 피팅 A와 실린더 후진측 피팅에 삽입한다.

⑧ 삽입이 완료되면 서비스 유닛에 설치되어 있는 차단 밸브를 열고, 실린더의 초기 상태를 점검한다.

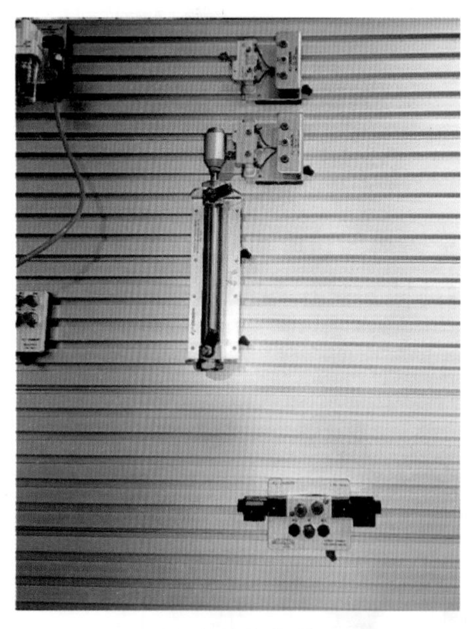

초기 상태 후진

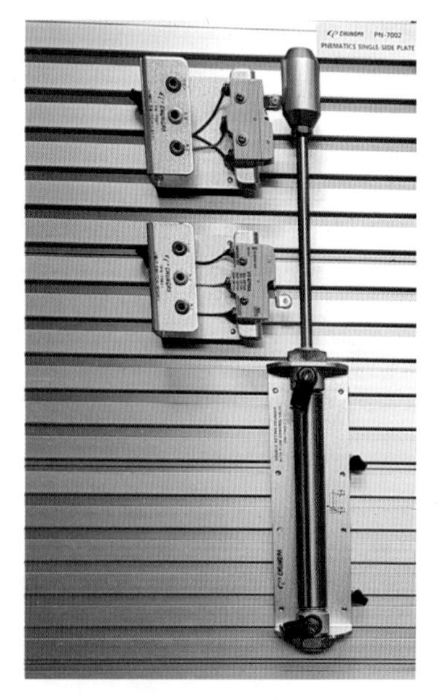

초기 상태 전진

⑨ 실린더가 후진 상태이어야 하는데 전진 상태라면 후진측 솔레노이드 밸브의 수동 누름 버튼을 눌러 변환시킨다.

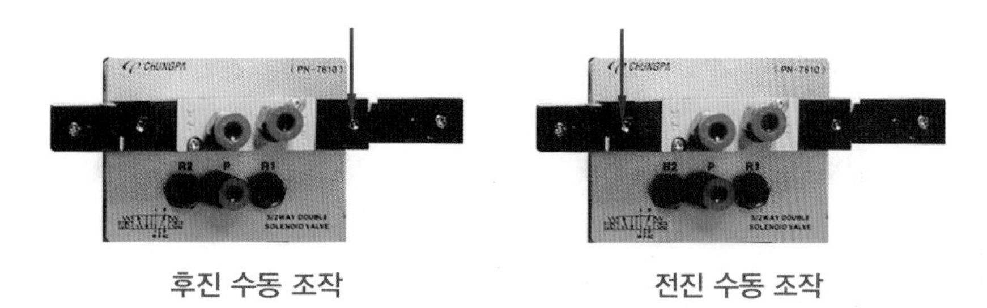

후진 수동 조작　　　　전진 수동 조작

⑩ 실린더가 전진 상태이어야 하는데 후진 상태라면 전진측 솔레노이드 밸브의 수동 누름 버튼을 눌러 변환시킨다.

⑪ 단동 솔레노이드 밸브일 경우 공압 호스 연결 방법은 양솔 밸브와 같다.

⑫ 유량 제어 밸브와 급속 배기 밸브는 다음 그림과 같이 배관한다.

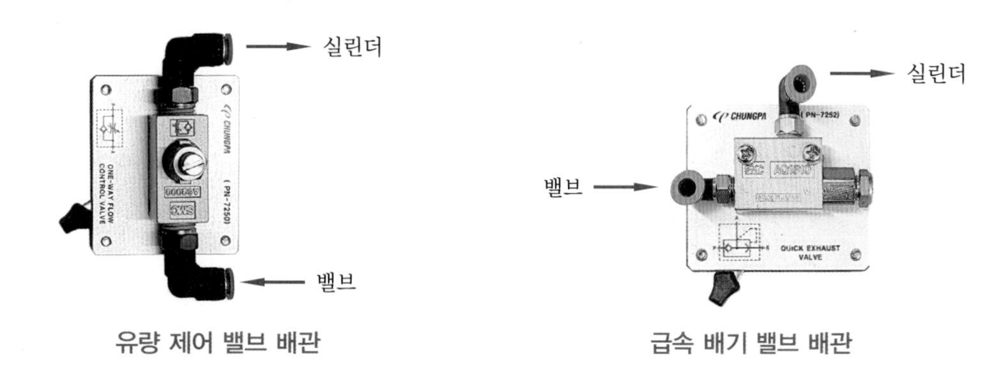

유량 제어 밸브 배관　　　　급속 배기 밸브 배관

과제 1 단동 실린더 제어 회로 구성

1 제어 조건

주어진 공압 및 전기 회로도를 다음 조건에 맞게 완성하고, 구성하여 운전하시오.

① 단동 실린더와 3/2 WAY 단동 솔레노이드 방향 제어 밸브를 사용하시오.

② 자동 복귀형 누름 버튼을 누르면 실린더는 전진하고, 떼면 후진하게 하시오.

③ 유압 호스의 곡률 반지름이 70mm 이상 되도록 하되 호스가 꺾이지 않도록 하시오.

④ 유압 작동유를 공급하게 되면 누유가 없어야 한다.

⑤ 전기 케이블은 (+)선은 적색, (-)선은 청색 또는 흑색 선으로 배선하시오.

⑥ 공압 시스템의 공급 압력은 500kPa(5kgf/cm^2)로 설정하시오.

2 공압 및 전기 회로도

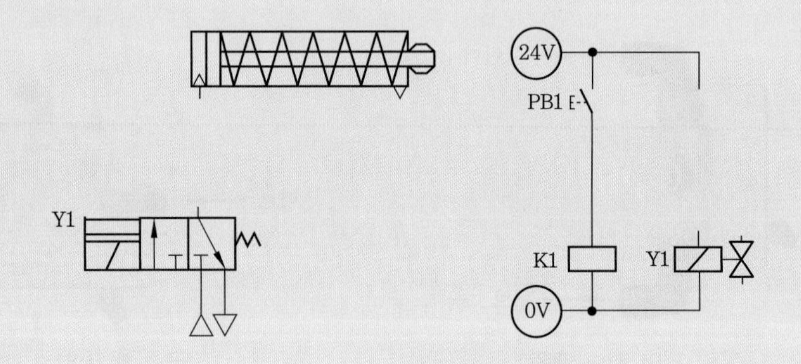

3 실습 순서

(1) 회로 설계를 한다.

① 3/2 WAY 밸브의 A 포트에 한방향 유량 제어 밸브를 연결한다.

② 유량 제어 밸브와 실린더 피스톤 헤드측 포트를 연결한다.

③ PB1 a 접점과 솔레노이드 K1 코일을 연결한다.

④ 릴레이 접점 K1을 솔레노이드 밸브 Y1과 연결한다.

⑤ 검토하여 이상이 있으면 수정한다.

(2) 작업 준비를 한다.

① 단동 실린더 1개, 3/2 WAY 단동 솔레노이드 밸브 1개, 한방향 유량 조절 밸브 1개를 선택하여 실습 보드에 설치한다.

② 한방향 유량 조절 밸브의 방향에 유의하여 설치한다.

③ 실습에 사용되는 부품은 실습판에 완전하게 고정한다.

④ 실린더의 운동 구간에 장애물이 없어야 한다.

(3) 배관 작업을 한다.

① 모든 기기의 설치 및 배관 시 공기압은 차단된 상태이어야 하고, 전원은 단전된 상태이어야 한다.

② 공압 분배기의 포트와 3/2 WAY 단동 솔레노이드 밸브 P 포트를 호스로 연결한다.

③ 3/2 WAY 단동 솔레노이드 밸브 A 포트와 유량조절밸브 IN측 포트를 호스로 연결한다.

④ 유량 조절 밸브 OUT측 포트와 실린더 피스톤 헤드측 포트를 호스로 연결한다.

(4) 배선 작업을 한다.

① 적색 리드선을 사용하여 전원 공급기 (+) 단자, 누름 버튼 스위치 키트 (+) 단자, 릴레이 키트 (+) 단자를 연결한다.

② 청색 리드선을 사용하여 전원 공급기 (−) 단자, 누름 버튼 스위치 키트 (−) 단자, 릴레이 키트 (−) 단자와 릴레이 코일 (−) 단자 및 솔레노이드 밸브 (−) 단자를 각각 연결한다.

③ 적색 리드선을 사용하여 누름 버튼 스위치 키트 (+) 단자에서 자동 복귀형 누름 버튼 스위치 a 접점을 거쳐 릴레이 코일 K1을 연결한다.

④ 적색 리드선을 사용하여 릴레이 키트 (+) 단자에서 릴레이 접점 K1 a 접점과 솔레노이드 밸브 (+) 단자를 연결한다.

(5) 정상 작동을 확인한다.

① 서비스 유닛의 압력을 500 kPa로 조정하고 서비스 유닛의 차단 밸브를 열어 공기 누설이 없는지 확인한다. 누설이 있을 경우 배관을 점검한다.

② 자동 복귀형 누름 버튼 스위치를 누르고 있으면 실린더가 전진하고 놓으면 실린더가 후진하는 것을 확인한다.

③ 실린더의 속도가 나무 빠르거나 늦으면 유량 조절 밸브를 이용하여 속도를 조정한다.

(6) 각 기기를 해체하여 정리정돈한다.

① 전원 공급기의 전원을 OFF시키고, 서비스 유닛의 차단 밸브를 잠근다.

② 호스와 리드선을 제거한다.

③ 각 기기를 실습 보드에서 분리시키고 정리정돈한다.

정답

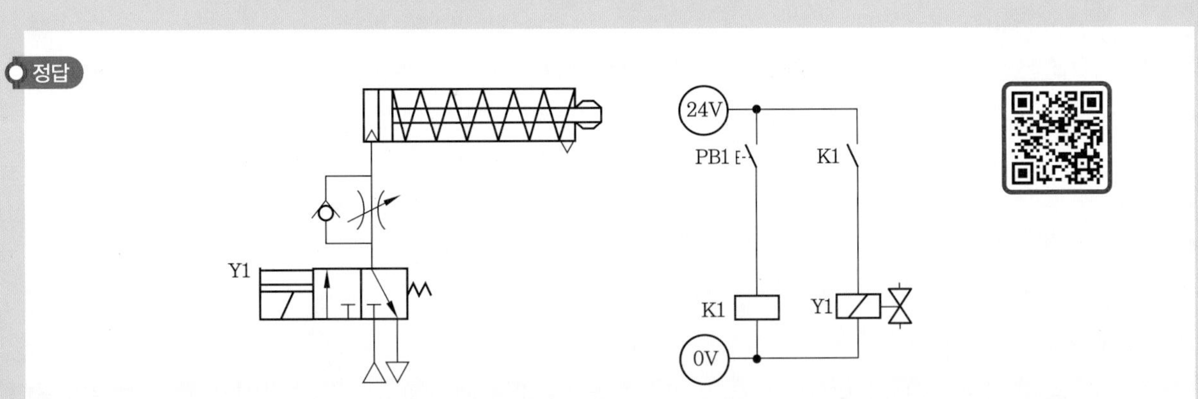

과제 2 단동 솔레노이드 밸브를 사용한 복동 실린더 회로 구성

1 제어 조건

주어진 공압 및 전기 회로도를 다음 조건에 맞게 완성하고, 구성하여 운전하시오.

① 복동 실린더와 5/2 WAY 단동 솔레노이드 방향 제어 밸브를 사용하시오.

② 자동 복귀형 누름 버튼을 누르면 실린더는 전진하고, 떼면 후진하게 하시오.

③ 한방향 유량 조절 밸브를 사용하여 실린더가 전진할 때 미터 아웃으로 속도를 제어하시오.

④ 공압 호스는 가급적 짧은 것을 사용하되 호스가 꺾이지 않도록 하시오.

⑤ 공기압을 공급하게 되면 공기 누설이 없어야 합니다.

⑥ 전기 케이블은 (+)선은 적색, (−)선은 청색 또는 흑색 선으로 배선하시오.

⑦ 공압 시스템의 공급 압력은 500 kPa(5 kgf/cm^2)로 설정하시오.

2 공압 및 전기 회로도

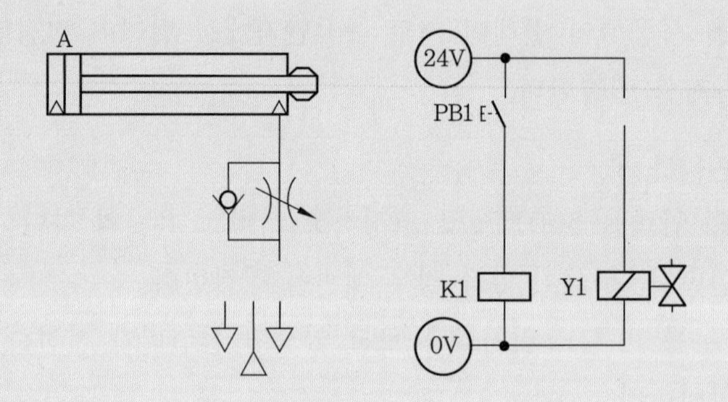

3 실습 순서

(1) 회로도를 완성한다.

① 5/2 WAY 단동 솔레노이드 밸브를 그려 넣는다.

② 릴레이 K1 a 접점을 솔레노이드 밸브 Y1과 연결되도록 그린다.

③ 검토하여 이상이 있으면 수정한다.

(2) 작업 준비를 한다.

① 복동 실린더 1개, 5/2 WAY 단동 솔레노이드 밸브 1개, 한방향 유량 조절 밸브 1개를 선택하여 실습 보드에 설치한다.

② 한방향 유량 조절 밸브의 방향에 유의하여 설치한다.

③ 실습에 사용되는 부품은 실습판에 완전하게 고정한다.

④ 실린더의 운동 구간에 장애물이 없어야 한다.

(3) 배관 작업을 한다.

① 모든 기기의 설치 및 배관 시 공기압은 차단된 상태이어야 하고, 전원은 단전된 상태이

어야 한다.

② 공압 분배기의 포트와 5/2 WAY 단동 솔레노이드 밸브 P 포트를 호스로 연결한다.

③ 5/2 WAY 단동 솔레노이드 밸브 A 포트와 실린더 피스톤 헤드측 포트를 호스로 연결한다.

④ 5/2 WAY 단동 솔레노이드 밸브 B 포트와 유량 조절 밸브 OUT측 포트를 호스로 연결한다.

⑤ 유량 조절 밸브 IN측 포트와 실린더 로드측 포트를 호스로 연결한다.

(4) 배선 작업을 한다.

① 적색 리드선을 사용하여 전원 공급기 (+) 단자, 누름 버튼 스위치 키트 (+) 단자, 릴레이 키트 (+) 단자를 연결한다.

② 청색 리드선을 사용하여 전원 공급기 (−) 단자, 누름 버튼 스위치 키트 (−) 단자, 릴레이 키트 (−) 단자와 릴레이 코일 (−) 단자 및 솔레노이드 밸브 (−) 단자를 각각 연결한다.

③ 적색 리드선을 사용하여 누름 버튼 스위치 키트 (+) 단자에서 자동 복귀형 누름 버튼 스위치 a 접점을 거쳐 릴레이 코일 K1을 연결한다.

④ 적색 리드선을 사용하여 릴레이 키트 (+) 단자에서 릴레이 접점 K1 a 접점과 솔레노이드 밸브 (+) 단자를 각각 연결한다.

(5) 정상 작동을 확인한다.

① 서비스 유닛의 압력을 500 kPa로 조정하고 서비스 유닛의 차단 밸브를 열어 공기 누설이 없는지 확인한다. 누설이 있을 경우 배관을 점검한다.

② 자동 복귀형 누름 버튼 스위치를 누르고 있으면 실린더가 전진하고 놓으면 후진하는 것을 확인한다.

③ 실린더의 속도가 너무 빠르거나 늦으면 유량 조절 밸브를 이용하여 속도를 조정한다.

(6) 각 기기를 해체하여 정리정돈한다.

① 전원 공급기의 전원을 OFF시키고, 서비스 유닛의 차단 밸브를 잠근다.

② 호스와 리드선을 제거한다.

③ 각 기기를 실습 보드에서 분리시키고 정리정돈한다.

정답

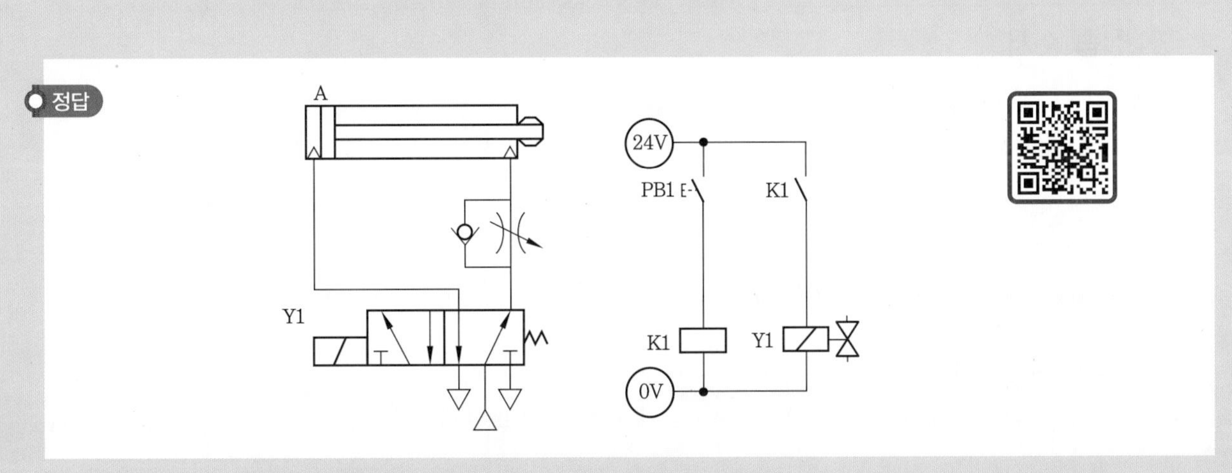

과제 3 복동 솔레노이드 밸브를 사용한 복동 실린더 회로 구성

1 제어 조건

주어진 공압 및 전기 회로도를 다음 조건에 맞게 완성하고, 구성하여 운전하시오.

① 복동 실린더와 5/2 WAY 복동 솔레노이드 방향 제어 밸브를 사용하시오.

② 실린더가 후진된 상태에서 자동 복귀형 누름 버튼 PB1을 1회 ON-OFF하면 실린더는 전진하고, 전진 완료되거나 자동 복귀형 누름 버튼 PB1을 1회 ON-OFF하면 실린더는 후진하도록 하시오.

③ 한방향 유량 조절 밸브를 사용하여 실린더가 전진할 때 미터 아웃으로 속도를 제어하시오.

④ 실린더가 후진할 때 급속 후진하도록 하시오.

⑤ 공압 호스는 가급적 짧은 것을 사용하되 호스가 꺾이지 않도록 하시오.

⑥ 공기압을 공급하게 되면 공기 누설이 없어야 합니다.

⑦ 전기 케이블은 (+)선은 적색, (-)선은 청색 또는 흑색 선으로 배선하시오.

⑧ 공압 시스템의 공급 압력은 500 kPa(5 kgf/cm^2)로 설정하시오.

2 공압 및 전기 회로도

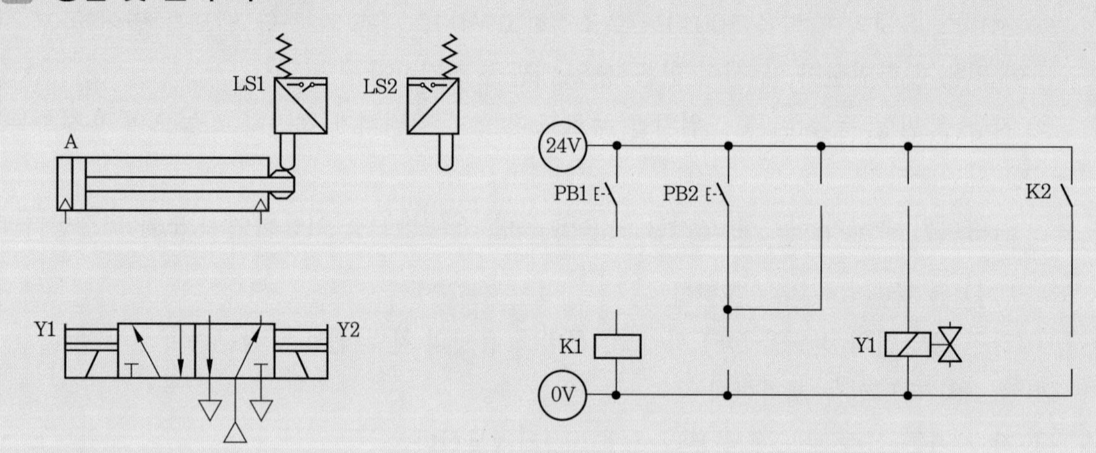

3 실습 순서

(1) 회로도를 완성한다.

① 5/2 WAY 복동 솔레노이드 밸브와 실린더 사이에 유량 제어 밸브를 삽입한다.

② 리밋 스위치 LS1, LS2 및 K2 릴레이 코일, 솔레노이드 밸브를 먼저 삽입하고 K1 a 접점을 그린다.

③ 검토하여 이상이 있으면 수정한다.

(2) 작업 준비를 한다.

① 복동 실린더 1개, 5/2 WAY 복동 솔레노이드 밸브 1개, 한방향 유량 조절 밸브 1개, 급

속 배기 밸브 1개, 리밋 스위치 2개를 선택하여 실습 보드에 설치한다.

② 한방향 유량 조절 밸브의 방향에 유의하여 설치한다.

③ 리밋 스위치의 위치와 롤러의 방향에 주의한다.

④ 실습에 사용되는 부품은 실습판에 완전하게 고정한다.

⑤ 실린더의 운동 구간에 장애물이 없어야 한다.

(3) 배관 작업을 한다.

① 모든 기기의 설치 및 배관 시 공기압은 차단된 상태이어야 하고, 전원은 단전된 상태이어야 한다.

② 공압 분배기의 포트와 5/2 WAY 복동 솔레노이드 밸브 P 포트를 호스로 연결한다.

③ 5/2 WAY 복동 솔레노이드 밸브 A 포트와 급속 배기 밸브 입구측을 호스로 연결한다.

④ 급속 배기 밸브 출구측과 복동 실린더 피스톤 헤드측 포트를 호스로 연결한다.

⑤ 5/2 WAY 복동 솔레노이드 밸브 B 포트와 유량 조절 밸브 OUT측 포트를 호스로 연결한다.

⑥ 유량 조절 밸브 IN측 포트와 실린더 로드측 포트를 호스로 연결한다.

(4) 배선 작업을 한다.

① 적색 리드선을 사용하여 전원 공급기 (+) 단자, 누름 버튼 스위치 키트 (+) 단자, 릴레이 키트 (+) 단자를 연결한다.

② 청색 리드선을 사용하여 전원 공급기 (−) 단자, 누름 버튼 스위치 키트 (−) 단자, 릴레이 키트 (−) 단자와 릴레이 코일 K1, K2의 (−) 단자 및 솔레노이드 밸브 (−) 단자 두 곳을 각각 연결한다.

③ 적색 리드선을 사용하여 누름 버튼 스위치 키트 (+) 단자에서 자동 복귀형 누름 버튼 스위치 PB1의 a 접점을 거쳐 LS1 리밋 스위치 COM 단자를 연결한다.

④ 적색 리드선을 사용하여 LS1 리밋 스위치 NO(a 접점) 단자와 릴레이 코일 K1을 연결한다.

⑤ 적색 리드선을 사용하여 누름 버튼 스위치 키트 (+) 단자에서 자동 복귀형 누름 버튼 스위치 PB2의 a 접점을 거쳐 릴레이 코일 K2를 연결한다.

⑥ 적색 리드선을 사용하여 릴레이 키트 (+) 단자에서 리밋 스위치 LS2의 COM 단자를 연결한다.

⑦ 적색 리드선을 사용하여 리밋 스위치 LS2의 NO(a 접점) 단자와 자동 복귀형 누름 버튼 스위치 PB2 접점 아래 단자를 연결한다.

⑧ 적색 리드선을 사용하여 릴레이 키트 (+) 단자에서 릴레이 접점 K1 a 접점을 거쳐 솔레노이드 밸브 Y1의 (+) 단자를 연결한다.

⑨ 적색 리드선을 사용하여 릴레이 키트 (+) 단자에서 릴레이 접점 K2 a 접점을 거쳐 솔레노이드 밸브 Y2의 (+) 단자를 연결한다.

(5) 정상 작동을 확인한다.

① 서비스 유닛의 압력을 500 kPa로 조정하고 서비스 유닛의 차단 밸브를 열어 공기 누설이 없는지 확인한다. 누설이 있을 경우 배관을 점검한다.

② 실린더의 동작 상태를 확인한다.

㈎ 자동 복귀형 누름 버튼 스위치 PB1를 ON-OFF하면 실린더가 전진하고 전진 완료되면 후진하는 것을 확인한다.

㈏ 리밋 스위치 LS1이 OFF되어 있으면 자동 복귀형 누름 버튼 스위치 PB1를 ON하여도 실린더는 전진하지 않는다.

㈐ 실린더가 전진하고 있는 중 자동 복귀형 누름 버튼 스위치 PB2를 ON-OFF하면 실린더는 즉시 후진한다.

③ 실린더의 속도가 너무 빠르거나 늦으면 유량 조절 밸브를 이용하여 속도를 조정한다.

(6) 각 기기를 해체하여 정리정돈한다.

① 전원 공급기의 전원을 OFF시키고, 서비스 유닛의 차단 밸브를 잠근다.

② 호스와 리드선을 제거한다.

③ 각 기기를 실습 보드에서 분리시키고 정리정돈한다.

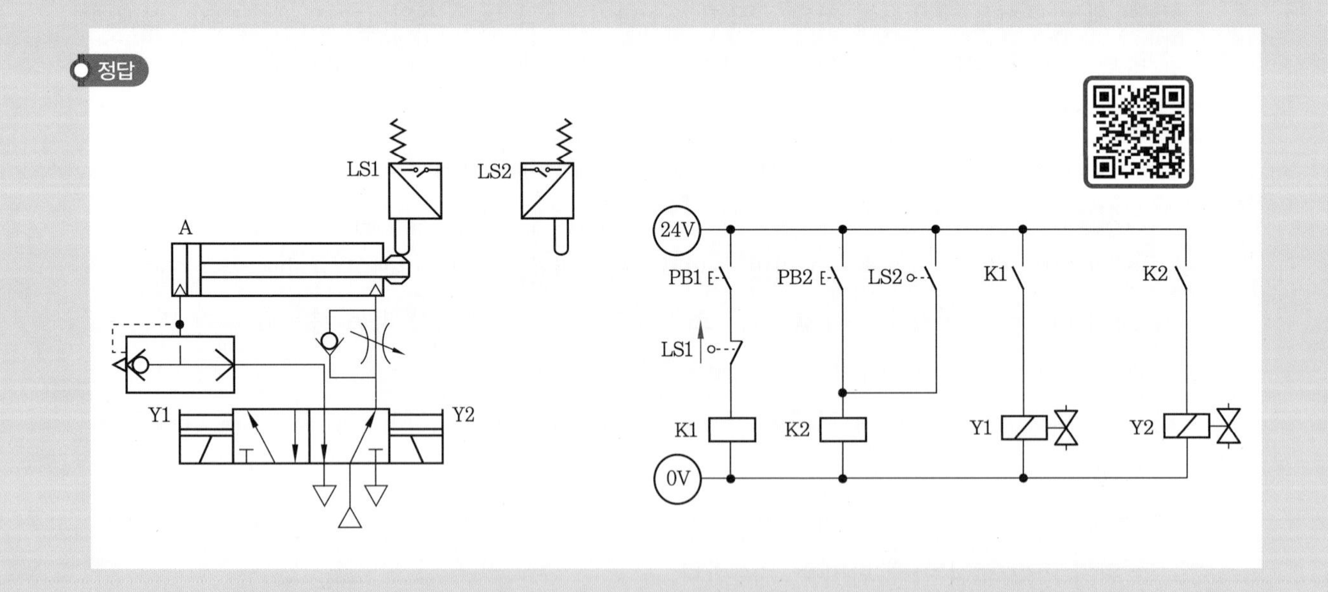

제2장 자기 유지 회로 구성

2-1 자기 유지 회로(self holding circuit)

릴레이 자신의 접점이 메모리 기능을 가지고 전기 신호를 기억시킬 수 있는 회로로 ON 우선 자기 유지 회로와 OFF 우선 자기 유지 회로가 있다.

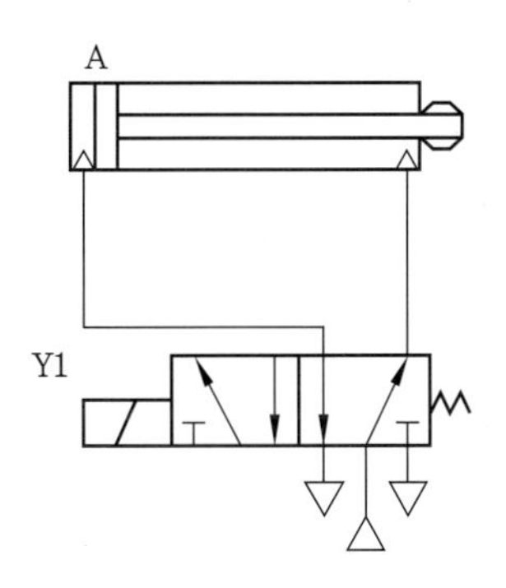

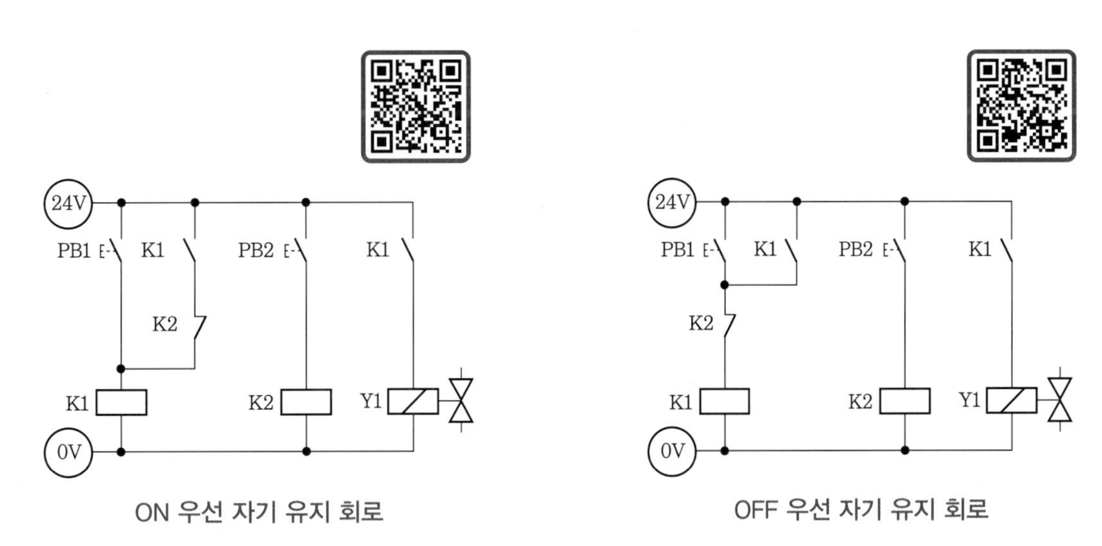

ON 우선 자기 유지 회로　　　　OFF 우선 자기 유지 회로

(1) ON 우선 자기 유지 회로

ON 스위치와 OFF 스위치를 같이 작동시킬 때 OFF 스위치와는 관계없이 ON 스위치에 의해 릴레이가 작동되는 회로이다.

(2) OFF 우선 자기 유지 회로

ON 스위치와 OFF 스위치를 같이 작동시킬 때 ON 스위치와는 관계없이 OFF 스위치에 의해 릴레이가 작동될 수 없는 회로로 OFF 신호가 ON 신호보다 우선되어야 하며, 자기 유지 회로로 이 방식이 많이 사용된다.

2-2 인터록(interlock) 회로

기기의 보호나 작업자의 안전을 위하여 회로가 복수의 작동일 때 어떤 조건이 구비될 때까지 작동을 저지시키는 회로이다.

다음 회로도에서 릴레이 K2가 작동하면 K1이 작동하지 않는다. 솔레노이브 밸브 Y1이 동작하여 실린더가 전진하려면 릴레이 코일 K1이 여자되어 릴레이 접점 K1 a 접점에 의해 솔레노이드 밸브가 여자되어야 한다.

만약 실린더가 전진된 상태가 되면 리밋 스위치 LS2에 감지되어 릴레이 코일 K2가 여자되면서 릴레이 접점 K2 b 접점이 열려 릴레이 코일 K1이 소자되기 때문이다.

즉, 실린더가 전진 완료되면 리밋 스위치 LS2가 통전, 릴레이 코일 K2가 여자되면서 릴레이 접점 K2 b 접점이 열려 릴레이 코일 K1이 소자되므로 솔레노이드 밸브가 소자되어 실린더는 후진하게 되는 자동 왕복 회로가 된다.

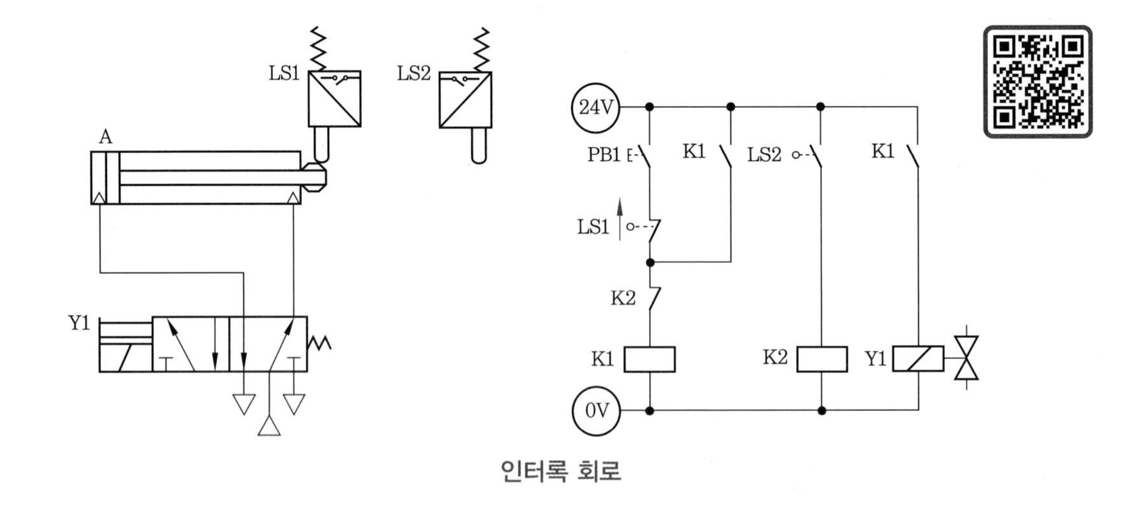

인터록 회로

과제 1 인터록 회로가 있는 ON 우선 회로 구성

1 제어 조건

주어진 공압 및 전기 회로도를 다음 조건에 맞게 완성하고, 구성하여 운전하시오.

① 복동 실린더와 5/2 WAY 단동 솔레노이드 방향 제어 밸브를 사용하시오.

② 자동 복귀형 누름 버튼을 ON-OFF하면 실린더가 1회 왕복 운전하게 하시오.

③ 초기 상태에서 실린더 A가 후진되어 있어야만 회로가 동작되도록 하시오.

④ ON 우선 자기 유지 회로를 구성하고 릴레이 K2에 의한 인터록 회로를 구성하시오.

⑤ 공압 호스는 가급적 짧은 것을 사용하되 호스가 꺾이지 않도록 하시오.

⑥ 공기압을 공급하게 되면 공기 누설이 없어야 합니다.

⑦ 전기 케이블은 (+)선은 적색, (-)선은 청색 또는 흑색 선으로 배선하시오.

⑧ 공압 시스템의 공급 압력은 500 kPa(5 kgf/cm^2)로 설정하시오.

2 공압 및 전기 회로도

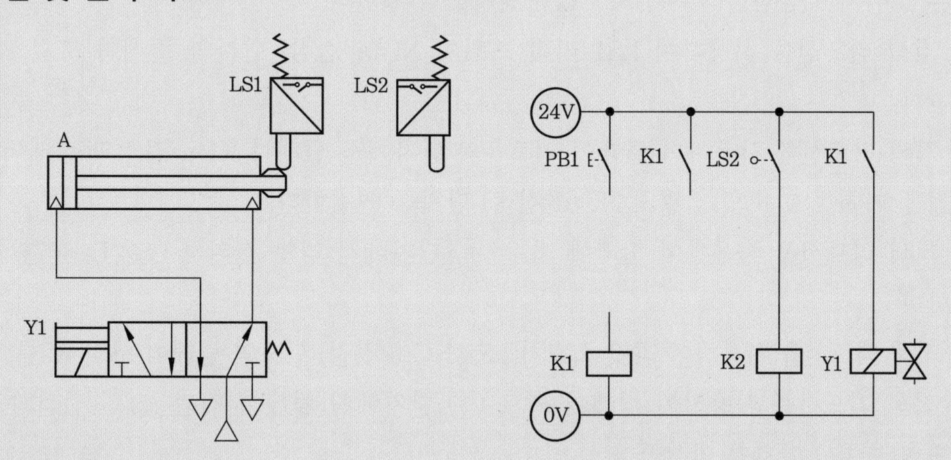

3 실습 순서

(1) 회로도를 완성한다.

① 전기 리밋 스위치와 접점을 사용하여 전기 회로도를 완성한다.

② 검토하여 이상이 있으면 수정한다.

(2) 작업 준비를 한다.

① 복동 실린더 1개, 5/2 WAY 단동 솔레노이드 밸브 1개, 리밋 스위치 2개를 선택하여 실습 보드에 설치한다.

② 리밋 스위치의 위치와 롤러의 방향에 주의한다.

③ 실습에 사용되는 부품은 실습판에 완전하게 고정한다.

④ 실린더의 운동 구간에 장애물이 없어야 한다.

(3) 배관 작업을 한다.

① 모든 기기의 설치 및 배관 시 공기압은 차단된 상태이어야 하고, 전원은 단전된 상태이어야 한다.

② 공압 분배기의 포트와 5/2 WAY 단동 솔레노이드 밸브 P 포트를 호스로 연결한다.

③ 5/2 WAY 단동 솔레노이드 밸브 A 포트와 실린더 피스톤 헤드측 포트를 호스로 연결한다.

④ 5/2 WAY 단동 솔레노이드 밸브 B 포트와 실린더 로드측 포트를 호스로 연결한다.

(4) 배선 작업을 한다.

① 적색 리드선을 사용하여 전원 공급기 (+) 단자, 누름 버튼 스위치 키트 (+) 단자, 릴레이 키트 (+) 단자를 연결한다.

② 청색 리드선을 사용하여 전원 공급기 (−) 단자, 누름 버튼 스위치 키트 (−) 단자, 릴레이 키트 (−) 단자와 릴레이 코일 K1, K2의 (−) 단자 및 솔레노이드 밸브 (−) 단자를 각각 연결한다.

③ 적색 리드선을 사용하여 누름 버튼 스위치 키트 (+) 단자에서 PB1 자동 복귀형 누름 버튼 스위치 a 접점을 거쳐 LS1 COM 단자를 연결한다.

④ 적색 리드선을 사용하여 LS1 리밋 스위치 NO(a 접점) 단자와 릴레이 코일 K1을 연결한다.

⑤ 적색 리드선을 사용하여 릴레이 키트 (+) 단자에서 릴레이 K1 a 접점과 릴레이 K2 b 접점을 거쳐 LS1 리밋 스위치 NO(a 접점) 단자를 연결한다.

⑥ 적색 리드선을 사용하여 릴레이 키트 (+) 단자에서 리밋 스위치 LS2 COM 단자를 연결한다.

⑦ 적색 리드선을 사용하여 리밋 스위치 LS2 NO(a 접점) 단자와 릴레이 코일 K2를 연결한다.

⑧ 적색 리드선을 사용하여 릴레이 키트 (+) 단자에서 릴레이 접점 K1 a 접점과 솔레노이드 밸브 (+) 단자를 연결한다.

(5) 정상 작동을 확인한다.

① 서비스 유닛의 압력을 500 kPa로 조정하고 서비스 유닛의 차단 밸브를 열어 공기 누설이 없는지 확인한다. 누설이 있을 경우 배관을 점검한다.

② 자동 복귀형 누름 버튼 스위치를 1회 ON−OFF하면 A 실린더가 전후진을 1회 왕복한다.

(6) 각 기기를 해체하여 정리정돈한다.

① 전원 공급기의 전원을 OFF시키고, 서비스 유닛의 차단 밸브를 잠근다.

② 호스와 리드선을 제거한다.

③ 각 기기를 실습 보드에서 분리시키고 정리정돈한다.

정답

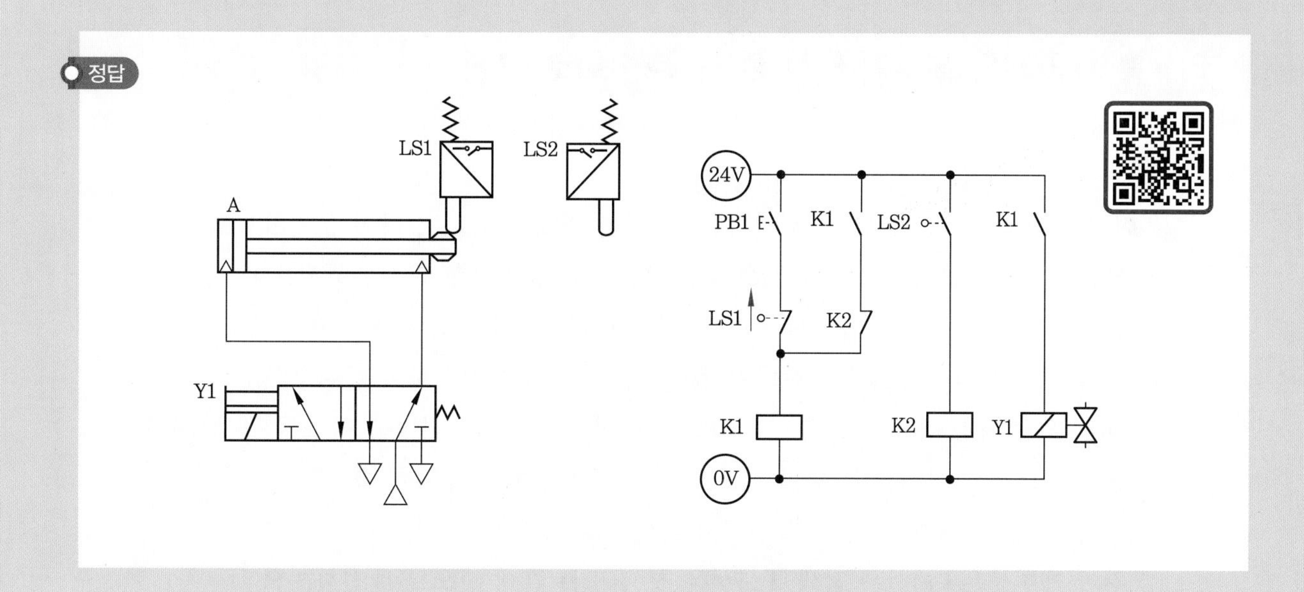

과제 2 인터록 회로가 있는 OFF 우선 회로 구성

1 제어 조건

주어진 공압 및 전기 회로도를 다음 조건에 맞게 완성하고, 구성하여 운전하시오.

① 복동 실린더와 5/2 WAY 단동 솔레노이드 방향 제어 밸브를 사용하시오.

② 자동 복귀형 누름 버튼을 ON-OFF하면 실린더가 1회 왕복 운전하게 하시오.

③ 초기 상태로 실린더 A가 후진되어 있어야만 회로가 동작되도록 하시오.

④ OFF 우선 자기 유지 회로를 구성하고 릴레이 K2에 의한 인터록 회로를 구성하시오.

⑤ 공압 호스는 가급적 짧은 것을 사용하되 호스가 꺾이지 않도록 하시오.

⑥ 공기압을 공급하게 되면 공기 누설이 없어야 합니다.

⑦ 전기 케이블은 (+)선은 적색, (−)선은 청색 또는 흑색 선으로 배선하시오.

⑧ 시스템의 공급 압력은 500 kPa(5 kgf/cm^2)로 설정하시오.

2 공압 및 전기 회로도

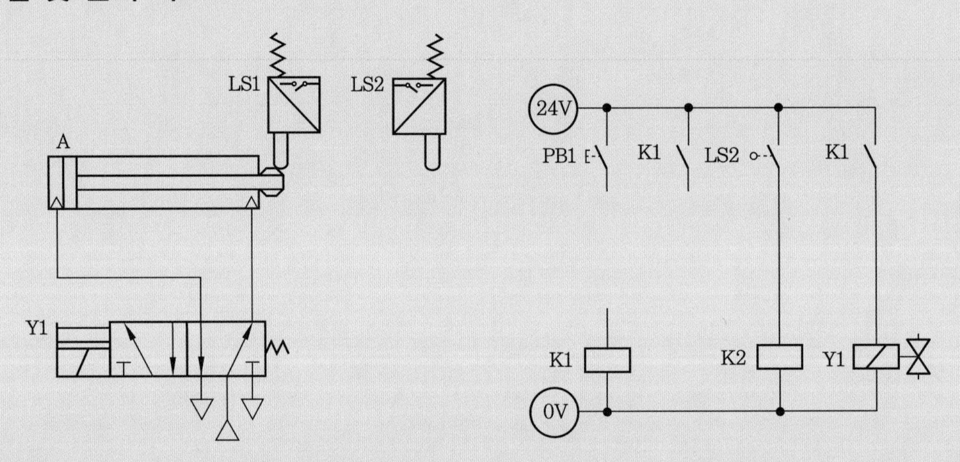

3 실습 순서

(1) 회로도를 완성한다.

① 전기 리밋 스위치와 접점을 사용하여 전기 회로도를 완성한다.

② 검토하여 이상이 있으면 수정한다.

(2) 작업 준비를 한다.

① 복동 실린더 1개, 5/2 WAY 단동 솔레노이드 밸브 1개, 리밋 스위치 2개를 선택하여 실습 보드에 설치한다.

② 리밋 스위치의 위치와 롤러의 방향에 주의한다.

③ 실습에 사용되는 부품은 실습판에 완전하게 고정한다.

④ 실린더의 운동 구간에 장애물이 없어야 한다.

(3) 배관 작업을 한다.

① 모든 기기의 설치 및 배관 시 공기압은 차단된 상태이어야 하고, 전원은 단전된 상태이어야 한다.

② 공압 분배기의 포트와 5/2 WAY 단동 솔레노이드 밸브 P 포트를 호스로 연결한다.

③ 5/2 WAY 단동 솔레노이드 밸브 A 포트와 실린더 피스톤 헤드측 포트를 호스로 연결한다.

④ 5/2 WAY 단동 솔레노이드 밸브 B 포트와 실린더 로드측 포트를 호스로 연결한다.

(4) 배선 작업을 한다.

① 적색 리드선을 사용하여 전원 공급기 (+) 단자, 누름 버튼 스위치 키트 (+) 단자, 릴레이 키트 (+) 단자를 연결한다.

② 청색 리드선을 사용하여 전원 공급기 (−) 단자, 누름 버튼 스위치 키트 (−) 단자, 릴레이 키트 (−) 단자와 릴레이 코일 K1, K2의 (−) 단자 및 솔레노이드 밸브 (−) 단자를 각각 연결한다.

③ 적색 리드선을 사용하여 누름 버튼 스위치 키트 (+) 단자에서 PB1 자동 복귀형 누름 버튼 스위치 PB1 a 접점을 거쳐 리밋 스위치 LS1 COM 단자를 연결한다.

④ 적색 리드선을 사용하여 리밋 스위치 LS1 NO(a 접점) 단자와 릴레이 K2 b 접점과 릴레이 코일 K1 (+) 단자를 연결한다.

⑤ 적색 리드선을 사용하여 릴레이 키트 (+) 단자에서 릴레이 K1 a 접점을 거쳐 LS1 리밋 스위치 LS1 NO(a 접점) 단자를 연결한다.

⑥ 적색 리드선을 사용하여 릴레이 키트 (+) 단자에서 리밋 스위치 LS2 COM 단자를 연결한다.

⑦ 적색 리드선을 사용하여 리밋 스위치 LS2 NO(a 접점) 단자와 릴레이 코일 K2 (+) 단자를 연결한다.

⑧ 적색 리드선을 사용하여 릴레이 키트 (+) 단자에서 릴레이 K1 a 접점과 솔레노이드 밸브 (+) 단자를 연결한다.

(5) 정상 작동을 확인한다.

① 서비스 유닛의 압력을 500 kPa로 조정하고 서비스 유닛의 차단 밸브를 열어 공기 누설이 없는지 확인한다. 누설이 있을 경우 배관을 점검한다.

② 자동 복귀형 누름 버튼 스위치를 1회 ON-OFF하면 A 실린더가 전후진을 1회 왕복한다.

(6) 각 기기를 해체하여 정리정돈한다.

① 전원 공급기의 전원을 OFF시키고, 서비스 유닛의 차단 밸브를 잠근다.

② 호스와 리드선을 제거한다.

③ 각 기기를 실습 보드에서 분리시키고 정리정돈한다.

● 정답

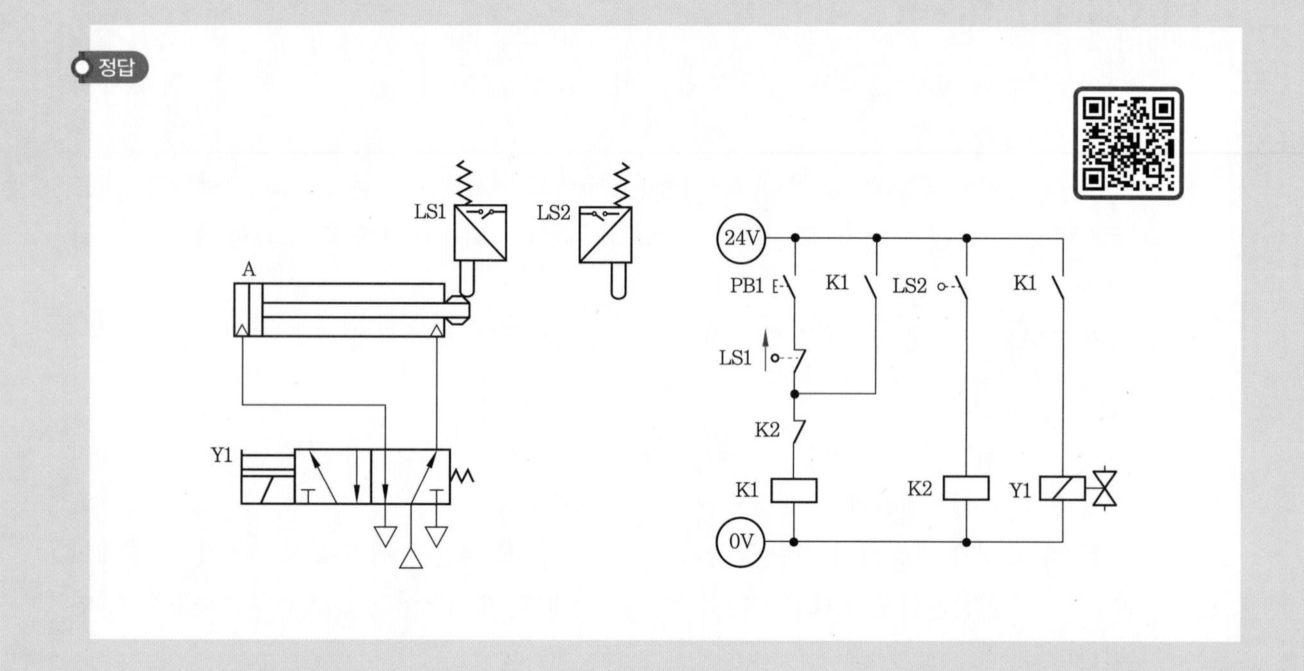

제3장 자동 왕복 회로 구성

3-1 복동 실린더 왕복 작동 회로

(1) 단동 솔레노이드에 의한 왕복 회로

① 실린더가 후진되어 있는 상태, 즉 전기 리밋 스위치 LS1이 통전되어 있는 상태에서 자동 복귀형 스위치 PB1을 1회 ON-OFF하면 릴레이 코일 K1이 자기 유지되어 솔레노이드 밸브 Y1이 여자되면서 A 실린더가 전진한다.

② 실린더가 전진 완료되면 실린더 도그가 전기 리밋 스위치 LS2를 접촉시켜 접점이 통전되어 릴레이 코일 K2가 여자된다.

③ K2가 여자되면 K2 b 접점에 의해 인터록되어 자기 유지가 해제된다.

④ 이어서 릴레이 코일 K1이 소자되어 솔레노이드 밸브 Y1이 소자되면서 스프링에 의해 복귀된다.

⑤ 솔레노이드 밸브 Y1이 복귀되므로 실린더는 후진 운동을 하는 실린더 왕복 작동 회로가 완성된다.

⑥ 여기서 리밋 스위치 LS1은 b 접점으로 표기되어 있으나 리밋 스위치의 초기 상태가 눌림 상태를 나타내는 화살표가 있으므로 a 접점으로 연결한다.

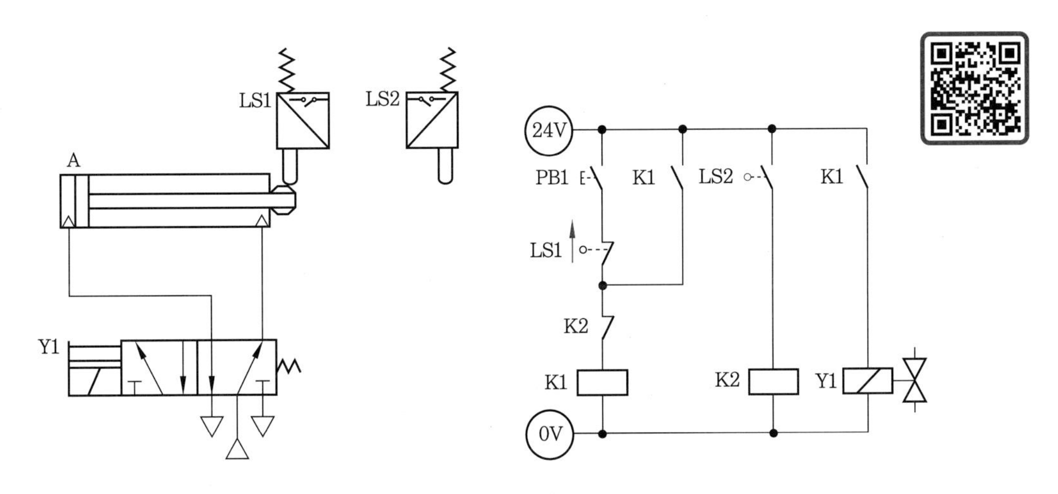

단동 솔레노이드에 의한 왕복 회로

(2) 복동 솔레노이드에 의한 왕복 회로

① 실린더가 후진되어 있는 상태, 즉 전기 리밋 스위치 LS1이 통전되어 있는 상태에서 자동 복귀형 스위치 PB1을 1회 ON-OFF하면 릴레이 코일 K1이 자기 유지되어 솔레노이드 밸브 Y1이 여자되면서 밸브가 변환되어 실린더가 전진한다.

② 실린더가 전진 완료되면 실린더 도그가 전기 리밋 스위치 LS1을 접촉시켜 접점이 통전되어 릴레이 코일 K2가 여자된다.

③ 릴레이 코일 K2가 여자되면 릴레이 K2 b 접점에 의해 인터록되어 자기 유지가 해제되어 솔레노이드 밸브 Y1이 소자된다.

④ 또 릴레이 K2 a 접점이 통전되면서 솔레노이드 밸브 Y2가 여자되어 후진 위치로 변환된다.

⑤ 이에 실린더는 후진 운동을 하는 실린더 왕복 작동 회로가 완성된다.

⑥ 여기서 리밋 스위치 LS1은 b 접점으로 표기되어 있으나 리밋 스위치의 초기 상태가 눌림 상태를 나타내는 화살표가 있으므로 a 접점으로 연결한다.

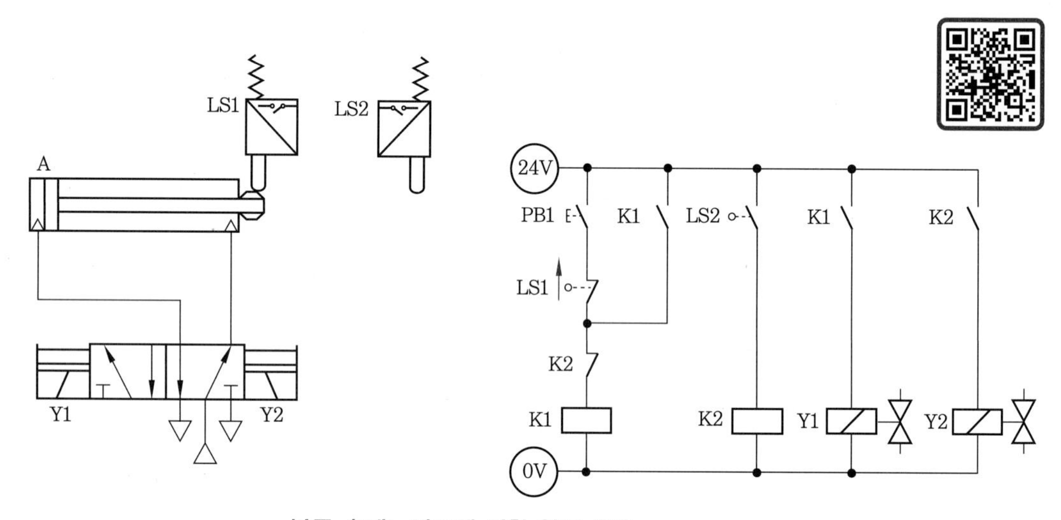

복동 솔레노이드에 의한 왕복 회로

3-2 타이머 회로

① 단동 솔레노이드 밸브를 사용하여 자동 복귀형 누름 버튼 스위치 PB1을 1회 ON-OFF하면 복동 실린더가 전진하고, 전진 완료 후 설정 시간 5초 후에 후진한다. 이 때 실린더의 전후진 속도를 미터 아웃 방식으로 제어한다.

② 단동 솔레노이드 밸브에 의한 왕복 회로와 같은 원리로 릴레이 K2를 타이머로 대체하여 사용한 것이다.

③ 유량 제어 밸브의 방향에 유의하고, 여자 지연 타이머를 사용하며, 리밋 스위치 LS1을 a 접점으로 연결해야 한다.

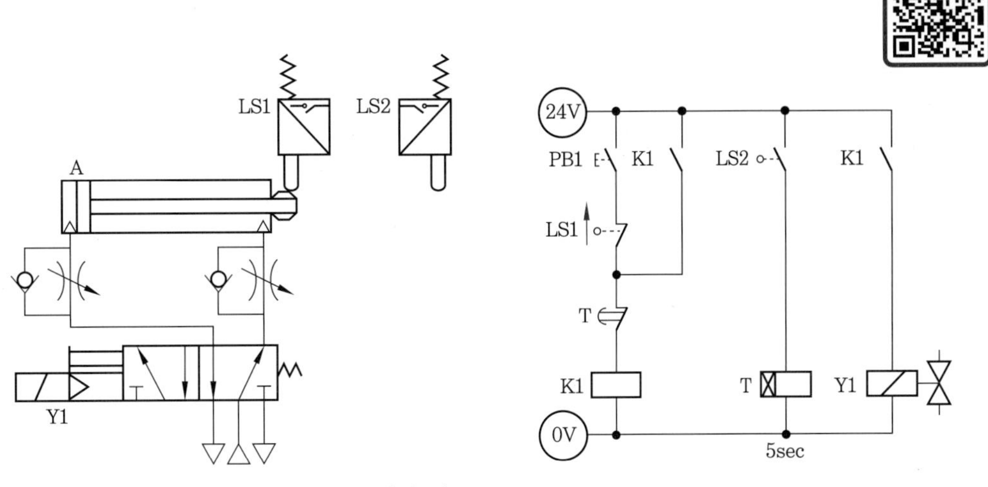

타이머 회로

3-3 연속 왕복 작동 회로

① 복동 솔레노이드 밸브를 사용하여 자동 복귀형 누름 버튼 스위치 PB1을 1회 ON-OFF하면 복동 실린더가 전후진 연속 왕복 운동을 한다.

② 실린더가 전후진 연속 왕복 운동을 하는 도중에 자동 복귀형 누름 버튼 스위치 PB2를 1회 ON-OFF하면 릴레이 코일 K1의 자기 유지가 해제되어 연속 왕복 운동을 중지한다.

③ 리밋 스위치 LS1을 a 접점으로 연결해야 한다.

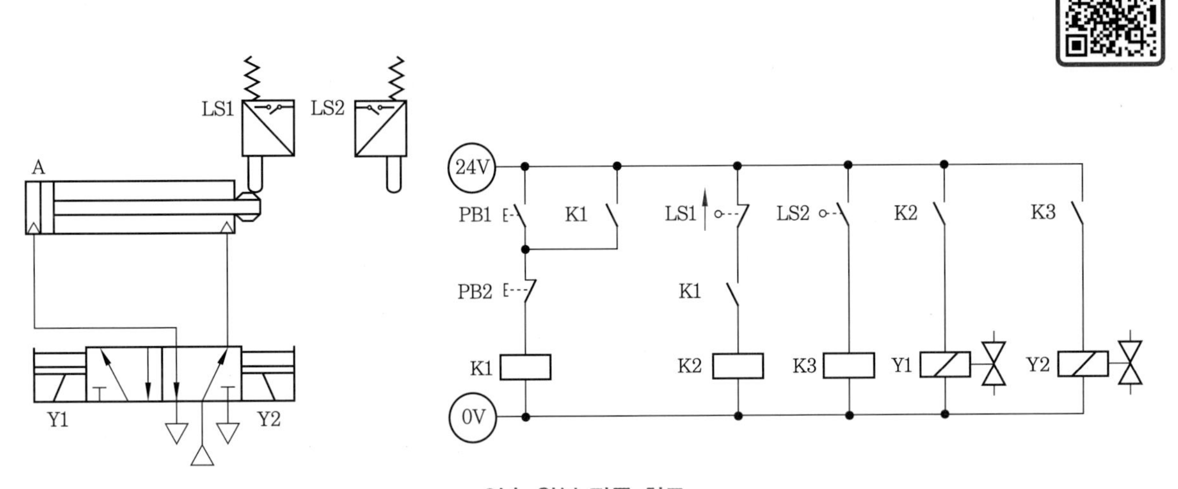

연속 왕복 작동 회로

과제 1 연속 왕복 운동 회로 구성

1 제어 조건

주어진 공압 회로도와 전기 회로도를 다음 조건에 맞게 완성한 후 구성하여 운전하시오.

① 복동 실린더와 5/2 WAY 단동 솔레노이드 밸브를 사용하시오.

② 자동 복귀형 누름 버튼 PB1을 ON-OFF하면 실린더가 1회 왕복 운전하게 하시오.

③ 자동 복귀형 누름 버튼 PB2를 ON-OFF하면 실린더가 연속 왕복 운전하게 하시오.

④ 자동 복귀형 누름 버튼 PB3을 ON-OFF하면 실린더의 연속 왕복을 중지하도록 하시오.

⑤ 초기 상태에서 실린더가 후진되어 있어야만 회로가 동작하도록 하시오.

⑥ 한방향 유량 제어 밸브를 사용하여 실린더의 전진 속도를 미터 아웃 회로로 제어하시오.

⑦ 급속 배기 밸브를 사용하여 실린더 후진을 급속 이송토록 하시오.

⑧ 공압 호스는 가급적 짧은 것을 사용하되 호스가 꺾이지 않도록 하시오.

⑨ 공기압을 공급하게 되면 공기 누설이 없어야 합니다.

⑩ 전기 케이블은 (+)선은 적색, (-)선은 청색 또는 흑색 선으로 배선하시오.

⑪ 공압 시스템의 공급 압력은 500 kPa(5 kgf/cm^2)로 설정하시오.

2 공압 및 전기 회로도

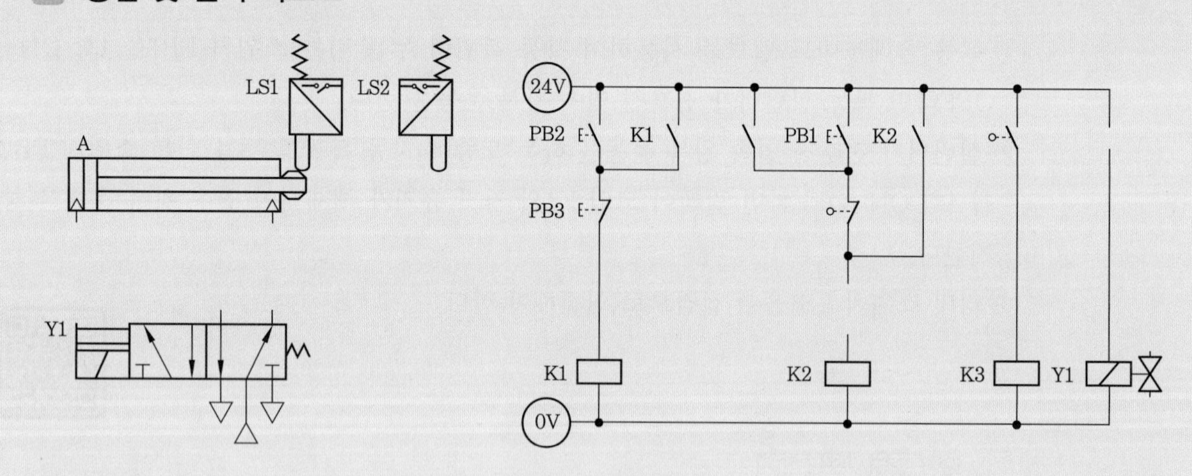

3 실습 순서

(1) 회로도를 완성한다.

① 복동 실린더와 한방향 유량 제어 밸브, 급속 배기 밸브, 5/2 WAY 단동 솔레노이드 밸브를 사용하여 공압 회로도를 완성한다.

② 전기 리밋 스위치와 접점을 사용하여 전기 회로도를 완성한다.

③ 검토하여 이상이 있으면 수정한다.

(2) 작업 준비를 한다.

① 복동 실린더 1개, 5/2 WAY 단동 솔레노이드 밸브 1개, 리밋 스위치 2개, 한방향 유량 제어 밸브 1개, 급속 배기 밸브 1개를 선택하여 실습 보드에 설치한다.

② 리밋 스위치의 위치와 롤러의 방향 및 한방향 유량 제어 밸브의 위치와 방향에 주의한다.

③ 리밋 스위치 LS1은 a 접점으로 연결하여야 한다

④ 실습에 사용되는 부품은 실습판에 완전하게 고정한다.

⑤ 실린더의 운동 구간에 장애물이 없어야 한다.

(3) 배관 작업을 한다.

① 모든 기기의 설치 및 배관 시 공기압은 차단된 상태이어야 하고, 전원은 단전된 상태이어야 한다.

② 공압 분배기의 포트와 5/2 WAY 단동 솔레노이드 밸브 P 포트를 호스로 연결한다.

③ 5/2 WAY 단동 솔레노이드 밸브와 급속 배기 밸브 및 한방향 유량 제어 밸브의 방향에 주의하면서 공압 호스로 연결한다.

④ 실린더와 급속 배기 밸브 및 한방향 유량 제어 밸브를 호스로 연결한다.

(4) 배선 작업을 한다.

① 적색 리드선을 사용하여 전원 공급기 (+) 단자, 누름 버튼 스위치 키트 (+) 단자, 릴레이 키트 (+) 단자를 연결한다.

② 청색 리드선을 사용하여 전원 공급기 (−) 단자, 누름 버튼 스위치 키트 (−) 단자, 릴레이 키트 (−) 단자와 릴레이 코일 K1, K2, K3의 (−) 단자 및 솔레노이드 밸브 (−) 단자를 각각 연결한다.

③ 적색 리드선을 사용하여 전기 도면과 같이 각 기기의 단자를 연결한다.

④ 리밋 스위치 LS1은 a 접점으로 연결해야 한다.

(5) 정상 작동을 확인한다.

① 서비스 유닛의 압력을 500 kPa로 조정하고 서비스 유닛의 차단 밸브를 열어 공기 누설이 없는지 확인한다. 누설이 있을 경우 배관을 점검한다.

② 자동 복귀형 누름 버튼 스위치 PB1을 1회 ON−OFF하면 실린더가 전후진을 1회 왕복 운동한다.

③ 자동 복귀형 누름 버튼 스위치 PB2를 1회 ON−OFF하면 실린더가 전후진을 연속으로 왕복 운동한다.

④ 연속 운전 중 자동 복귀형 누름 버튼 스위치 PB3을 1회 ON−OFF하면 연속 작업이 중지되고 실린더는 초기 상태에서 정지한다.

(6) 각 기기를 해체하여 정리정돈한다.

① 전원 공급기의 전원을 OFF시키고, 서비스 유닛의 차단 밸브를 잠근다.

② 호스와 리드선을 제거한다.

③ 각 기기를 실습 보드에서 분리시키고 정리정돈한다.

정답

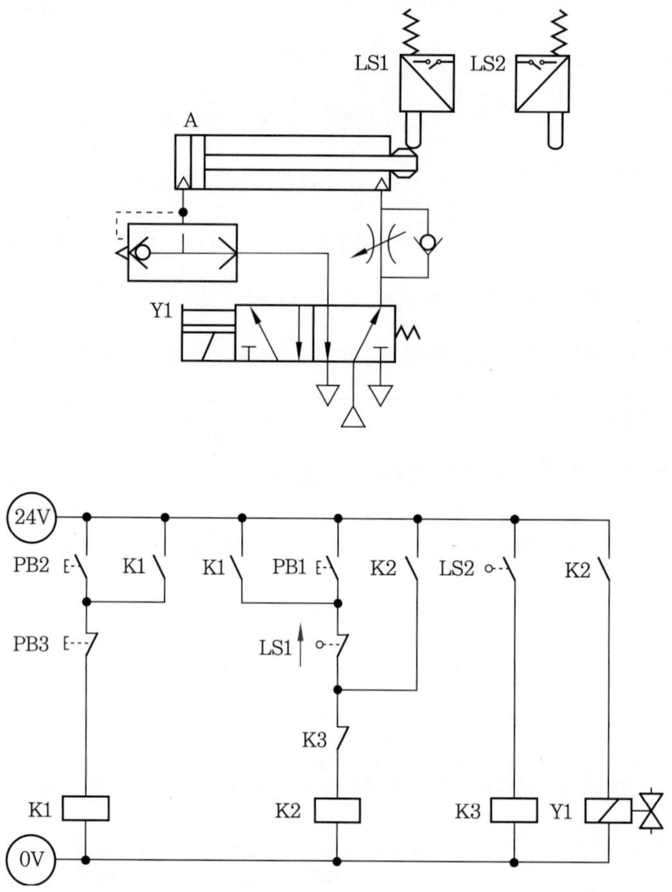

제4장 타이머/카운터 회로 구성

지연 회로란 입력 신호가 발생되면 설정 시간만큼 지연되었다가 출력을 얻을 수 있도록 설계한 회로로 여자 지연 타이머 회로와 소자 지연 타이머 회로가 있다.

4-1 여자 지연(ON-deley) 타이머 회로

① 여자 지연 타이머는 한시 지연 순시 작동 타이머라고도 한다.

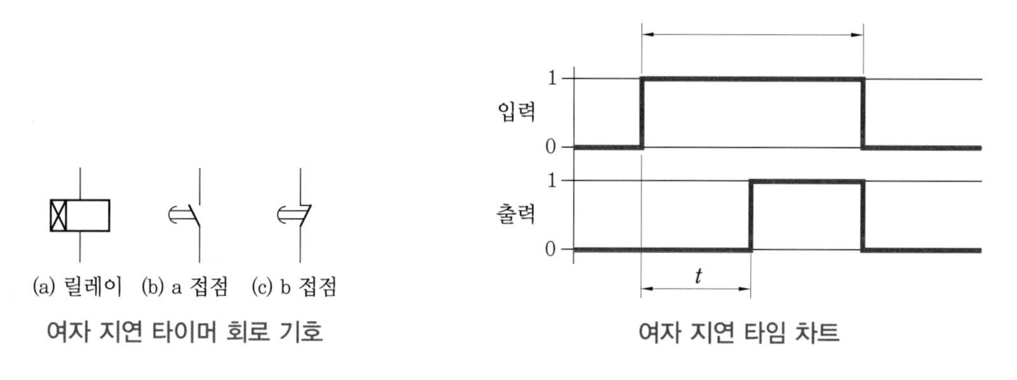

여자 지연 타이머 회로 기호

여자 지연 타임 차트

② 다음 회로는 전진 신호를 지연시키는 여자 지연 회로이다.

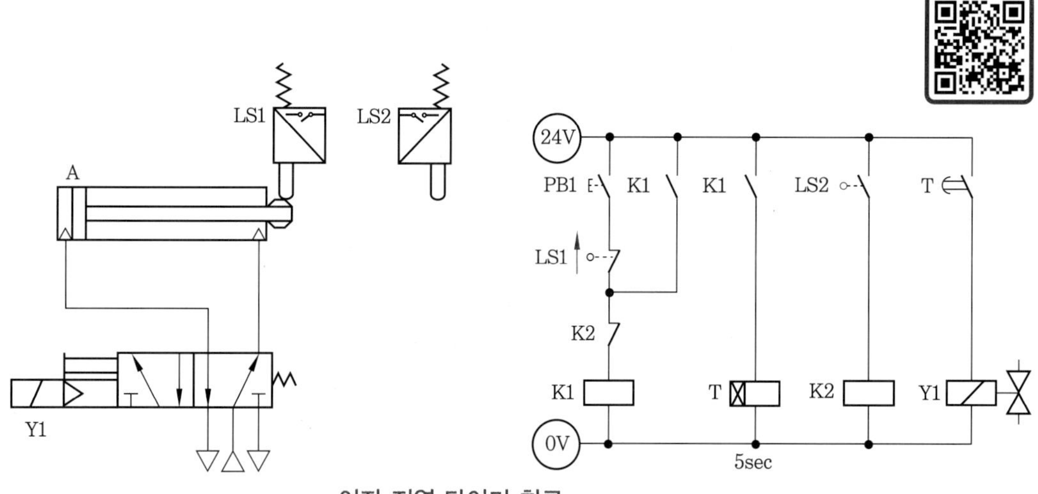

여자 지연 타이머 회로

4-2 소자 지연(OFF-deley) 타이머 회로

① 소자 지연 타이머는 순시 작동 한시 지연 타이머라고도 한다.

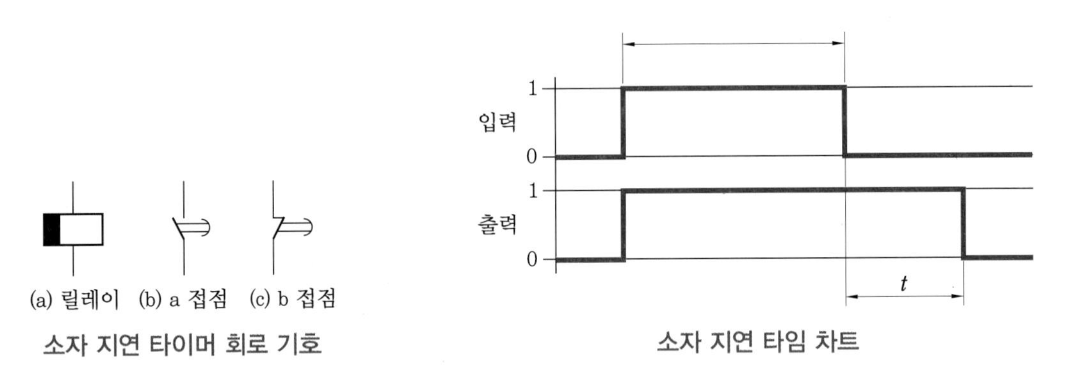

소자 지연 타이머 회로 기호

소자 지연 타임 차트

② 다음 회로는 후진 신호를 소자 지연시키는 회로이다.

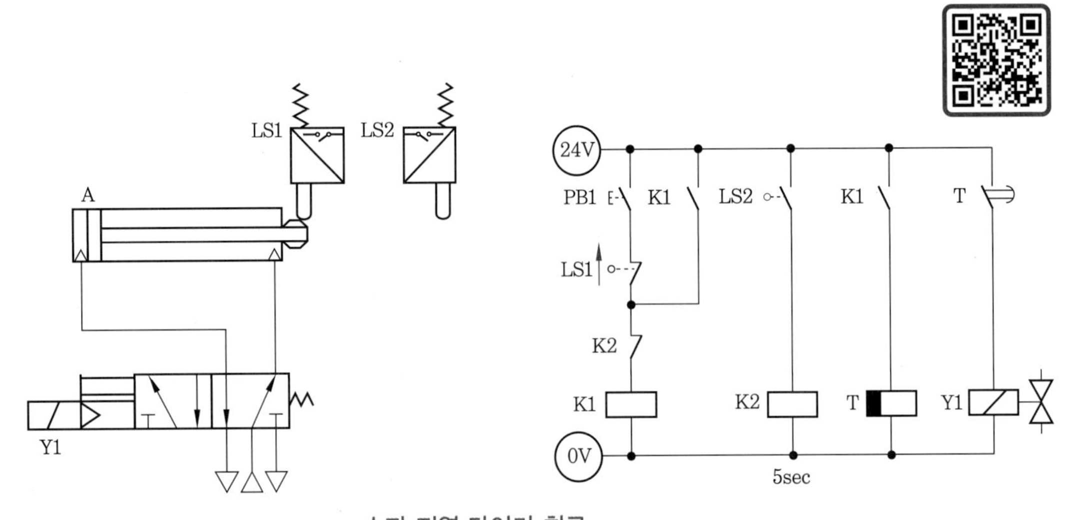

소자 지연 타이머 회로

4-3 카운터(counter) 회로

① 정해진 횟수의 연속적인 동작의 작업이 필요할 때 사용하는 기기인 카운터(일명 계수기) 장치를 이용한 회로이다.

② 다음은 카운터의 기호로 A1은 입력 신호 단자, R1은 카운터 리셋 입력 신호 단자, A2와 R2는 –단자이다.

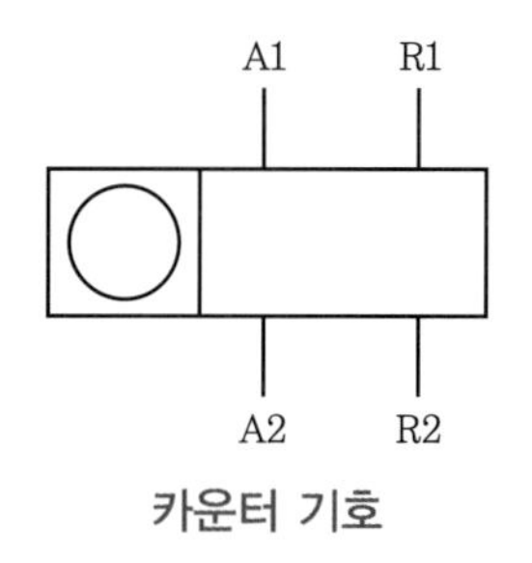

카운터 기호

③ 다음 회로는 카운터를 이용한 연속 왕복 작동 회로이다.

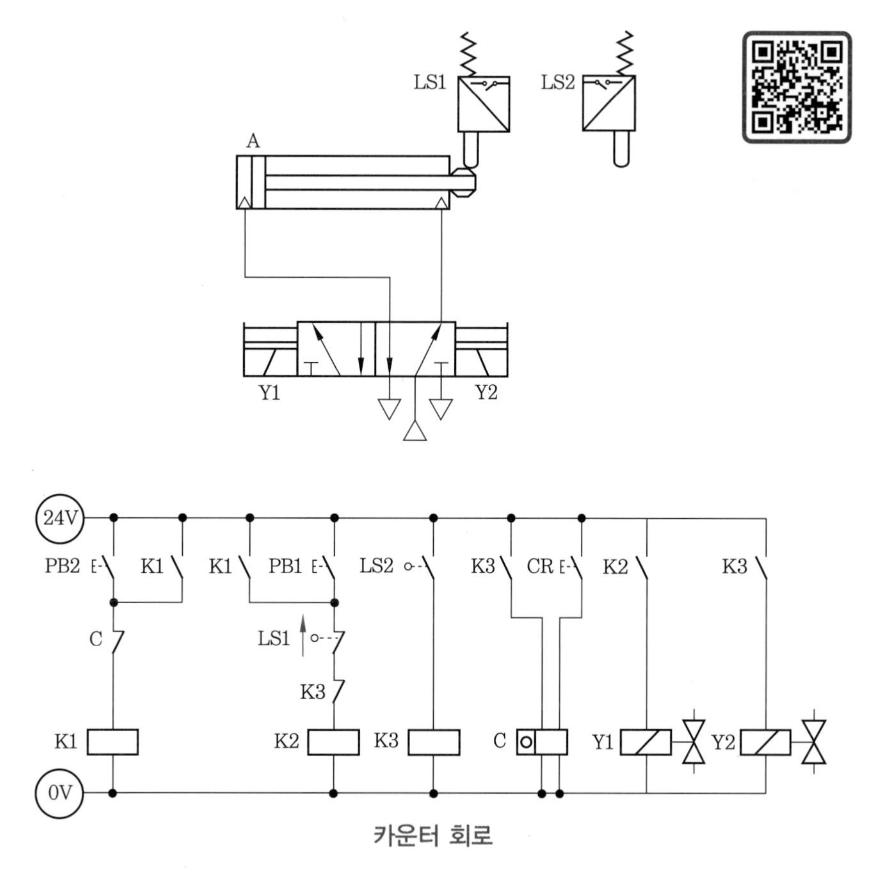

카운터 회로

④ 이 회로에서 PB1은 자동 복귀형 누름 버튼 스위치로 단속 운전 스위치이다.

⑤ PB2는 자동 복귀형 누름 버튼 스위치로 연속 운전 스위치이다.

⑥ CR은 자동 복귀형 누름 버튼 스위치로 카운터 리셋 스위치이다.

⑦ 접점 C는 카운터 본체에 있는 b 접점으로 연속 운전이 완료되면 연속 운전 자기 유지 회로를 해제시키는 역할을 하는 것이다.

⑧ 이 회로에서 주의해야 할 점은 PB1을 작동시켜 단속 운전을 하면 카운터의 횟수 신호가 입력되므로 단속 운전 후 연속 운전을 할 때에는 CR 스위치로 반드시 카운터 리셋을 하고 연속 운전을 실행하는 것이다.

과제 1 타이머와 카운터를 이용한 연속 왕복 회로 구성

1 제어 조건

주어진 공압 회로도를 이용하여 다음 조건에 맞게 전기 회로도를 설계하고, 구성하여 운전하시오.

① 복동 실린더와 5/2 WAY 단동 솔레노이드 밸브를 사용하시오.

② 자동 복귀형 누름 버튼 PB1을 1회 ON-OFF하면 실린더가 1회 전후진 왕복 운전하게 하시오.

③ 초기 상태에서 실린더가 후진되어 있어야만 회로가 동작하도록 하시오.

④ 실린더가 전진 완료되면 3초 후 후진하도록 하시오.

⑤ 자동 복귀형 누름 버튼 PB2를 1회 ON-OFF하면 실린더가 5회 전후진 연속 왕복 운전한 후 정지하도록 하시오.

⑥ 연속 작업 종료 후 자동 복귀형 누름 버튼 PB3을 1회 ON-OFF한 후 PB2를 다시 작동시키면 실린더의 전후진 연속 왕복이 다시 실행되도록 하시오.

⑦ 연속 운전 작업 신호가 있을 때에만 램프가 점등되도록 하시오.

⑧ 공압 호스는 가급적 짧은 것을 사용하되 호스가 꺾이지 않도록 하시오.

⑨ 공기압을 공급하게 되면 공기 누설이 없어야 합니다.

⑩ 전기 케이블은 (+)선은 적색, (-)선은 청색 또는 흑색 선으로 배선하시오.

⑪ 공압 시스템의 공급 압력은 500 kPa(5 kgf/cm^2)로 설정하시오.

2 공압 회로도

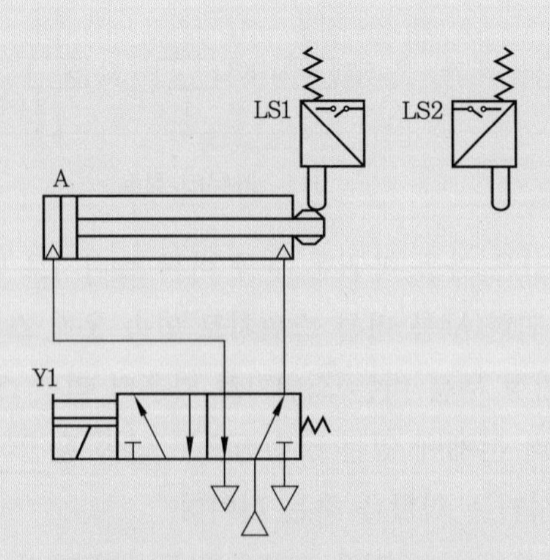

3 실습 순서

(1) 전기 회로도를 설계한다.

① 타이머가 있는 단속 운전 회로를 먼저 설계한다.

② 단속 운전이 가능한 회로가 완성되면 연속 운전이 가능한 회로를 구성한다.
③ 다음에 연속 종료를 위하여 실린더 로드 끝에 있는 리밋 스위치 LS2에 의한 접점을 이용하여 카운터를 제어하도록 한다.
④ 카운터 리셋 및 램프 회로를 설계한다.
⑤ 검토하여 이상이 있으면 수정한다.

(2) 작업 준비를 한다.

① 복동 실린더 1개, 5/2 WAY 단동 솔레노이드 밸브 1개, 리밋 스위치 2개를 선택하여 실습 보드에 설치한다.
② 리밋 스위치의 위치와 롤러의 방향에 주의한다.
③ 실습에 사용되는 부품은 실습판에 완전하게 고정한다.
④ 실린더의 운동 구간에 장애물이 없어야 한다.

(3) 배관 작업을 한다.

① 모든 기기의 설치 및 배관 시 공기압은 차단된 상태이어야 하고, 전원은 단전된 상태이어야 한다.
② 공압 분배기의 포트와 5/2 WAY 단동 솔레노이드 밸브 P 포트를 호스로 연결한다.
③ 5/2 WAY 단동 솔레노이드 밸브의 A와 B 포트를 실린더에 각각 공압 호스로 연결한다.

(4) 배선 작업을 한다.

① 적색 리드선을 사용하여 전원 공급기 (+) 단자, 누름 버튼 스위치 키트 (+) 단자, 릴레이 키트 (+) 단자를 연결한다.
② 청색 리드선을 사용하여 전원 공급기 (−) 단자, 누름 버튼 스위치 키트 (−) 단자, 릴레이 키트 (−) 단자와 솔레노이드 밸브 (−) 단자를 연결한다.
③ 적색 리드선과 청색 리드선을 사용하여 전기 도면과 같이 각 기기의 단자를 연결한다.
④ LS1 리밋 스위치는 a 접점으로 연결해야 한다.

(5) 정상 작동을 확인한다.

① 서비스 유닛의 압력을 500 kPa로 조정하고 서비스 유닛의 차단 밸브를 열어 공기 누설이 없는지 확인한다. 누설이 있을 경우 배관을 점검한다.
② 실린더가 후진된 상태에서 누름 버튼 스위치 PB1을 1회 ON-OFF하면 실린더가 전후진을 1회 왕복 운동한다.
③ 실린더가 전진 완료되어 실린더 도그가 전기 리밋 스위치 LS2를 접촉하면 3초 후 실린더는 후진한다.
④ 자동 복귀형 누름 버튼 스위치 PB2를 1회 ON-OFF하면 램프가 점등되고 실린더가 전후진을 연속으로 5회 왕복 운동한 후 램프는 소등되고 실린더는 정지한다.

⑤ 연속 운전이 종료된 후 PB2를 다시 눌러도 실린더는 동작되지 않는다.

⑥ 카운터 리셋 스위치인 자동 복귀형 누름 버튼 스위치 PB3을 1회 ON−OFF한 후 PB2를 1회 ON−OFF하면 연속 동작이 가능하다.

(6) 각 기기를 해체하여 정리정돈한다.

① 전원 공급기의 전원을 OFF시키고, 서비스 유닛의 차단 밸브를 잠근다.

② 호스와 리드선을 제거한다.

③ 각 기기를 실습 보드에서 분리시키고 정리정돈한다.

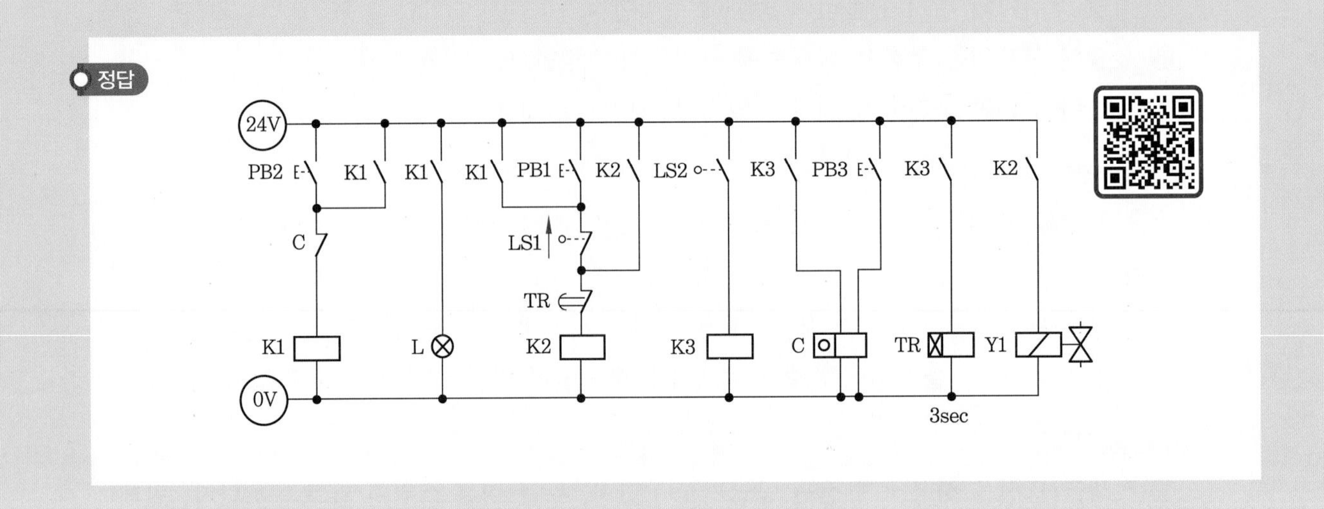

제5장 시퀀스 제어 회로 구성

5-1 시퀀스 제어의 개념

시퀀스 제어(sequence control)는 미리 몇 작동 순서를 정해 놓고 한 동작이 완료될 때마다 다음 동작으로 옮겨가는 제어 방법이다.

5-2 제어 회로의 구성 방법

① 제어 회로의 구성 방법에는 기본적으로 직관적 설계 방법과 조직적 설계 방법이 있다.
② 직관적 설계 방법은 경험을 바탕으로 설계하는 방법이다.
③ 조직적 설계 방법은 미리 정해진 규칙에 의하여 설계하는 방법이다.

5-3 직관적 방법에 의한 회로 구성

직관적 방법으로 회로를 구성할 때 운동 상태 및 개폐 조건의 표현 방법으로 순서별 서술적 묘사 형태, 도표 형태, 약식 기호 형태, 도식 표현 형태 등이 있다. 상자 이송 장치를 예로 들어 설명해 본다.

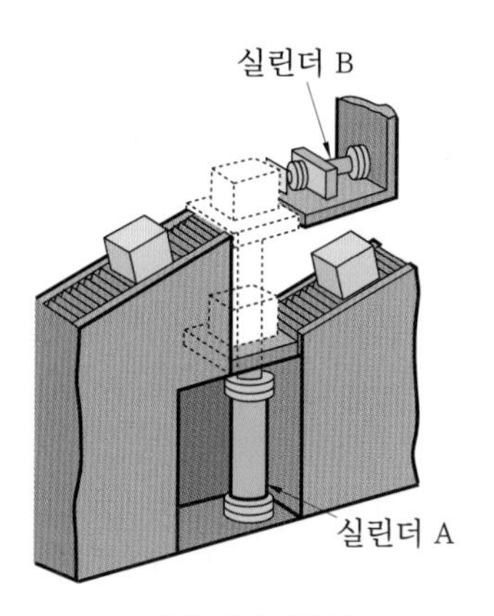

상자 이송 장치

(1) 서술식 묘사 형태

상자가 하단의 롤러 벨트를 통하여 도달되면 실린더 A가 이를 밀어 올리게 된다. 그러면 실린더 B가 이 물체를 상단의 롤러 벨트로 밀어내게 된다. 물체를 밀어내고 나면 실린더 A와 실린더 B는 순서대로 원래의 위치로 후진 운동을 하게 된다.

(2) 도표 형태

운동 상태의 표현

작동 순서	실린더 A	실린더 B
1	전진	–
2	–	전진
3	후진	–
4	–	후진

(3) 약식 기호 형태(전진 +, 후진 –)

A+, B+, A–, B–

(4) 도식 표현 형태

① **변위 단계 선도 :** 작업 요소의 순차적 작동 상태를 나타내는 것으로 변위는 각 단계의 기능으로 표현하고 단계는 해당 작업 요소의 상태 변화를 의미한다. 실린더의 상태는 후진–전진 또는 0–1로 나타내며, 작업 요소의 명칭은 선도 왼쪽에 실린더 A, 실린더 B 등으로 기록한다.

② **변위 시간 선도 :** 작업 요소의 변위를 시간의 기능으로 나타내며 변위–단계 선도에 비해 시간 t가 1차적으로 표시되고 각 작업 요소 사이의 시간 관계가 순차적으로 나타난다.

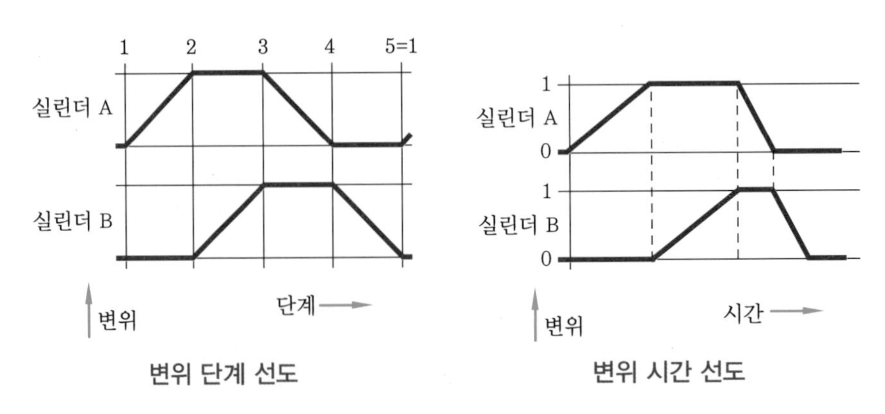

변위 단계 선도　　변위 시간 선도

③ **제어 선도 :** 신호 입력 요소와 신호 진행 요소의 개폐 상태를 단계의 기능으로 나타낸 것이며 개폐의 시간과는 무관하다. 여기서는 제어 요소의 최근 상태가 중요하며 열림–닫힘 또는 0–1로 나타나게 된다.

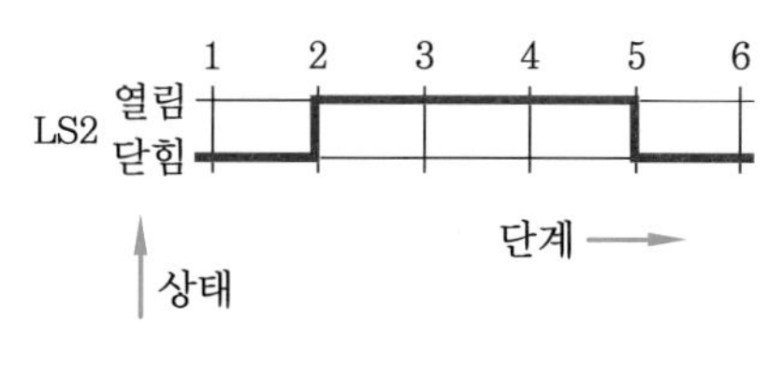

제어 선도

④ **기능 선도 :** 신호 입력 요소와 신호 진행 요소의 개폐 상태를 단계의 기능으로 나타낸 것으로 변위-단계 선도와 제어 선도가 서로 연관되어 있어야만 운동 기능 선도로서의 역할을 하게 된다. 기능 선도로부터 확인해야 할 사항은 동일한 작업 요소에 서로 다른 작동 상태를 요구하는 신호가 동시에 작용하고 있는지의 여부이다. 이러한 경우에는 어느 한쪽의 신호가 다른 쪽의 신호에 의하여 작동되는 것을 방지하게 된다.

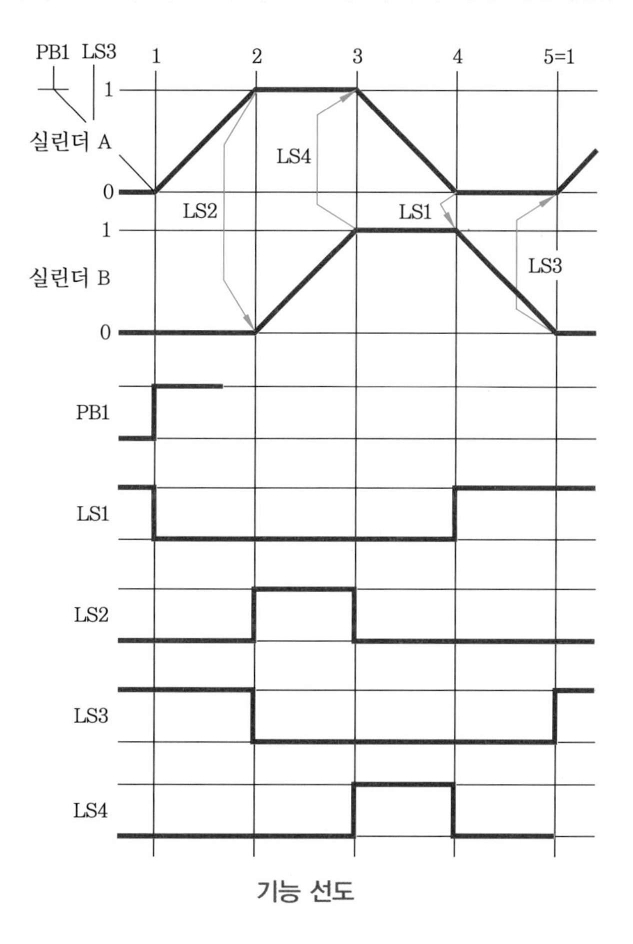

기능 선도

5-4 직관적 방법에 의한 회로 설계 순서

(1) 변위 단계 선도를 작성한다.

전기 리밋 스위치 기호의 짝수는 전진 위치 확인, 홀수는 후진 위치 확인을 나타낸다.

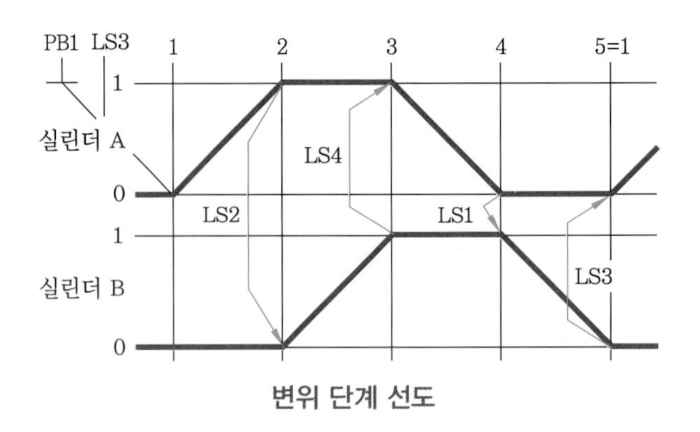

변위 단계 선도

(2) 회로를 설계한다.

① 공압 회로도를 작성한다.

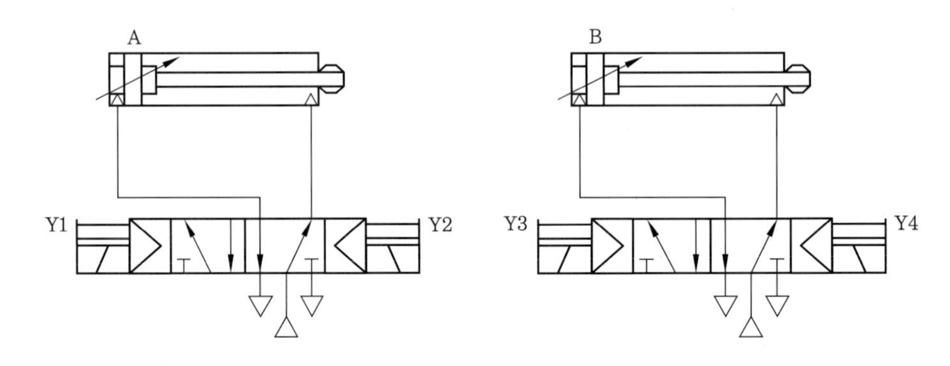

② 전기적 리밋 스위치를 표시한다.

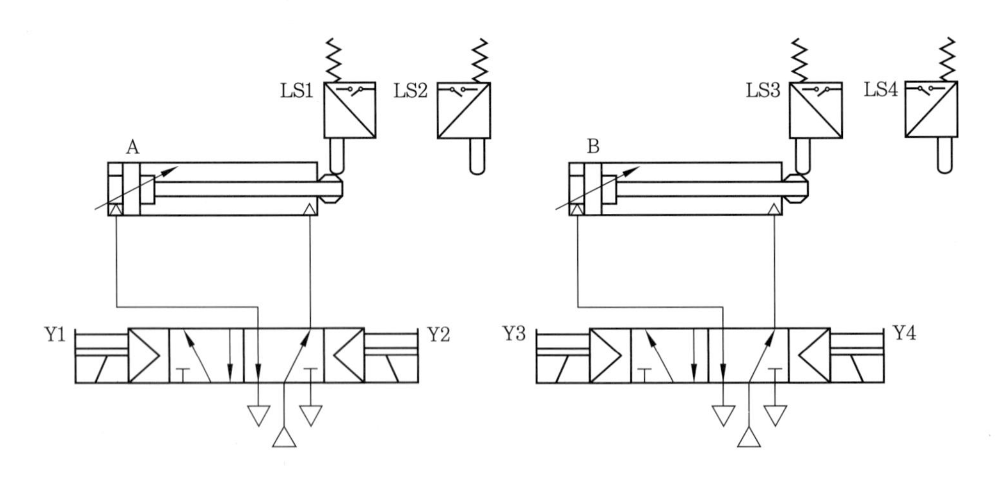

③ 전기 회로도를 작성한다.

㈎ 1단계 : 변위 단계 선도에서 PB1과 2S1은 AND 회로이며, 제어 회로에서 릴레이 코일 K1은 시작 누름 버튼 스위치 PB1에 의하여 여자되고 릴레이 K1 a 접점에 의하여 솔레노이드 밸브 Y1이 여자, 변환되어 복동 실린더 A는 전진하여 상승 운동을 하게 된다.

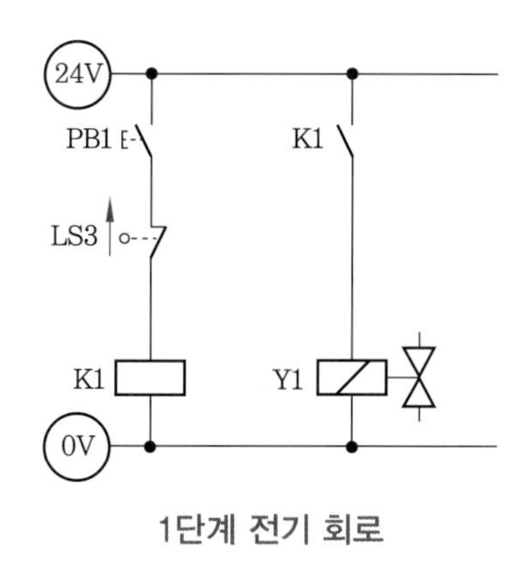

1단계 전기 회로

(나) 2단계 : 복동 실린더 A가 전진하여 리밋 스위치 LS2가 작동되면 릴레이 코일 K2가 여자된다. 따라서 릴레이 K2 a 접점에 의하여 솔레노이드 밸브의 Y3이 여자되어 복동 실린더 B는 전진 운동을 하게 된다.

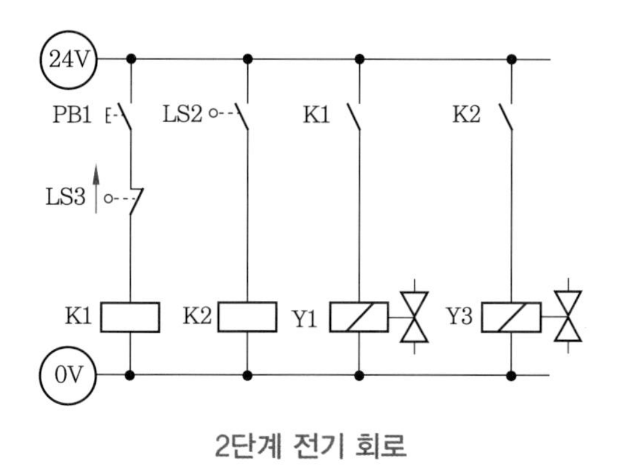

2단계 전기 회로

(다) 3단계 : 복동 실린더 B가 전진하여 롤러 컨베이어로 상자를 밀어 내면서 최종 위치에서 리밋 스위치 LS4를 작동시키면 릴레이 코일 K3이 여자되고 따라서 릴레이 K3 a 접점에 의하여 솔레노이드 밸브의 Y2가 여자되어 복동 실린더 A는 후진하여 하강 운동을 하게 된다.

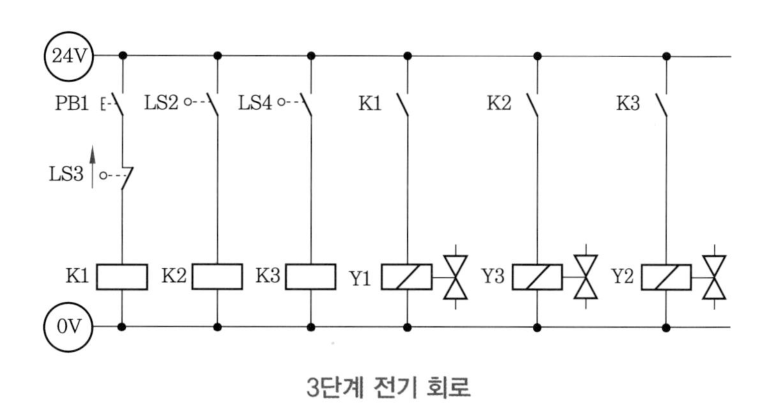

3단계 전기 회로

㈑ 4단계 : 복동 실린더 A가 후진하여 리밋 스위치 LS1을 작동시키면 릴레이 코일 K4가 여자되고 따라서 릴레이 K4 a 접점에 의하여 솔레노이드 밸브의 Y4가 여자되어 복동 실린더 B는 후진한다. 누름 버튼 스위치 PB1을 작동시키면 새로운 사이클이 시작된다.

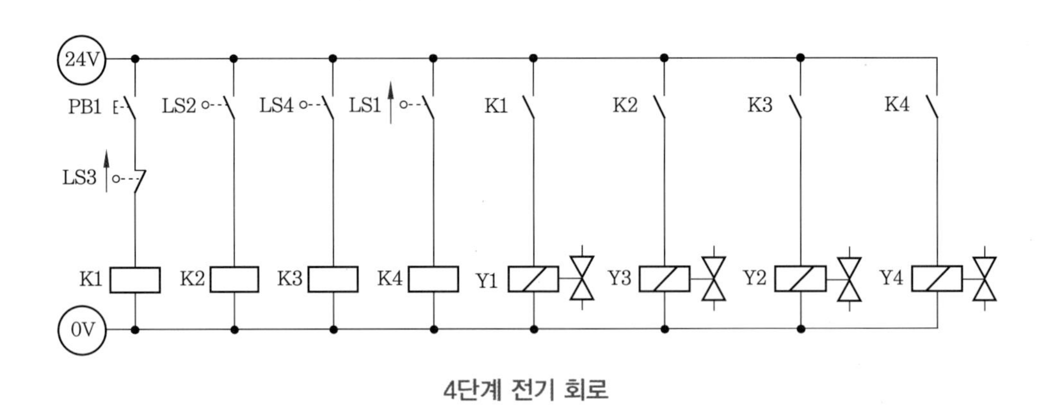

4단계 전기 회로

최종 완성된 전기 공압 회로도

과제 1 시퀀스 제어 회로 구성 (1)

1 제어 조건

주어진 공압 회로도와 변위 단계 선도를 이용하여 다음 조건에 맞게 전기 회로도를 설계하고, 구성하여 운전하시오.

① 주어진 복동 실린더와 솔레노이드 방향 제어 밸브를 사용하여 변위 단계 선도와 같은 회로를 설계하고 구성하시오.
② 초기 상태에서 실린더 B가 후진되어 있어야만 회로가 동작하도록 하시오.
③ 자동 복귀형 누름 버튼 PB1을 사용하여 단속 운전하게 하시오.
④ 자동 복귀형 누름 버튼 PB2를 사용하여 5회 연속 운전하게 하시오.
⑤ 공압 호스는 가급적 짧은 것을 사용하되 호스가 꺾이지 않도록 하시오.
⑥ 공기압을 공급하게 되면 공기 누설이 없어야 합니다.
⑦ 전기 케이블은 (+)선은 적색, (−)선은 청색 또는 흑색 선으로 배선하시오.
⑧ 공압 시스템의 공급 압력은 500 kPa(5 kgf/cm^2)로 설정하시오.

2 공압 회로도

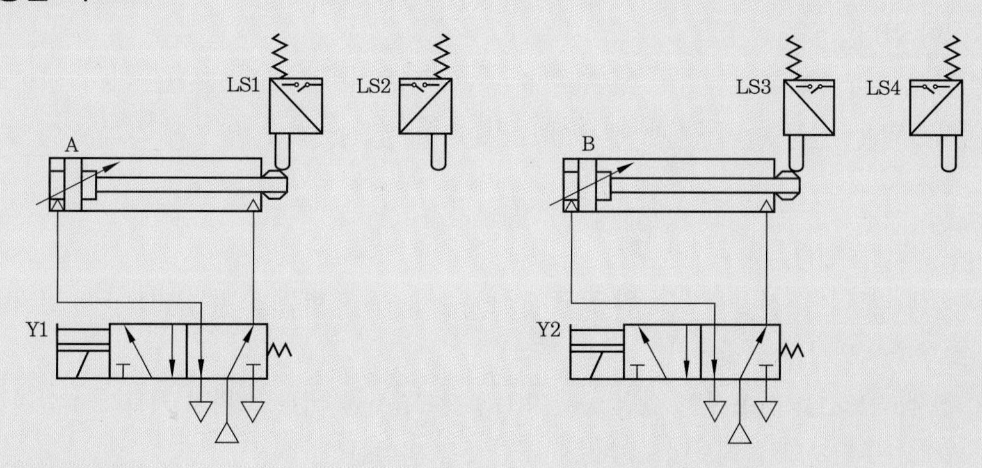

3 변위 단계 선도

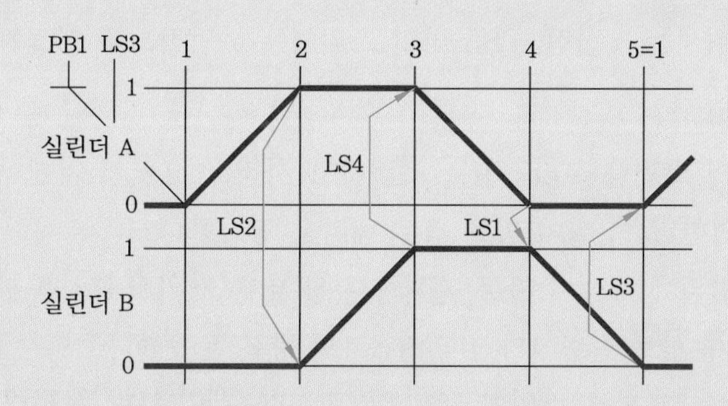

4 실습 순서

(1) 전기 회로도를 설계한다.

① 단속 운전 회로를 먼저 설계한다.

② 단속 운전이 가능한 회로가 완성되면 연속 운전이 가능한 회로를 구성한다.

③ 다음에 연속 종료를 위하여 실린더 A 로드 끝에 있는 리밋 스위치 LS2에 의한 접점을 이용하여 카운터를 제어하도록 한다.

④ 검토하여 이상이 있으면 수정한다.

(2) 작업 준비를 한다.

① 복동 실린더 2개, 5/2 WAY 단동 솔레노이드 밸브 2개, 리밋 스위치 4개를 선택하여 실습 보드에 설치한다.

② 리밋 스위치의 위치와 롤러의 방향에 주의한다.

③ 실습에 사용되는 부품은 실습판에 완전하게 고정한다.

④ 실린더의 운동 구간에 장애물이 없어야 한다.

(3) 배관 작업을 한다.

① 모든 기기의 설치 및 배관 시 공기압은 차단된 상태이어야 하고, 전원은 단전된 상태이어야 한다.

② 공압 분배기의 포트와 5/2 WAY 단동 솔레노이드 밸브 P 포트를 호스로 연결한다.

③ 5/2 WAY 단동 솔레노이드 밸브의 A와 B 포트를 실린더 A 및 B에 각각 공압 호스로 연결한다.

(4) 배선 작업을 한다.

① 적색 리드선을 사용하여 전원 공급기 (+) 단자, 누름 버튼 스위치 키트 (+) 단자, 릴레이 키트 (+) 단자를 연결한다.

② 청색 리드선을 사용하여 전원 공급기 (−) 단자, 누름 버튼 스위치 키트 (−) 단자, 릴레이 키트 (−) 단자와 솔레노이드 밸브 (−) 단자를 연결한다.

③ 적색 리드선과 청색 리드선을 사용하여 전기 도면과 같이 각 기기의 단자를 연결한다.

④ LS1 리밋 스위치는 b 접점, LS3 리밋 스위치는 a 접점으로 연결해야 한다.

(5) 정상 작동을 확인한다.

① 서비스 유닛의 압력을 500 kPa로 조정하고 서비스 유닛의 차단 밸브를 열어 공기 누설이 없는지 확인한다. 누설이 있을 경우 배관을 점검한다.

② 실린더가 후진된 상태에서 자동 복귀형 누름 버튼 스위치 PB1을 1회 ON−OFF하면 A+, B+, A−, B− 순서로 실린더가 전후진을 1회 왕복 운동한다.

③ 자동 복귀형 누름 버튼 스위치 PB2를 1회 ON−OFF하면 실린더가 A+, B+, A−, B−

순서로 5회 전후진 왕복 운동한 후 정지한다.

④ 연속 운전이 종료된 후 PB2를 다시 눌러도 실린더는 동작되지 않는다.

⑤ 단속 운전을 1회 이상 한 후 연속 운전을 하면 단속 운전 횟수만큼 연속 운전 횟수가 적어진다.

⑥ 연속 운전을 실시한 후 연속 운전을 다시 하려면 전원을 OFF-ON한 다음에 작동시켜야 한다.

(6) 각 기기를 해체하여 정리정돈한다.

① 전원 공급기의 전원을 OFF시키고, 서비스 유닛의 차단 밸브를 잠근다.

② 호스와 리드선을 제거한다.

③ 각 기기를 실습 보드에서 분리시키고 정리정돈한다.

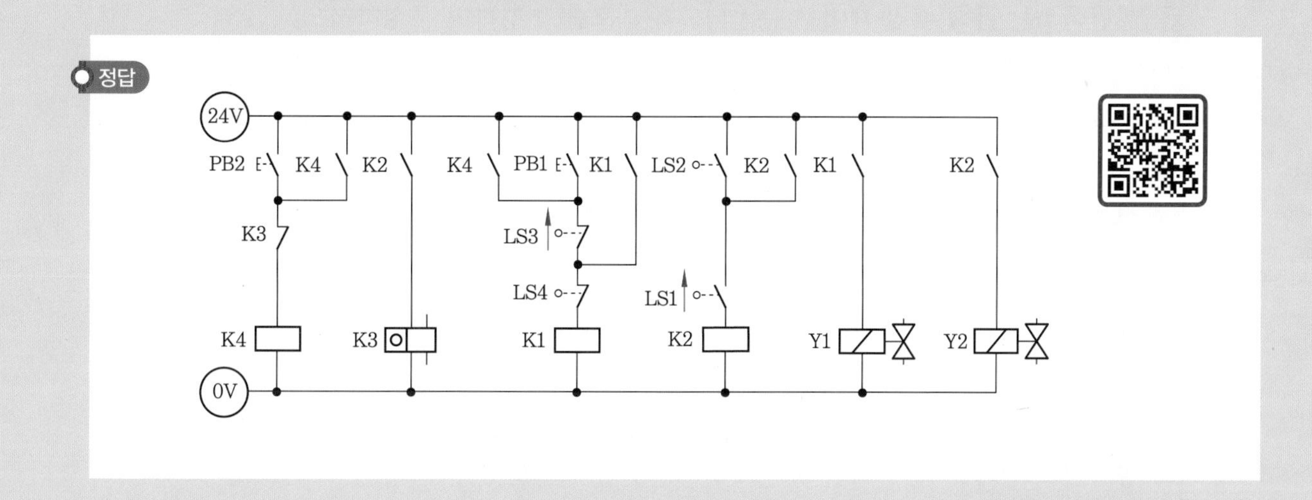

과제 2 시퀀스 제어 회로 구성 (2)

1 제어 조건

주어진 공압 회로도를 이용하여 다음 조건에 맞게 공압 회로도를 변경하고, 전기 회로도를 설계한 후 구성하여 운전하시오.

① 주어진 복동 실린더와 솔레노이드 방향 제어 밸브를 사용하여 변위 단계 선도와 같은 회로를 설계하고 구성하시오.

② 초기 상태에서 실린더 B가 후진되어 있어야만 회로가 동작하도록 하시오.

③ 실린더 A가 전진 완료되면 3초 후 실린더 B가 전진하도록 하시오.

④ 실린더 A는 전진 속도 제어, 실린더 B는 후진 속도 제어가 미터 아웃 회로로 운전되도록 회로를 변경하여 구성하시오.

⑤ 실린더 A는 급속 후진 제어로 운전되도록 회로를 변경하여 구성하시오.

⑥ 자동 복귀형 누름 버튼 PB1을 사용하여 단속 운전하게 하시오.

⑦ 자동 복귀형 누름 버튼 PB2를 사용하여 5회 연속 운전하고, PB2를 다시 ON-OFF하면 5회 연속 운전이 다시 실행되도록 하시오.

⑧ 연속 운전을 할 때에는 램프가 점등되도록 하시오.

⑨ 단속 운전 작업 횟수는 연속 운전 작업 횟수에 포함되지 않도록 합니다.

⑩ 공압 호스는 가급적 짧은 것을 사용하되 호스가 꺾이지 않도록 하시오.

⑪ 공기압을 공급하게 되면 공기 누설이 없어야 합니다.

⑫ 전기 케이블은 (+)선은 적색, (-)선은 청색 또는 흑색 선으로 배선하시오.

⑬ 공압 시스템의 공급 압력은 500 kPa(5 kgf/cm²)로 설정하시오.

2 공압 회로도

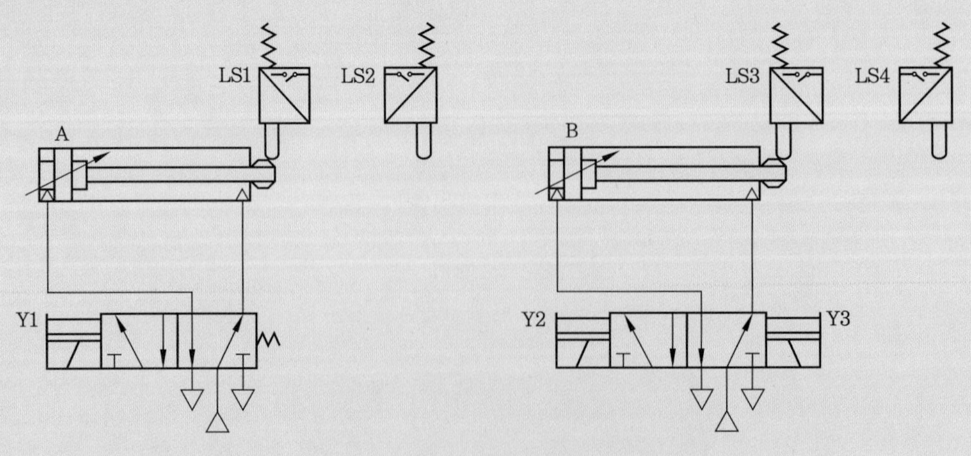

3 변위 단계 선도

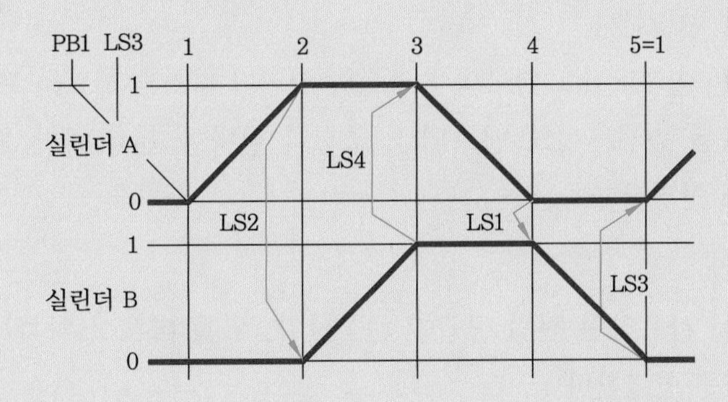

4 실습 순서

(1) 전기 회로도를 설계한다.

① 단속 운전 회로를 먼저 설계한다.

② 솔레노이드 밸브 Y2를 3초 지연되도록 타임 릴레이를 삽입한다.

③ 단속 운전이 가능한 회로가 완성되면 연속 운전이 가능한 회로를 구성한다.

④ 다음에 연속 종료를 위하여 실린더 A 로드 끝단에 있는 리밋 스위치 LS2에 의한 접점을 이용하여 카운터를 제어하도록 한다.

⑤ 연속 릴레이 접점을 이용하여 램프 회로를 구성한다.

⑥ 검토하여 이상이 있으면 수정한다.

(2) 작업 준비를 한다.

① 복동 실린더 2개, 5/2 WAY 단동 솔레노이드 밸브 1개, 5/2 WAY 복동 솔레노이드 밸브 1개, 리밋 스위치 4개, 한방향 유량 제어 밸브 2개, 급속 배기 밸브 1개를 선택하여 실습 보드에 설치한다.

② 리밋 스위치의 위치와 롤러의 방향 및 한방향 유량 제어 밸브의 위치와 방향에 주의한다.

③ 실습에 사용되는 부품은 실습판에 완전하게 고정한다.

④ 실린더의 운동 구간에 장애물이 없어야 한다.

(3) 배관 작업을 한다.

① 모든 기기의 설치 및 배관 시 공기압은 차단된 상태이어야 하고, 전원은 단전된 상태이어야 한다.

② 공압 분배기의 포트와 5/2 WAY 단동 솔레노이드 밸브 P 포트를 호스로 연결한다.

③ 실린더 A 피스톤 헤드측에 급속 배기 밸브, 로드측에 한방향 유량 제어 밸브, 실린더 B 로드측에 한방향 유량 제어 밸브를 방향에 유의하여 설치한다.

④ 5/2 WAY 단동 솔레노이드 밸브의 A 포트와 급속 배기 밸브 및 실린더 피스톤 헤드측 포트를 호스로 연결한다.

⑤ 5/2 WAY 단동 솔레노이드 밸브의 B 포트와 한방향 유량 제어 밸브 및 실린더 로드측 포트를 호스로 연결한다.

⑥ 5/2 WAY 복동 솔레노이드 밸브의 A 포트와 실린더 피스톤 헤드측 포트를 호스로 연결한다.

⑦ 5/2 WAY 복동 솔레노이드 밸브의 B 포트와 한방향 유량 제어 밸브 및 실린더 로드측 포트를 호스로 연결한다.

(4) 배선 작업을 한다.

① 적색 리드선을 사용하여 전원 공급기 (+) 단자, 누름 버튼 스위치 키트 (+) 단자, 릴레이 키트 (+) 단자를 연결한다.

② 청색 리드선을 사용하여 전원 공급기 (–) 단자, 누름 버튼 스위치 키트 (–) 단자, 릴레이 키트 (–) 단자와 솔레노이드 밸브 (–) 단자를 연결한다.

③ 적색 리드선과 청색 리드선을 사용하여 전기 도면과 같이 각 기기의 단자를 연결한다.

④ LS1과 LS3 리밋 스위치는 a 접점으로 연결해야 한다.

(5) 정상 작동을 확인한다.

① 서비스 유닛의 압력을 500 kPa로 조정하고 서비스 유닛의 차단 밸브를 열어 공기 누설이 없는지 확인한다. 누설이 있을 경우 배관을 점검한다.

② 실린더가 후진된 상태에서 자동 복귀형 누름 버튼 스위치 PB1을 1회 ON–OFF하면 A+, B+, A–, B– 순서로 실린더가 전후진을 1회 왕복 운동한다.

③ 자동 복귀형 누름 버튼 스위치 PB2를 1회 ON–OFF하면 실린더가 A+, B+, A–, B– 순서로 5회 전후진 왕복 운동한 후 정지한다.

④ 연속 운전이 종료된 후 PB2를 다시 ON–OFF하면 실린더는 연속 동작을 다시 한다.

⑤ 단속 운전을 1회 이상 한 후 연속 운전을 하여도 연속 운전 횟수는 변함없이 5회 연속 왕복 운동을 한다.

(6) 각 기기를 해체하여 정리정돈한다.

① 전원 공급기의 전원을 OFF시키고, 서비스 유닛의 차단 밸브를 잠근다.

② 호스와 리드선을 제거한다.

③ 각 기기를 실습 보드에서 분리시키고 정리정돈한다.

정답

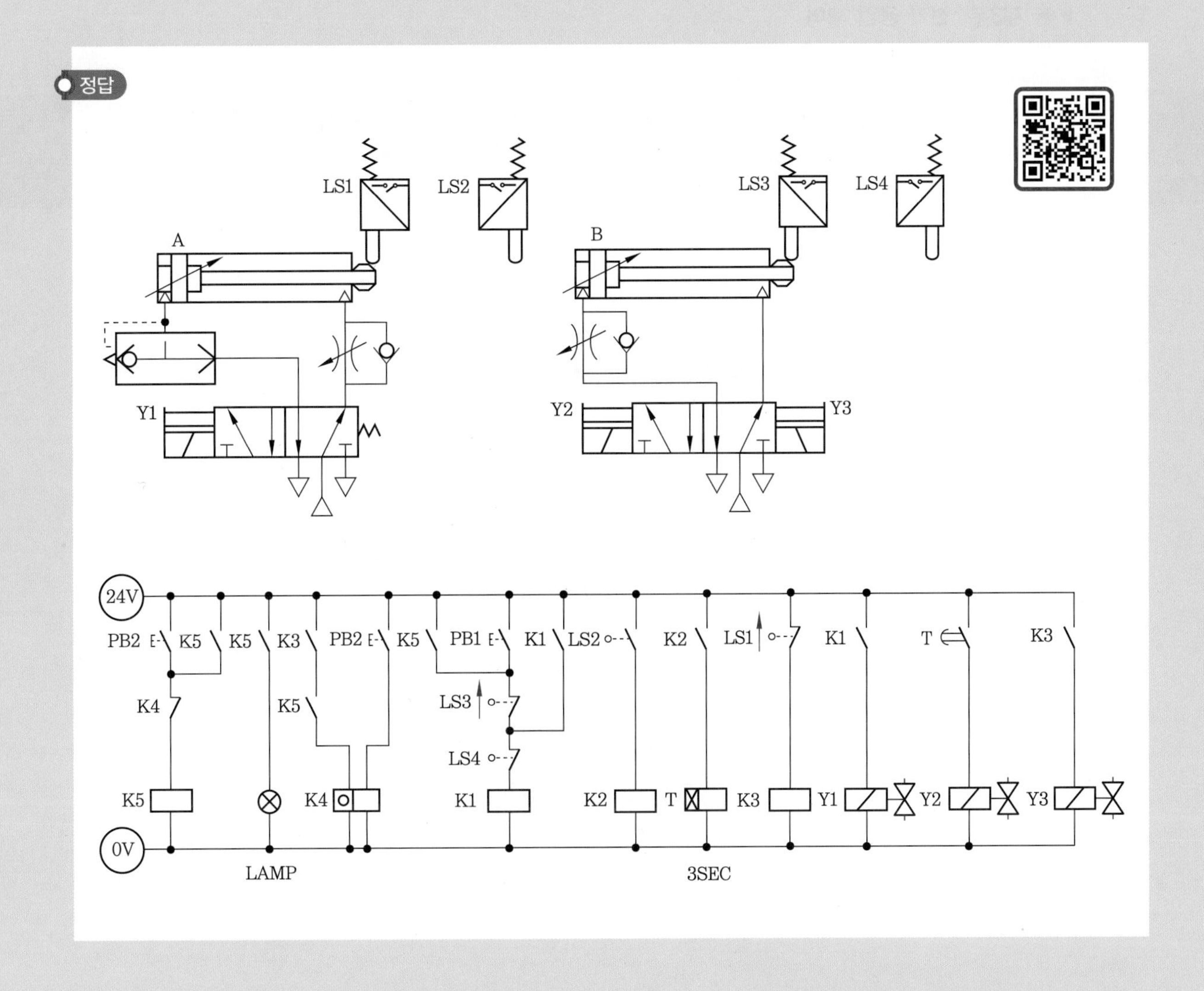
LS1
LS2
LS3
LS4
A
B
Y1
Y2
Y3
24V
0V
PB2
K5
K5
K3
PB2
K5
PB1
K1
LS2
K2
LS1
K1
T
K3
K4
K5
LS3
LS4
K5
K4
K1
K2
T
K3
Y1
Y2
Y3
LAMP
3SEC

제6장 스테퍼 회로 설계

6-1 스테퍼 방식에 의한 회로 설계

다음 펀칭 장치의 위치도와 같이 제품에 각각 펀칭 작업을 하려 한다. 제품은 수동으로 삽입하고 실린더 A가 1차 펀칭한 후 실린더 B가 2차 펀칭하게 된다.

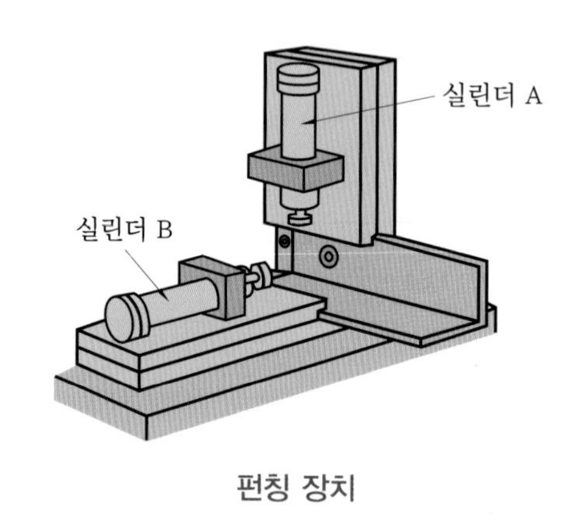

펀칭 장치

6-2 복동 솔레노이드 밸브를 사용한 제어 회로 설계

복동 솔레노이드 밸브를 사용한 스테퍼 방식은 전 단계가 작동해야만 다음 단계가 작동되도록 하는 회로 설계 방법으로 특징과 회로 설계 순서는 다음과 같다.

(1) 특징

① 이전 단계의 신호를 확인한 후 다음 단계가 작동한다. 즉, 오동작이 방지되어 완전한 시퀀스 작동이 이루어진다.

② 다음 단계의 릴레이가 여자되면 바로 앞 단계의 릴레이는 소자된다. 즉, 상대 동작 금지(inter lock) 회로를 구성하므로 신호 간섭 현상이 없게 된다.

③ 처음 작업을 시작할 때는 리셋 스위치를 눌러서 K_{last} 릴레이 접점을 여자한 후에 시작 스위치로 작동이 가능하게 된다. 즉, 주 스위치를 단락하고 다시 통전시킨 후에도 시작 스위치로는 작동되지 않기 때문에 안전성이 크다.

(2) 회로 설계 순서

① 공압 회로도를 작성하고 전기 리밋 스위치를 배치한다.

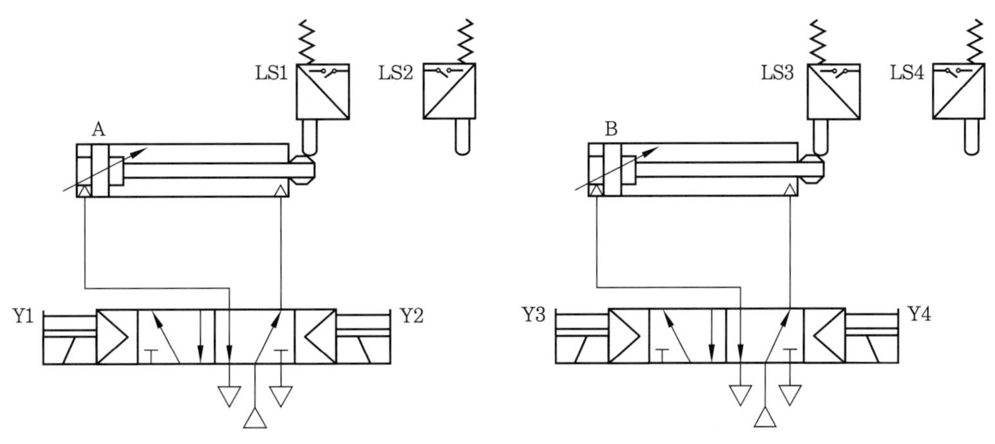

공압 회로도

② 변위 단계 선도를 작성한다.

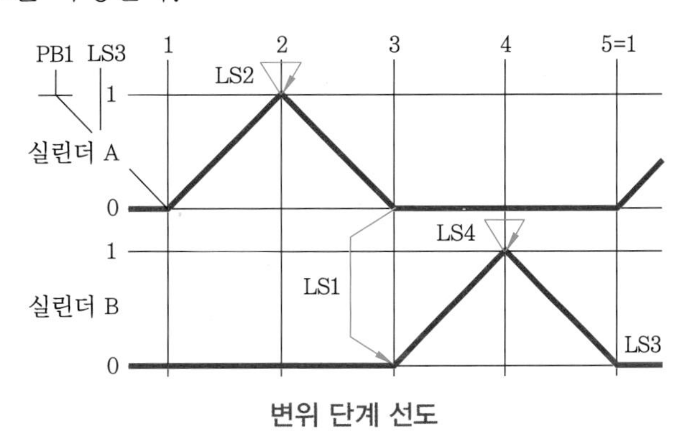

변위 단계 선도

③ 평행하게 두 모선을 긋고 우측에 단계별로 솔레노이드 작동 회로를 작성한다.

참고 각 단계의 릴레이가 ON되는 조건의 공식

- 첫 릴레이 K_1이 ON되는 조건식

$$K_1 = [(\text{start} \cdot \text{조건}) \cdot K_{last} + K_1] \cdot \overline{K_2}$$

- 첫째와 최종 릴레이를 제외한 일반 릴레이가 ON되는 조건식

$$K_n = [(\text{조건}) \cdot K_{n-1} + K_n] \cdot \overline{K_{n+1}}$$

- 최종 릴레이가 ON되는 조건식

$$K_{last} = [(\text{조건}) \cdot K_{last-1} + K_{last} + \text{Reset}] \cdot \overline{K_1}$$

여기서, K_n은 a 접점의 릴레이 접점, $\overline{K_n}$은 b 접점의 릴레이 접점, " · "는 직렬연결, "+" 는 병렬연결을 표시한다. 또 공식 중에서 (조건)은 바로 앞 단계의 도달 센서를 말하는데, 첫 릴레이가 ON되는 조건식의 (조건)은 최종 도달 센서를 말한다.

변위 단계 선도를 고려한 A+, A−, B+, B− 시퀀스의 릴레이 제어 회로의 조건식은 다음과 같다.

$$K_1 = [(\mathrm{PB1} \cdot \mathrm{2S1}) \cdot K_4 + K_1] \cdot \overline{K_2}$$
$$K_2 = [(\mathrm{1S2}) \cdot K_1 + K_2] \cdot \overline{K_3}$$
$$K_3 = [(\mathrm{1S1}) \cdot K_2 + K_3] \cdot \overline{K_4}$$
$$K_4 = [(\mathrm{2S2}) \cdot K_3 + K_4 + \mathrm{Reset}] \cdot \overline{K_1}$$

이 식에서 일반 릴레이는 K_2와 K_3이고 최종 릴레이는 K_4이다.

④ 두 모선의 우측에 변위 단계 선도와 K가 여자되는 조건을 고려하여 단계 순서대로 릴레이를 배치하고 솔레노이드 작동 회로를 작성한다.

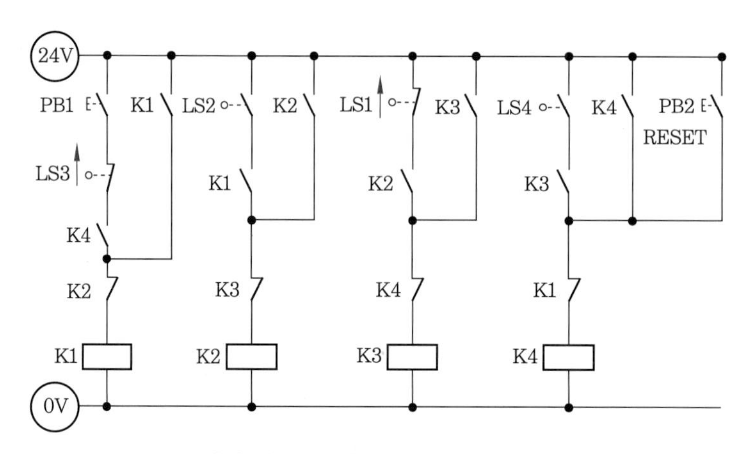

스테퍼 방식에 의한 릴레이 제어 회로도

⑤ 순서대로 작동되는지를 검토한다.

⑥ 부가 조건이 필요하면 회로도에 첨가시킨다.

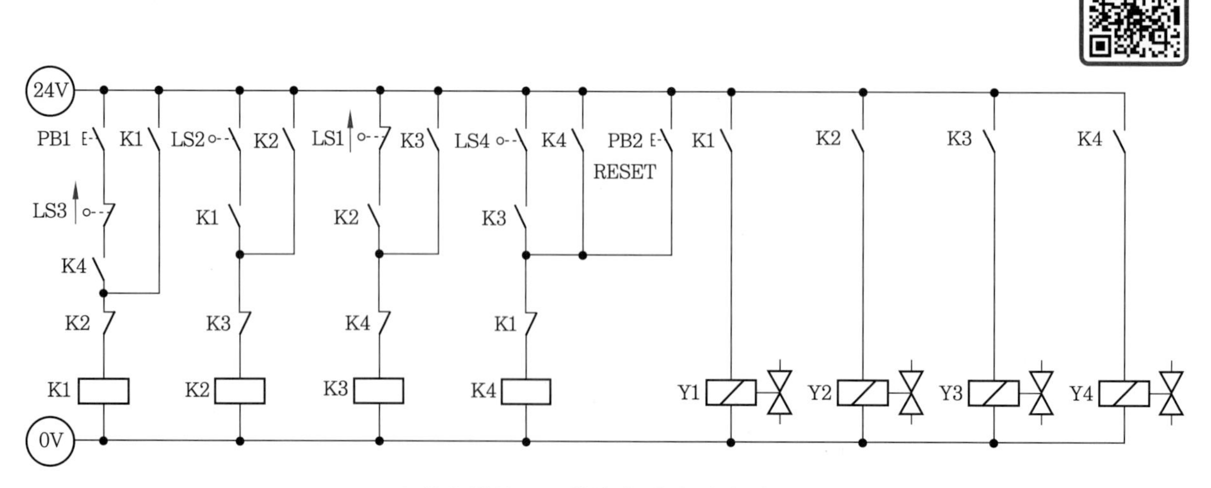

스테퍼 방식으로 완성된 전기 제어 회로도

6-3 단동 솔레노이드 밸브를 사용한 제어 회로 설계

단동 솔레노이드 밸브를 사용하면 방향 전환이 솔레노이드와 스프링에 의해 이루어진다. 4단계의 시퀀스이지만 2개의 솔레노이드 밸브에 의해 동작되며, 솔레노이드에 신호가 없어지면 스프링에 의해 복귀되는 위치의 밸브가 설치된다.

단동 솔레노이드 밸브에 의한 회로 설계는 다음과 같은 특징이 있다.

① 모든 릴레이가 순차적으로 자기 유지 회로에 의해 여자되어 간다.

② 최종 릴레이는 자기 유지가 필요 없으며 최종 릴레이가 여자되면 모든 릴레이가 소자된다.

③ 최종 릴레이 외에는 자기 유지가 꼭 필요하다.

④ 리셋 스위치가 없어서 문제가 발생할 수도 있다.

이 밸브를 사용한 회로 설계의 순서는 다음과 같다.

① 공압 회로도를 작성하고 전기 리밋 스위치를 배치한다.

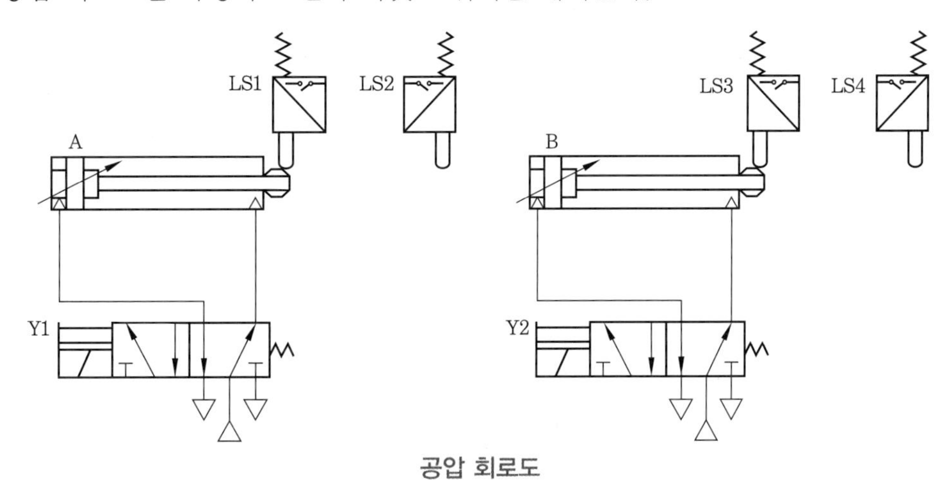

공압 회로도

② 변위 단계 선도를 작성한다.

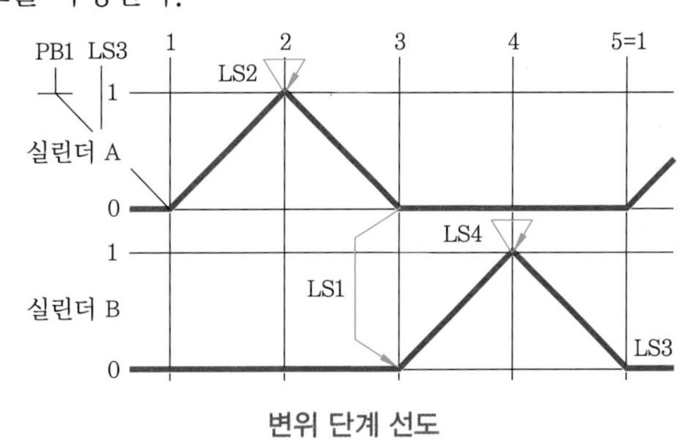

변위 단계 선도

③ 평행한 두 개의 모선을 긋고 좌측에 릴레이가 여자되는 조건을 고려하여 릴레이 제어 회로를 작성한다.

> **참고** **단동 솔레노이드 밸브를 사용할 경우 릴레이가 여자되는 조건식**
>
> - 첫 릴레이 K_1이 여자되는 조건식 : $K_1 = [(\text{PB1} \cdot \text{조건}) + K_1] \cdot \overline{K_{last}}$
> - 일반 릴레이가 여자되는 조건식 : $K_n = [(\text{조건}) + K_n] \cdot \overline{K_{n-1}}$
> - 최종 릴레이가 ON되는 조건식 : $K_{last} = [(\text{조건}) \cdot K_{last-1}]$
>
> 따라서 A+, A−, B+, B− 시퀀스의 릴레이 제어 회로의 조건식은 다음과 같다.
>
> $K_1 = [(\text{PB1} \cdot \text{2S1}) + K_1] \cdot \overline{K_4}$　　$K_2 = [(\text{1S2}) + K_2] \cdot K_1$
>
> $K_3 = [(\text{1S1}) + K_3] \cdot K_2$　　$K_4 = [(\text{2S2}) \cdot K_3]$

④ 변위 단계 선도를 고려하여 릴레이 a 접점과 b 접점을 조건식에 맞게 배치하고 솔레노이드 작동 회로를 작성한다.

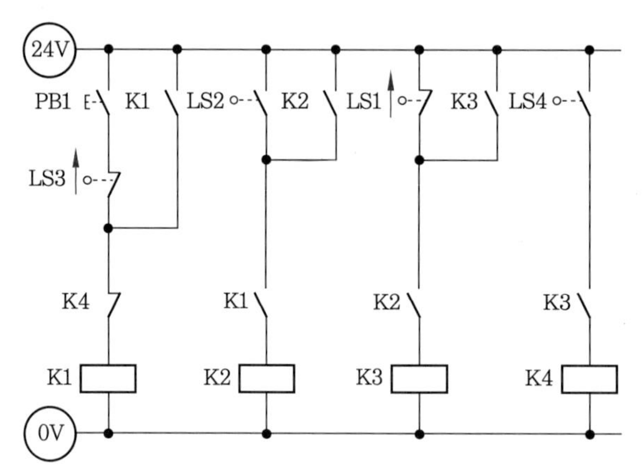

스테퍼 방식에 의한 릴레이 제어 회로도

⑤ 단계별로 작동 상태를 점검한다.

⑥ 부가 조건이 있으면 첨가한다.

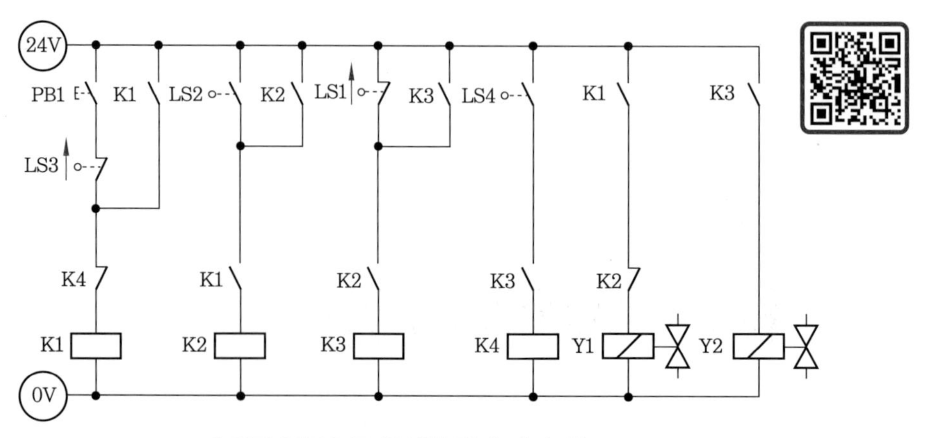

스테퍼 방식으로 완성된 전기 제어 회로도

과제 1 프레스 작업 장치 회로의 설계 및 구성

1 제어 조건

주어진 변위 단계 선도와 공압 회로도를 이용하여 다음 조건에 맞게 전기 회로도를 설계하고, 구성하여 운전하시오.

① 주어진 조건으로 공압 회로도를 설계하여 공압 부품을 설치하시오.

② 금속판은 수동으로 성형 프레스에 삽입되고, 자동 복귀형 누름 버튼 PB1을 1회 ON-OFF하면, 성형 실린더 A가 금속판을 성형한 후 복귀하게 되고, 추출 실린더 B가 전후진하여 성형된 금속 부품을 추출시키는 작업입니다.

③ 초기 상태에서 실린더 A가 후진되어 있어야만 회로가 동작하도록 하시오.

④ 자기 유지형 누름 버튼 스위치를 사용하여 작업대에 제품이 없을 경우 실린더 A에 의한 성형 작업이 진행되지 않도록 하고, 이 경우 전기 램프가 점등되어 그 상태를 표시할 수 있도록 전기 회로를 구성한 후 동작시키시오.

⑤ 전기 타이머를 사용하여 실린더 A가 전진 완료 후 3초간 정지한 후에 후진하도록 전기 회로를 구성하고 동작시키시오.

⑥ 자동 복귀형 누름 버튼 PB2를 1회 ON-OFF하면 변위 단계 선도와 같은 동작을 5회 전후진 연속 왕복 운전한 후 정지합니다.

⑦ 연속 작업 종료 후 자동 복귀형 누름 버튼 PB3을 1회 ON-OFF한 후 PB2를 다시 작동시키면 변위 단계 선도의 동작이 연속 왕복이 되도록 하시오.

⑧ 공압 호스는 가급적 짧은 것을 사용하되 호스가 꺾이지 않도록 하시오.

⑨ 공기압을 공급하게 되면 공기 누설이 없어야 합니다.

⑩ 전기 케이블은 (+)선은 적색, (-)선은 청색 또는 흑색 선으로 배선하시오.

⑪ 공압 시스템의 공급 압력은 500 kPa(5 kgf/cm^2)로 설정하시오.

2 위치도

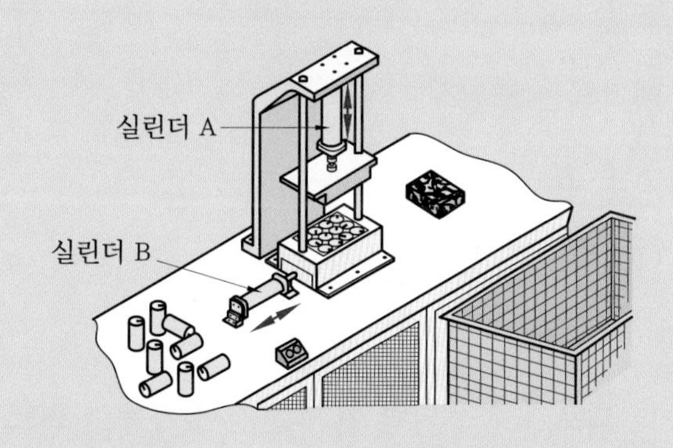

3 변위 단계 선도

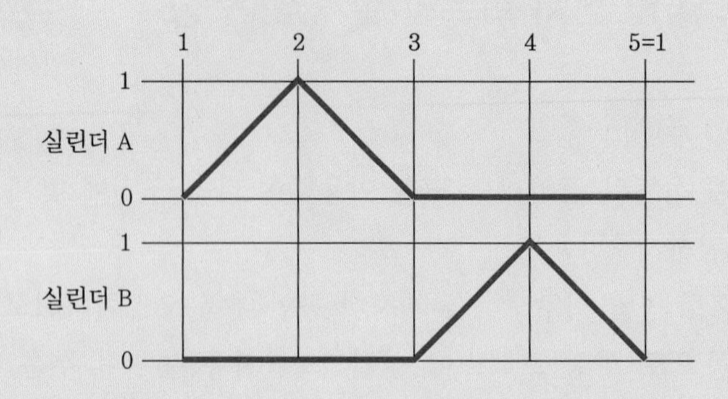

4 공압 회로도

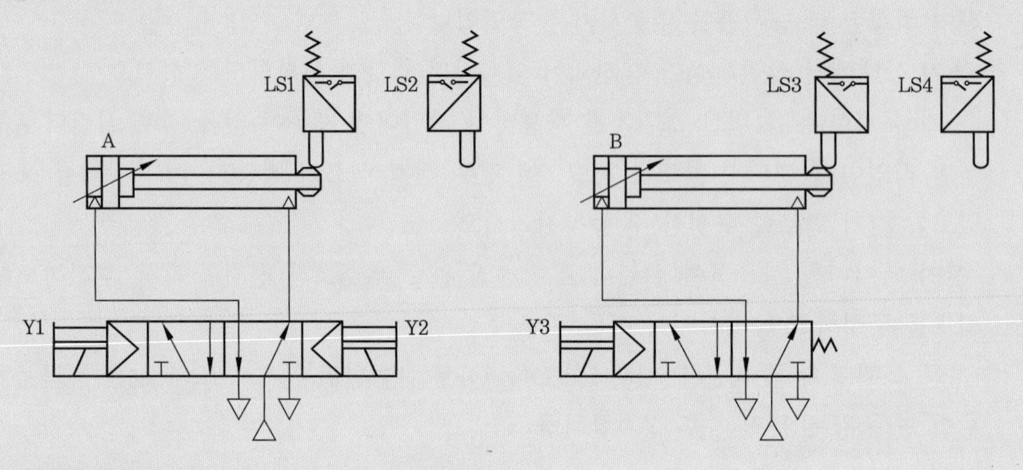

5 실습 순서

(1) 전기 회로도를 설계한다.

① 타이머가 있는 단속 운전 회로를 먼저 설계한다.

② 전기 회로 중 단동 솔레노이드 밸브를 사용할 때 이용하는 조건식을 활용하여 단속 운전을 먼저 설계한다.

㈎ 첫 릴레이 K_1이 여자되는 조건식

$$K_1 = [(\text{PB1} \cdot \text{조건}) + K_1] \cdot \overline{K_{last}}$$

㈏ 일반 릴레이가 여자되는 조건식

$$K_n = [(\text{조건}) + K_n] \cdot \overline{K_{n-1}}$$

㈐ 최종 릴레이가 ON되는 조건식

$$K_{last} = [(\text{조건})] \cdot K_{last-1}]$$

③ 단속 운전이 가능한 회로가 완성되면 연속 운전이 가능한 회로를 설계한다.

④ 제품이 없을 때는 실린더가 동작되지 않으며, 램프가 점등되는 회로를 설계한다.

⑤ 검토하여 이상이 있으면 수정한다.

(2) 작업 준비를 한다.

① 복동 실린더 2개, 5/2 WAY 단동 솔레노이드 밸브 1개, 5/2 WAY 복동 솔레노이드 밸브 1개, 리밋 스위치 4개를 선택하여 실습 보드에 설치한다.

② 리밋 스위치의 위치와 롤러의 방향에 주의한다.

③ 실습에 사용되는 부품은 실습판에 완전하게 고정한다.

④ 실린더의 운동 구간에 장애물이 없어야 한다.

(3) 배관 작업을 한다.

① 모든 기기의 설치 및 배관 시 공기압은 차단된 상태이어야 하고, 전원은 단전된 상태이어야 한다.

② 공압 분배기의 포트와 2개의 5/2 WAY 솔레노이드 밸브 P 포트를 호스로 연결한다.

③ 5/2 WAY 솔레노이드 밸브의 A와 B 포트를 실린더에 각각 공압 호스로 연결한다.

(4) 배선 작업을 한다.

① 적색 리드선을 사용하여 전원 공급기 (+) 단자, 누름 버튼 스위치 키트 (+) 단자, 릴레이 키트 (+) 단자를 연결한다.

② 청색 리드선을 사용하여 전원 공급기 (−) 단자, 누름 버튼 스위치 키트 (−) 단자, 릴레이 키트 (−) 단자와 솔레노이드 밸브 (−) 단자를 연결한다.

③ 적색 리드선과 청색 리드선을 사용하여 전기 도면과 같이 각 기기의 단자를 연결한다.

(5) 정상 작동을 확인한다.

① 서비스 유닛의 압력을 500kPa로 조정하고 서비스 유닛의 차단 밸브를 열어 공기 누설이 없는지 확인한다. 누설이 있을 경우 배관을 점검한다.

② 실린더가 후진된 상태에서 자동 복귀형 누름 버튼 스위치 PB1을 1회 ON−OFF하면 실린더는 A+, A−, B+, B−순으로 전후진을 1회 왕복 운동한다.

③ 실린더 A가 전진 완료되어 실린더 도그가 전기 리밋 스위치 LS2를 접촉하면 3초 후 실린더는 후진한다.

④ 자동 복귀형 누름 버튼 스위치 PB2를 1회 ON−OFF하면 두 실린더가 단속 운전 사이클을 연속으로 5회 왕복 운동한 후 정지한다.

⑤ 연속 운전이 종료된 후 PB2를 다시 눌러도 실린더는 동작되지 않는다.

⑥ 카운터 리셋 스위치인 자동 복귀형 누름 버튼 스위치 PB3을 1회 ON−OFF한 후 PB2를 1회 ON−OFF하면 연속 동작이 가능하다.

⑦ 자기 유지형 누름 버튼 스위치 PB4를 조작하면 단속 운전 및 연속 운전은 실행되지 않고 램프가 점등된다.

(6) 각 기기를 해체하여 정리정돈한다.

① 전원 공급기의 전원을 OFF시키고, 서비스 유닛의 차단 밸브를 잠근다.

② 호스와 리드선을 제거한다.

③ 각 기기를 실습 보드에서 분리시키고 정리정돈한다.

정답

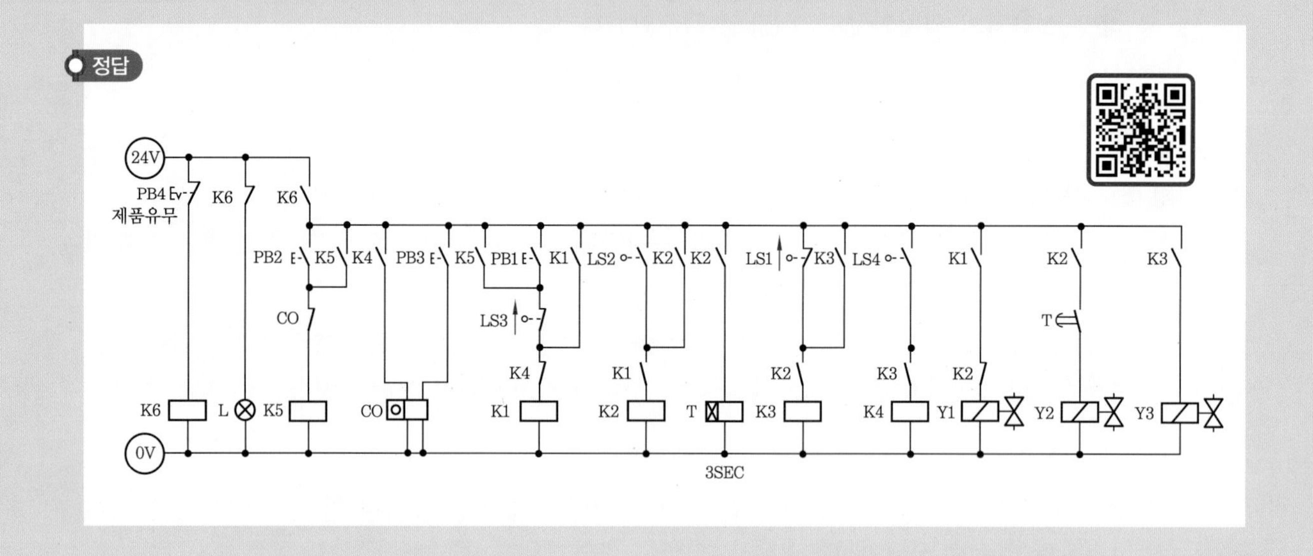

과제 2 드릴 머신 장치 회로의 설계 및 구성

1 제어 조건

주어진 공압 회로도를 이용하여 다음 조건에 맞게 공압 회로도를 변경하고, 전기 회로도를 설계한 후 구성하여 운전하시오.

① 주어진 조건으로 공압 회로도를 설계하여 공압 부품을 설치하시오.

② 제품은 수동으로 바이스에 삽입하고 자동 복귀형 누름 버튼 PB1을 1회 ON-OFF하면 바이스 이송 실린더 A가 제품을 고정시킨 후 드릴 실린더 B가 전후진하여 구멍을 가공하면 실린더 A가 후진하여 제품의 고정을 해제시키는 작업입니다.

③ 초기 상태에서 실린더 A가 후진되어 있어야만 회로가 동작하도록 하시오.

④ 전기 타이머를 사용하여 실린더 B가 전진 완료 후 3초간 정지한 후에 후진하도록 전기 회로를 구성하고 동작시키시오.

⑤ 실린더 A 후진은 급속 이송을 하고, 실린더 B는 전후진 속도를 배기 교축 방식으로 제어하시오.

⑥ 설계한 공압 회로도와 같이 공압 기기를 선정하여 고정판에 배치하시오. (단, 공압 기기는 수평 또는 수직 방향으로 임의로 배치하고, 리밋 스위치는 방향성을 고려하여 설치한다.)

⑦ 공압 호스는 가급적 짧은 것을 사용하되 호스가 꺾이지 않도록 하시오.

⑧ 전기 케이블은 (+)선은 적색, (−)선은 청색 또는 흑색 선으로 배선하시오.

⑨ 액추에이터의 로드나 도그에 전선이나 호스가 접촉되지 않거나 접촉 우려가 없어야 합니다.

⑩ 작업이 완료된 상태에서 압축 공기를 공급했을 때 공기 누설이 발생하지 않아야 합니다.

⑪ 작업이 완료된 상태에서 전원을 투입했을 때 쇼트가 발생하지 않아야 합니다.

⑫ 공압 시스템의 공급 압력은 500 kPa(5 kgf/cm^2)로 설정하시오.

2 위치도

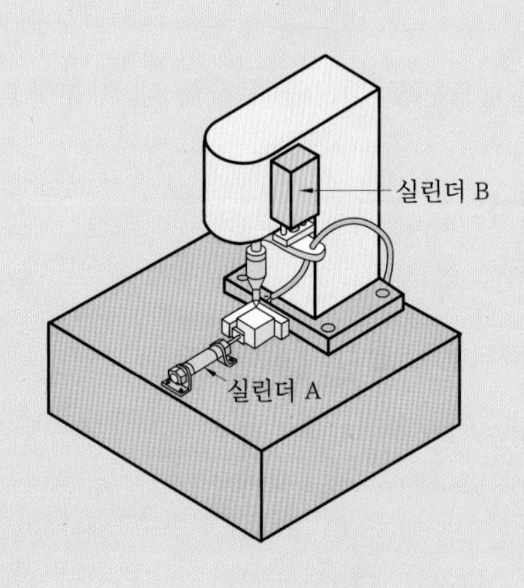

3 변위 단계 선도

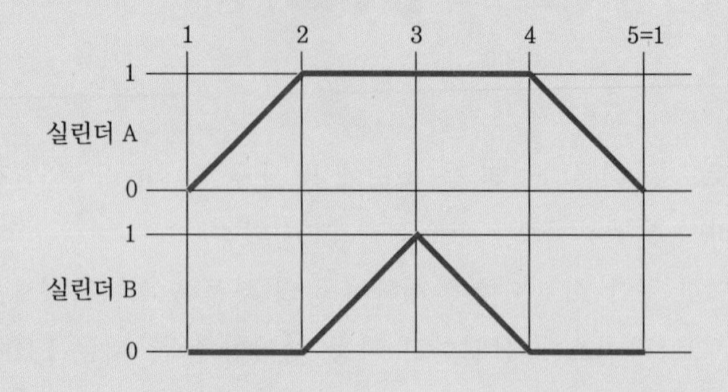

4 공압 회로도

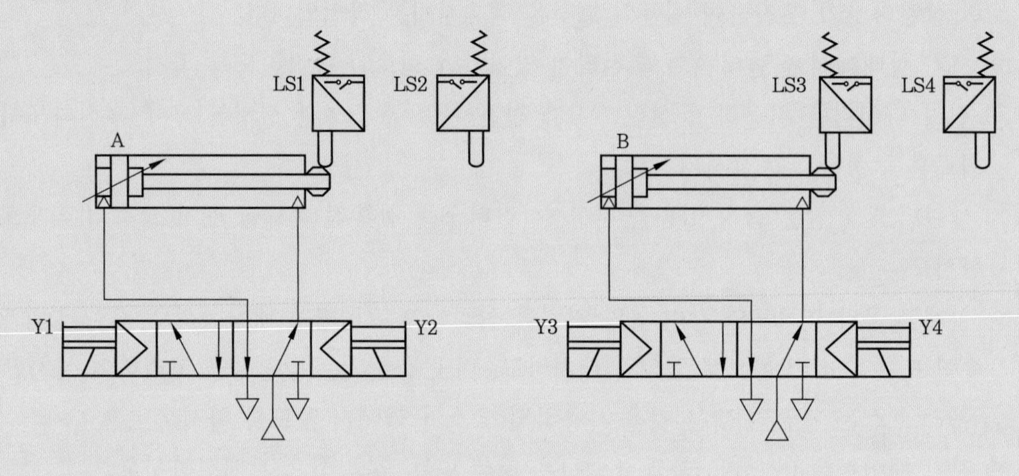

5 실습 순서

(1) 공압 회로도를 설계한다.

① 복동 솔레노이드 밸브 2개를 사용하여 실린더와 솔레노이드 밸브 및 리밋 스위치를 배치한다.

② 실린더 A 전진측에 급속 배기 밸브를, 실린더 B 전후진 측에 유량 제어 밸브를 미터 아웃으로 배치한다.

(2) 전기 회로도를 설계한다.

① 전기 회로 중 단동 솔레노이드 밸브를 사용할 때 이용하는 조건식을 활용하여 단속 운전을 먼저 설계한다.

㈎ 첫 릴레이 K_1이 여자되는 조건식

$$K_1 = [(\text{PB1} \cdot \text{조건}) + K_1] \cdot \overline{K_{last}}$$

㈏ 일반 릴레이가 여자되는 조건식

$$K_n = [(\text{조건}) + K_n] \cdot \overline{K_{n-1}}$$

㈐ 최종 릴레이가 ON되는 조건식

$$K_{last}=[(조건)] \cdot K_{last-1}]$$

② 솔레노이드 밸브 Y4의 여자가 지연되도록 여자 지연 타이머를 사용하여 릴레이 코일 K3이 여자되면 솔레노이드 밸브의 동작이 3초 지연되도록 회로를 설계한다.

③ 검토하여 이상이 있으면 수정한다.

(3) 작업 준비를 한다.

① 복동 실린더 2개, 5/2 WAY 복동 솔레노이드 밸브 2개, 리밋 스위치 4개, 급속 배기 밸브 1개, 한방향 유량 제어 밸브 2개를 선택하여 실습 보드에 설치한다.

② 리밋 스위치와 유량 제어 밸브의 위치와 방향에 주의한다.

③ 실습에 사용되는 부품은 실습판에 완전하게 고정한다.

④ 실린더의 운동 구간에 장애물이 없어야 한다.

(4) 배관 작업을 한다.

① 모든 기기의 설치 및 배관 시 공기압은 차단된 상태이어야 하고, 전원은 단전된 상태이어야 한다.

② 공압 분배기의 포트와 2개의 5/2 WAY 솔레노이드 밸브 P 포트를 호스로 연결한다.

③ 5/2 WAY 솔레노이드 밸브 Y1의 A 포트에는 급속 배기 밸브와 실린더 피스톤 헤드측 포트를 각각 호스로 연결한다. B 포트는 실린더 로드측 포트를 공압 호스로 연결한다.

④ 5/2 WAY 솔레노이드 밸브 Y3의 A 포트 및 B 포트는 유량 제어 밸브를 거쳐 실린더 피스톤 헤드측 포트와 로드측 포트에 각각 공압 호스로 연결한다.

(5) 배선 작업을 한다.

① 적색 리드선을 사용하여 전원 공급기 (+) 단자, 누름 버튼 스위치 키트 (+) 단자, 릴레이 키트 (+) 단자를 연결한다.

② 청색 리드선을 사용하여 전원 공급기 (−) 단자, 누름 버튼 스위치 키트 (−) 단자, 릴레이 키트 (−) 단자와 솔레노이드 밸브 (−) 단자를 연결한다.

③ 적색 리드선과 청색 리드선을 사용하여 설계된 전기 도면과 같이 각 기기의 단자를 연결한다.

(6) 정상 작동을 확인한다.

① 서비스 유닛의 압력을 500 kPa로 조정하고 서비스 유닛의 차단 밸브를 열어 공기 누설이 없는지 확인한다. 누설이 있을 경우 배관을 점검한다.

② 실린더가 후진된 상태에서 자동 복귀형 누름 버튼 스위치 PB1을 1회 ON-OFF하면 실린더는 A+, B+, B−, A− 순으로 전후진을 1회 왕복 운동한다.

③ 실린더 B가 전진 완료되어 실린더 도그가 전기 리밋 스위치 LS4를 접촉하면 3초 후 실

린더 B가 후진한다.

(7) 각 기기를 해체하여 정리정돈한다.

① 전원 공급기의 전원을 OFF시키고, 서비스 유닛의 차단 밸브를 잠근다.

② 호스와 리드선을 제거한다.

③ 각 기기를 실습 보드에서 분리시키고 정리정돈한다.

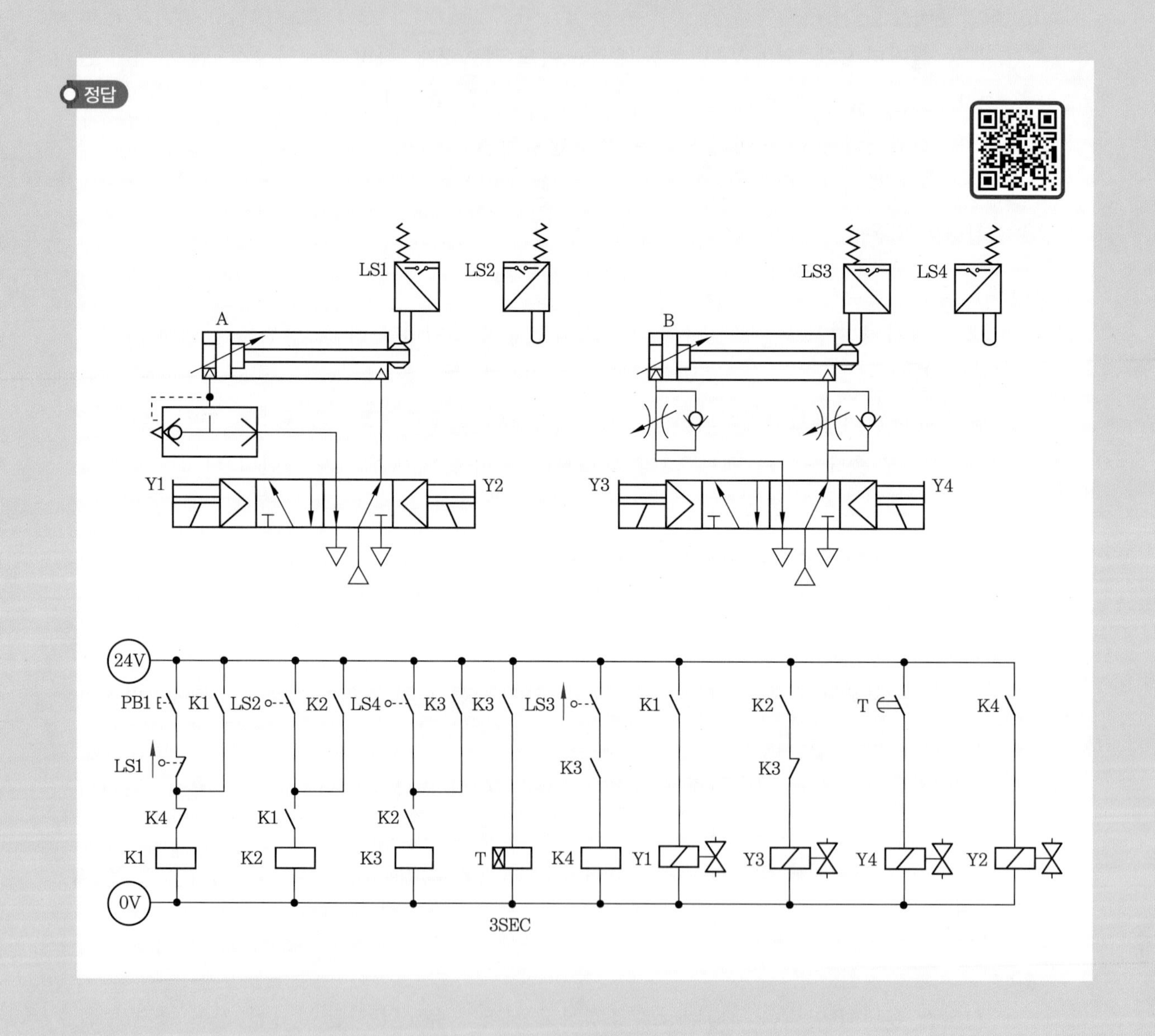

제7장 캐스케이드 회로 설계

7-1 캐스케이드 회로의 개요

제어 시스템에서 신호가 중복될 경우에는 작동에 문제가 발생한다. 따라서 필요 없는 신호는 차단해 주어야 한다. 이와 같이 신호를 적절하게 차단하기 위해 솔레노이드 밸브를 그룹화시켜 간섭 현상을 방지하는 회로를 설계하는 방법이 캐스케이드 회로 설계 방식이다.

이 방식은 여러 제어 단계가 그룹화되어 그룹 내에서 단계적으로 솔레노이드 밸브를 연결하고, 이 그룹에 차례로 전원을 공급함으로써 앞 그룹을 서로 규제할 수 있는 제어 방식이다.

일반적으로는 복동 솔레노이드 밸브와 리밋 스위치를 사용하며, 릴레이가 적게 들어가는 장점이 있다.

캐스케이드(cascade) 방식에 의한 회로 설계의 특징은 다음과 같다.

① 그룹의 수가 릴레이 수이다. 단, 그룹의 수가 2개일 경우 릴레이는 1개이다.

② 앞 그룹의 신호를 확인한 후 다음 그룹이 작동한다.

③ 다음 그룹의 릴레이가 여자되는 바로 앞 그룹의 릴레이는 소자된다. 즉, 그룹 간의 상대 동작 금지는 되나 같은 그룹 내에 여러 개의 솔레노이드가 있으면 오동작의 가능성이 존재한다.

7-2 A+, B+, B−, A− 시퀀스 캐스케이드 회로 설계 순서

공압 실린더를 이용하여 목공 선반을 자동으로 운전하고자 한다. 실린더 A, B는 초기에 모두 후진하여 있을 때 시작 스위치(PB1)를 ON−OFF하면 실린더 A가 전진하여 공작물을 고정하고 실린더 B가 전진 및 후진하여 공작물을 가공한다. 그리고 가공을 완료한 후 실린더 A가 후진하여 고정을 해제한다.

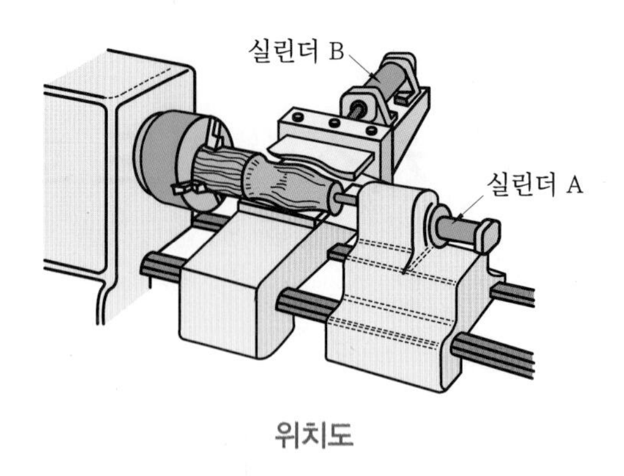

위치도

① 공압 회로도를 작성하고 전기 리밋 스위치를 배치한다.

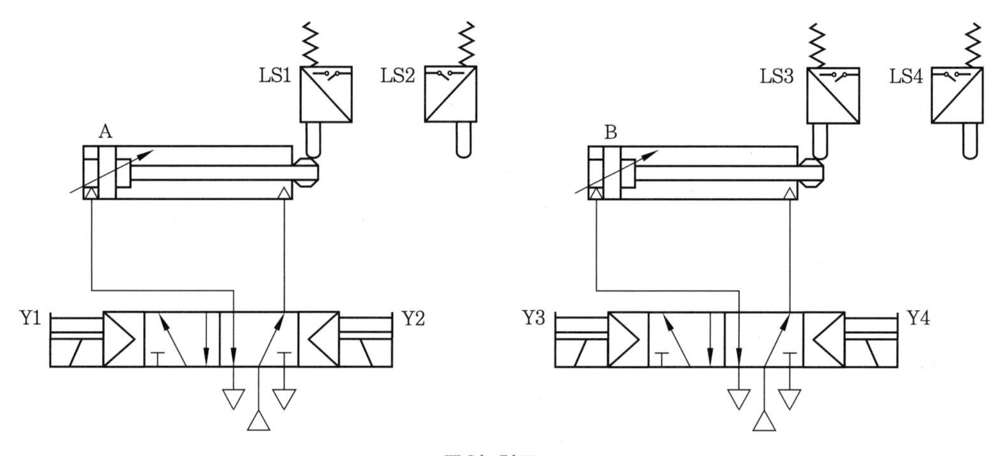

공압 회로도

② 변위 단계 선도를 작성한다.

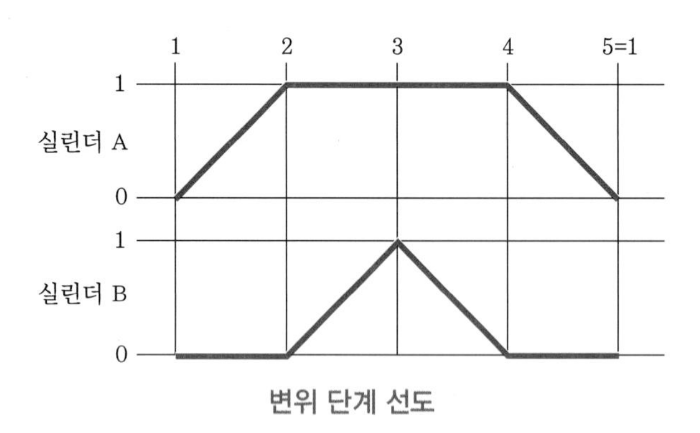

변위 단계 선도

③ 약식 기호를 쓰고 그룹 나누기를 한다. 단, 한 그룹 내에는 같은 실린더 기호가 들어가지 않도록 한다.

④ 그룹 수와 같은 수의 2차 제어선을 그린다. 이때 그룹의 수만큼 릴레이 수가 필요하다. 단, 그룹의 수가 2개일 경우 릴레이는 1개이다.

A+, B+/A−, B−
Ⅰ그룹 Ⅱ그룹

Ⅰ
Ⅱ

캐스케이드에 의한 제어 회로도 (1)

⑤ 평행한 두 개의 모선을 긋고 좌측에 릴레이 코일 K가 여자되는 조건을 고려하여 그룹 순서로 릴레이 제어 회로를 작성한다.

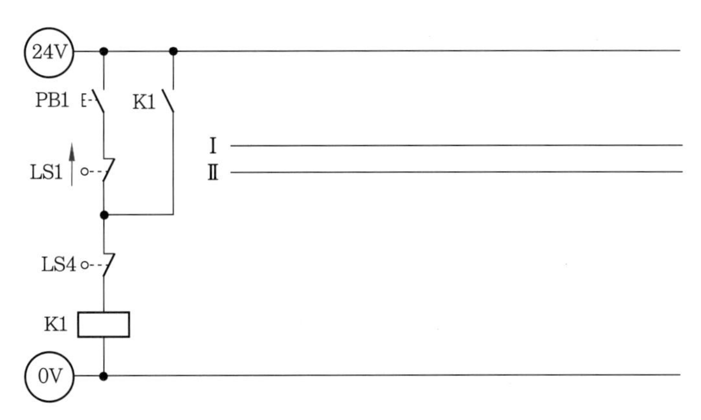

캐스케이드에 의한 제어 회로도 (2)

참고 각 그룹의 릴레이가 여자되는 조건의 공식

- 첫 릴레이 K_1이 여자되는 조건식

$$K_1 = [(\text{start} \cdot \text{조건}) \cdot K_{last} + K_1] \cdot \overline{K_2}$$

- 첫째와 최종 릴레이를 제외한 일반 릴레이가 여자되는 조건식

$$K_n = [(\text{조건}) \cdot K_{n-1} + K_n] \cdot \overline{K_{n+1}}$$

- 최종 릴레이가 여자되는 조건식

$$K_{last} = [(\text{조건}) \cdot K_{last-1} + K_{last} + \text{Reset}] \cdot \overline{K_1}$$

이 조건식은 그룹이 3개 이상인 경우에 적용한다.
그룹이 2개일 때 1개의 릴레이 K_1이 여자되는 조건은 다음과 같다.

$$K_1 = [K_{last} \cdot (\text{조건}) + K_1] \cdot (\text{조건})$$

이 제어 회로는 결국 스테퍼 방식과 같은 원리이다.

⑥ 그룹별로 솔레노이드 밸브 작동 회로를 작성한다.

(가) 두 모선 사이에 있는 그룹 수만큼의 제어선에서 릴레이 접점 K1에 그룹 라인 Ⅰ, $\overline{K}$에 그룹 라인 Ⅱ의 순으로 연결한다.

(나) 솔레노이드 밸브를 제어선 밑에 단계 순으로 배치하고 같은 그룹의 솔레노이드 밸브는 같은 그룹 라인에 연결한다.

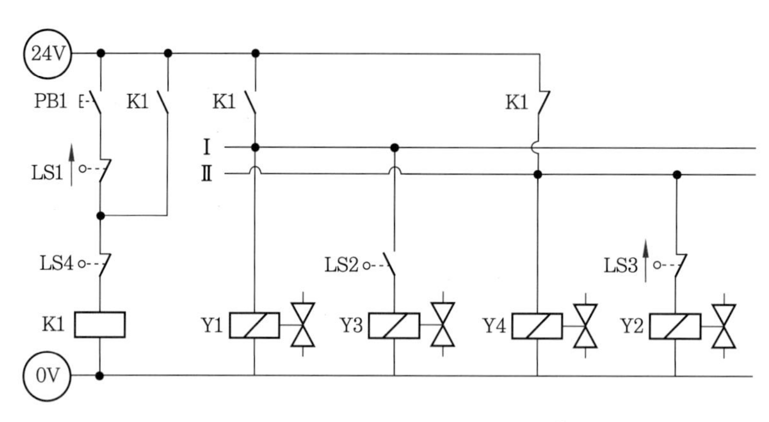

캐스케이드에 의한 제어 회로도 (3)

⑦ 한 그룹 내에 여러 개의 솔레노이드가 배치될 때는 해당하는 그룹 라인에 직접 연결하고 두 번째 단계의 솔레노이드는 바로 앞 단계의 도달 센서를 직렬로 연결해 준다. 즉, 솔레노이드 밸브가 여자되는 조건을 고려하여 작동 회로를 작성한다.

참고 솔레노이드 밸브가 여자되는 조건식

- A+ : $Y_1 = K_1 \cdot \text{I}$
- B+ : $Y_3 = K_1 \cdot \text{I} \cdot 1S2$
- B− : $Y_4 = \overline{K} \cdot \text{II}$
- A− : $Y_2 = \overline{K} \cdot \text{II} \cdot 2S1$

⑧ 순서대로 작동되는지를 검토한다.

⑨ 부가 조건이 필요하면 회로도에 첨가한다.

7-3 A+, A−, B+, B− 시퀀스 캐스케이드 회로 설계 순서

2단 프레스 가공기로 캡 모양의 용기를 제작하려 한다. PB1을 ON−OFF하면 실린더 A가 전진하여 제품이 캡 모양으로 벤딩이 되고, 실린더 A가 후진하면 실린더 B가 전진하여 제품을 자르게 된다. 제품을 절단한 후에 실린더 B가 후진하면 제품을 수작업으로 꺼낸다.

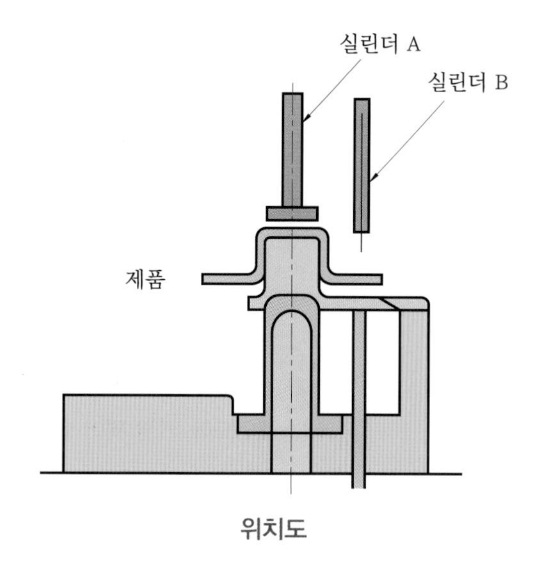

위치도

① 공압 회로도를 작성하고 전기 리밋 스위치를 배치한다.

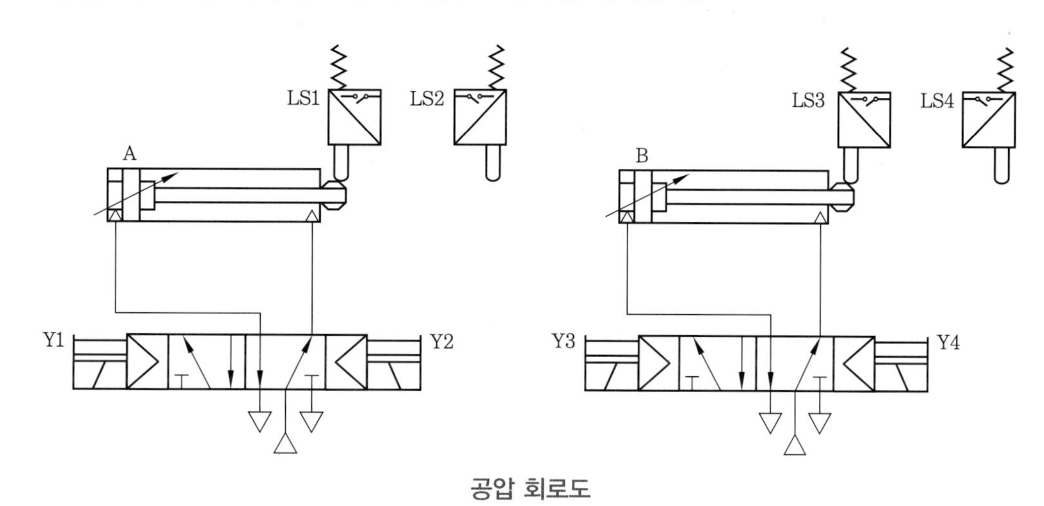

공압 회로도

② 변위 단계 선도를 작성한다.

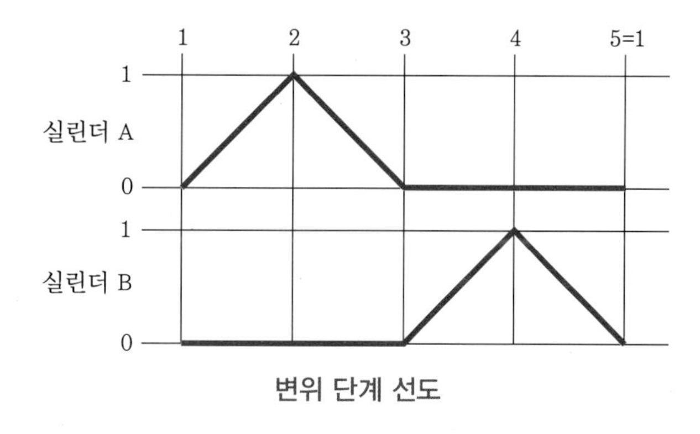

변위 단계 선도

③ 약식 기호를 쓰고 그룹 나누기를 한다. 단, 한 그룹 내에는 같은 실린더 기호가 들어가지 않도록 한다.

④ 그룹 수와 같은 수의 2차 제어선을 그리고 그룹의 수만큼 릴레이 수가 필요하다. 단, 그룹의 수가 2개일 경우 릴레이는 1개이다.

A+ / A−, B+ / B−
Ⅰ그룹 / Ⅱ그룹 / Ⅲ그룹

Ⅰ
Ⅱ
Ⅲ

캐스케이드에 의한 제어 회로도 (1)

⑤ 평행한 두 개의 모선을 긋고 좌측에 릴레이 코일 K가 여자되는 조건을 고려하여 그룹 순서로 릴레이 제어 회로를 작성한다.

참고 **각 그룹의 릴레이가 여자되는 조건의 공식**

- 첫 릴레이가 ON되는 조건식 : $K_1 = [(\text{start} \cdot \text{조건}) \cdot K_{last} + K_1] \cdot \overline{K_2}$
- 첫째와 최종 릴레이를 제외한 일반 릴레이가 ON되는 조건식 : $K_n = [(\text{조건}) \cdot K_{n-1} + K_n] \cdot \overline{K_{n+1}}$
- 최종 릴레이가 ON되는 조건식 : $K_{last} = [(\text{조건}) \cdot K_{last-1} + K_{last} + \text{Reset}] \cdot \overline{K_1}$

이 조건식은 그룹이 3개 이상인 경우에 적용한다.
그룹이 2개일 때 1개의 릴레이 K_1이 ON되는 조건은 다음과 같다.

$$K_1 = [K_{last} \cdot (\text{조건}) + K_1] \cdot (\text{조건})$$

이 제어 회로는 결국 스테퍼 방식과 같은 원리이다.

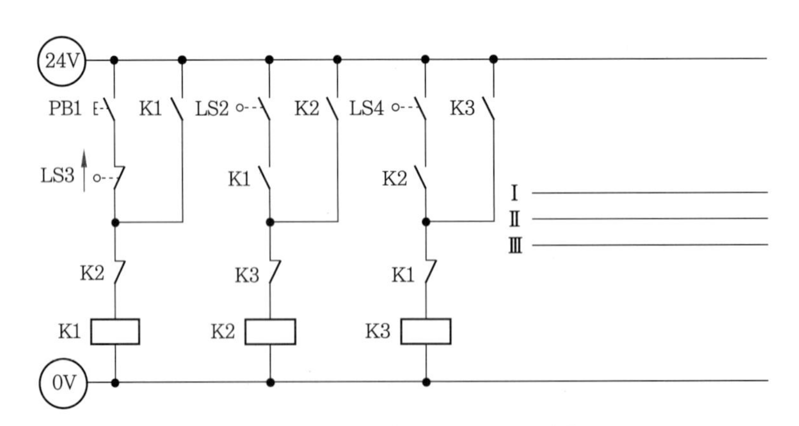

캐스케이드에 의한 제어 회로도 (2)

⑥ 그룹별로 솔레노이드 밸브 작동 회로를 작성한다.

㈎ 두 모선 사이에 그룹 수만큼 평행선을 긋고 릴레이 접점 K1에 그룹 라인 Ⅰ, K2에 그룹 라인 Ⅱ, K3에 그룹 라인 Ⅲ의 순으로 연결한다.

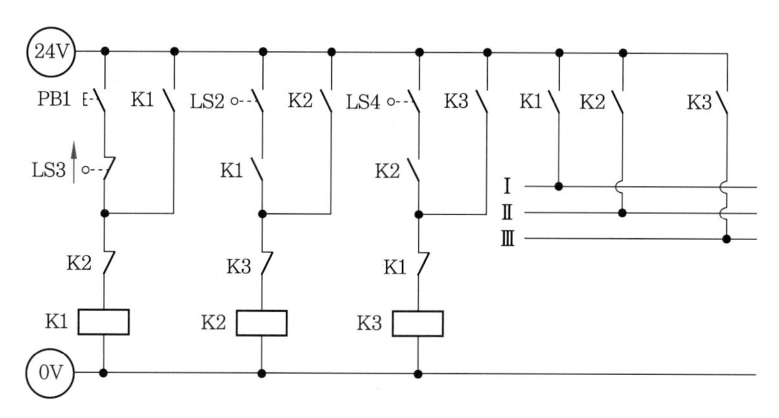

캐스케이드에 의한 제어 회로도 (3)

㈏ 솔레노이드 밸브를 아래 편에 단계 순으로 배치하고 같은 그룹의 솔레노이드 밸브는 같은 그룹 라인에 연결한다.

⑦ 한 그룹 내에 여러 개의 솔레노이드가 배치될 때는 해당하는 그룹 라인에 직접 연결하고 두 번째 단계의 솔레노이드는 바로 앞 단계의 도달 센서를 직렬로 연결해 준다. 즉, 솔레노이드 밸브가 여자되는 조건을 고려하여 작동 회로를 작성한다.

참고 **솔레노이드 밸브가 여자되는 조건식**

- A+ : $Y_1 = K_1 \cdot \text{I}$
- B+ : $Y_3 = K_1 \cdot \text{I} \cdot 1S2$
- B− : $Y_4 = \overline{K} \cdot \text{II}$
- A− : $Y_2 = \overline{K} \cdot \text{II} \cdot 2S1$

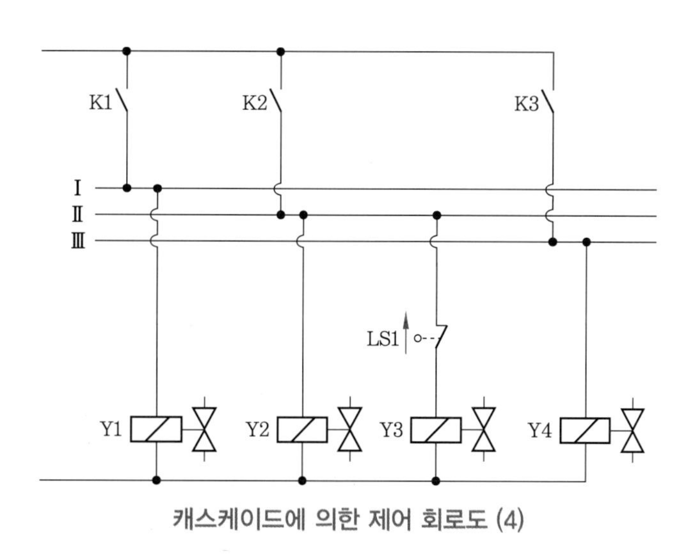

캐스케이드에 의한 제어 회로도 (4)

⑧ 순서대로 작동되는지를 검토한다.

⑨ 부가 조건이 필요하면 회로도에 첨가한다.

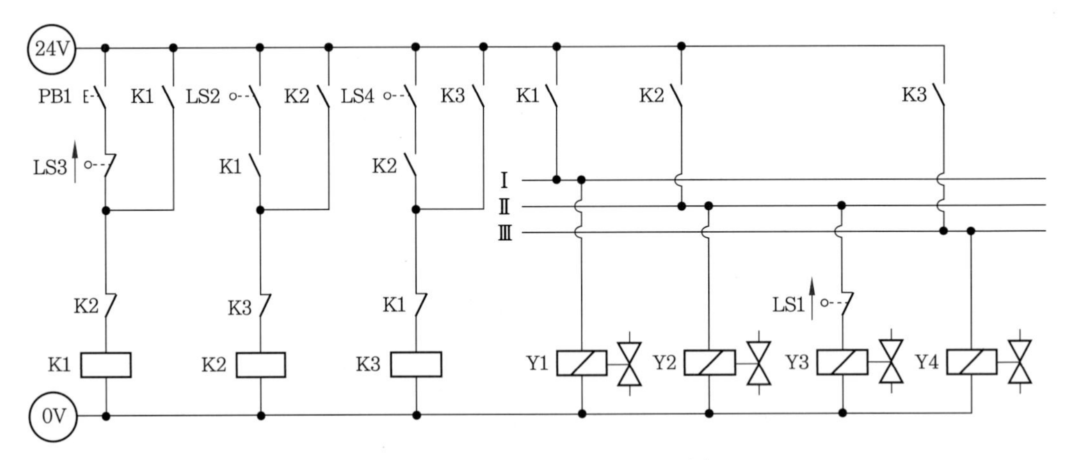

캐스케이드에 의한 제어 회로도 (5)

과제 1 호퍼 장치 제어 회로 설계

1 제어 조건

주어진 공압 회로도를 이용하여 다음 조건에 맞게 공압 회로도를 변경하고, 전기 회로도를 설계한 후 구성하여 운전하시오.

① 주어진 조건으로 공압 회로도를 설계하여 공압 부품을 설치하시오.

② 초기 상태에서 자동 복귀 누름 버튼 PB1 스위치를 ON-OFF하면 변위-단계 선도와 같이 저장된 옥수수가 실린더 A의 전진으로 3초간 상자 1에 담겨진 후 후진하여 개폐장치를 닫으면 실린더 B가 전진하여 상자를 이송시켜 다음 작업을 하도록 하고 복귀하면서 시스템이 종료됩니다.

③ 자동 복귀형 누름 버튼 스위치 PB2를 ON-OFF하면 기본 제어 동작이 연속 행정으로 되어야 하고, 자동 복귀 누름 버튼 연속 정지 스위치 PB3을 ON-OFF하면 실린더는 전부 후진한 후 정지합니다.

④ 실린더 A가 전진하여 옥수수를 상자에 담는 동안 램프는 점등되도록 합니다.

⑤ 실린더 A의 전진 속도 제어를 미터 아웃 회로가 되도록 하고, 실린더 B 후진 시 급속 배기 밸브를 사용하여 실린더의 속도를 제어하도록 공압 회로를 변경하시오.

⑥ 공압 호스는 가급적 짧은 것을 사용하되 호스가 꺾이지 않도록 하시오.

⑦ 공기압을 공급하게 되면 공기 누설이 없어야 합니다.

⑧ 전기 케이블은 (+)선은 적색, (-)선은 청색 또는 흑색 선으로 배선하시오.

⑨ 공압 시스템의 공급 압력은 500 kPa(5 kgf/cm^2)로 설정하시오.

2 위치도

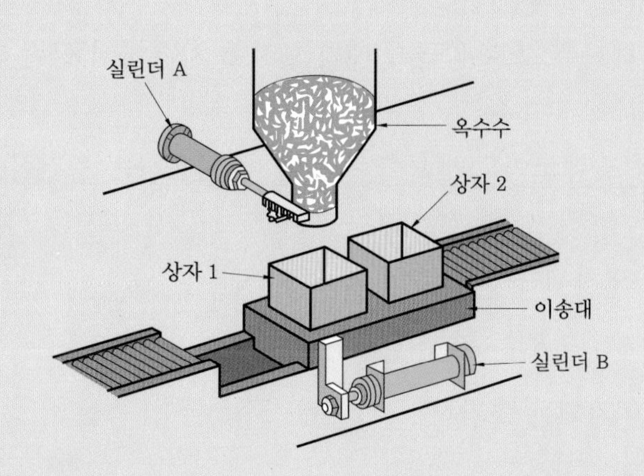

3 변위 단계 선도

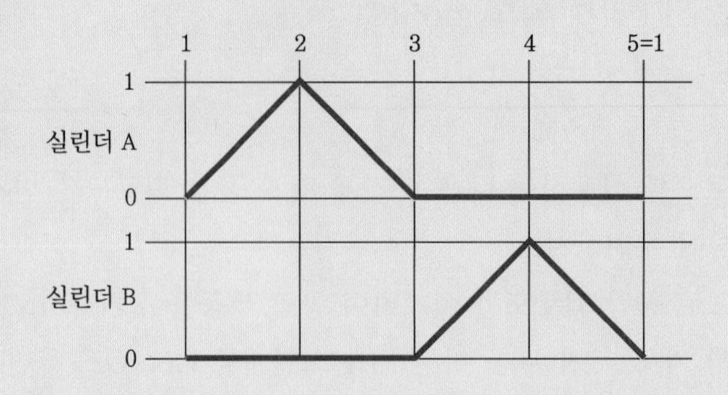

4 공압 회로도

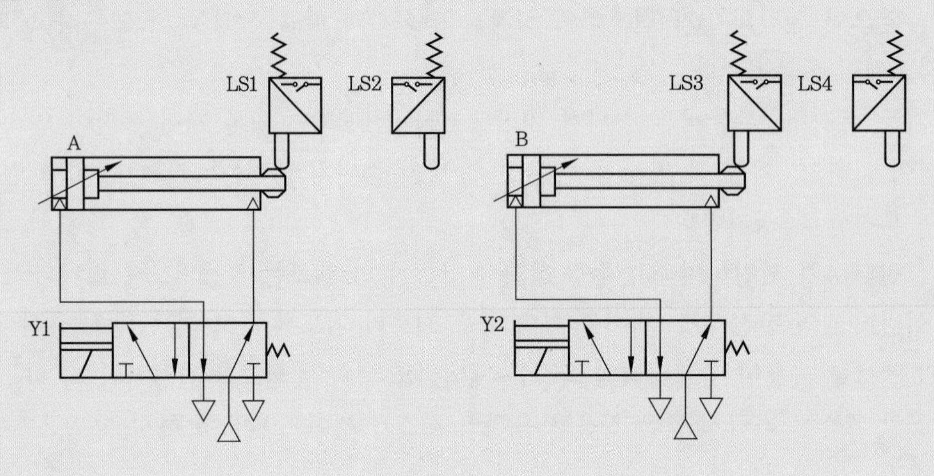

5 실습 순서

(1) 공압 및 전기 회로도를 설계한다.

① 한방향 유량 제어 밸브를 실린더 A 로드측 포트에 설치하여 미터 아웃 전진 속도 제어가 되도록 회로를 추가로 설계한다.

② 실린더 B 피스톤 헤드측 포트에 급속 배기 밸브를 사용하여 급속 후진 회로를 추가로 설계한다.

③ 전기 회로 중 단동 솔레노이드 밸브를 사용할 때 이용하는 조건식을 활용하여 단속 운전을 먼저 설계한다.

㈎ 첫 릴레이 K_1이 여자되는 조건식

$$K_1 = [(\text{PB1} \cdot \text{조건}) + K_1] \cdot \overline{K_{last}}$$

㈏ 일반 릴레이가 여자되는 조건식

$$K_n = [(\text{조건}) + K_n] \cdot \overline{K_{n-1}}$$

㈐ 최종 릴레이가 ON되는 조건식

$$K_{last} = [(\text{조건})] \cdot K_{last-1}]$$

④ 타이머를 추가하여 실린더 A가 전진한 후 3초 지나서 후진하도록 회로를 설계한다.

⑤ 단속 운전이 가능한 회로가 완성되면 연속 운전이 가능한 회로를 설계한다.

⑥ 다음에 자동 복귀형 누름 버튼 스위치 b 접점을 사용하여 연속 정지 회로를 설계한다.

⑦ 검토하여 이상이 있으면 수정한다.

(2) 작업 준비를 한다.

① 복동 실린더 2개, 5/2 WAY 단동 솔레노이드 밸브 2개, 리밋 스위치 4개, 한방향 유량 제어 밸브 1개, 급속 배기 밸브 1개를 선택하여 실습 보드에 설치한다.

② 리밋 스위치 및 유량 제어 밸브, 급속 배기 밸브의 위치와 방향에 주의한다.

③ 실습에 사용되는 부품은 실습판에 완전하게 고정한다.

④ 실린더의 운동 구간에 장애물이 없어야 한다.

(3) 배관 작업을 한다.

① 모든 기기의 설치 및 배관 시 공기압은 차단된 상태이어야 하고, 전원은 단전된 상태이어야 한다.

② 공압 분배기의 포트와 5/2 WAY 솔레노이드 밸브 P 포트를 호스로 각각 연결한다.

③ 5/2 WAY 단동 솔레노이드 밸브 Y1의 A 포트와 실린더 A 피스톤 헤드측을, B포트에 한방향 유량 조절 밸브를 거쳐 실린더 A 로드측 포트에 호스를 각각 연결한다.

④ 5/2 WAY 단동 솔레노이드 밸브 Y2의 A 포트에 급속 배기 밸브를 거쳐 실린더 B 피스톤 헤드측을, B포트와 실린더 B 로드측 포트에 호스를 각각 연결한다.

(4) 배선 작업을 한다.

① 적색 리드선을 사용하여 전원 공급기 (+) 단자, 누름 버튼 스위치 키트 (+) 단자, 릴레이 키트 (+) 단자를 연결한다.

② 청색 리드선을 사용하여 전원 공급기 (−) 단자, 누름 버튼 스위치 키트 (−) 단자, 릴레이 키트 (−) 단자와 솔레노이드 밸브 (−) 단자를 연결한다.

③ 적색 리드선과 청색 리드선을 사용하여 설계 완성된 전기 도면과 같이 각 기기의 단자를 연결한다.

(5) 정상 작동을 확인한다.

① 서비스 유닛의 압력을 500 kPa로 조정하고 서비스 유닛의 차단 밸브를 열어 공기 누설이 없는지 확인한다. 누설이 있을 경우 배관을 점검한다.

② 자동 복귀형 누름 버튼 스위치 PB1을 1회 ON-OFF하여 실린더 A가 전후진한 후 실린더 B가 전후진을 1회 왕복 운동한다.

③ 실린더 A 전진 완료 3초 후 후진한다.

④ 자동 복귀형 누름 버튼 스위치 PB2를 1회 ON-OFF하면 연속 운동을 한다.

⑤ 연속 운전 중 PB3을 1회 ON-OFF하면 운동 중인 실린더는 초기 상태가 된 후 작업을 종료한다.

(6) 각 기기를 해체하여 정리정돈한다.

① 전원 공급기의 전원을 OFF시키고, 서비스 유닛의 차단 밸브를 잠근다.

② 호스와 리드선을 제거한다.

③ 각 기기를 실습 보드에서 분리시키고 정리정돈한다.

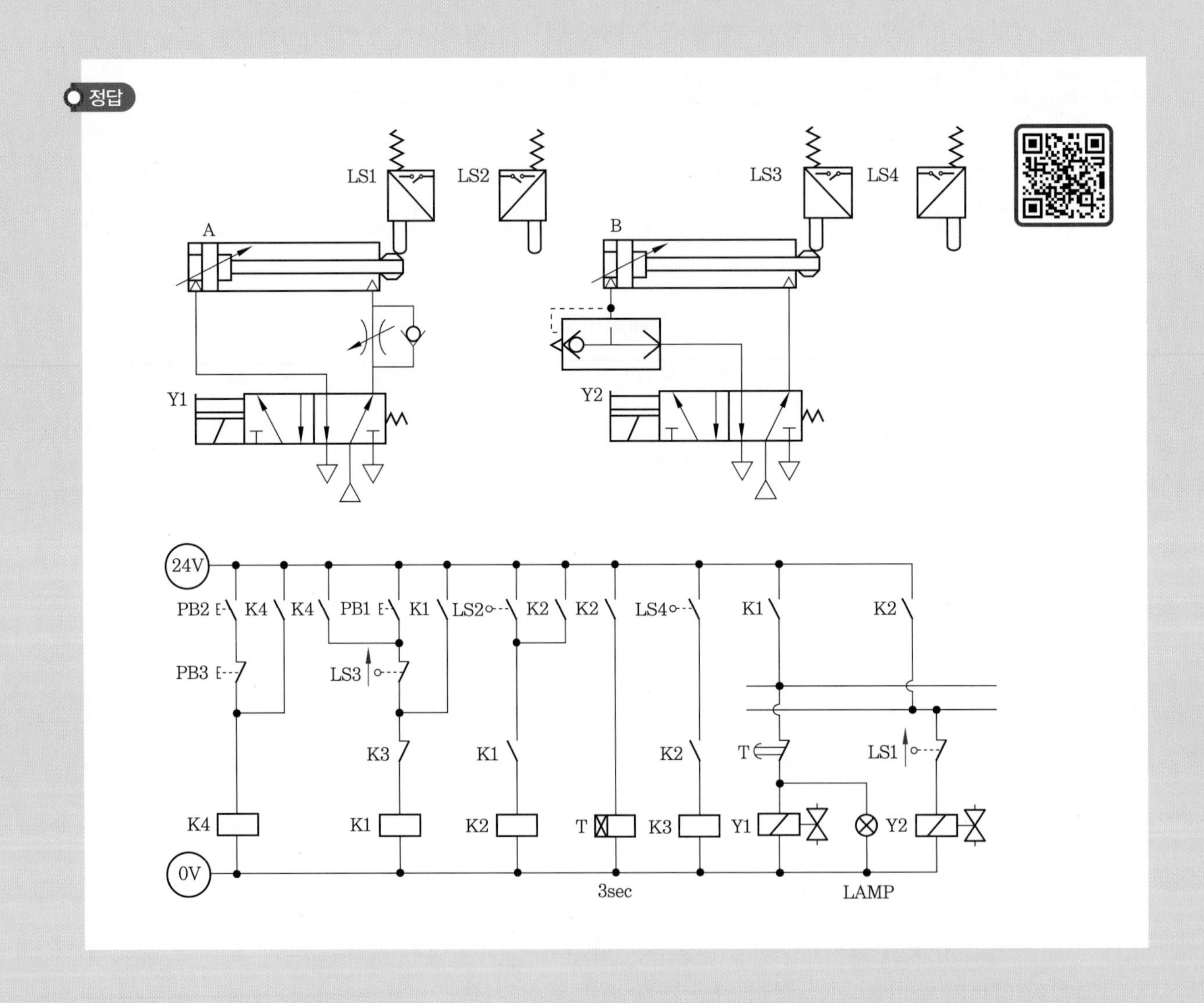

제8장 센서와 조건 있는 비상정지 회로 설계

8-1 센서를 사용한 컨베이어 이송 장치 회로 설계

(1) 제어 조건

① 주어진 공압 회로도와 전기 회로도에 의해 시스템을 구성하고, 구성된 시스템은 변위 단계 선도 및 기본 제어 동작을 만족해야 한다.

② 공압 구성 작업에서 실린더 A는 유도형 센서나 용량형 센서를 사용하고, 실린더 B는 전기 리밋 스위치를 사용한다.

③ 초기 상태에서 PB1 스위치를 ON-OFF하면 실린더 A가 전진한 후 실린더 B가 전진하고 실린더 B가 전진 완료하면 실린더 A가 후진하고 실린더 A가 후진 완료하면 실린더 B가 후진하고 실린더 B가 후진 완료하면 동작을 멈추고 정지한다.

④ 타이머를 사용하여 실린더 A의 전진 완료 후 실린더 B가 전진하고 실린더 B의 전진 완료 3초 후 실린더 A가 후진하고 실린더 A의 후진 완료 후 실린더 B가 후진 완료하고 정지한다.

⑤ PB1 스위치 외에 PB2 스위치를 ON-OFF하면 연속 사이클(반복 자동행정)로 계속 동작한다.

⑥ 연속 사이클 중 PB3 스위치를 ON-OFF하면 연속 사이클의 어떤 위치에서도 그 사이클이 완료된 후 정지한다.

⑦ 실린더 A의 전진 속도는 5초가 되도록 배기 공기 교축(meter-out) 회로를 구성하여 조정하고 실린더 B의 전진 속도를 가능한 빠르게 하기 위하여 급속 배기 밸브를 사용하는 회로 설계를 변경한다.

⑧ 공기압 기기는 수평 또는 수직 방향으로 임의로 배치하고, 리밋 스위치는 방향성을 고려하여 설치한다.

⑨ 지정되지 않은 누름 버튼 스위치는 자동 복귀형 스위치를 사용한다. (단, 비상정지 스위치 등 해제 동작이 필요한 스위치는 유지형 스위치를 사용할 수 있다.)

(2) 위치도

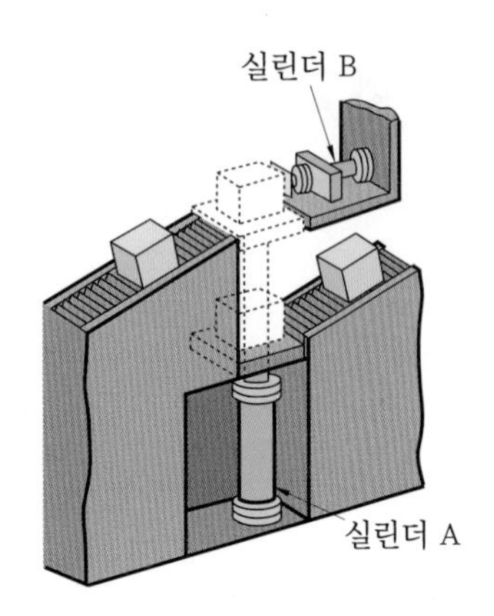

(3) 변위 단계 선도

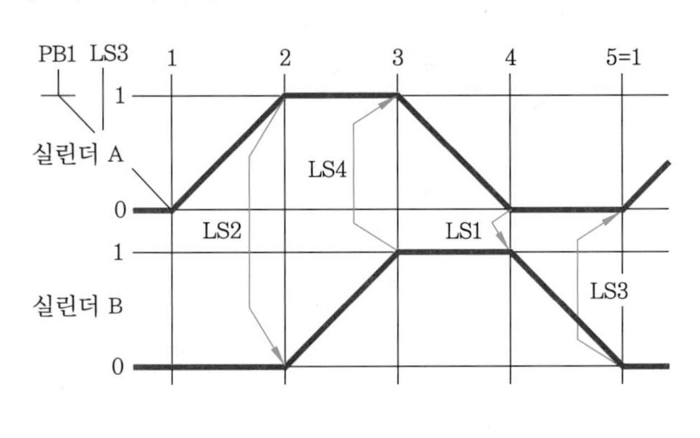

(4) 공압 회로도

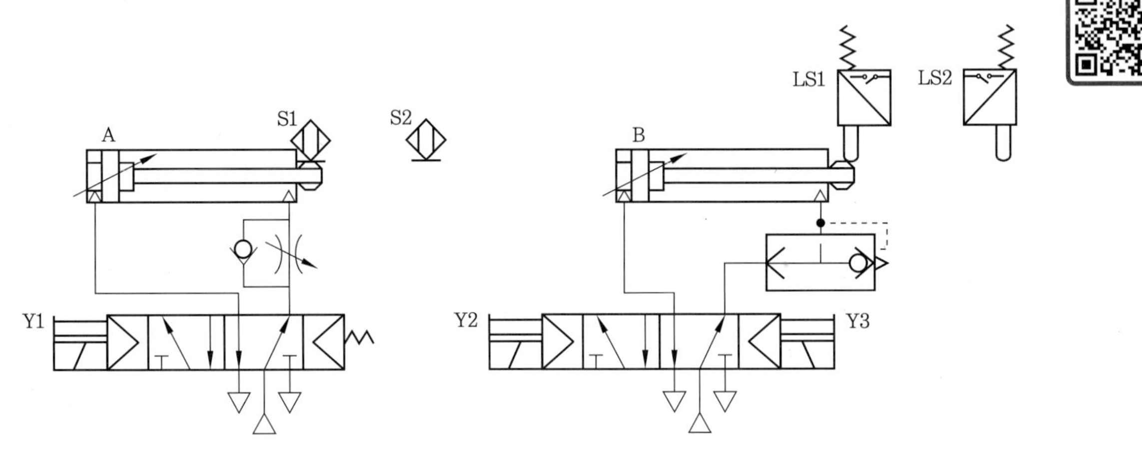

(5) 전기 회로도

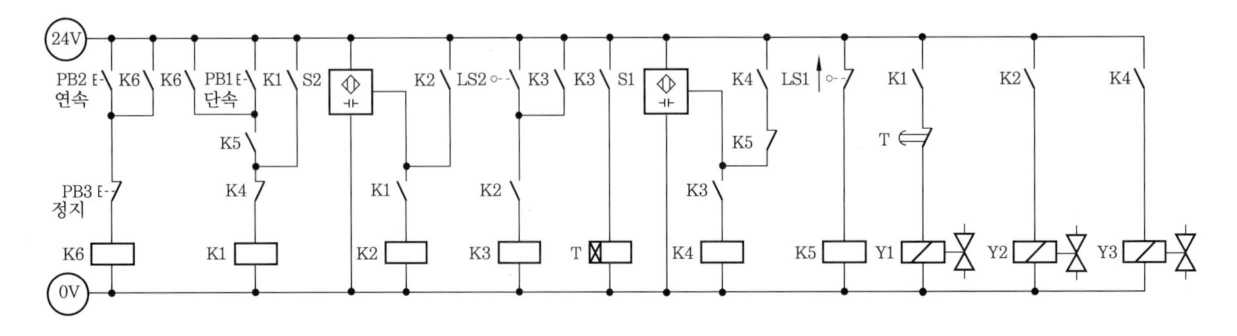

(6) 실습 시 유의 사항

① 센서는 비접촉, 리밋 스위치는 접촉 감지기이므로 센서는 실린더 도그로부터 동전 두께 정도 떨어져 있어도 감지가 되나 리밋 스위치는 반드시 실린더 도그에 밀착시켜야만 한다.

② PNP형 센서는 b 접점이 없어 b 접점을 구현하려면 릴레이를 추가로 사용해야 한다.

③ 센서에는 전원을 공급하고, 리밋 스위치에는 전원을 공급하지 않는다. 즉 + 전원은 두 가지 다 공급하지만 - 전원은 센서에만 반드시 공급하고, 리밋 스위치에는 절대로 사용하지 않는다.

④ 왼쪽의 회로를 센서로 결선하면 오른쪽과 같다.

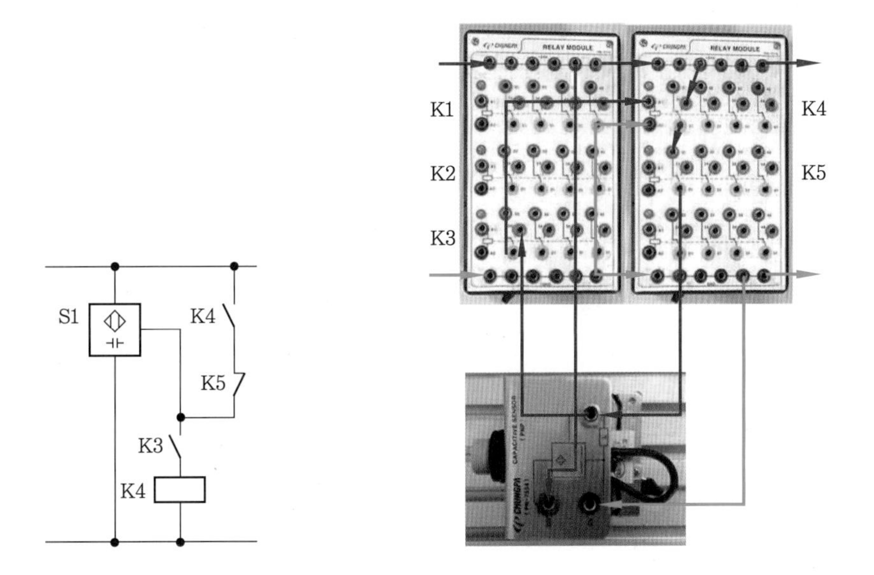

⑤ 위 회로를 리밋 스위치로 표현하면 다음과 같다.

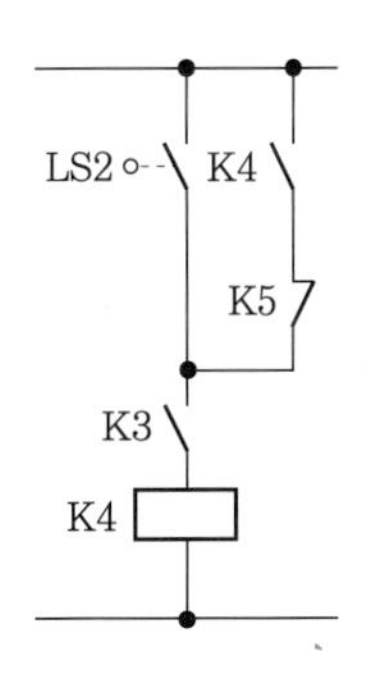

과제 1 센서와 타이머를 이용한 드릴 머신 회로 설계

1 제어 조건

주어진 공압 회로도를 이용하여 다음 조건에 맞게 공압 회로도를 변경하고 전기 회로도를 설계한 후 구성하여 운전하시오.

① 주어진 조건으로 공압 회로도를 설계하여 공압 부품을 설치하시오.

② 공압 구성 작업에서 실린더 A는 유도형 센서나 용량형 센서를 사용하고, 실린더 B는 전기 리밋 스위치를 사용합니다.

③ 초기 상태에서 PB1 스위치를 ON-OFF하면 변위 단계 선도와 같이 실린더 A가 전진 운동하고 운동을 완료하면 실린더 B가 전후진 운동하고, 실린더 A가 후진 운동합니다.

④ 실린더 B는 전진 운동을 완료하고 3초 후 후진 운동해야 합니다.

⑤ 실린더 A의 전진 운동 속도와 실린더 B의 전진 운동 속도를 모두 배기 공기 교축(meter-out) 방법으로 조절할 수 있어야 합니다.

⑥ 실린더 A의 후진 운동 속도는 급속 배기 밸브를 설치하여 가능한 빠른 속도로 작동해야 합니다.

⑦ 초기 상태에서 PB2 스위치를 ON-OFF하면 기본 제어 동작의 사이클을 연속으로 반복하여 작업하며, 사이클을 3회 반복한 후 정지합니다.

⑧ PB2 스위치를 다시 ON-OFF하면 스위치를 누르는 것만으로 같은 작업이 반복되어야 합니다.

⑨ 연속 작업 중에는 이를 표시하는 램프가 점등될 수 있어야 합니다.

⑩ 공압 호스는 가급적 짧은 것을 사용하되 호스가 꺾이지 않도록 하시오.

⑪ 액추에이터의 로드나 도그에 전선이나 호스가 접촉되지 않거나 접촉 우려가 없어야 합니다.

⑫ 리밋 스위치의 좌우를 구별하여 설치합니다.

⑬ 특별히 지정되지 않는 한 모든 스위치는 자동 복귀형 누름 버튼 스위치를 사용해야 합니다.

⑭ 작업이 완료된 상태에서 압축 공기를 공급했을 때 공기 누설이 발생하지 않아야 합니다.

⑮ 작업이 완료된 상태에서 전원을 투입했을 때 쇼트가 발생하지 않아야 합니다.

⑯ 전기 배선은 전원의 극성에 따라 +24 V는 적색, -0 V는 청색(또는 흑색)의 리드선을 구별하여 사용합니다.

⑰ 서비스 유닛의 공급 압력은 0.5 MPa(5 kgf/cm^2)입니다.

2 위치도

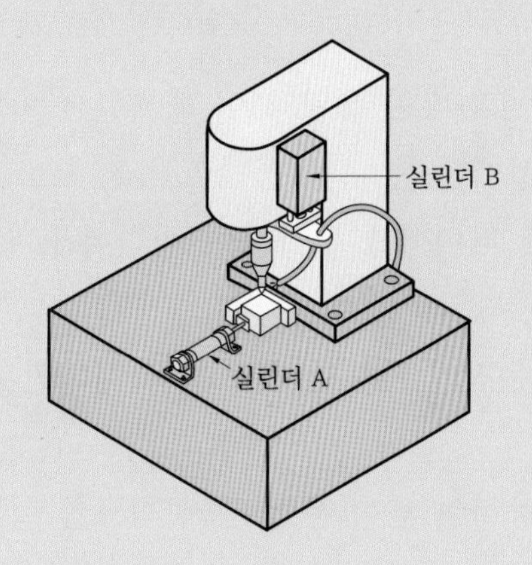

3 변위 단계 선도

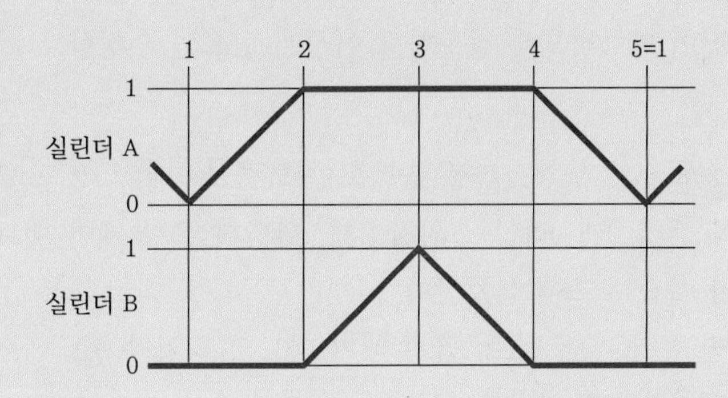

4 공압 회로도

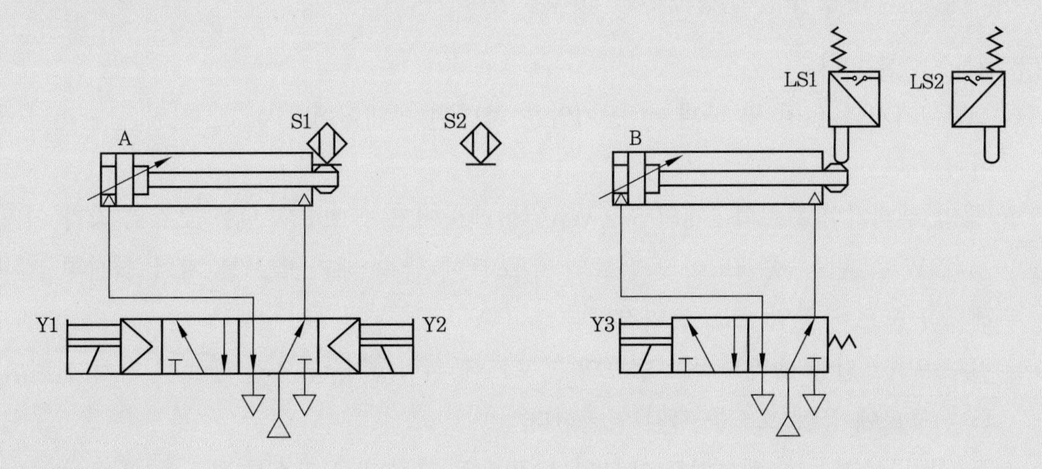

5 실습 순서

(1) 공압 및 전기 회로도를 설계한다.

① 전기 회로 중 단동 솔레노이드 밸브를 사용할 때 이용하는 조건식을 활용하여 단속 운전을 먼저 설계한다.

② 단속 운전이 가능한 회로가 완성되면 검토하고 이상이 있으면 수정한다.

③ 실린더 A 피스톤 헤드측 포트에 급속 배기 밸브를 배치하여 급속 후진 회로를 구성하고,

로드측 포트에 한방향 유량 제어 밸브를 설치하여 미터 아웃 전진 속도 제어가 되도록 회로를 추가로 설계한다.

④ 실린더 B 로드측 포트에 한방향 유량 제어 밸브를 설치하여 미터 아웃 전진 속도 제어가 되도록 회로를 추가로 설계한다.

⑤ 단속 운전 전기 회로에 타이머를 추가하여 실린더 B가 전진한 후 3초 지나서 후진하도록 회로를 설계한다.

⑥ 단속 운전 외에 연속 운전이 가능한 회로를 설계하면서 연속 운전 중 램프가 점등되는 회로가 되도록 한다.

⑦ 카운터의 b 접점을 사용하여 연속 운전 정지 회로를 설계한 후 PB2에 의해 카운터 리셋이 되도록 한다.

⑧ 모든 제어 조건이 만족하도록 검토하고 이상이 있으면 수정한다.

(2) 작업 준비를 한다.

① 복동 실린더 2개, 5/2 WAY 복동 솔레노이드 밸브 1개, 5/2 WAY 단동 솔레노이드 밸브 2개, 용량형 센서 2개, 리밋 스위치 2개, 한방향 유량 제어 밸브 2개, 급속 배기 밸브 1개를 선택하여 실습 보드에 설치한다.

② 리밋 스위치 및 유량 제어 밸브, 급속 배기 밸브의 위치와 방향에 주의한다.

③ 실습에 사용되는 부품은 실습판에 완전하게 고정한다.

④ 실린더의 운동 구간에 장애물이 없어야 한다.

(3) 배관 작업을 한다.

① 모든 기기의 설치 및 배관 시 공기압은 차단된 상태이어야 하고, 전원은 단전된 상태이어야 한다.

② 공압 분배기의 포트와 2개의 5/2 WAY 솔레노이드 밸브 P 포트를 호스로 각각 연결한다.

③ 5/2 WAY 단동 솔레노이드 밸브의 A 포트에 급속 배기 밸브를 거쳐 실린더 A 피스톤 헤드측 포트에 공압 호스를 연결한다.

④ 5/2 WAY 단동 솔레노이드 밸브의 B 포트에 한방향 유량 조절 밸브를 거쳐 실린더 A 로드측 포트에 공압 호스를 각각 연결한다.

⑤ 5/2 WAY 복동 솔레노이드 밸브의 A 포트와 실린더 B 피스톤 헤드측 포트에 공압 호스를 연결한다.

⑥ 5/2 WAY 복동 솔레노이드 밸브의 B 포트에 한방향 유량 조절 밸브를 거쳐 실린더 A 로드측 포트에 공압 호스를 각각 연결한다.

(4) 배선 작업을 한다.

① 적색 리드선을 사용하여 전원 공급기 (+) 단자, 누름 버튼 스위치 키트 (+) 단자, 릴레이 키트 (+) 단자를 연결한다.

② 청색 리드선을 사용하여 전원 공급기 (−) 단자, 누름 버튼 스위치 키트 (−) 단자, 릴레이 키트 (−) 단자와 솔레노이드 밸브 (−) 단자를 연결한다.

③ 적색 리드선을 사용하여 설계 완성된 전기 도면과 같이 각 기기의 단자를 연결한다.

(5) 정상 작동을 확인한다.

① 서비스 유닛의 압력을 500kPa로 조정하고 서비스 유닛의 차단 밸브를 열어 공기 누설이 없는지 확인한다. 누설이 있을 경우 배관을 점검한다.

② PB1을 1회 ON−OFF하여 A 실린더가 전진한 후 실린더 B가 전후진하고 실린더 A가 후진한다.

③ 실린더 B가 전진 완료 3초 후 후진한다.

④ PB2를 1회 ON−OFF하면 연속 운동을 한다.

⑤ 카운터에 의해 단속 운전 사이클 3회 연속 운동이 완료되면 연속 운전은 정지한다.

⑥ PB2를 다시 1회 ON−OFF하면 연속 작업이 다시 이루어진다.

(6) 각 기기를 해체하여 정리정돈한다.

① 전원 공급기의 전원을 OFF시키고, 서비스 유닛의 차단 밸브를 잠근다.

② 호스와 리드선을 제거한다.

③ 각 기기를 실습 보드에서 분리시키고 정리정돈한다.

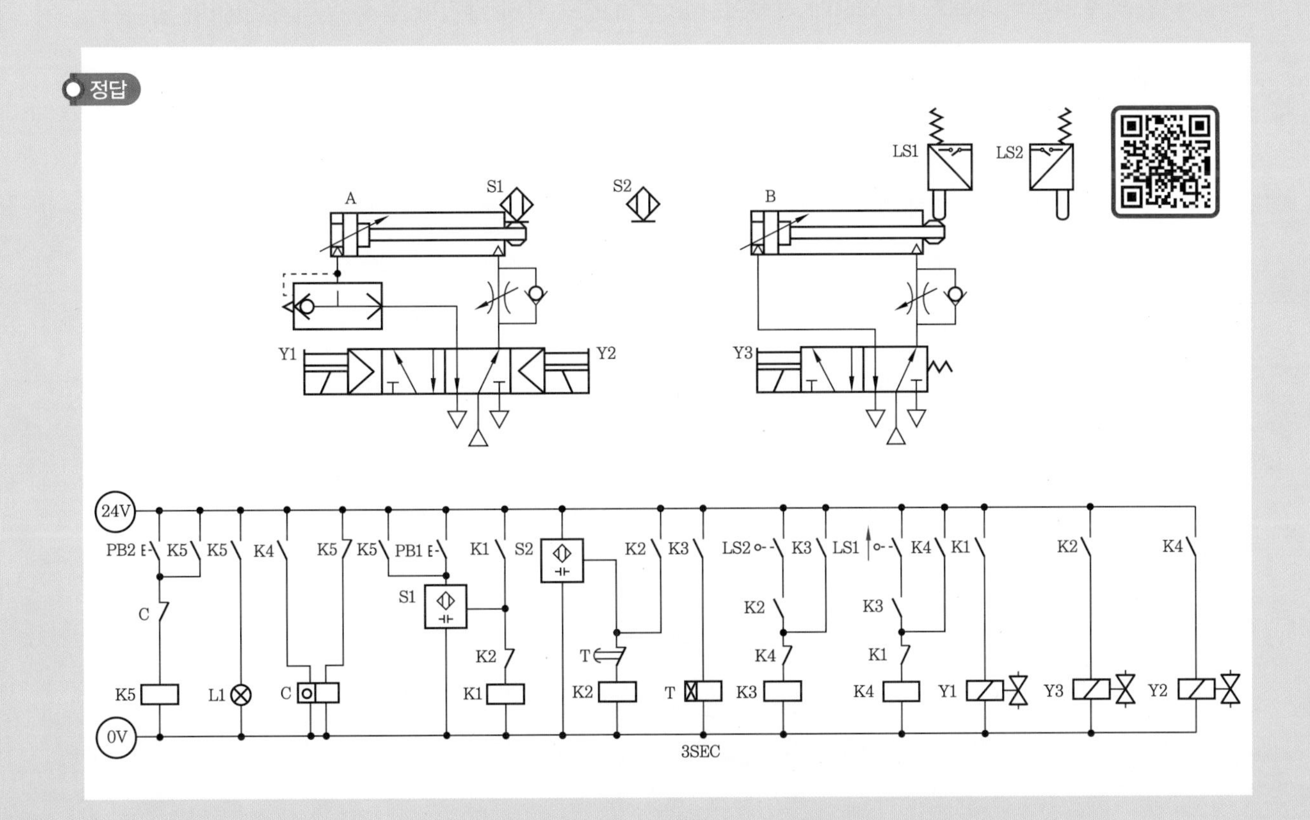

과제 2 센서를 이용한 2중 펀칭 작업기의 비상정지 회로 설계

1 제어 조건

주어진 공압 회로도를 이용하여 다음 조건에 맞게 공압 회로도를 변경하고 전기 회로도를 설계한 후 구성하여 운전하시오.

① 주어진 조건으로 공압 회로도를 설계하여 공압 부품을 설치하시오.
② 공압 구성 작업에서 실린더 A는 유도형 센서나 용량형 센서를 사용하고, 실린더 B는 전기 리밋 스위치를 사용합니다.
③ 초기 상태에서 PB2 스위치를 ON-OFF한 후 PB1 스위치를 ON-OFF하면 변위 단계선도와 같이 실린더 A가 전후진한 후 실린더 B가 전진 후 후진합니다.
④ 연속 스위치 PB3을 추가하여 기본 제어 동작이 연속 행정으로 되도록 합니다.
⑤ 비상 스위치(자기 유지형)와 램프를 추가하여 연속 작업 중 비상 스위치가 동작되면 모든 실린더는 후진하며 램프가 점등됩니다.
⑥ 비상 스위치를 해제하면 램프는 소등되며, 실린더는 모두 후진합니다.
⑦ 실린더 A의 전후진 속도와 실린더 B의 전후진 속도가 같도록 배기 공기 교축(meter-out) 방법에 의해 조정합니다.
⑧ 공압 호스는 가급적 짧은 것을 사용하되 호스가 꺾이지 않도록 하시오.
⑨ 액추에이터의 로드나 도그에 전선이나 호스가 접촉되지 않거나 접촉 우려가 없어야 합니다.
⑩ 리밋 스위치의 좌우를 구별하여 설치합니다.
⑪ 특별히 지정되지 않는 한 모든 스위치는 자동 복귀형 누름 버튼 스위치를 사용해야 합니다.
⑫ 작업이 완료된 상태에서 압축 공기를 공급했을 때 공기 누설이 발생하지 않아야 합니다.
⑬ 작업이 완료된 상태에서 전원을 투입했을 때 쇼트가 발생하지 않아야 합니다.
⑭ 전기 배선은 전원의 극성에 따라 +24V는 적색, -0V는 청색(또는 흑색)의 리드선을 구별하여 사용합니다.
⑮ 서비스 유닛의 공급 압력은 0.5MPa(5kgf/cm^2)입니다.

2 위치도

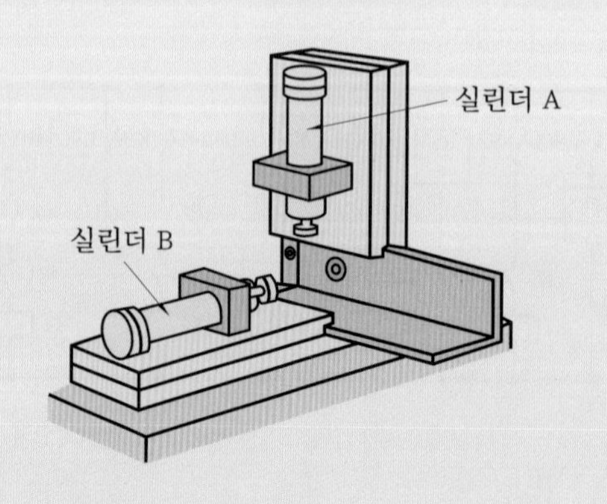

3 변위 단계 선도

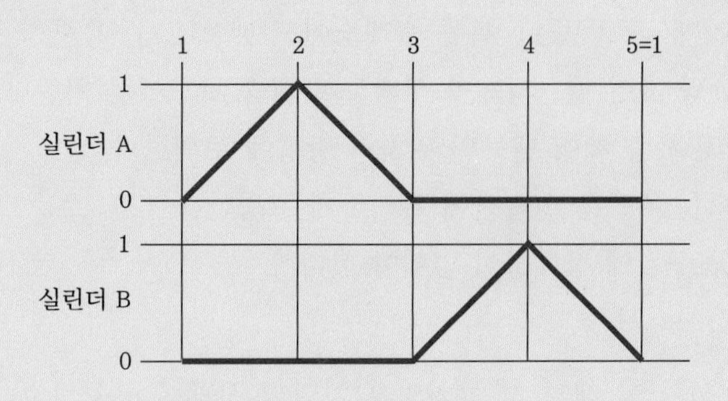

4 공압 회로도

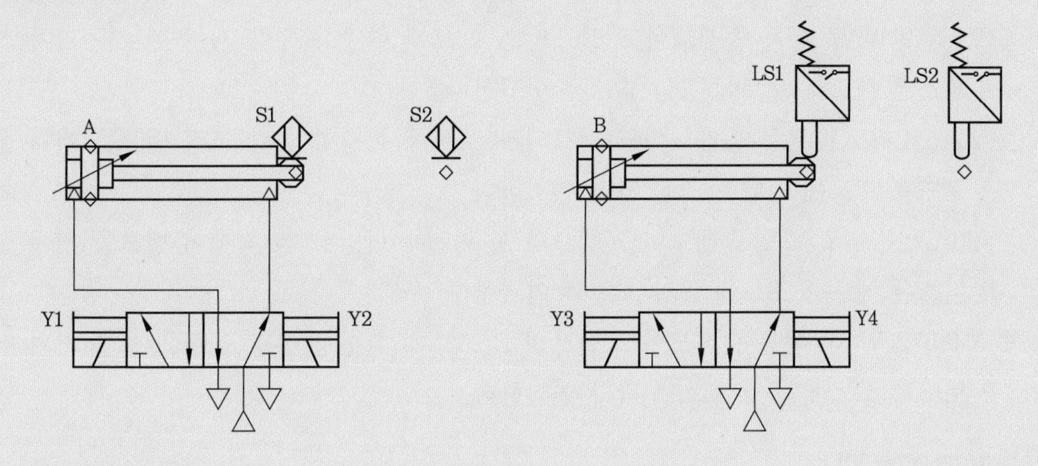

5 실습 순서

(1) 공압 및 전기 회로도를 설계한다.

① 솔레노이드 밸브의 Y1 A 포트와 실린더 A 피스톤 헤드측 포트에 한방향 유량 제어 밸브를 설치하여 미터 아웃 후진 속도, 솔레노이드 밸브 Y1 B 포트와 실린더 A 로드측 포트에 한방향 유량 제어 밸브를 설치하여 미터 아웃 전진 속도가 되도록 추가로 설계한다.

② 솔레노이드 밸브의 Y3 A 포트와 실린더 B 피스톤 헤드측 포트에 한방향 유량 제어 밸브를 설치하여 미터 아웃 후진 속도, 솔레노이드 밸브 Y3 B 포트와 실린더 B 로드측 포트에 한방향 유량 제어 밸브를 설치하여 미터 아웃 전진 속도가 되도록 추가로 설계한다.

③ 캐스케이드 회로 설계 방법으로 리셋 스위치가 있는 단속 운전 회로를 설계한다.

④ 연속 운전이 가능한 회로를 설계한다.

⑤ 연속 운전 중 비상정지가 되면 램프가 점등되고, 모든 실린더가 후진되도록 전기 회로 설계를 한다.

⑥ 검토하여 이상이 있으면 수정한다.

(2) 작업 준비를 한다.

① 복동 실린더 2개, 5/2 WAY 복동 솔레노이드 밸브 2개, 용량형 센서 2개, 리밋 스위치 2개, 한방향 유량 제어 밸브 4개를 선택하여 실습 보드에 설치한다.

② 리밋 스위치 및 유량 제어 밸브의 위치와 방향에 주의한다.

③ 실습에 사용되는 부품은 실습판에 완전하게 고정한다.

④ 실린더의 운동 구간에 장애물이 없어야 한다.

(3) 배관 작업을 한다.

① 모든 기기의 설치 및 배관 시 공기압은 차단된 상태이어야 하고, 전원은 단전된 상태이어야 한다.

② 공압 분배기의 포트와 2개의 5/2 WAY 솔레노이드 밸브 P 포트를 호스로 각각 연결한다.

③ Y1 5/2 WAY 복동 솔레노이드 밸브의 A 포트에 한방향 유량 제어 밸브를 거쳐 실린더 A 피스톤 헤드측 포트에 공압 호스를 연결한다.

④ Y2 5/2 WAY 복동 솔레노이드 밸브의 B 포트에 한방향 유량 조절 밸브를 거쳐 실린더 A 로드측 포트에 공압 호스를 각각 연결한다.

⑤ Y3 5/2 WAY 복동 솔레노이드 밸브의 A 포트에 한방향 유량 제어 밸브를 거쳐 실린더 B 피스톤 헤드측 포트에 공압 호스를 연결한다.

⑥ Y4 5/2 WAY 복동 솔레노이드 밸브의 B 포트에 한방향 유량 조절 밸브를 거쳐 실린더 B 로드측 포트에 공압 호스를 각각 연결한다.

(4) 배선 작업을 한다.

① 적색 리드선을 사용하여 전원 공급기 (+) 단자, 누름 버튼 스위치 키트 (+) 단자, 릴레이 키트 (+) 단자를 연결한다.

② 청색 리드선을 사용하여 전원 공급기 (−) 단자, 누름 버튼 스위치 키트 (−) 단자, 릴레이 키트 (−) 단자와 솔레노이드 밸브 (−) 단자를 연결한다.

③ 적색 리드선과 청색 리드선을 사용하여 설계 완성된 전기 도면과 같이 각 기기의 단자를 연결한다.

(5) 정상 작동을 확인한다.

① 서비스 유닛의 압력을 500 kPa로 조정하고 서비스 유닛의 차단 밸브를 열어 공기 누설이 없는지 확인한다. 누설이 있을 경우 배관을 점검한다.

② PB2를 먼저 1회 ON-OFF한 후 PB1을 1회 ON-OFF하여 실린더 A가 전진한 후 실린더 B가 전후진하고 실린더 A가 후진한다.

③ PB3을 1회 ON-OFF하면 연속 운동을 한다.

④ 비상정지 스위치를 누르면 모든 실린더는 후진된 후 정지되고 램프는 점등된다.

(6) 각 기기를 해체하여 정리정돈한다.

① 전원 공급기의 전원을 OFF시키고, 서비스 유닛의 차단 밸브를 잠근다.

② 호스와 리드선을 제거한다.

③ 각 기기를 실습 보드에서 분리시키고 정리정돈한다.

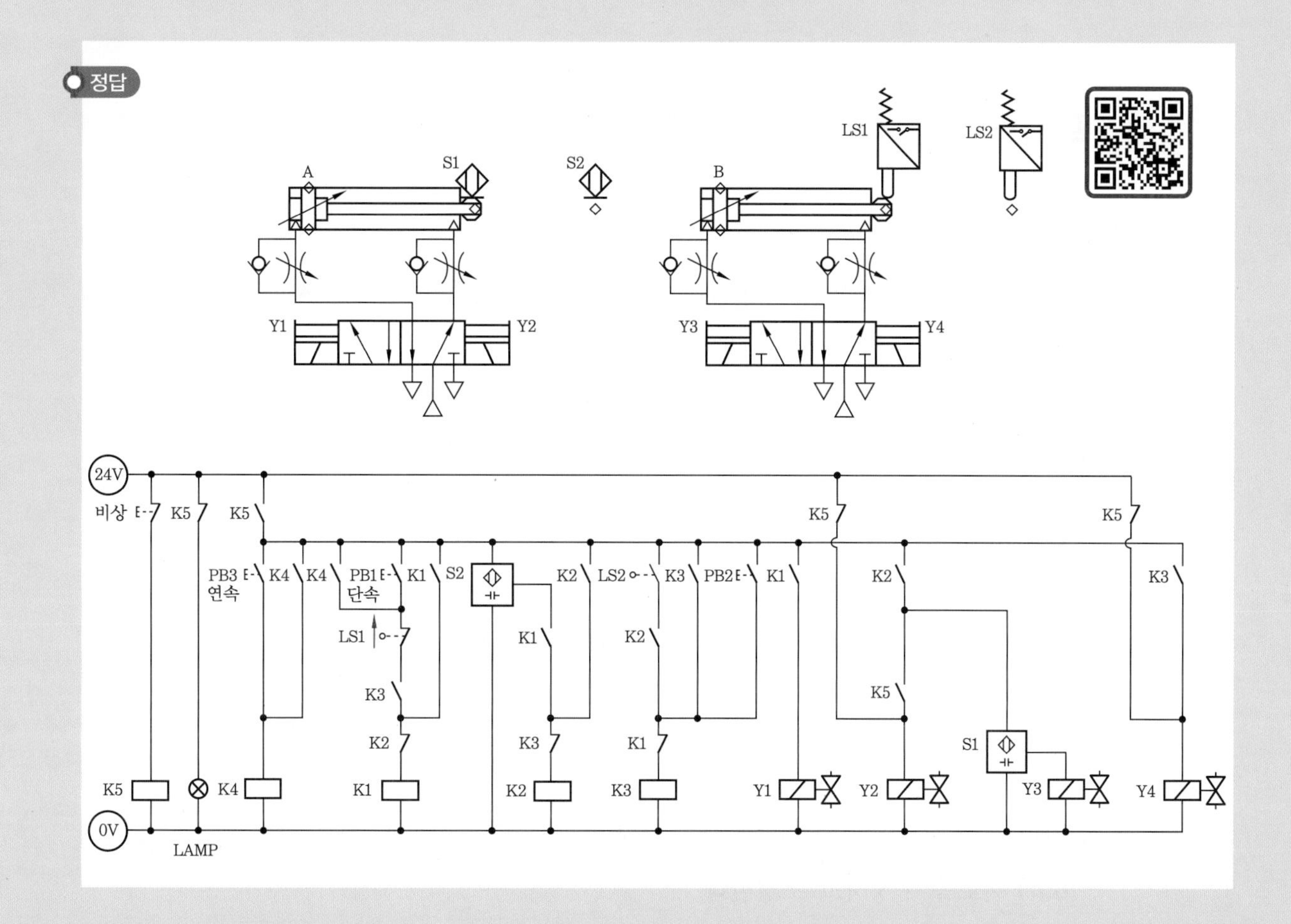

제9장 실린더 전진 상태 시작 회로 설계

9-1 프레스 이송 장치 회로 설계

(1) 제어 조건

① 공압 구성 작업에서 실린더 A는 유도형 센서나 용량형 센서를 사용하고, 실린더 B는 전기 리밋 스위치를 사용한다.

② PB1 스위치를 ON-OFF하면 실린더 A가 후진하고 실린더 A가 후진 완료하면 실린더 B가 후진하고 실린더 B가 후진 완료하면 실린더 A가 전진하고 실린더 A가 전진 완료한 후 실린더 B가 전진 완료하면서 동작을 멈추고 정지한다.

③ 타이머를 사용하여 실린더 A가 후진 완료한 후 실린더 B가 후진하고, 실린더 A가 전진 완료하면 3초 후에 실린더 B가 전진 완료하고 정지한다.

④ 연속 시작 스위치(PB2)와 카운터를 사용하여 연속 사이클(반복 자동행정) 회로를 구성하면 3회 사이클이 완료된 후 정지한다.

⑤ 연속 동작 중 비상정지 스위치(어떤 형식의 스위치를 사용하여도 가능)를 누르면 실린더 A와 실린더 B 모두 전진하여 정지한다.

⑥ 실린더 A는 전진 속도, 실린더 B는 후진 속도를 조절하기 위한 미터 아웃(meter-out) 회로를 구성하고 조정한다.

(2) 위치도

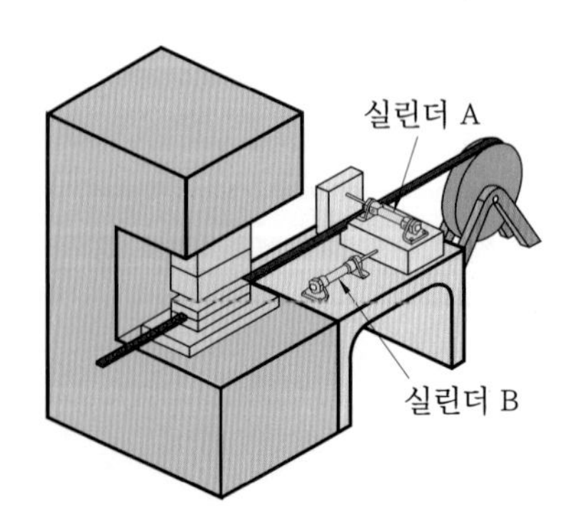

(3) 변위 단계 선도

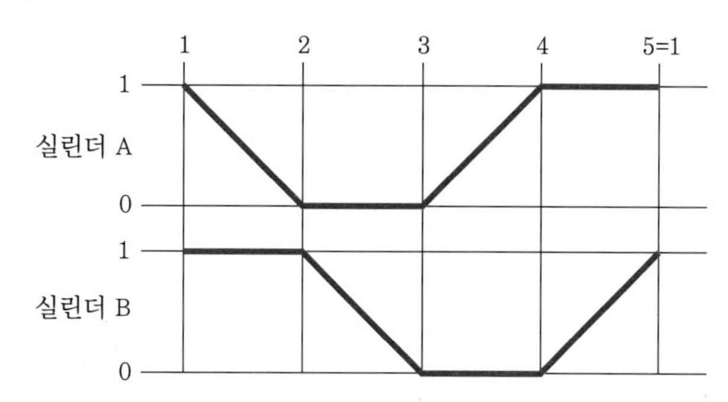

(4) 공압 회로도

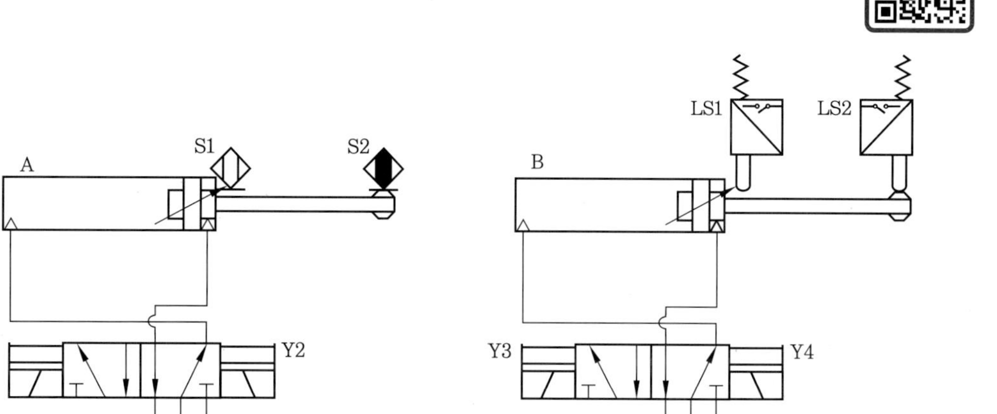

(5) 전기 회로도

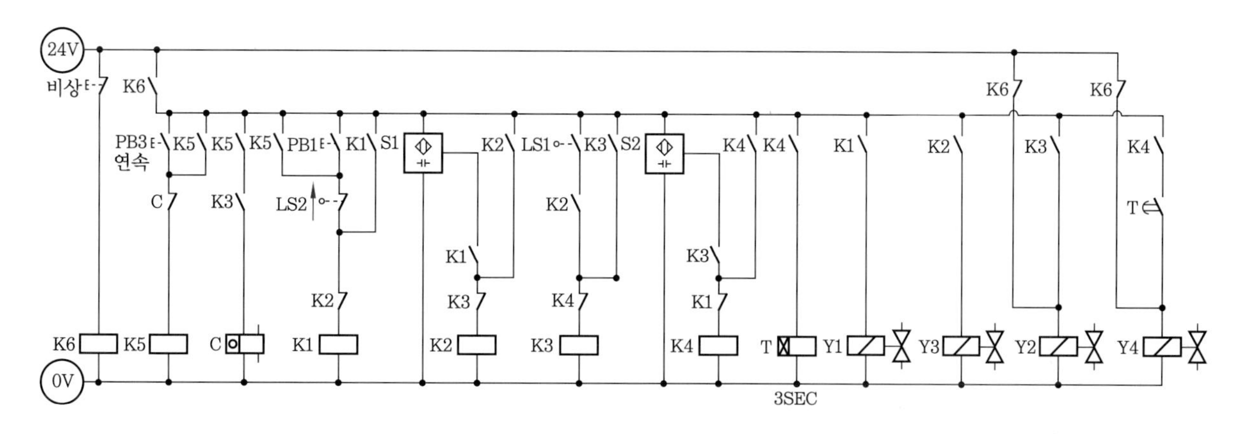

(6) 실습 시 유의 사항

비상 스위치를 누르면 두 실린더는 전진 후 정지한다.

9-2 곡물 계량 장치 회로 설계

(1) 제어 조건

① 공압 구성 작업에서 실린더 A는 유도형 센서나 용량형 센서를 사용하고, 실린더 B는 전기 리밋 스위치를 사용한다.

② 실린더 B는 초기에 전진하여 있고 PB1 스위치를 ON-OFF하면 실린더 A가 전진한 다음 실린더 B가 후진하여 계량된 곡물을 아래로 내려 보낸 후 실린더 B가 전진을 하고, 실린더 A가 후진 위치로 이동하여 곡물을 실린더 B로 내려 보낸 후 정지한다.

③ 타이머를 사용하여 실린더 B가 전진을 완료한 후 3초 지연되면 실린더 A가 후진 완료하고 정지한다.

④ 연속 시작 스위치(PB2)를 ON-OFF하면 연속 사이클(반복 자동행정)을 3회 왕복한 후 정지한다.

⑤ 연속 동작 중에 비상정지 스위치(PB3)를 누르면 실린더 A와 실린더 B 모두 전진하여 정지한다. (비상정지 스위치는 주어진 어떤 형식의 스위치를 사용해도 가능하다.)

⑥ 카운터 리셋 스위치(PB4)를 누르면 카운터가 0으로 리셋되도록 한다.

⑦ 실린더 A, B의 전진 속도를 조절하기 위한 미터 아웃(meter-out) 회로를 구성하고 조정한다.

(2) 위치도

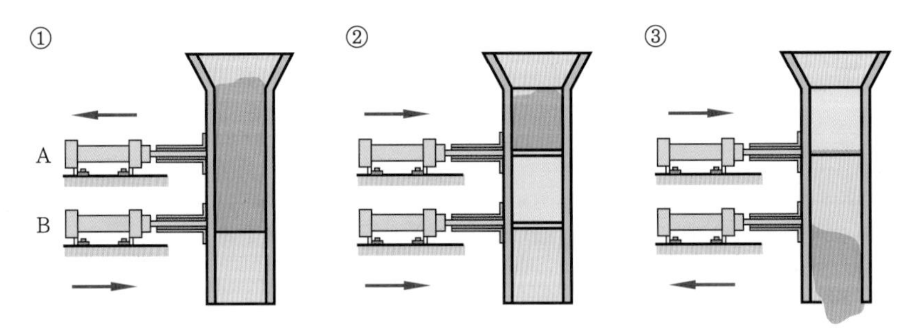

(3) 변위 단계 선도

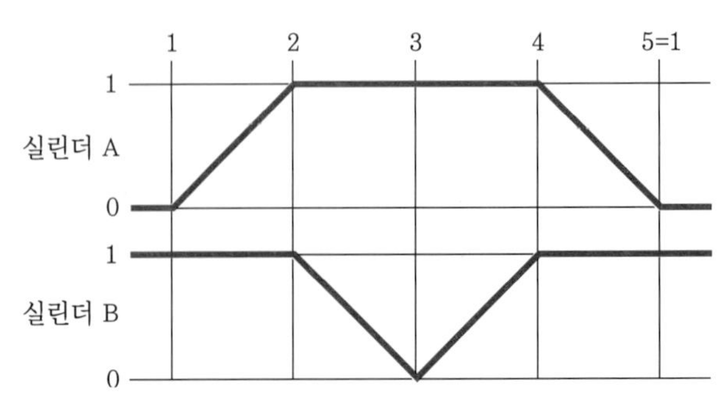

(4) 공압 회로도

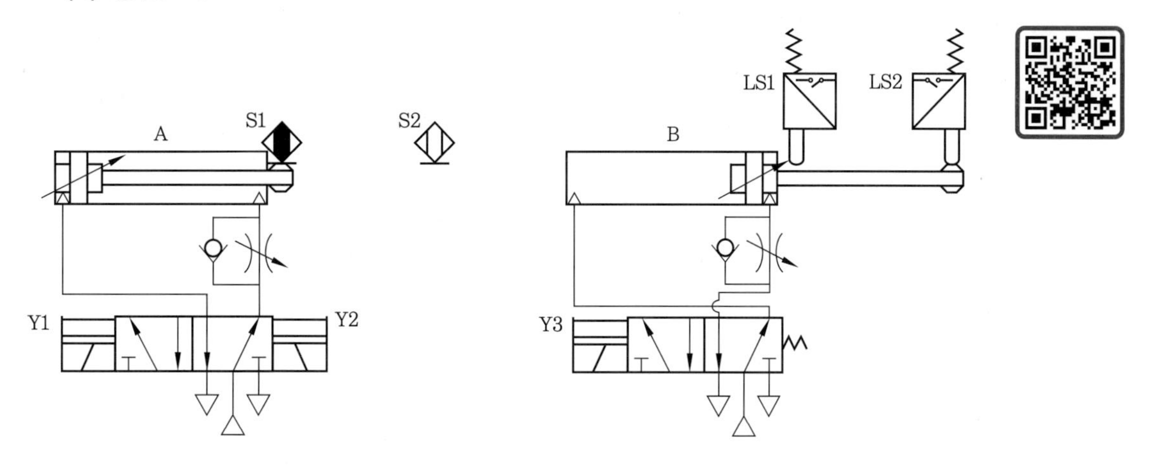

(5) 전기 회로도

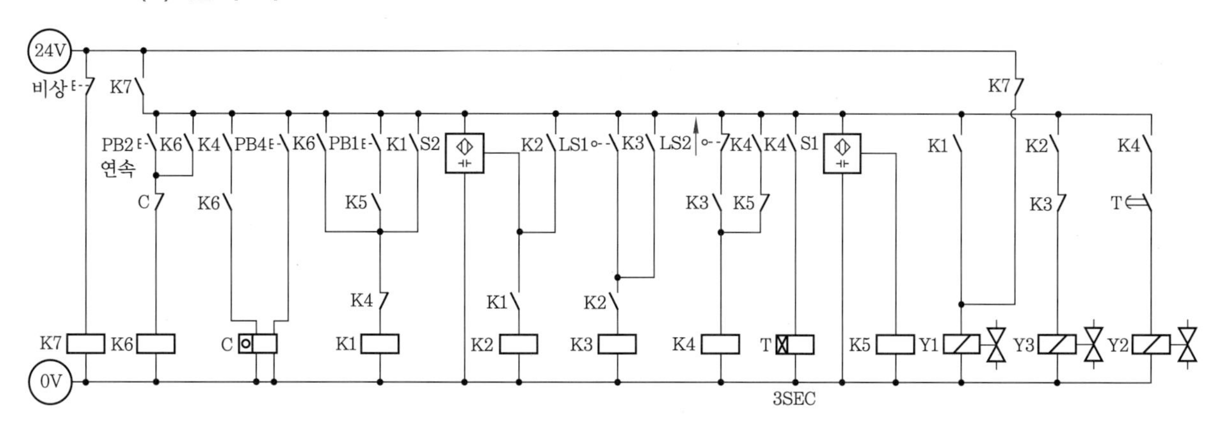

(6) 실습 시 유의 사항

단속 운전 회로, 타이머 회로, 연속 운전 회로, 카운터 회로, 비상정지 회로 순으로 설계 및 구성을 한다.

과제 1 프레스 이송 장치 회로 설계

1 제어 조건

주어진 공압 회로도와 변위 단계 선도 및 전기 회로도로 다음 조건에 맞게 시스템을 구성하여 운전하시오.

① 설계한 공압 회로도와 같이 공압 기기를 선정하여 고정판에 배치하시오. (단, 공압 기기는 수평 또는 수직 방향으로 임의로 배치하고, 리밋 스위치는 방향성을 고려하여 설치한다.)

② 공압 구성 작업에서 실린더 A는 유도형 센서나 용량형 센서를 사용하고, 실린더 B는 전기 리밋 스위치를 사용합니다.

③ PB1 스위치를 ON-OFF하면 실린더 A가 후진하고 실린더 A가 후진 완료하면 실린더 B가 후진하고 실린더 B가 후진 완료하면 실린더 A가 전진하고 실린더 A가 전진 완료한 후 실린더 B가 전진 완료하면서 동작을 멈추고 정지합니다.

④ 공압 호스는 가급적 짧은 것을 사용하되 호스가 꺾이지 않도록 하시오.

⑤ 액추에이터의 로드나 도그에 전선이나 호스가 접촉되지 않거나 접촉 우려가 없어야 합니다.

⑥ 특별히 지정되지 않는 한 모든 스위치는 자동 복귀형 누름 버튼 스위치를 사용해야 합니다.

⑦ 작업이 완료된 상태에서 압축 공기를 공급했을 때 공기 누설이 발생하지 않아야 합니다.

⑧ 작업이 완료된 상태에서 전원을 투입했을 때 쇼트가 발생하지 않아야 합니다.

⑨ 전기 배선은 전원의 극성에 따라 +24V는 적색, -0V는 청색(또는 흑색)의 리드선을 구별하여 사용합니다.

⑩ 서비스 유닛의 공급 압력은 0.5MPa(5kgf/cm^2)입니다.

⑪ 실습 중 작업복 및 안전 보호구를 착용하여 안전 수칙을 준수하시오.

⑫ 실습을 종료하면 각 기기를 실습 보드에서 분리시켜 정리하고, 작업한 자리의 호스 정리, 전선 정리 등 모든 상태를 초기 상태로 정리합니다.

2 위치도

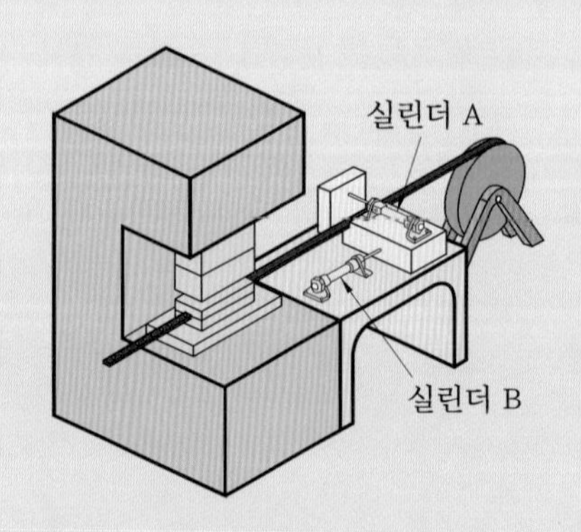

3 변위 단계 선도

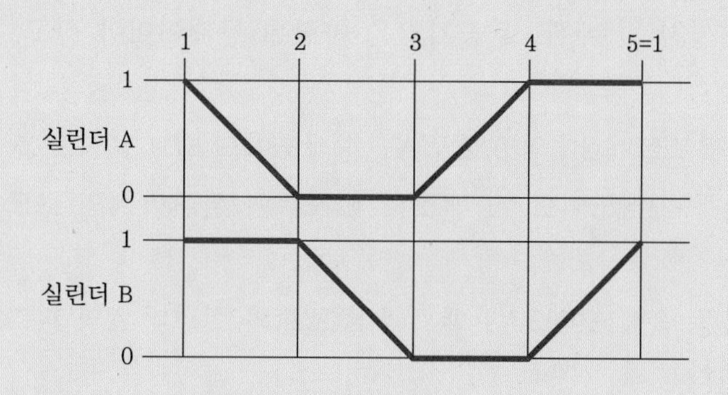

4 공압 회로도

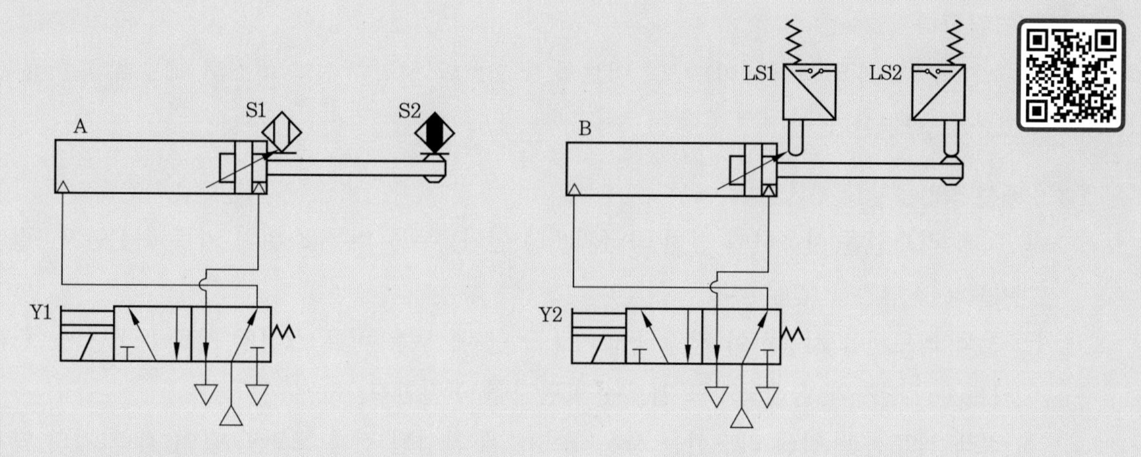

5 전기 회로도

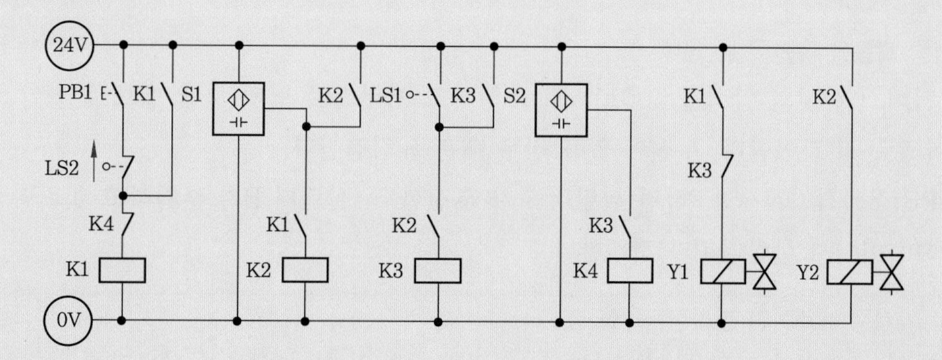

6 실습 순서

(1) 실습 준비를 한다.

① 복동 실린더 2개, 5/2 WAY 복동 솔레노이드 밸브 2개, 용량형 센서 2개, 리밋 스위치 2개를 선택하여 실습 보드에 설치한다.

② 리밋 스위치의 위치와 방향에 주의한다.

③ 실습에 사용되는 부품은 실습판에 완전하게 고정한다.

④ 실린더의 운동 구간에 장애물이 없어야 한다.

(2) 배관 작업을 한다.

① 모든 기기의 설치 및 배관 시 공기압은 차단된 상태이어야 하고, 전원은 단전된 상태이어야 한다.

② 공압 분배기의 포트와 2개의 5/2 WAY 솔레노이드 밸브 P 포트를 호스로 각각 연결한다.

③ 5/2 WAY 복동 솔레노이드 Y1 밸브의 A 포트와 실린더 A의 로드측 포트를 공압 호스로 연결한다.

④ 5/2 WAY 복동 솔레노이드 Y1 밸브의 B 포트와 실린더 A의 피스톤 헤드측 포트를 공압 호스로 연결한다.

⑤ 5/2 WAY 복동 솔레노이드 Y3 밸브의 A 포트와 실린더 B의 로드측 포트를 공압 호스로 연결한다.

⑥ 5/2 WAY 복동 솔레노이드 Y3 밸브의 B 포트와 실린더 B의 피스톤 헤드측 포트를 공압 호스로 연결한다.

(3) 배선 작업을 한다.

① 적색 리드선을 사용하여 전원 공급기 (+) 단자, 누름 버튼 스위치 키트 (+) 단자, 릴레이 키트 (+) 단자를 연결한다.

② 청색 리드선을 사용하여 전원 공급기 (−) 단자, 누름 버튼 스위치 키트 (−) 단자, 릴레이 키트 (−) 단자와 솔레노이드 밸브 (−) 단자를 연결한다.

③ 적색 리드선과 청색 리드선을 사용하여 설계 완성된 전기 도면과 같이 각 기기의 단자를 연결한다.

(4) 정상 작동을 확인한다.

① 서비스 유닛의 압력을 500 kPa로 조정하고 서비스 유닛의 차단 밸브를 열어 공기 누설이 없는지 확인한다. 누설이 있을 경우 배관을 점검한다.

② PB1을 1회 ON−OFF하면 실린더 A가 후진한 후 실린더 B가 후진하고 실린더 A가 전진하며 이어서 실린더 B가 전진한다.

(5) 각 기기를 해체하여 정리정돈한다.

① 전원 공급기의 전원을 OFF시키고, 서비스 유닛의 차단 밸브를 잠근다.

② 호스와 리드선을 제거한다.

③ 각 기기를 실습 보드에서 분리시키고 정리정돈한다.

과제 2 선반 장치 회로 설계

1 제어 조건

주어진 공압 회로도와 변위 단계 선도 및 전기 회로도로 다음 조건에 맞게 시스템을 구성하여 운전하시오.

① 공압 구성 작업에서 실린더 A는 유도형 센서나 용량형 센서를 사용하고, 실린더 B는 전기 리밋 스위치를 사용합니다.
② 실린더 A는 초기에 전진하여 있고 PB1 스위치를 ON-OFF하면 실린더 A가 후진하여 제품을 고정시키고, 실린더 B가 전진하여 제품을 절삭한 후 실린더 B가 후진을 하면 실린더 A가 전진 위치로 이동하고 정지합니다.
③ 타이머를 사용하여 실린더 B가 전진 완료한 후 3초 지연되면 실린더 B가 후진합니다.
④ 실린더 A의 전 후진 속도가 같도록 미터 아웃 방식으로 제어합니다.
⑤ 실린더 B는 전진 속도를 미터 아웃으로 제어하고, 후진은 급속 이송을 합니다.
⑥ 실린더 A가 후진되어 있는 동안 램프는 점등됩니다.
⑦ 전기 회로 설계는 스테퍼 회로 설계 방법과 캐스케이드 회로 설계 방법 두 가지 모두 작성하여 운전하시오.
⑧ 공압 호스는 가급적 짧은 것을 사용하되 호스가 꺾이지 않도록 하시오.
⑨ 액추에이터의 로드나 도그에 전선이나 호스가 접촉되지 않거나 접촉 우려가 없어야 합니다.
⑩ 리밋 스위치의 좌우를 구별하여 설치합니다.
⑪ 특별히 지정되지 않는 한 모든 스위치는 자동 복귀형 누름 버튼 스위치를 사용해야 합니다.
⑫ 작업이 완료된 상태에서 압축 공기를 공급했을 때 공기 누설이 발생하지 않아야 합니다.
⑬ 작업이 완료된 상태에서 전원을 투입했을 때 쇼트가 발생하지 않아야 합니다.
⑭ 전기 배선은 전원의 극성에 따라 +24V는 적색, -0V는 청색(또는 흑색)의 리드선을 구별하여 사용합니다.
⑮ 서비스 유닛의 공급 압력은 0.5MPa(5kgf/cm^2)입니다.

2 위치도

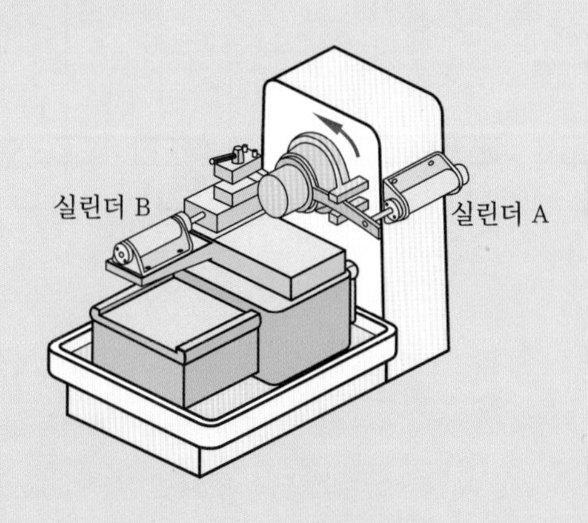

3 변위 단계 선도

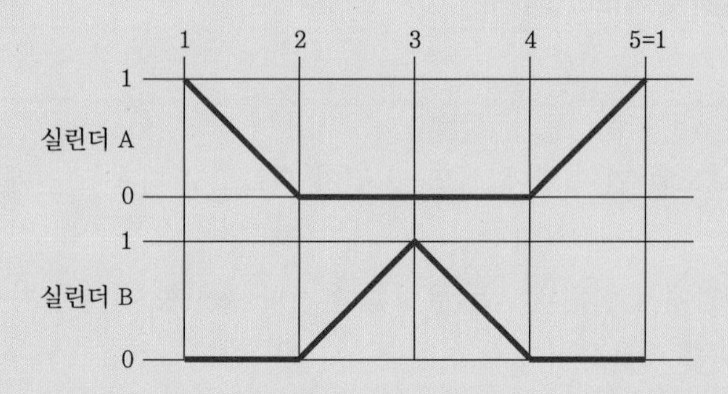

4 공압 회로도

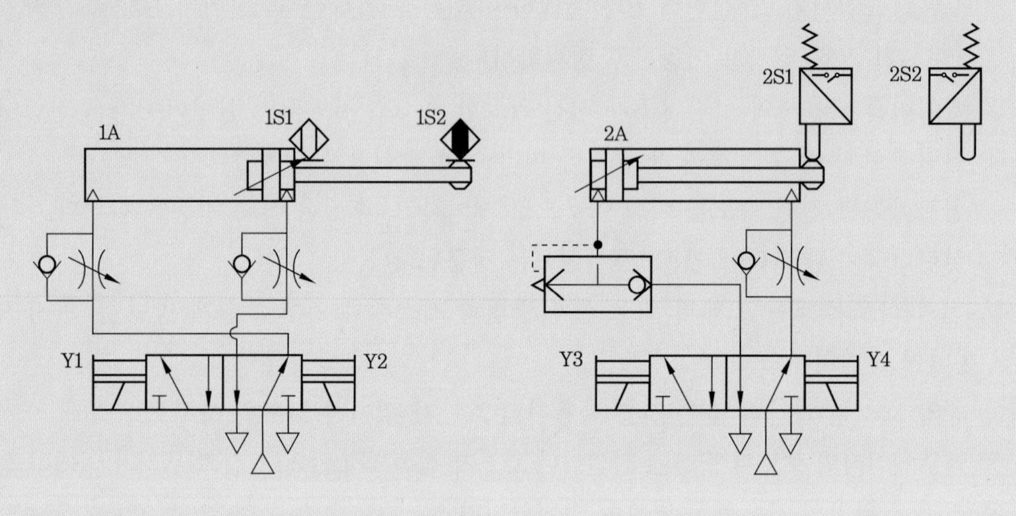

5 스테퍼 회로 설계에 의한 전기 회로도

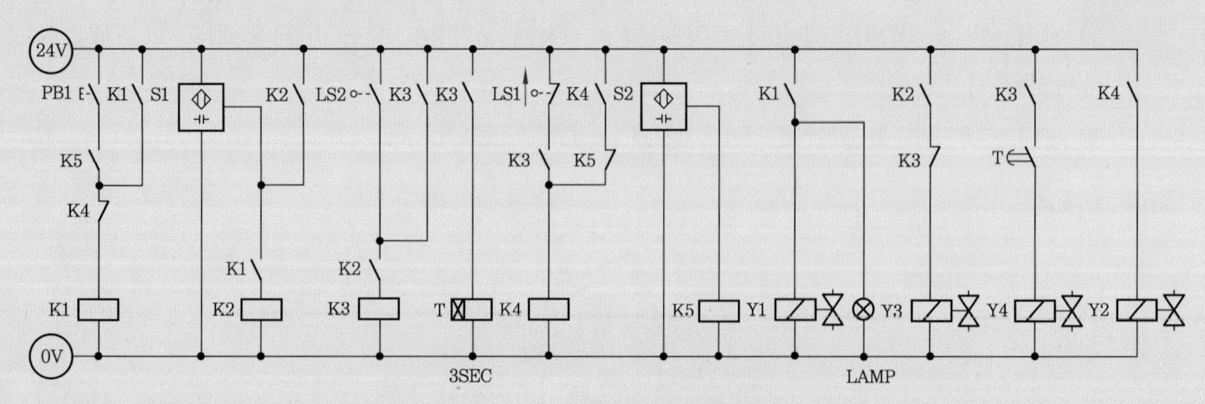

6 캐스케이드 회로 설계에 의한 전기 회로도

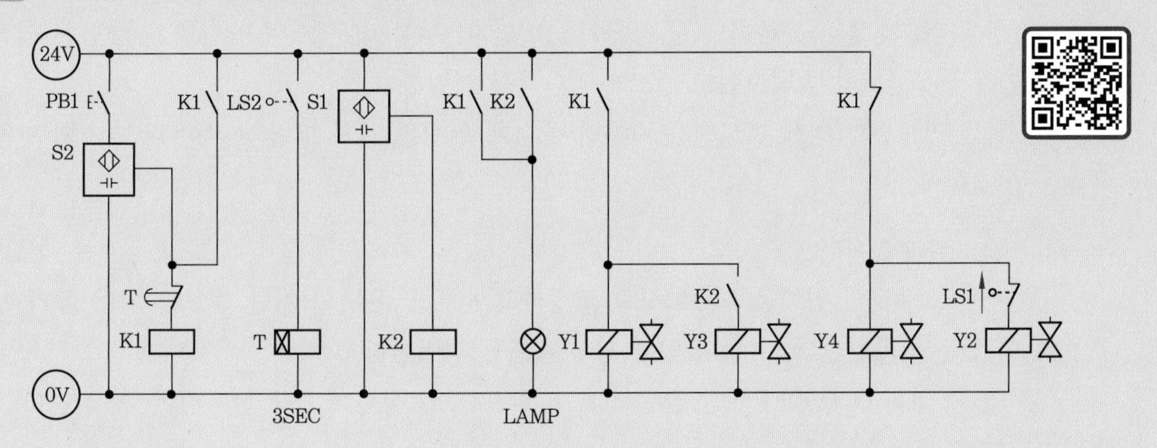

7 실습 순서

(1) 실습 준비를 한다.

① 복동 실린더 2개, 5/2 WAY 복동 솔레노이드 밸브 2개, 용량형 센서 2개, 리밋 스위치 2개, 한방향 유량 제어 밸브 3개, 급속 배기 밸브 1개를 선택하여 실습 보드에 설치한다.

② 리밋 스위치와 한방향 유량 제어 밸브의 위치와 방향에 주의한다.

③ 실습에 사용되는 부품은 실습판에 완전하게 고정한다.

④ 실린더의 운동 구간에 장애물이 없어야 한다.

(2) 배관 작업을 한다.

① 모든 기기의 설치 및 배관 시 공기압은 차단된 상태이어야 하고, 전원은 단전된 상태이어야 한다.

② 공압 분배기의 포트와 2개의 5/2 WAY 솔레노이드 밸브 P 포트를 호스로 각각 연결한다.

③ 5/2 WAY 복동 솔레노이드 Y1 밸브의 A 포트에 한방향 유량 제어 밸브를 거쳐 실린더 A의 로드측 포트를 공압 호스로 연결한다.

④ 5/2 WAY 복동 솔레노이드 Y1 밸브의 B 포트에 한방향 유량 제어 밸브를 거쳐 실린더 A의 피스톤 헤드측 포트를 공압 호스로 연결한다.

⑤ 5/2 WAY 복동 솔레노이드 Y3 밸브의 A 포트에 한방향 유량 제어 밸브를 거쳐 실린더 B의 피스톤 헤드측 포트를 공압 호스로 연결한다.

⑥ 5/2 WAY 복동 솔레노이드 Y3 밸브의 B 포트에 한방향 유량 제어 밸브를 거쳐 실린더 B의 로드측 포트를 공압 호스로 연결한다.

(3) 배선 작업을 한다.

① 스테퍼 회로 설계에 의한 전기 회로도와 캐스케이드 회로 설계에 의한 전기 회로도를 각각 작업한다.

② 적색 리드선을 사용하여 전원 공급기 (+) 단자, 누름 버튼 스위치 키트 (+) 단자, 릴레이

키트 (+) 단자를 연결한다.

③ 청색 리드선을 사용하여 전원 공급기 (−) 단자, 누름 버튼 스위치 키트 (−) 단자, 릴레이 키트 (−) 단자와 솔레노이드 밸브 (−) 단자를 연결한다.

④ 적색 리드선과 청색 리드선을 사용하여 설계 완성된 전기 도면과 같이 각 기기의 단자를 연결한다.

(4) 정상 작동을 확인한다.

① 서비스 유닛의 압력을 500 kPa로 조정하고 서비스 유닛의 차단 밸브를 열어 공기 누설이 없는지 확인한다. 누설이 있을 경우 배관을 점검한다.

② PB1를 1회 ON-OFF하면 실린더 A가 후진하고, 실린더 B가 전후진한 후 실린더 A가 전진한다.

(5) 각 기기를 해체하여 정리정돈한다.

① 전원 공급기의 전원을 OFF시키고, 서비스 유닛의 차단 밸브를 잠근다.

② 호스와 리드선을 제거한다.

③ 각 기기를 실습 보드에서 분리시키고 정리정돈한다.

제10장 라벨 부착기 장치 회로 설계

10-1 복동 솔레노이드 밸브에 의한 회로 설계 구성

1 제어 조건

(1) 공기압 기기 배치

① 공압 회로와 같이 공기압 기기를 선정하여 고정판에 배치한다. (단, 공기압 기기는 수평 또는 수직 방향으로 임의로 배치하고, 리밋 스위치는 방향성을 고려하여 설치한다.)

② 공기압 호스를 적절한 길이로 절단 및 사용하여 기기를 연결한다. (단, 공기압 호스가 시스템 동작에 영향을 주지 않도록 정리한다.)

③ 작업압력(서비스 유닛)을 0.5±0.05MPa로 설정한다.

④ 작업 종료 후 작업한 자리의 부품 정리, 공기압 호스 정리, 전선 정리 등 모든 상태를 초기 상태로 정리한다.

(2) 기본 동작

스위치 PB1을 1회 ON-OFF하면 주어진 변위 단계 선도에 따라 실린더 A, B, C가 1사이클 동작하도록 시스템을 구성한다. (단, 전기 배선은 +는 적색으로, -는 청색 또는 흑색으로 연결한다.)

(3) 연속 동작

PB2를 1회 ON-OFF하면 변위 단계 선도의 기본 동작을 3사이클 동작한 후 정지하면서 카운터는 자동 리셋이 되도록 시스템을 구성한다.

(4) 시스템 유지보수

① 다음 표와 같이 부품을 교체한 후 기본/연속 동작을 수행할 수 있도록 전기 회로도를 변경하고 시스템을 구성한다.

변경 전 부품	변경 후 부품
리밋 스위치 LS1	용량형 센서
리밋 스위치 LS2	용량형 센서

② 다음 표와 같이 부품을 교체한 후 기본/연속 동작을 수행할 수 있도록 전기 회로도를 변경하고 시스템을 구성한다.

변경 전 부품	변경 후 부품
실린더 B의 복동 솔레노이드 밸브	실린더 B의 단동 솔레노이드 밸브

③ 실린더 A의 전진 속도를 조절하기 위하여 한방향 유량 조절 밸브를 사용하여 미터 아웃 방식으로 회로를 구성한다.

④ 감압 밸브를 사용하여 실린더 A 전진 시 작동압력이 0.3±0.05MPa로 제어되도록 회로를 변경한다.

2 위치도

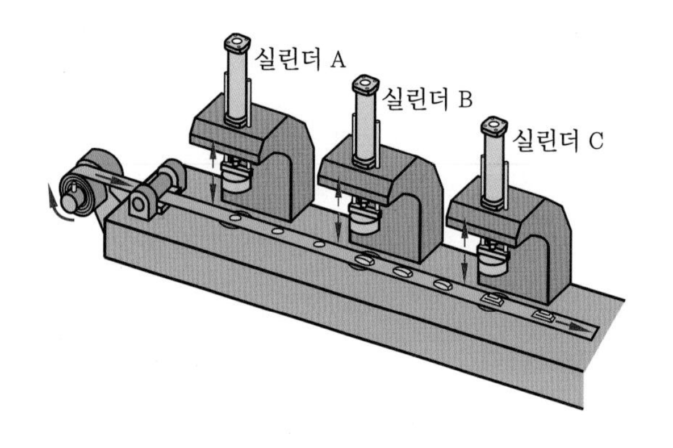

3 변위 단계 선도

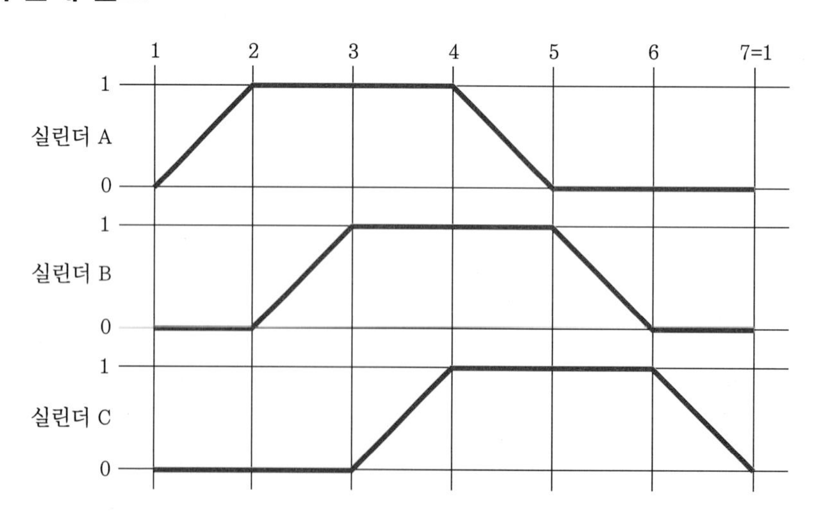

4 공압 회로도

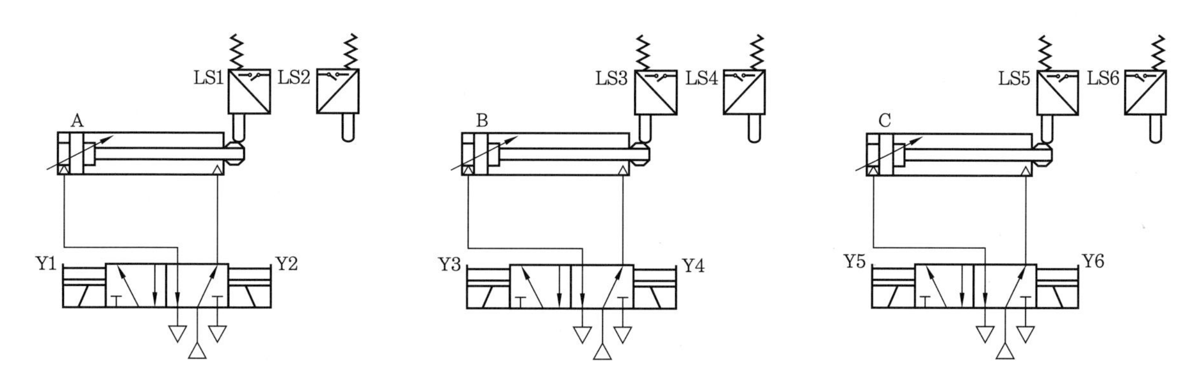

5 기본 동작 전기 회로도

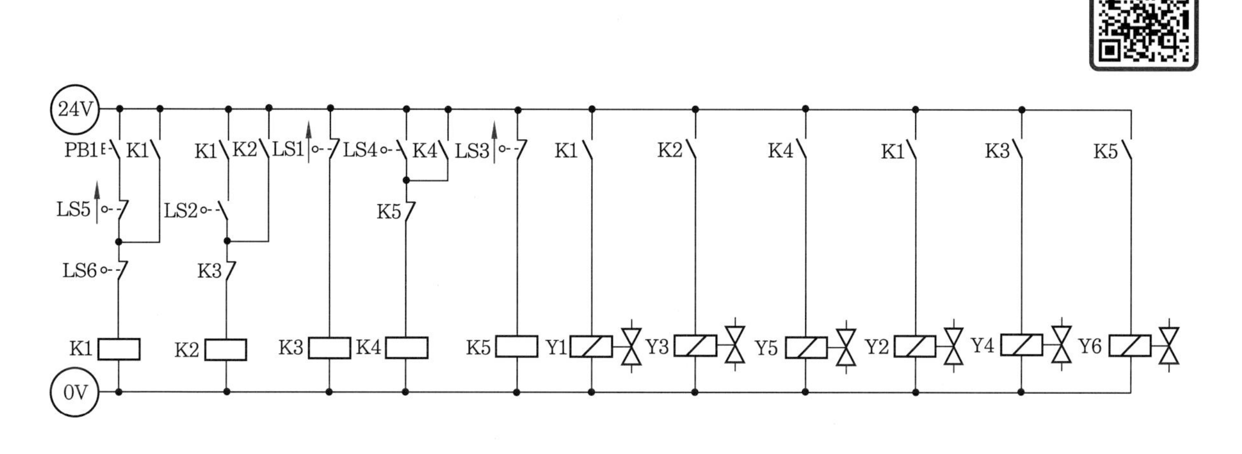

6 연속 동작 전기 회로도

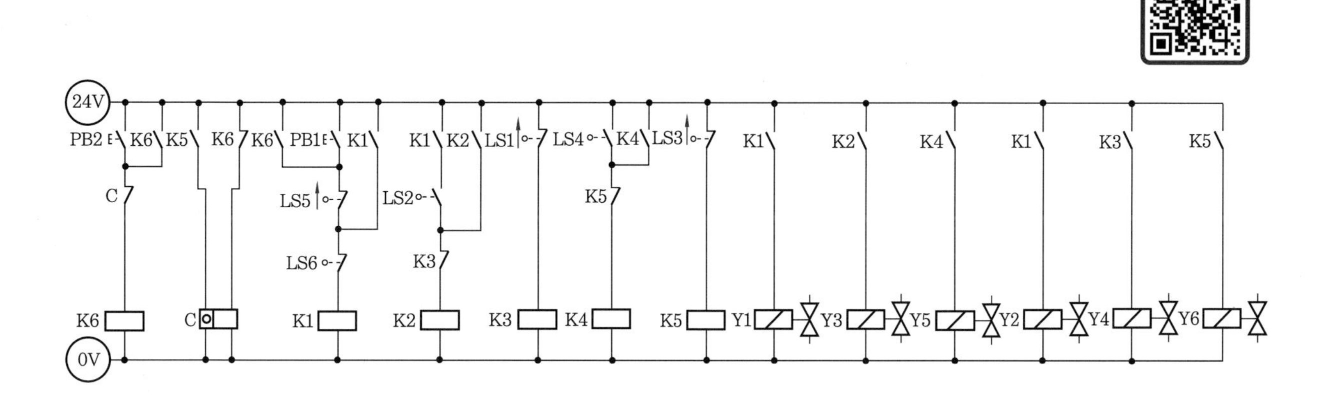

7 시스템 유지보수 공압 및 전기 회로도

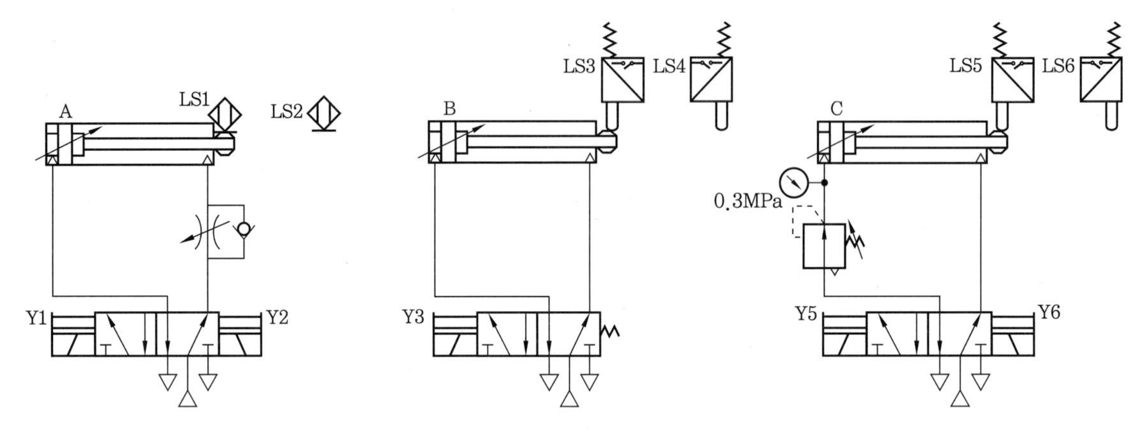

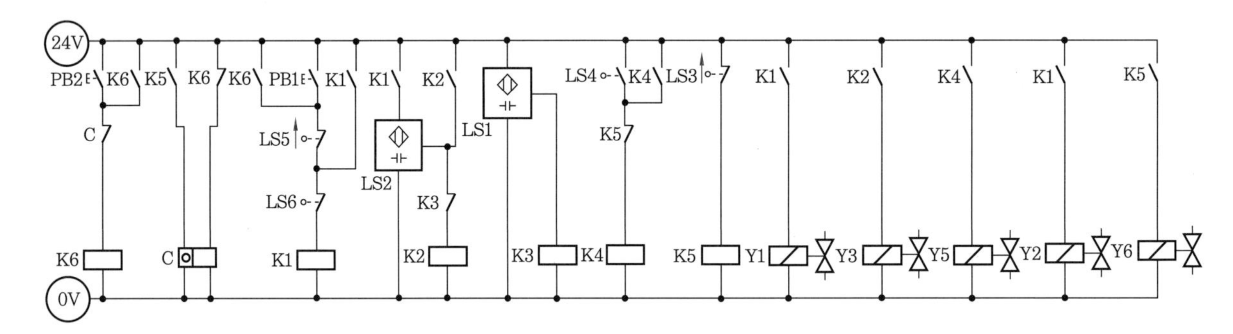

8 실습 시 유의 사항

① 시작 전 공기 공급 압력 0.5MPa을 확인한다.

② 기본 동작 작업 시 리밋 스위치의 위치와 방향을 반드시 확인하여 설치한다.

③ 기본 동작 작업이나 응용 동작 작업 시 호스나 전선이 액추에이터의 동작에 간섭이 없도록 배치한다.

④ 리밋 스위치 LS1과 LS3 및 LS5는 a 접점으로 배선해야 한다.

⑤ 비상 스위치를 제외한 모든 전기용 스위치는 자동 복귀형 스위치를 사용한다.

⑥ 시운전을 제외한 모든 작업은 공압과 전원을 차단시킨 상태에서 배선, 배관한다.

⑦ 작업 순서 및 시운전은 기본 동작 → 연속 동작 → 시스템 유지보수 순으로 한다.

⑧ 안전 수칙을 준수하여야 한다.

10-2 복동 솔레노이드 밸브와 단동 솔레노이드 밸브에 의한 회로 설계 구성

1 제어 조건

(1) 공기압 기기 배치

① 공압 회로와 같이 공기압 기기를 선정하여 고정판에 배치한다. (단, 공기압 기기는 수평 또는 수직 방향으로 임의로 배치하고, 리밋 스위치는 방향성을 고려하여 설치한다.)

② 공기압 호스를 적절한 길이로 절단 및 사용하여 기기를 연결한다. (단, 공기압 호스가 시스템 동작에 영향을 주지 않도록 정리한다.)

③ 작업압력(서비스 유닛)을 0.5±0.05MPa로 설정한다.

④ 작업 종료 후 작업한 자리의 부품 정리, 공기압 호스 정리, 전선 정리 등 모든 상태를 초기 상태로 정리한다.

(2) 기본 동작

스위치 PB1을 1회 ON-OFF하면 주어진 변위 단계 선도에 따라 실린더 A, B, C가 1사이클 동작하도록 시스템을 구성한다. (단, 전기 배선은 +는 적색으로, -는 청색 또는 흑색으로 연결한다.)

(3) 연속 동작

PB2를 1회 ON-OFF하면 변위 단계 선도의 기본 동작을 3사이클 동작한 후 정지하면서 카운터는 자동 리셋이 되도록 시스템을 구성한다.

(4) 시스템 유지보수

① 다음 표와 같이 부품을 교체한 후 기본/연속 동작을 수행할 수 있도록 전기 회로도를 변경하고 시스템을 구성한다.

변경 전 부품	변경 후 부품
리밋 스위치 LS1	용량형 센서
리밋 스위치 LS2	용량형 센서

② 다음 표와 같이 부품을 교체한 후 기본/연속 동작을 수행할 수 있도록 전기 회로도를 변경하고 시스템을 구성한다.

변경 전 부품	변경 후 부품
실린더 B의 복동 솔레노이드 밸브	실린더 B의 단동 솔레노이드 밸브

③ 실린더 C의 후진 속도를 조절하기 위하여 급속 배기 밸브를 사용하여 회로를 구성하시오.

④ 감압 밸브를 사용하여 실린더 B 전진 시 작동압력이 0.3±0.05 MPa로 제어되도록 회로를 변경하시오.

2 변위 단계 선도

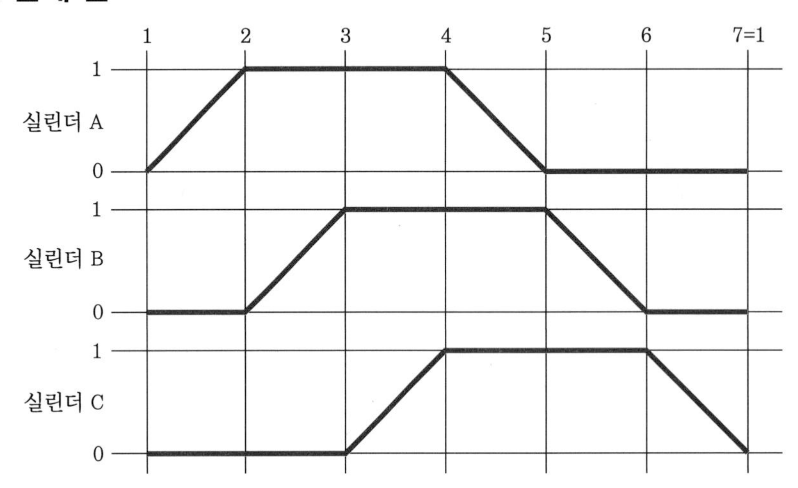

3 공압 회로도

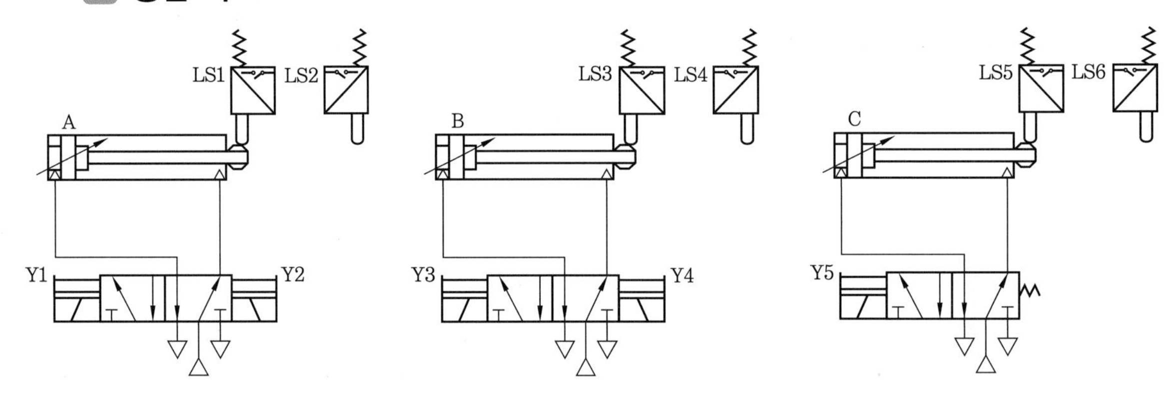

4 기본 동작 전기 회로도

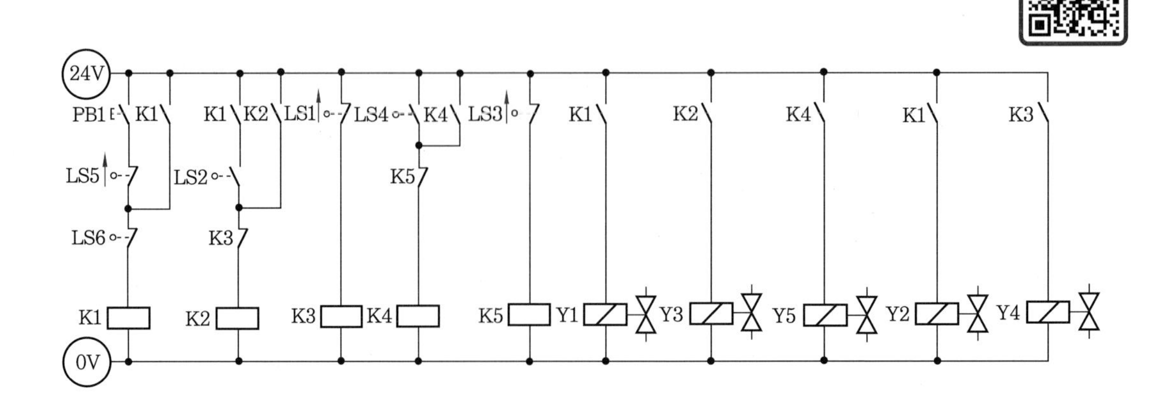

5 연속 동작 전기 회로도

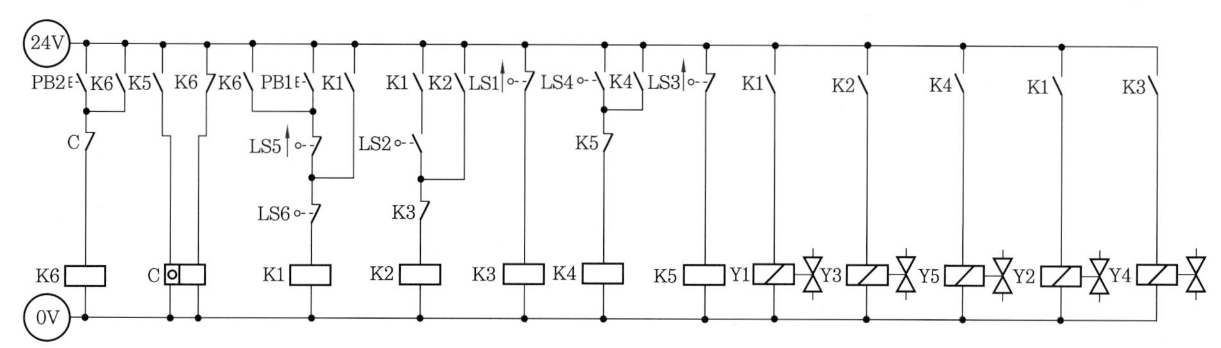

6 시스템 유지보수 공압 및 전기 회로도

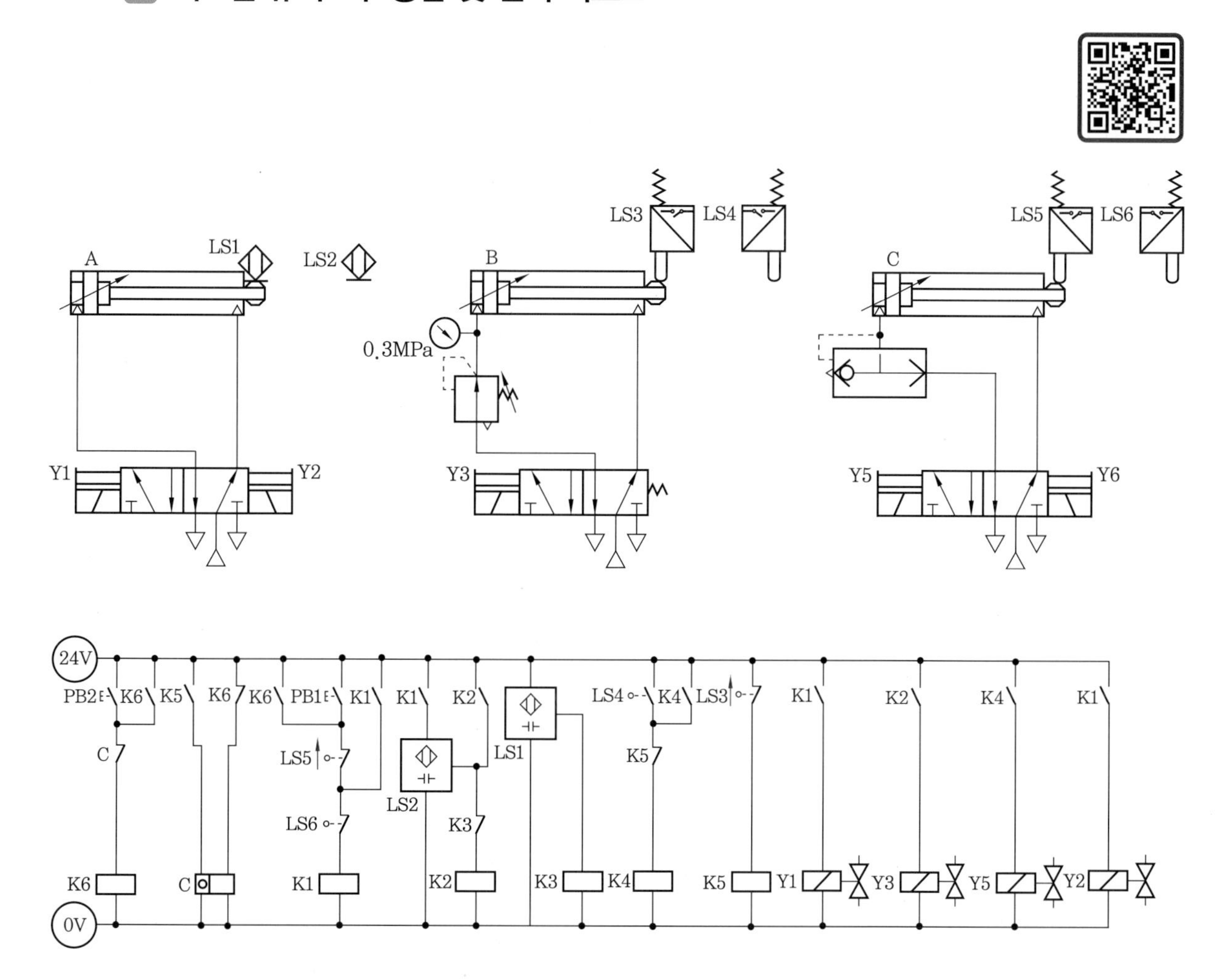

7 실습 시 유의 사항

① 시작 전 공기 공급 압력 0.5MPa을 확인한다.

②기본 동작 작업 시 리밋 스위치의 위치와 방향을 반드시 확인하여 설치한다.

③ 기본 동작 작업이나 응용 동작 작업 시 호스나 전선이 액추에이터의 동작에 간섭이 없도록 배치한다.

④ 리밋 스위치 LS1과 LS3 및 LS5는 a 접점으로 배선해야 한다.

⑤ 비상 스위치를 제외한 모든 전기용 스위치는 자동 복귀형 스위치를 사용한다.

⑥ 시운전을 제외한 모든 작업은 공압과 전원을 차단시킨 상태에서 배선, 배관한다.

⑦ 작업 순서 및 시운전은 기본 동작 → 연속 동작 → 시스템 유지보수 순으로 한다.

⑧ 안전 수칙을 준수하여야 한다.

과제 1 센서를 이용한 시퀀스 제어 설계

1 제어 조건

주어진 공압 회로도와 변위 단계 선도를 이용하여 기본 동작, 연속 동작, 시스템 유지보수 조건을 만족하도록 회로도를 설계한 후 구성하여 운전하시오.

① 기본 동작을 만족하는 전기 회로도를 먼저 설계하고 수행한 후 확인하여 이상이 없을 때 연속 동작 및 시스템 유지보수를 수행하시오.

② 연속 동작 및 시스템 유지보수는 기본 동작을 기준으로 수정하며, 각 항의 요구 사항은 서로 독립적입니다.

③ 특별히 지정되지 않는 모든 스위치는 자동 복귀형 누름 버튼 스위치를 사용하시오.

④ 주어진 공압 회로도를 참고로 하여 공압 기기를 선정하여 고정판에 배치하시오. (단, 공압 기기는 수평 또는 수직 방향으로 임의로 배치하고, 리밋 스위치는 방향성을 고려하여 설치한다.)

⑤ 공압 호스를 사용하여 배치된 기기를 연결 · 완성하시오. (단, 케이블 타이를 사용하여 실린더 등 액추에이터 작동 부분의 전선과 호스가 시스템 동작에 영향을 주지 않도록 정리한다.)

⑥ 공압 호스는 가급적 짧은 것을 사용하되 호스가 꺾이지 않도록 하시오.

⑦ 공기압 호스의 삽입 및 제거는 공급 압력을 차단한 후 실시하시오.

⑧ 전기 합선 시에는 즉시 전원공급 장치의 전원을 차단하시오.

⑨ 작업이 완료된 상태에서 전원을 투입했을 때 쇼트가 발생하지 않도록 하시오.

⑩ 공압을 공급하게 되면 누설이 없도록 하시오.

⑪ 전기 케이블은 (+)선은 적색, (−)선은 청색 또는 흑색선으로 배선하시오.

⑫ 작업압력(서비스 유닛)을 0.5 ± 0.05MPa로 설정하시오.

⑬ 안전 수칙을 준수하시오.

⑭ 작업 종료 후 작업한 자리의 부품 정리, 공기압 호스 정리, 전선 정리 등 모든 상태를 초기 상태로 정리하시오.

(1) 기본 동작

① 스위치 PB1을 1회 ON-OFF하면 주어진 변위 단계 선도에 따라 실린더 A, B, C가 1사이클 동작하도록 시스템을 구성하시오. (단, 전기 배선은 +는 적색으로, −는 청색 또는 흑색으로 연결한다.)

(2) 연속 동작

① PB2를 1회 ON-OFF하면 변위 단계 선도의 기본 동작을 3사이클 동작한 후 정지하면서 카운터는 자동 리셋이 되도록 시스템을 구성하시오.

(3) 시스템 유지보수

① 다음 표와 같이 부품을 교체한 후 기본/연속 동작을 수행할 수 있도록 전기 회로도를 변경하고 시스템을 구성하시오.

변경 전 부품	변경 후 부품
리밋 스위치 LS3	유도형 센서
리밋 스위치 LS4	유도형 센서

② 실린더 A의 전진이 완료되면 3초 후에 실린더 B가 동작하도록 전기 타이머를 사용하여 전기 회로도를 변경하고 시스템을 구성하시오.

③ 실린더 B, C의 후진 속도를 조절하기 위하여 한방향 유량 조절 밸브를 사용하여 미터 아웃 방식으로 회로를 구성하시오.

④ 서비스 유닛의 설정 압력을 0.4±0.05MPa로 조정하시오.

2 변위 단계 선도

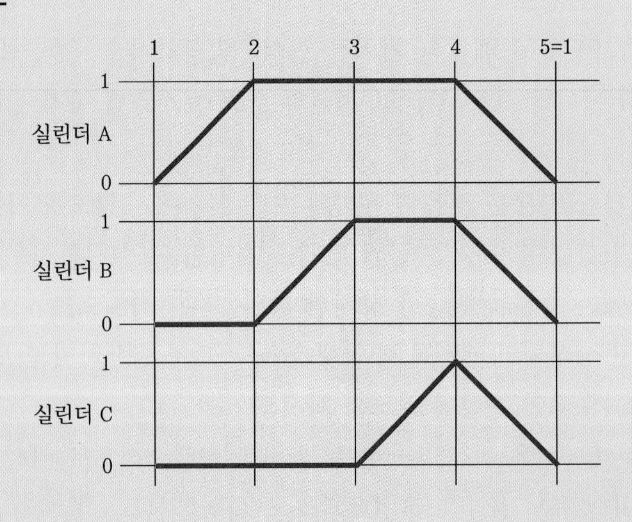

3 공압 회로도

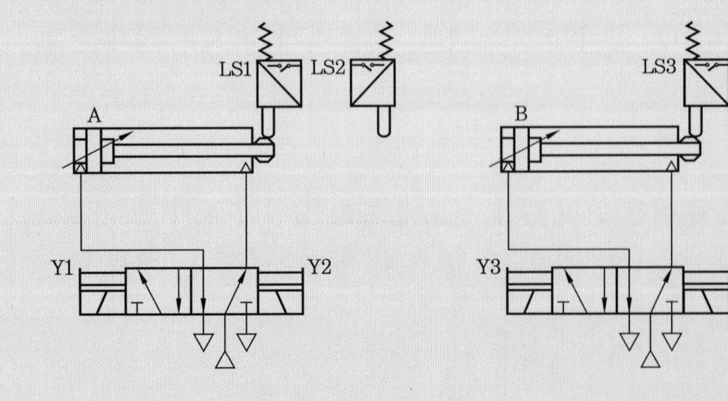

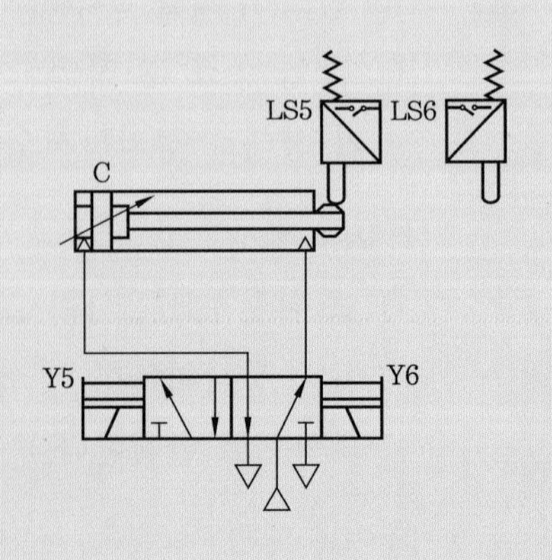

4 기본 동작 전기 회로도

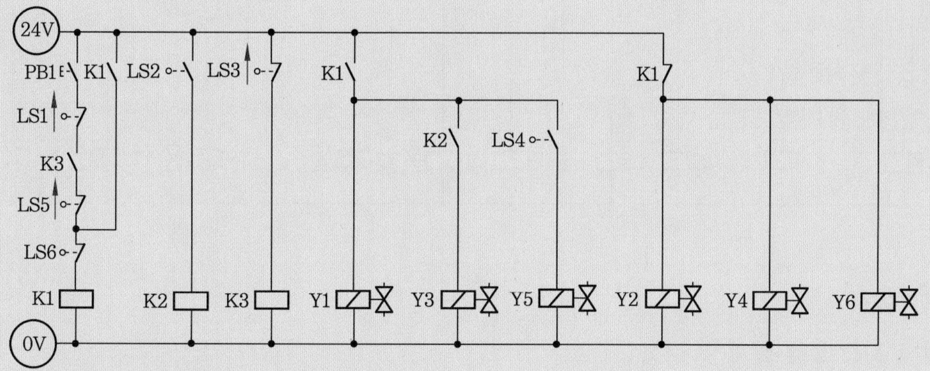

5 연속 동작 전기 회로도

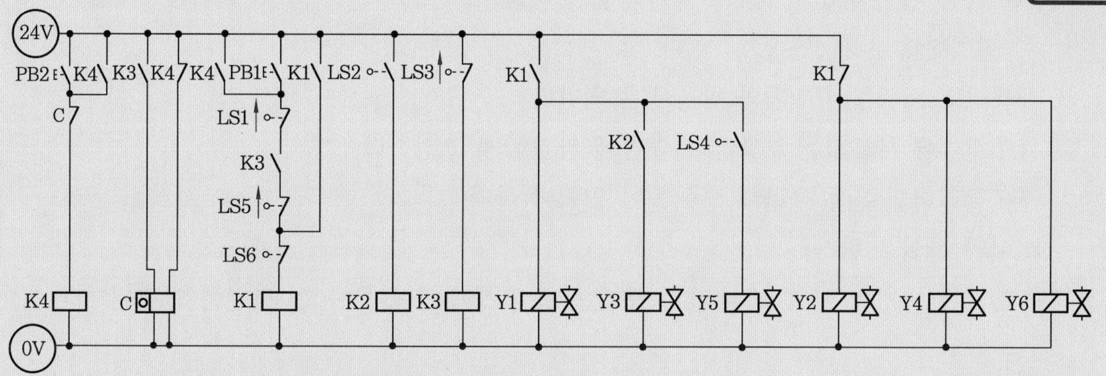

6 시스템 유지보수 공압 및 전기 회로도

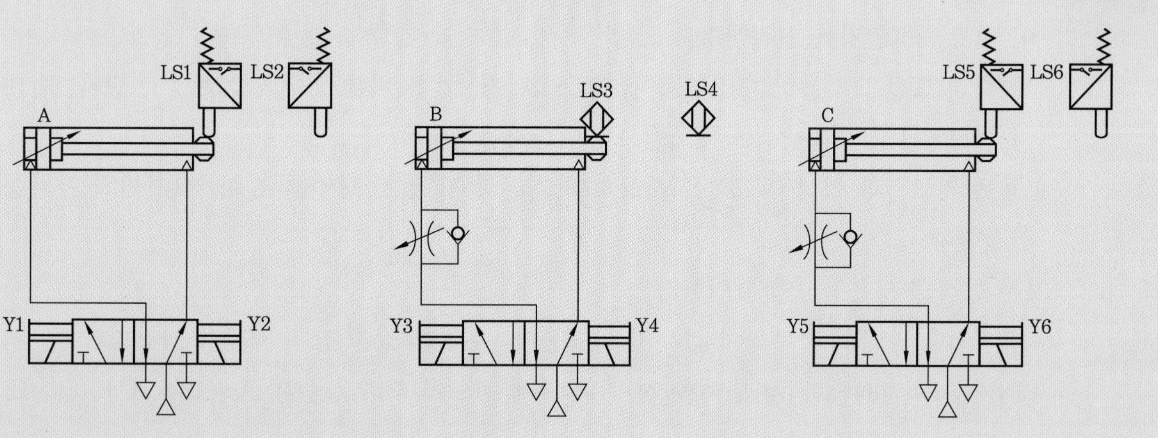

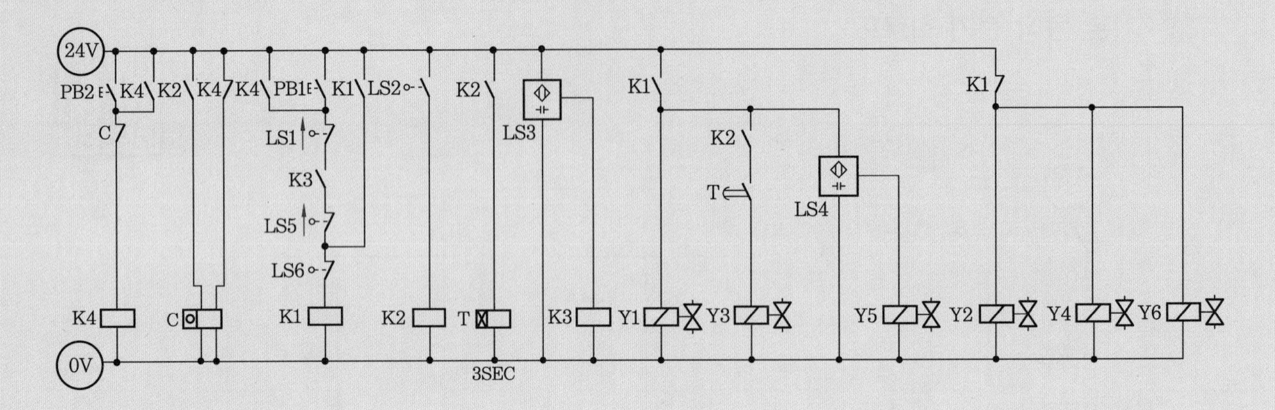

7 실습 순서

(1) 기본 동작 회로 설계 및 구성

① 각 기기를 선택하여 배치한다.

(가) 캐스케이드 회로 설계 방식으로 전기 회로를 설계한다.

(나) 서비스 유닛의 공기 공급 압력 0.5MPa을 확인한다.

(다) 복동 실린더 3개, 5/2 WAY 복동 솔레노이드 밸브 3개, 리밋 스위치 6개를 선택하여 설치한다.

(라) 리밋 스위치의 위치와 방향에 주의한다.

(마) 실습에 사용되는 부품은 실습판에 완전하게 고정한다.

(바) 실린더의 운동 구간에 장애물이 없어야 한다.

② 배관 작업을 한다.

(가) 모든 기기의 설치 및 배관은 공기는 차단 상태이어야 하고, 전원은 단전된 상태이어야 한다.

(나) 주어진 기본 동작 공압 회로도와 같이 공압 호스를 이용하여 배관 작업을 한다.

(다) 기본 동작 작업 시 리밋 스위치의 위치와 방향을 반드시 확인하여 설치한다.

③ 배선 작업을 한다.

(가) 적색 리드선을 사용하여 전원 공급기 (+) 단자, 누름 버튼 스위치 키트 (+) 단자, 릴레이 키트 (+) 단자를 연결한다.

(나) 청색 리드선을 사용하여 전원 공급기 (−) 단자, 누름 버튼 스위치 키트 (−) 단자, 릴레이 키트 (−) 단자와 솔레노이드밸브 (−) 단자를 연결한다.

(다) 적색 리드선과 청색 리드선을 사용하여 기본 동작 전기 도면과 같이 각 기기의 단자를 연결한다.

④ 기본 동작을 시운전하여 확인한다.

(가) 공기압을 공급하여 누설이 없는지 확인한다. 누설이 있을 경우 배관을 점검한다.

(나) PB1을 1회 ON-OFF하면 주어진 변위 단계 선도에 따라 실린더 A+, B+, C+, (A, B,

C)−의 사이클이 1회 동작한 후 정지한다.

㈐ PB1을 다시 작동시키면 기본 동작이 다시 이루어진다.

(2) 연속 동작 회로 설계 및 구성

① PB2를 1회 ON−OFF하면 주어진 변위 단계 선도에 따라 실린더 A+, B+, C+, (A, B, C)−의 사이클이 3회 연속 동작한 후 정지하도록 전기 회로를 설계한다.

② 공기압을 공급하고, PB2를 1회 ON−OFF하면 주어진 변위 단계 선도에 따라 실린더 A+, B+, C+, (A, B, C)−의 사이클이 3회 동작한 후 정지한다.

③ PB2를 다시 작동시키면 연속 동작이 다시 이루어진다.

(3) 시스템 유지보수 회로 설계 및 구성

① 실린더 B에 설치되어 있는 리밋 스위치 LS3과 LS4를 유도형 센서로 교체한다. 이때 청색 리드선을 사용하여 센서의 (−) 단자를 꼭 연결하고, 극성이 바뀌지 않도록 INPUT 단자에 (+) 전원이 공급되고, 출력은 펄스(⎍) 기호나 OUTPUT 단자로 출력이 되도록 주의해야 한다. 오배선되면 근접 센서에 고장이 발생될 수 있다.

② 실린더 A의 전진이 완료되면 3초 후에 실린더 B가 동작하도록 전기 타이머를 사용하여 전기 회로도를 변경하고 구성한다. 릴레이 코일 K2를 타이머로 전체 교체할 수 있으나 오배선 등의 우려가 있어 릴레이 K2 a 접점이 타이머 코일의 입력이 되도록 하는 것이 편리하다.

③ 미터 아웃 방식으로 실린더 B, C의 후진 속도를 조절하도록 실린더 전진측에 한방향 유량 조절 밸브를 사용하여 설계 및 구성하며, 이때 밸브의 방향에 유의한다.

④ 서비스 유닛의 설정 압력을 0.4±0.05 MPa로 조정하시오.

⑤ PB1과 PB2를 각각 작동시켜 시운전하고, 이상이 있으면 수정한다.

(4) 각 기기를 해체하여 정리정돈한다.

① 전원 공급기의 전원을 OFF시키고, 서비스 유닛의 차단 밸브를 잠근다.

② 공압 호스와 리드선을 제거한다.

③ 각 기기를 실습 보드에서 분리시키고 정리정돈한다.

④ 모든 상태를 초기 상태로 정리한다.

제4부

전기 유압 제어

제1장 전기 유압 제어 회로 구성

1-1 전기 제어반 구성

제3부 전기 공압 제어 중 제1장 1-1 전기 제어반 구성을 참고한다.

1-2 전기 시퀀스도 작성 방법

제3부 전기 공압 제어 중 제1장 1-2 전기 시퀀스도 작성 방법을 참고한다.

1-3 전기 제어 기기의 기호

제3부 전기 공압 제어 중 제1장 1-3 전기 제어 기기의 기호를 참고한다.

1-4 솔레노이드 밸브의 특성과 원리

(1) 2포트 2위치 솔레노이드 밸브

2포트 2위치, 즉 2/2 WAY 솔레노이드 밸브는 정상 상태 열림형(NO형)과 닫힘형(NC형)이 있으며, 중간 정지 또는 유압원 차단과 방출 등에 사용된다.

(a) NO형

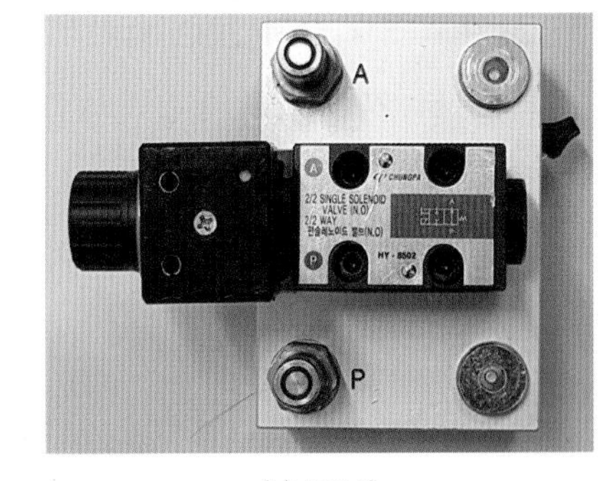

(b) NC형

2포트 2위치 솔레노이드 밸브의 외형

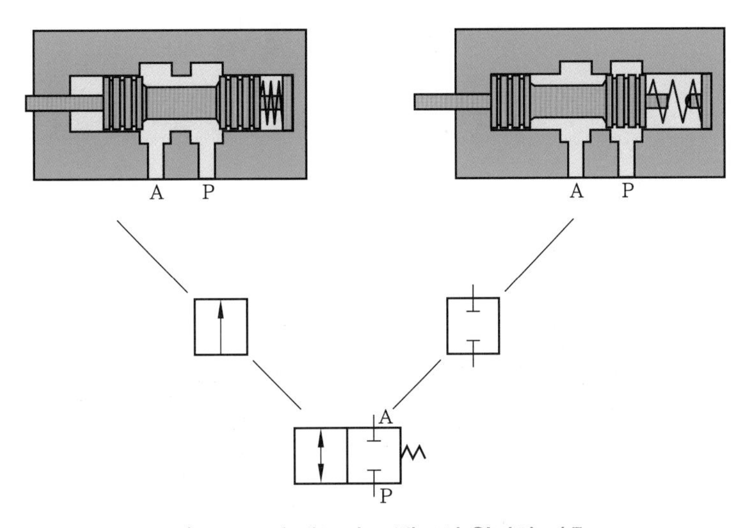

2/2 WAY 솔레노이드 밸브의 원리와 기호

(2) 3포트 2위치 솔레노이드 밸브

3포트 2위치, 즉 3/2 WAY 솔레노이드 밸브는 단동 실린더의 방향 제어나 중간 정지 보조용 등에 사용된다.

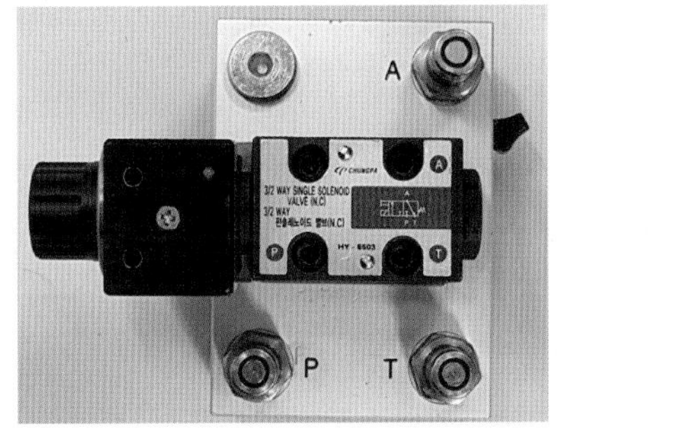

3포트 2위치 솔레노이드 밸브의 외형과 기호

(3) 4포트 2위치 솔레노이드 밸브

4포트 2위치, 즉 4/2 WAY 솔레노이드 밸브는 복동 실린더나 유압 모터 등의 방향 제어에 사용된다.

① 4/2 WAY 단동 솔레노이드 밸브

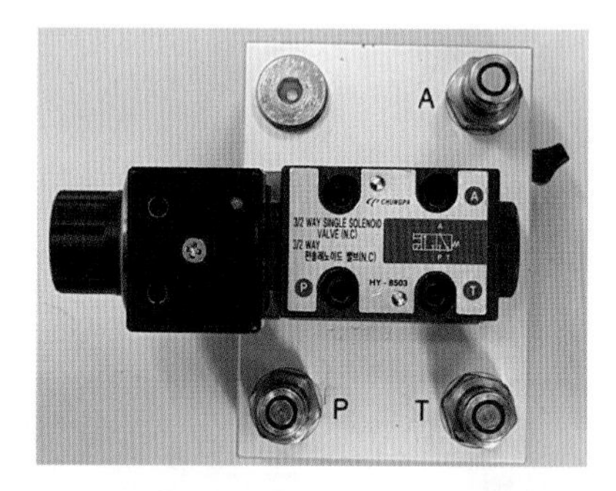

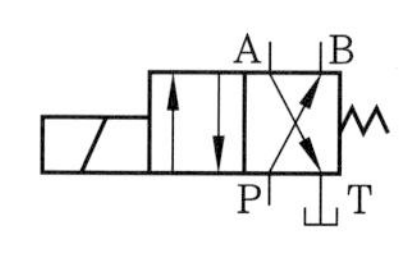

4포트 2위치 단동 솔레노이드 밸브의 외형과 기호

② 4/2 WAY 복동 솔레노이드 밸브

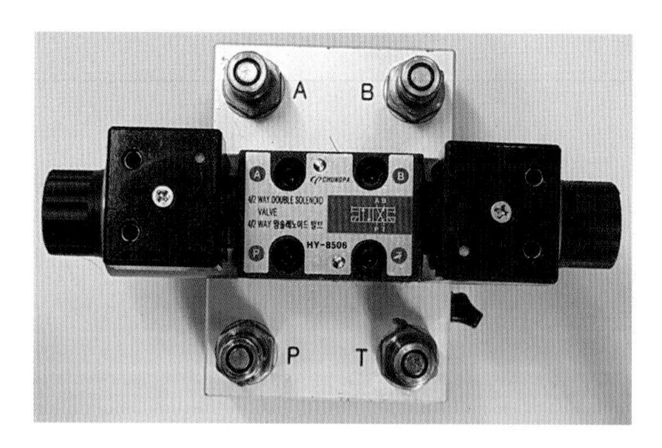

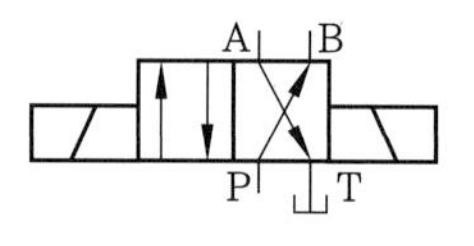

4포트 2위치 복동 솔레노이드 밸브의 외형과 기호

(4) 4포트 3위치 솔레노이드 밸브

4/3 WAY 솔레노이드 밸브는 센터 타입으로 정상 상태에서는 항상 센터 위치에 스풀이 있으며, 복동 실린더나 유압 모터 등의 방향 제어에 사용된다.

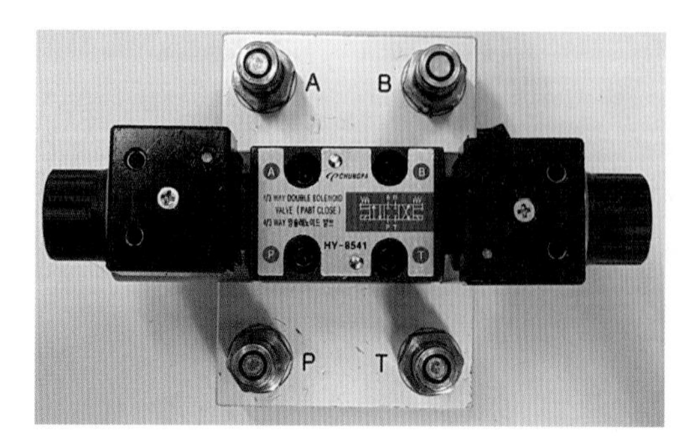

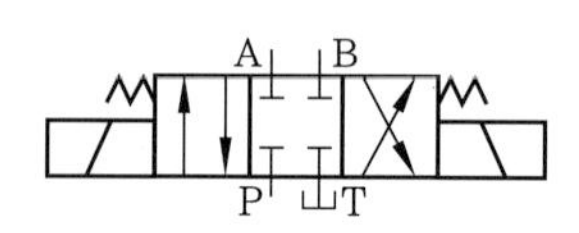

4포트 3위치 올포트 블록 솔레노이드 밸브의 외형과 기호

① **올포트 블록 :** 변환 밸브의 모든 포트가 닫혀 있는 흐름의 형태로 내부 구조는 다음과 같다.

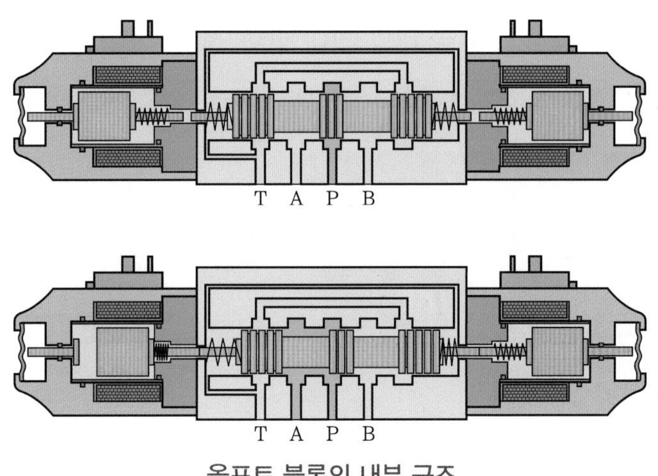

올포트 블록의 내부 구조

② **4포트 3위치의 종류**

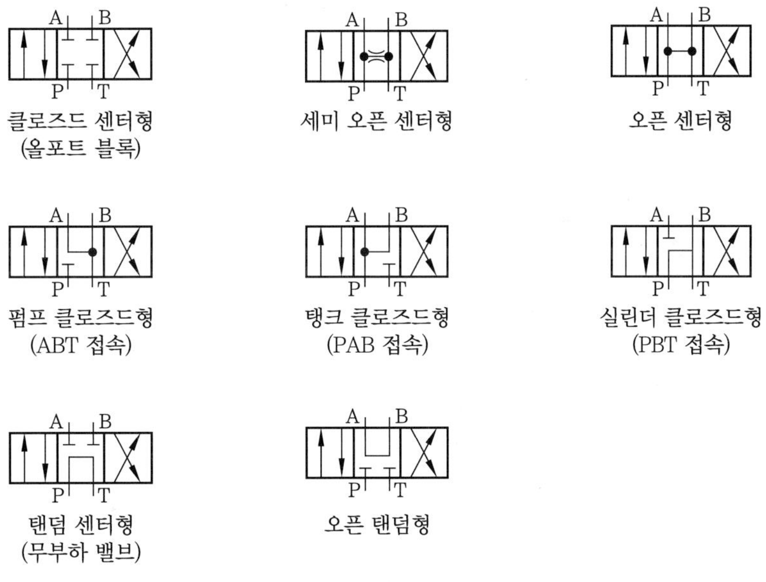

4포트 3위치의 종류

1-5 그 밖의 유압 밸브

① **릴리프 밸브 :** 회로 내의 최대 압력 설정, 안전 회로, 브레이크 회로, 서지압 방지 회로 등에 사용한다.

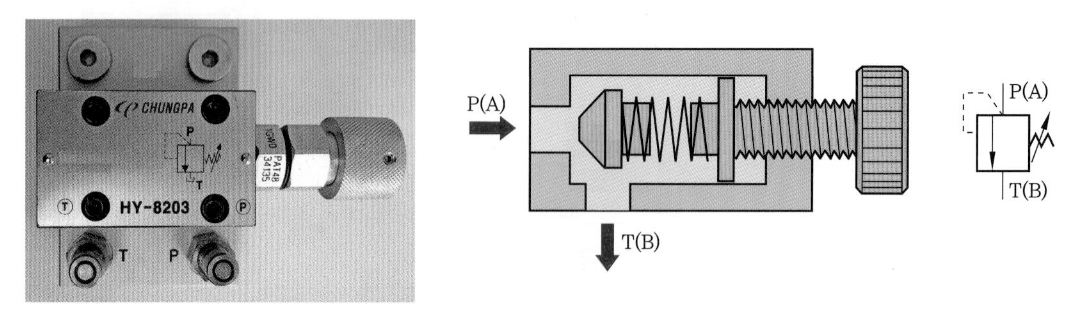

릴리프 밸브의 외형과 원리 및 기호

② **감압 밸브 :** 회로 내의 공급 압력을 감압하는 곳에 사용한다.

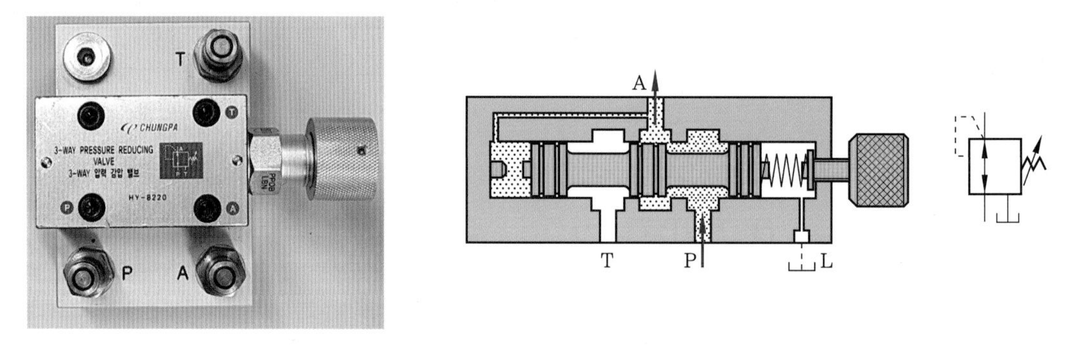

감압 밸브의 외형과 원리 및 기호

③ **카운터 밸런스 밸브 :** 액추에이터의 자중에 의한 낙하를 방지한다.

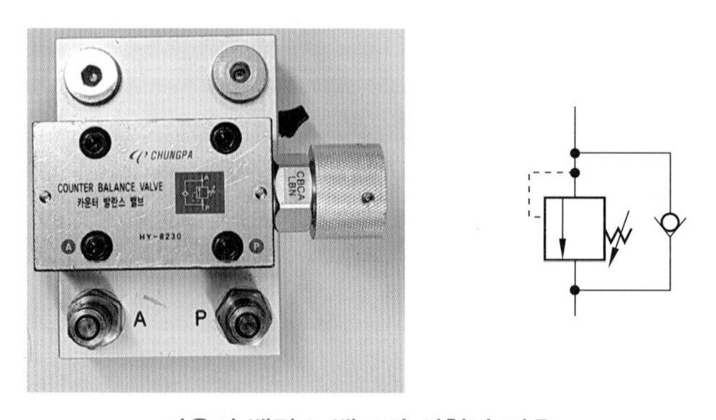

카운터 밸런스 밸브의 외형과 기호

④ **압력 스위치 :** 유압 압력 신호를 전기 신호로 변환하는 기기

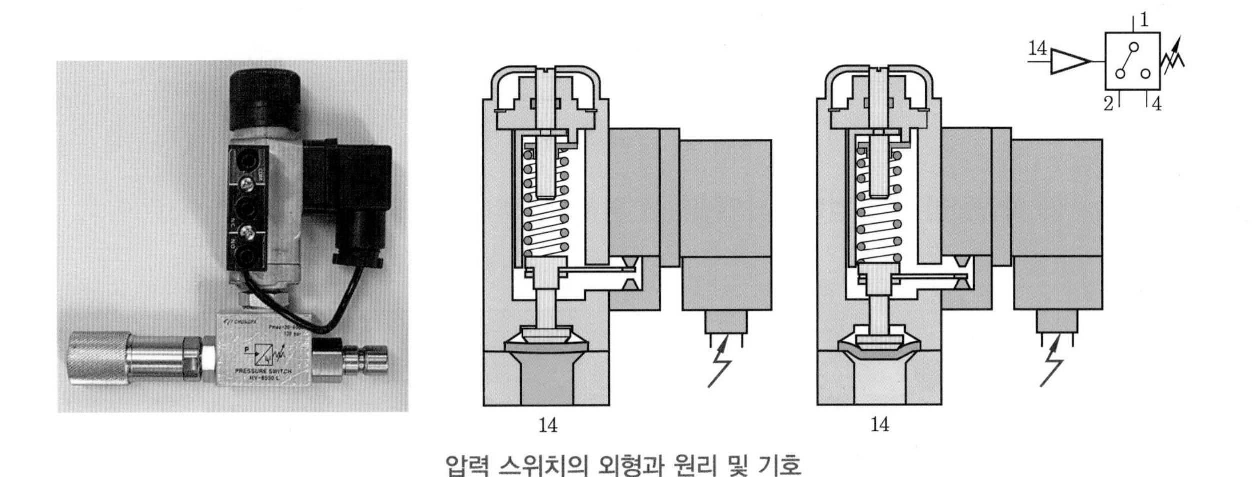

압력 스위치의 외형과 원리 및 기호

⑤ **한방향 유량 제어 밸브 :** 액추에이터의 속도 제어용으로 미터인 회로와 미터 아웃 회로에 사용된다.

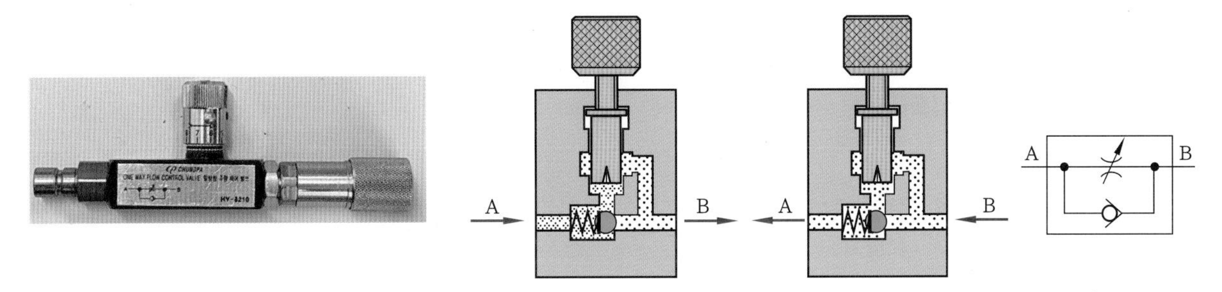

한방향 유량 제어 밸브의 외형과 원리 및 기호

⑥ **양방향 유량 제어 밸브 :** 유압 시스템의 유량 제어 및 블리드 오프 속도 제어에 사용된다.

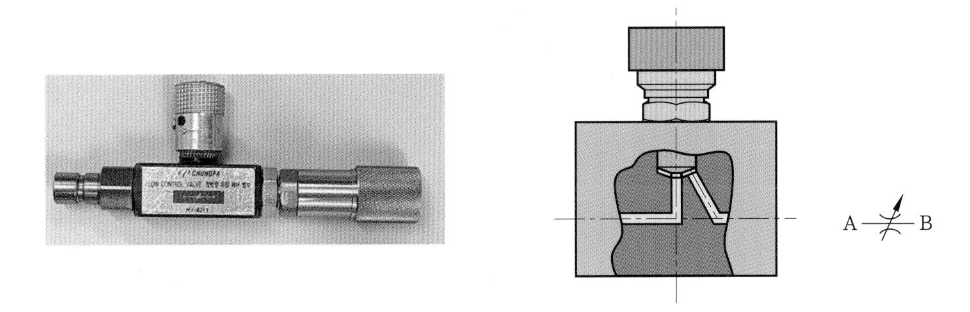

양방향 유량 제어 밸브의 외형과 원리 및 기호

⑦ **체크 밸브 :** 역류 방지용

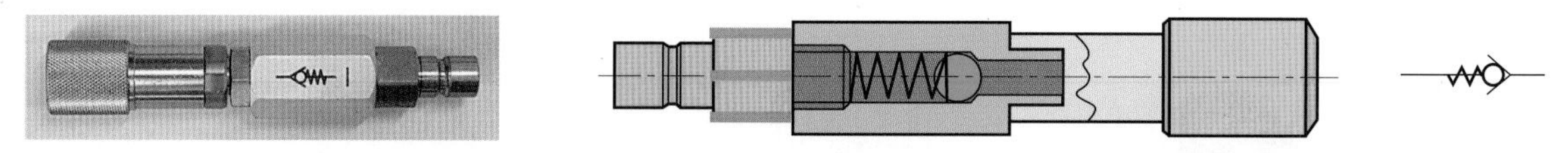

체크 밸브의 외형과 원리 및 기호

⑧ **파일럿형 체크 밸브 :** 파일럿압에 의해 밸브의 개폐가 조작되는 체크 밸브

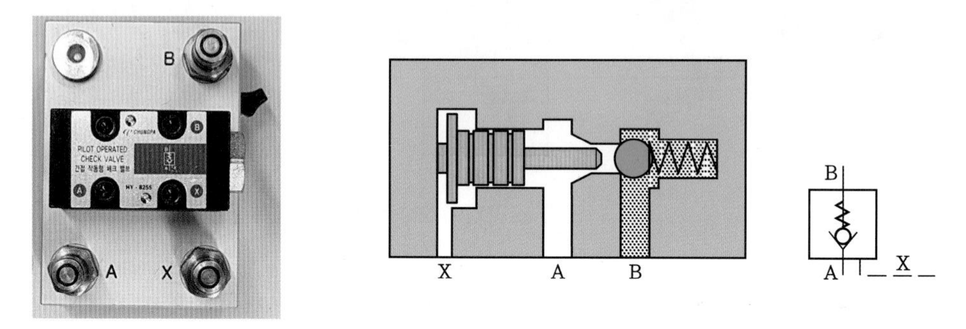

파일럿형 체크 밸브의 외형과 원리 및 기호

1-6 논리 회로

제3부 전기 공압 제어 중 1장 1-5 논리 회로를 참고한다.

과제 1 단동 실린더 제어 회로 구성

1 제어 조건

주어진 유압 및 전기 회로도를 다음 조건에 맞게 완성하고, 구성하여 운전하시오.

① 단동 실린더와 3/2 WAY 단동 솔레노이드 방향 제어 밸브를 사용하시오.

② 유압 회로도와 같이 유압 기기를 선정하여 고정판에 배치하시오. (단, 유압 기기는 수평 또는 수직 방향으로 임의로 배치하고, 리밋 스위치는 방향성을 고려하여 설치한다.)

③ 유압 호스를 사용하여 배치된 기기를 연결 · 완성하시오. (단, 케이블 타이를 사용하여 실린더 등 액추에이터 작동 부분의 전선과 호스가 시스템 동작에 영향을 주지 않도록 정리한다.)

④ 특별히 지정되지 않는 한 모든 스위치는 자동 복귀형 누름 버튼 스위치를 사용하시오.

⑤ 유압 회로가 무부하 회로일 경우 압력 설정에 주의하시오.

⑥ PB1을 누르면 실린더는 전진하고, 떼면 후진하게 하시오.

⑦ 작업이 완료된 상태에서 전원을 투입했을 때 쇼트가 발생하지 않아야 합니다.

⑧ 유압 호스는 곡률 반지름이 70 mm 이상이 되도록 하시오.

⑨ 유압을 공급하게 되면 누유가 없도록 하시오.

⑩ 전기 케이블은 (+)선은 적색, (−)선은 청색 또는 흑색 선으로 배선하시오.

⑪ 유압 시스템의 공급 압력은 4 MPa(40 kgf/cm^2)로 설정하시오.

⑫ 실습 중 작업복 및 안전 보호구를 착용하여 안전 수칙을 준수하시오.

2 유압 및 전기 회로도

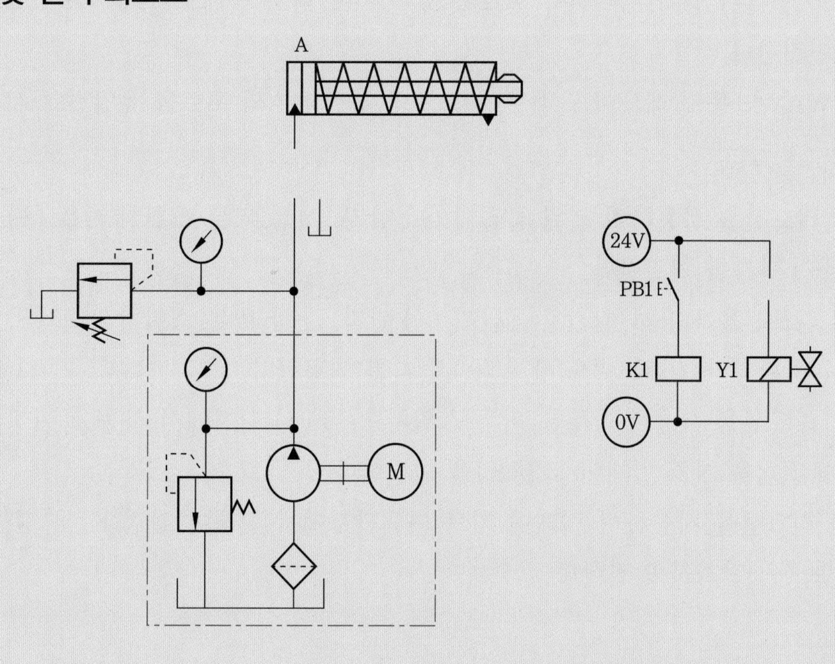

3 실습 순서

(1) 회로 설계를 한다.

① 3/2 WAY 밸브의 A 포트와 실린더 포트를 연결한다.

② 릴레이 접점 K1을 솔레노이드 밸브 Y1과 연결한다.

③ 검토하여 이상이 있으면 수정한다.

(2) 작업 준비를 한다.

① 단동 실린더 1개, 3/2 WAY 단동 솔레노이드 밸브 1개, 릴리프 밸브 1개, 압력 게이지 1개를 선택하여 실습 보드에 설치한다.

② 실습에 사용되는 부품은 실습판에 완전하게 고정한다.

③ 실린더의 운동 구간에 장애물이 없어야 한다.

(3) 공급 압력을 4MPa로 조정한다.

① 모든 기기의 설치 및 배관 시 유압은 차단된 상태이어야 하고, 전원은 단전된 상태이어야 한다.

② 릴리프 밸브 T 포트와 유량 컵 또는 탱크를 유압 호스로 연결한다.

③ 릴리프 밸브 P 포트에 펌프와 연결된 압력 게이지측 포트를 유압 호스로 연결한다.

④ 펌프 전원을 ON시키고 릴리프 밸브 손잡이를 회전시켜 압력 게이지의 압력이 4MPa이 되도록 조정한다.

(4) 배관 작업을 한다.

① 3/2 WAY 단동 솔레노이드 밸브 T 포트와 유량 컵 또는 탱크를 유압 호스로 연결한다.

② 펌프와 연결된 압력 게이지측 포트와 3/2 WAY 단동 솔레노이드 밸브 P 포트를 유압 호스로 연결한다.

③ 3/2 WAY 단동 솔레노이드 밸브 A 포트와 실린더 A의 포트를 유압 호스로 연결한다.

(5) 배선 작업을 한다.

① 적색 리드선을 사용하여 전원 공급기 (+) 단자, 누름 버튼 스위치 키트 (+) 단자, 릴레이 키트 (+) 단자를 연결한다.

② 청색 리드선을 사용하여 전원 공급기 (−) 단자, 누름 버튼 스위치 키트 (−) 단자, 릴레이 키트 (−) 단자와 솔레노이드 밸브 (−) 단자를 연결한다.

③ 적색 리드선을 사용하여 누름 버튼 스위치 키트 (+) 단자에서 자동 복귀형 누름 버튼 스위치 a 접점을 거쳐 릴레이 코일 K1을 연결한다.

④ 적색 리드선을 사용하여 릴레이 키트 (+) 단자에서 릴레이 접점 K1 a 접점과 솔레노이드 밸브 (+) 단자를 연결한다.

(6) 정상 작동을 확인한다.

① 펌프를 가동시켜 유압 작동유의 누설이 없는지 확인한다. 누설이 있을 경우 배관을 점검한다.

② 스위치 PB1을 누르고 있으면 실린더 A가 전진하고 놓으면 후진하는 것을 확인한다.

(7) 각 기기를 해체하여 정리정돈한다.

① 전원 공급기의 전원을 OFF시키고, 펌프를 정지시킨다.

② 유압 호스와 리드선을 제거한다.

③ 각 기기를 실습 보드에서 분리시키고 정리정돈한다.

④ 각 과제를 종료하면 작업한 자리의 부품 정리, 기름 제거, 유압 배관 정리, 전선 정리 등 모든 상태를 초기 상태로 정리한다.

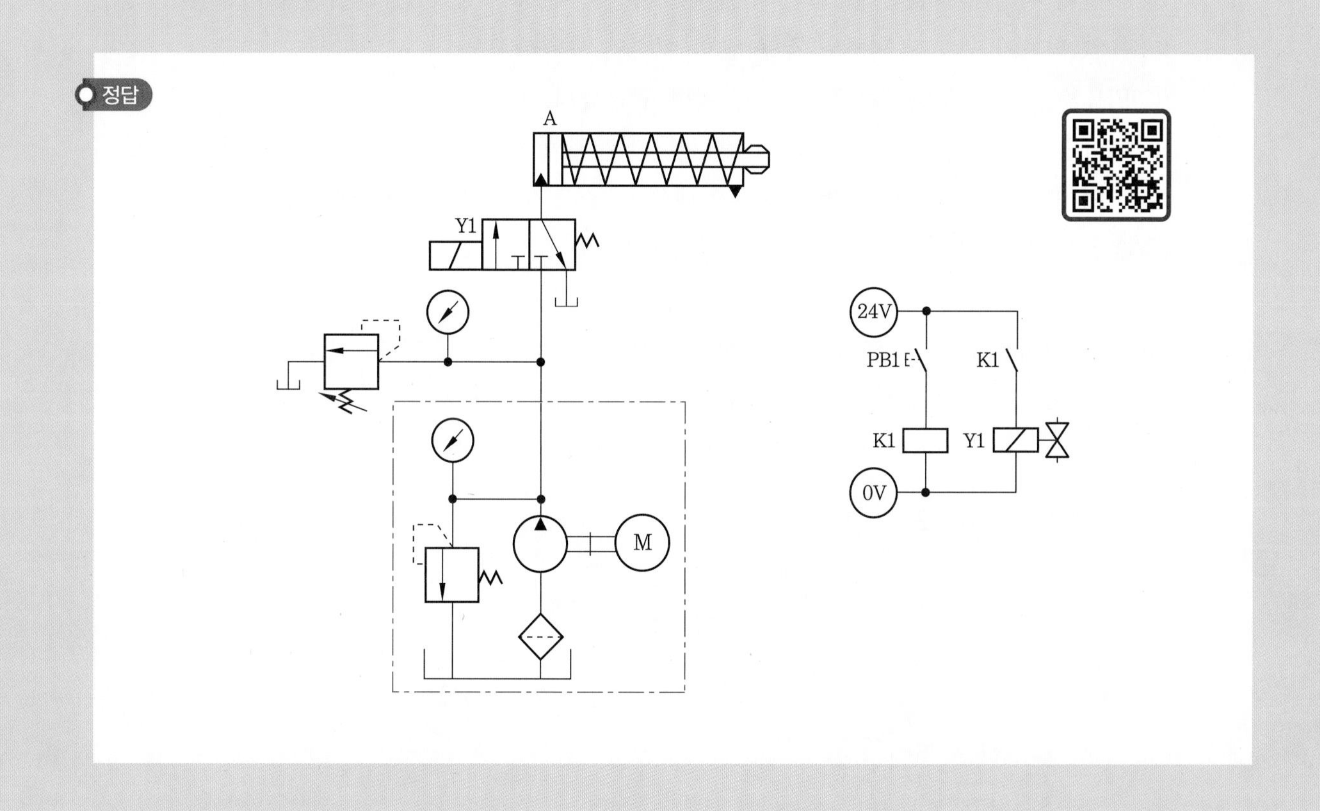

과제 2 단동 솔레노이드 밸브를 사용한 복동 실린더 회로 구성

1 제어 조건

주어진 유압 회로 및 전기 회로도를 다음 조건에 맞게 완성하고, 구성하여 운전하시오.

① 복동 실린더와 4/2 WAY 단동 솔레노이드 방향 제어 밸브를 사용하여 고정판에 배치하시오.

② 유압 회로도와 같이 유압 기기를 선정하여 고정판에 배치하시오. (단, 유압 기기는 수평 또는 수직 방향으로 임의로 배치하고, 리밋 스위치는 방향성을 고려하여 설치한다.)

③ 유압 호스를 사용하여 배치된 기기를 연결 · 완성하시오. (단, 케이블 타이를 사용하여 실린더 등 액추에이터 작동 부분의 전선과 호스가 시스템 동작에 영향을 주지 않도록 정리한다.)

④ 특별히 지정되지 않는 한 모든 스위치는 자동 복귀형 누름 버튼 스위치를 사용하시오.

⑤ 유압 회로가 무부하 회로일 경우 압력 설정에 주의하시오.

⑥ PB1을 누르면 실린더는 전진하고, 떼면 후진하게 하시오.

⑦ 한방향 유량 조절 밸브를 사용하여 실린더가 전진할 때 미터 아웃으로 속도를 제어하시오.

⑧ 작업이 완료된 상태에서 전원을 투입했을 때 쇼트가 발생하지 않아야 합니다.

⑨ 유압 호스는 곡률 반지름이 70 mm 이상이 되도록 하시오.

⑩ 유압을 공급하게 되면 누유가 없도록 하시오.

⑪ 전기 케이블은 (+)선은 적색, (−)선은 청색 또는 흑색 선으로 배선하시오.

⑫ 유압 시스템의 공급 압력은 4 MPa(40 kgf/cm^2)로 설정하시오.

⑬ 실습 중 작업복 및 안전 보호구를 착용하여 안전 수칙을 준수하시오.

2 유압 및 전기 회로도

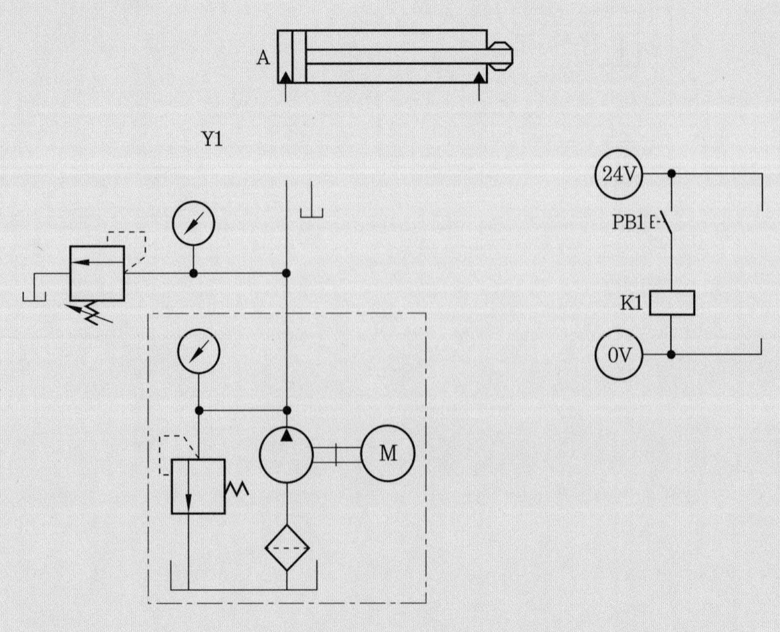

3 실습 순서

(1) 회로 설계를 한다.

① 4/2 WAY 밸브의 A 포트와 실린더 헤드측 포트를 연결한다.

② 4/2 WAY 밸브의 A 포트에 한방향 유량 제어 밸브를 거쳐 실린더 헤드측 포트를 연결한다.

③ 릴레이 접점 K1을 솔레노이드 밸브 Y1과 연결한다.

④ 검토하여 이상이 있으면 수정한다.

(2) 작업 준비를 한다.

① 복동 실린더 1개, 4/2 WAY 단동 솔레노이드 밸브 1개, 라인형 한방향 유량 제어 밸브 1개, 압력 게이지 1개를 선택하여 실습 보드에 설치한다.

② 실습에 사용되는 부품은 실습판에 완전하게 고정한다.

③ 실린더의 운동 구간에 장애물이 없어야 한다.

(3) 공급 압력을 4MPa로 조정한다.

① 모든 기기의 설치 및 배관 시 유압은 차단된 상태이어야 하고, 전원은 단전된 상태이어야 한다.

② 릴리프 밸브 T 포트와 유량 컵 또는 탱크를 유압 호스로 연결한다.

③ 릴리프 밸브 P 포트에 펌프와 연결된 압력 게이지측 포트를 유압 호스로 연결한다.

④ 펌프 전원을 ON시키고 릴리프 밸브 손잡이를 회전시켜 압력 게이지의 압력이 4MPa이 되도록 조정한다.

(4) 배관 작업을 한다.

① 4/2 WAY 단동 솔레노이드 밸브 T포트와 유량 컵 또는 탱크를 호스로 연결한다.

② 펌프와 연결된 압력 게이지측 포트와 4/2 WAY 단동 솔레노이드 밸브 P 포트를 호스로 연결한다.

③ 4/2 WAY 단동 솔레노이드 밸브 A 포트와 실린더 A의 헤드측 포트를 호스로 연결한다.

④ 4/2 WAY 단동 솔레노이드 밸브 B 포트에 한방향 유량 제어 밸브를 거쳐 실린더 A 로드측 포트를 호스로 연결한다.

(5) 배선 작업을 한다.

① 적색 리드선을 사용하여 전원 공급기 (+) 단자, 누름 버튼 스위치 키트 (+) 단자, 릴레이 키트 (+) 단자를 연결한다.

② 청색 리드선을 사용하여 전원 공급기 (–) 단자, 누름 버튼 스위치 키트 (–) 단자, 릴레이 키트 (–) 단자와 솔레노이드 밸브 (–) 단자를 연결한다.

③ 적색 리드선을 사용하여 누름 버튼 스위치 키트 (+) 단자에서 자동 복귀형 누름 버튼 스위치 a 접점을 거쳐 릴레이 코일 K1을 연결한다.

④ 적색 리드선을 사용하여 릴레이 키트 (+) 단자에서 릴레이 접점 K1 a 접점과 솔레노이드 밸브 (+) 단자를 연결한다.
⑤ 청색 리드선을 사용하여 릴레이 코일 (−) 단자와 릴레이 키트 (−) 단자를 연결한다.

(6) 정상 작동을 확인한다.
① 펌프를 가동시켜 유압 작동유의 누설이 없는지 확인한다. 누설이 있을 경우 배관을 점검한다.
② 자동 복귀형 누름 버튼 스위치를 누르고 있으면 실린더가 전진하고 놓으면 실린더가 후진하는 것을 확인한다.
③ 실린더가 전진할 때 속도 제어가 가능하다.

(7) 각 기기를 해체하여 정리정돈한다.
① 전원 공급기의 전원을 OFF시키고, 펌프를 정지시킨다.
② 유압 호스와 리드선을 제거한다.
③ 각 기기를 실습 보드에서 분리시키고 정리정돈한다.
④ 각 과제를 종료하면 작업한 자리의 부품 정리, 기름 제거, 유압 배관 정리, 전선 정리 등 모든 상태를 초기 상태로 정리한다.

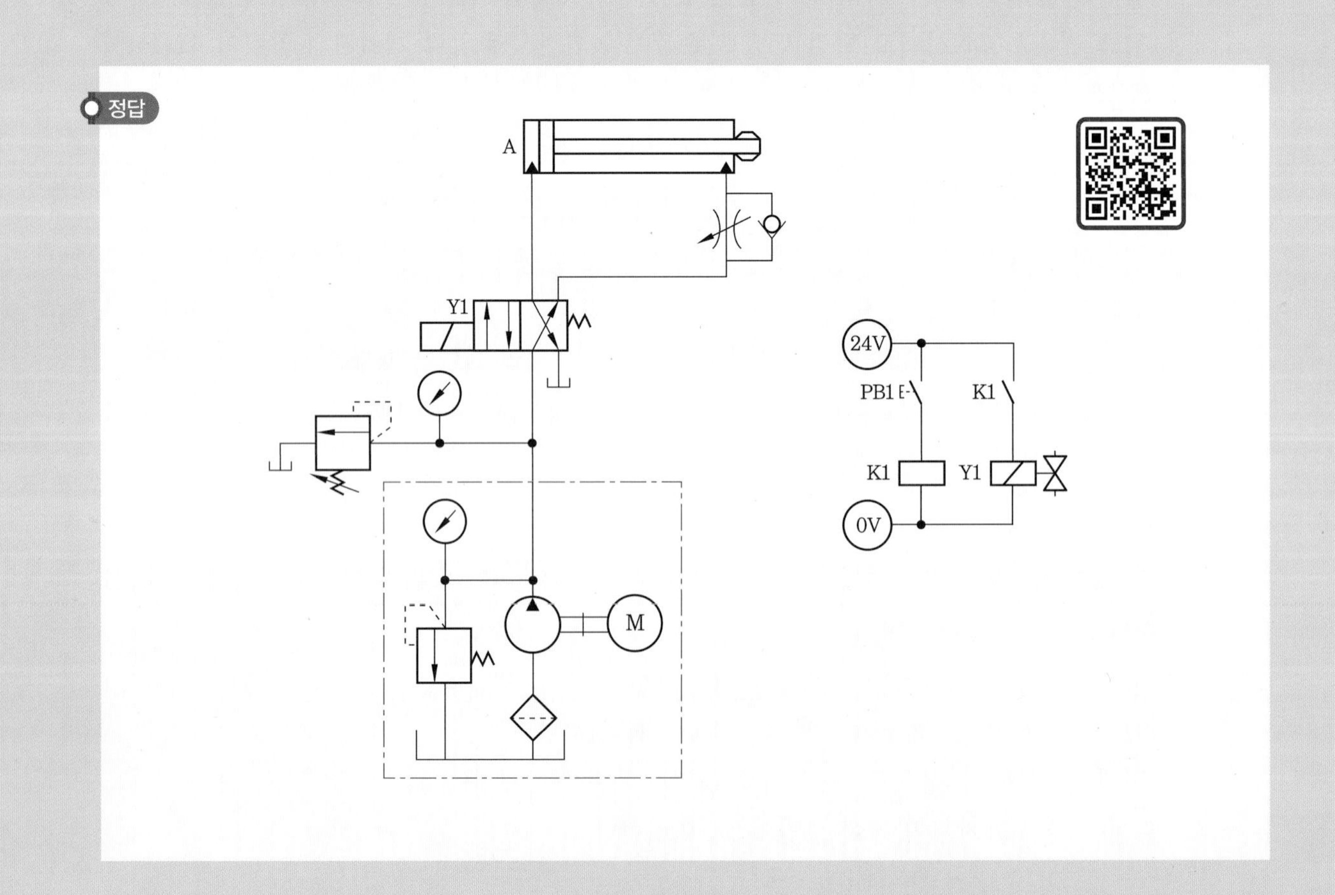

과제 3 복동 솔레노이드 밸브를 사용한 복동 실린더 회로 구성

1 제어 조건

주어진 유압 및 전기 회로도를 다음 조건에 맞게 완성하고, 구성하여 운전하시오.

① 복동 실린더와 4/2 WAY 복동 솔레노이드 방향 제어 밸브를 사용하시오.

② 유압 회로도와 같이 유압 기기를 선정하여 고정판에 배치하시오. (단, 유압 기기는 수평 또는 수직 방향으로 임의로 배치하고, 리밋 스위치는 방향성을 고려하여 설치한다.)

③ 유압 호스를 사용하여 배치된 기기를 연결 · 완성하시오. (단, 케이블 타이를 사용하여 실린더 등 액추에이터 작동 부분의 전선과 호스가 시스템 동작에 영향을 주지 않도록 정리한다.)

④ 특별히 지정되지 않는 한 모든 스위치는 자동 복귀형 누름 버튼 스위치를 사용하시오.

⑤ 실린더가 후진된 상태에서 누름 버튼 PB1을 1회 ON-OFF하면 실린더는 전진하고, 전진 완료되거나 누름 버튼 PB1을 1회 ON-OFF하면 실린더가 후진하도록 하시오.

⑥ 한방향 유량 조절 밸브를 사용하여 실린더가 후진할 때 미터 아웃으로 속도를 제어하시오.

⑦ 작업이 완료된 상태에서 전원을 투입했을 때 쇼트가 발생하지 않아야 합니다.

⑧ 전기 케이블은 (+)선은 적색, (−)선은 청색 또는 흑색 선으로 배선하시오.

⑨ 유압 시스템의 공급 압력은 4 MPa(40 kgf/cm²)로 설정하시오.

2 유압 및 전기 회로도

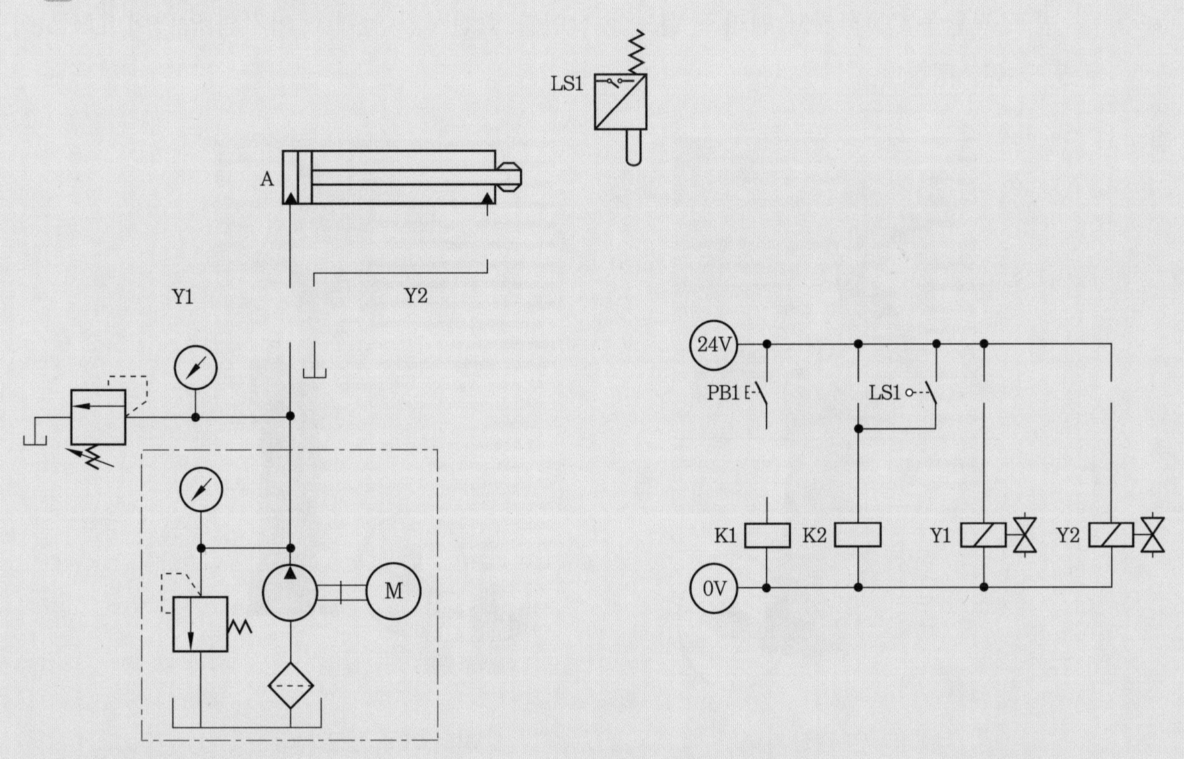

3 실습 순서

(1) 회로도를 완성한다.

① 4/2 WAY 복동 솔레노이드 밸브와 실린더 사이에 유량 제어 밸브를 삽입한다.

② 리밋 스위치 1S1 및 K2 릴레이 코일, 솔레노이드 밸브를 먼저 그리고, 접점을 그린다.

③ 검토하여 이상이 있으면 수정한다.

(2) 작업 준비를 한다.

① 복동 실린더 1개, 릴리프 밸브 1개, 압력 게이지 1개, 4/2 WAY 복동 솔레노이드 밸브 1개, 라인형 한방향 유량 조절 밸브 1개, 리밋 스위치 1개를 선택하여 실습 보드에 설치한다.

② 한방향 유량 조절 밸브의 방향에 유의하여 설치한다.

③ 리밋 스위치의 위치와 롤러의 방향에 주의한다.

④ 실습에 사용되는 부품은 실습판에 완전하게 고정한다.

⑤ 실린더의 운동 구간에 장애물이 없어야 한다.

(3) 공급 압력을 4MPa로 조정한다.

① 모든 기기의 설치 및 배관 시 유압은 차단된 상태이어야 하고, 전원은 단전된 상태이어야 한다.

② 릴리프 밸브 T 포트와 유량 컵 또는 탱크를 유압 호스로 연결한다.

③ 릴리프 밸브 P 포트에 펌프와 연결된 압력 게이지측 포트를 유압 호스로 연결한다.

④ 펌프 전원을 ON시키고 릴리프 밸브 손잡이를 회전시켜 압력 게이지의 압력이 4MPa이 되도록 조정한다.

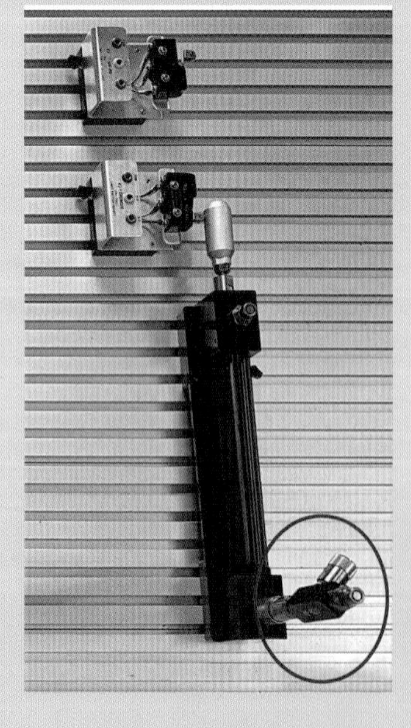

미터 인 전진 제어

미터 아웃 전진 제어

(4) 배관 작업을 한다.

① 모든 기기의 설치 및 배관 시 펌프는 정지 상태이어야 하고, 전원은 단전된 상태이어야 한다.

② 4/2 WAY 복동 솔레노이드 밸브 T 포트와 유량 컵 또는 탱크에 유압 호스로 연결한다.

③ 펌프와 연결된 압력 게이지측 포트와 4/2 WAY 복동 솔레노이드 밸브 P 포트를 유압 호스로 연결한다.

④ 4/2 WAY 복동 솔레노이드 밸브 A 포트와 실린더 피스톤 헤드측 포트를 유압 호스로 연결한다.

⑤ 3/2 WAY 복동 솔레노이드 밸브 B 포트와 유량 조절 밸브 OUT측 포트를 유압 호스로 연결한다.

⑥ 유량 조절 밸브 IN측 포트와 실린더 로드측 포트를 유압 호스로 연결한다.

(5) 배선 작업을 한다.

① 적색 리드선을 사용하여 전원 공급기 (+) 단자, 누름 버튼 스위치 키트 (+) 단자, 릴레이 키트 (+) 단자를 연결한다.

② 청색 리드선을 사용하여 전원 공급기 (–) 단자, 누름 버튼 스위치 키트 (–) 단자, 릴레이 키트 (–) 단자를 연결한다.

③ 청색 리드선을 사용하여 릴레이 코일 K1과 K2의 (–) 단자를 릴레이 키트 (–) 단자에 연결한다.

④ 적색 리드선을 사용하여 누름 버튼 스위치 키트 (+) 단자에서 자동 복귀형 누름 버튼 스위치 PB1의 a 접점을 거쳐 릴레이 접점 K2 b 접점을 연결한 후 릴레이 코일 K1 (+) 단자를 연결한다.

⑤ 적색 리드선을 사용하여 누름 버튼 스위치 키트 (+) 단자에서 자동 복귀형 누름 버튼 스위치 PB2의 a 접점을 거쳐 릴레이 코일 K2 (+) 단자를 연결한다.

⑥ 적색 리드선을 사용하여 누름 버튼 스위치 키트 (+) 단자에서 LS1 리밋 스위치 COM 단자를 연결하고 NO(a 접점) 단자와 자동 복귀형 누름 버튼 스위치 PB2의 a 접점을 연결한다.

⑦ 적색 리드선을 사용하여 릴레이 키트 (+) 단자에서 릴레이 접점 K1 a 접점을 거쳐 솔레노이드 밸브 Y1의 (+) 단자를 연결한다.

⑧ 적색 리드선을 사용하여 릴레이 키트 (+) 단자에서 릴레이 접점 K2 a 접점을 거쳐 솔레노이드 밸브 Y2의 (+) 단자를 연결한다.

(6) 정상 작동을 확인한다.

① 펌프를 가동시켜 유압 작동유의 누설이 없는지 확인한다. 누설이 있을 경우 배관을 점검한다.

② 실린더의 동작 상태를 확인한다.

(가) 자동 복귀형 누름 버튼 스위치 PB1을 ON-OFF하면 실린더가 전진하고 전진 완료하면 실린더가 후진하는 것을 확인한다.

(나) 실린더가 전진하고 있는 중 자동 복귀형 누름 버튼 스위치 PB2를 ON-OFF하면 실린더는 즉시 후진한다.

③ 유량 조절 밸브에 의해 실린더의 전진 속도를 조정한다.

(7) 각 기기를 해체하여 정리정돈한다.

① 전원 공급기의 전원을 OFF시키고, 펌프를 정지시킨다.

② 유압 호스와 리드선을 제거한다.

③ 각 기기를 실습 보드에서 분리시키고 정리정돈한다.

④ 각 과제를 종료하면 작업한 자리의 부품 정리, 기름 제거, 유압 배관 정리, 전선 정리 등 모든 상태를 초기 상태로 정리한다.

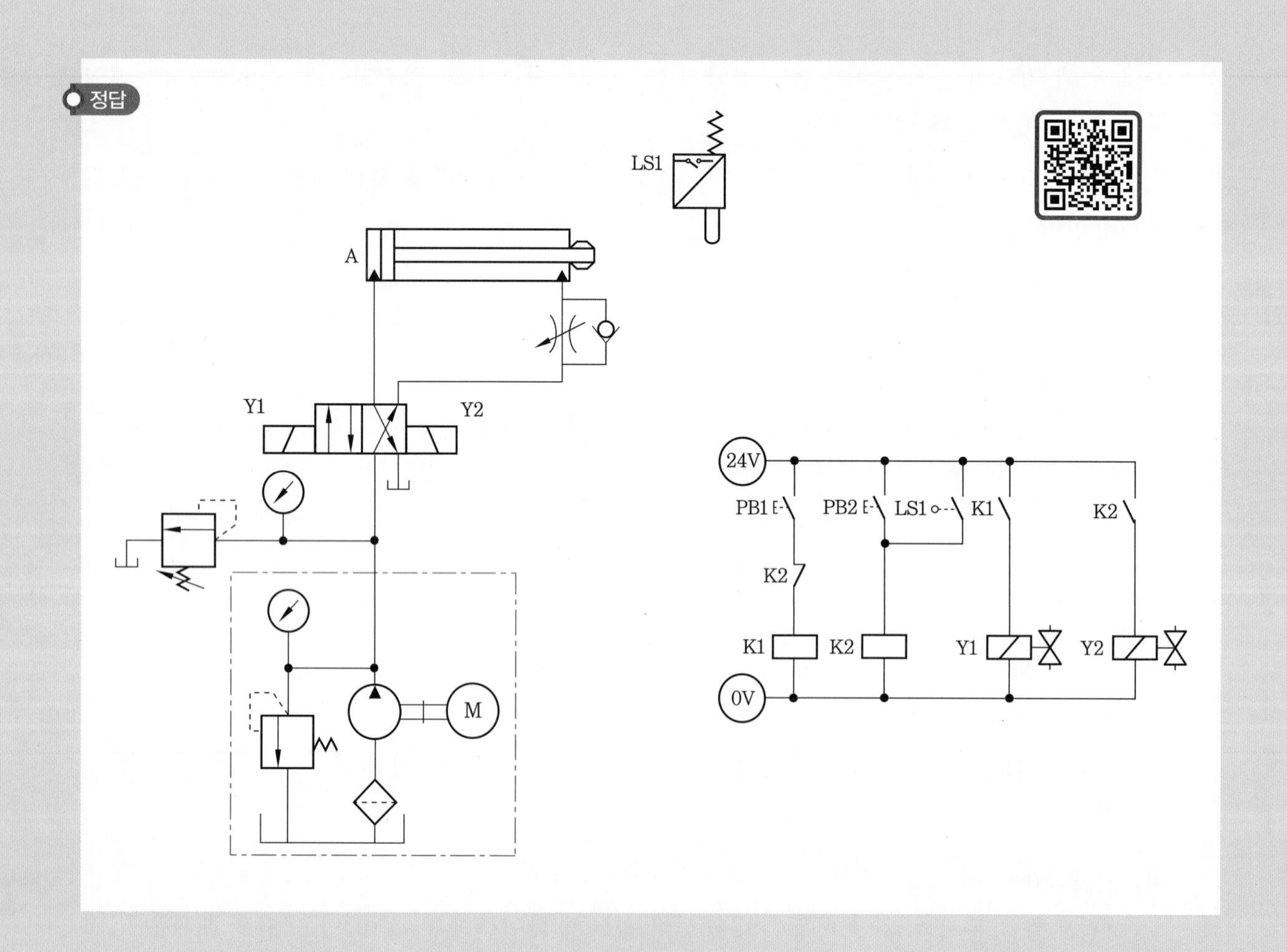

제2장 자동 왕복과 재생 회로 구성

2-1 복동 실린더 왕복 작동 회로

1 4/2 WAY 단동 솔레노이드 밸브에 의한 왕복 회로

(1) 제어 조건 및 동작 원리

① 복동 실린더와 4/2 WAY 복동 솔레노이드 밸브와 리밋 스위치를 사용한 실린더 왕복 회로를 설계 및 구성한다.

② 유압 회로도와 같이 유압 기기를 선정하여 고정판에 배치하되 유압 기기는 수평 또는 수직 방향으로 임의로 배치하고, 리밋 스위치는 방향성을 고려하여 설치한다.

③ 유압 호스를 사용하여 배치된 기기를 연결 · 완성하되 케이블 타이를 사용하여 실린더 등 액추에이터 작동 부분의 전선과 호스가 시스템 동작에 영향을 주지 않도록 정리한다.

④ 실린더가 후진되어 있는 상태, 즉 전기 리밋 스위치 LS1이 통전되어 있는 상태에서 자동 복귀형 스위치 PB1을 1회 ON-OFF하면 릴레이 코일 K1이 여자되면서 자기 유지된다.

⑤ 릴레이 K1 a 접점이 통전되면 솔레노이드 밸브 Y1이 여자되면서 실린더 1A가 전진한다.

⑥ 실린더 A가 전진 완료되면 실린더 도그가 전기 리밋 스위치 LS2를 접촉시켜 접점이 통전되어 릴레이 코일 K2가 여자된다.

⑦ K2가 여자되면 K2 b 접점에 의해 인터록되어 자기 유지가 해제된다.

⑧ 이어서 릴레이 코일 K1이 소자되어 솔레노이드 밸브 Y1이 소자되면서 스프링에 의해 복귀된다.

⑨ 솔레노이드 밸브 Y1이 복귀되므로 실린더는 후진 운동을 하는 실린더 왕복 작동 회로가 완성된다.

⑩ 여기서 리밋 스위치 LS1은 b 접점으로 표기되어 있으나 리밋 스위치의 초기 상태가 눌림 상태를 나타내는 화살표가 있으므로 a 접점으로 연결한다.

⑪ 작업이 완료된 상태에서 전원을 투입했을 때 쇼트가 발생하지 않아야 한다.

⑫ 유압 호스는 곡률 반지름이 70 mm 이상이 되도록 하고, 유압을 공급하게 되면 누유가 없도록 한다.

⑬ 전기 케이블은 (+)선은 적색, (−)선은 청색 또는 흑색 선으로 배선한다.

⑭ 유압 시스템의 공급 압력은 4 MPa(40 kgf/cm^2)로 설정한다.

⑮ 안전 수칙을 준수한다.

(2) 유압 및 전기 회로도

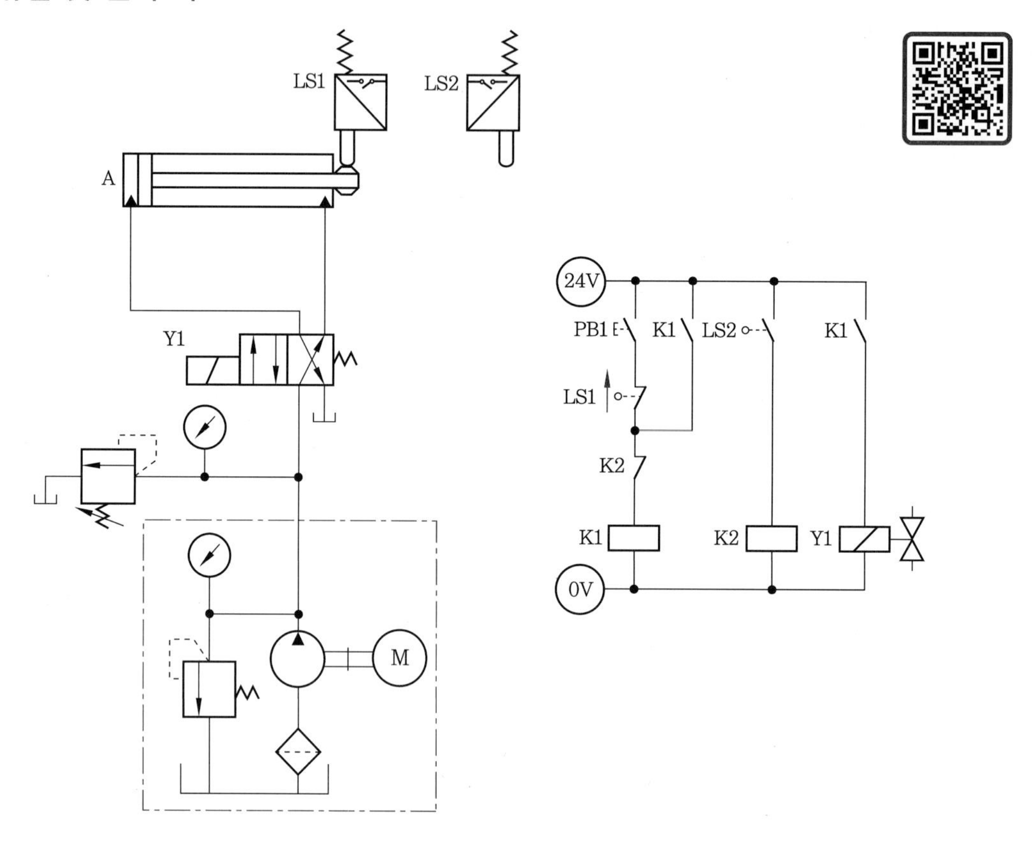

2 4/2 WAY 복동 솔레노이드 밸브에 의한 왕복 회로

(1) 제어 조건 및 동작 원리

① 실린더가 후진되어 있는 상태, 즉 전기 리밋 스위치 LS1이 통전되어 있는 상태에서 PB1 자동 복귀형 스위치를 1회 ON−OFF하면 릴레이 코일 K1이 여자되어 Y1 솔레노이드 밸브가 여자되면서 밸브가 변환되어 실린더가 전진한다.

② 실린더가 전진 완료되면 실린더 도그가 전기 리밋 스위치 LS2를 접촉시켜 접점이 통전되어 릴레이 코일 K2가 여자된다.

③ 릴레이 코일 K2가 여자되어 접점 K2 a 접점이 통전되고, Y2 솔레노이드 밸브가 여자되어 후진 위치로 변환된다.

④ 이에 실린더는 후진 운동을 하는 실린더 왕복 작동 회로가 완성된다.

⑤ 여기서 리밋 스위치 LS1은 b 접점으로 표기되어 있으나 리밋 스위치의 초기 상태가 눌림 상태를 나타내는 화살표가 있으므로 a 접점으로 연결한다.

(2) 유압 및 전기 회로도

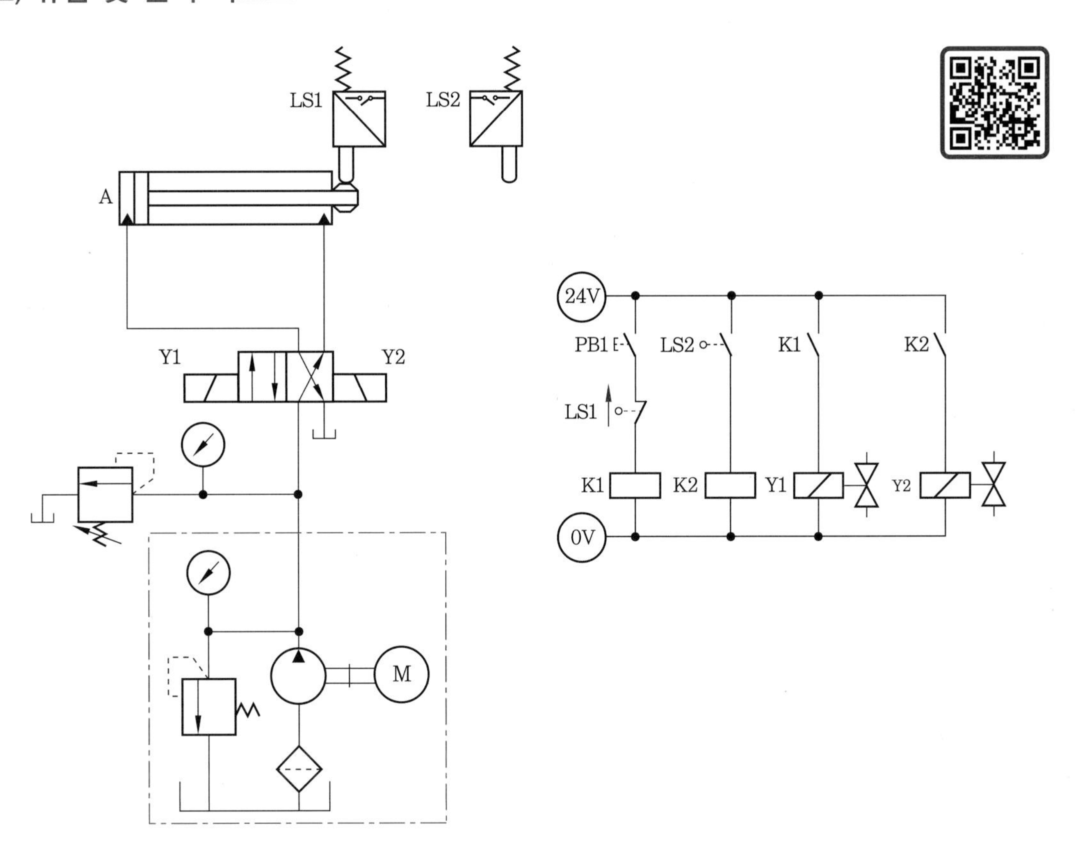

3 4/3 WAY 솔레노이드 밸브에 의한 왕복 회로

(1) 제어 조건 및 동작 원리

① 실린더가 후진되어 있는 상태, 즉 전기 리밋 스위치 LS1이 통전되어 있는 상태에서 PB1 자동 복귀형 스위치를 1회 ON-OFF하면 릴레이 코일 K1이 여자되면서 자기 유지가 된다.

② 릴레이 접점 K1이 통전되어 Y1 솔레노이드 밸브가 여자되므로 밸브가 변환되어 실린더가 전진한다.

③ 실린더가 전진 완료되면 실린더 도그가 전기 리밋 스위치 LS2를 접촉시켜 a 접점이 통전되어 릴레이 코일 K2가 여자되고, 자기 유지가 된다.

④ 릴레이 코일 K1의 인터록 접점인 릴레이 K2 접점에 의해 릴레이 코일 K1은 자기 유지가 해제되어 소자된다.

⑤ 릴레이 코일 K2가 여자되면서 접점 K2 a 접점이 통전되어 Y2 솔레노이드 밸브가 여자되어 후진 위치로 변환된다.

⑥ 이에 실린더는 후진 운동을 하면서 리밋 스위치 LS1을 접촉시켜 a 접점이 통전되어 릴레이 코일 K3이 여자된다.

⑦ 릴레이 코일 K2의 인터록 접점인 릴레이 K3 접점에 의해 릴레이 코일 K2는 자기 유지가 해제되어 소자되면서 실린더 왕복 작동 회로가 완성된다.

⑧ 여기서 리밋 스위치 LS1은 b 접점으로 표기되어 있으나 리밋 스위치의 초기 상태가 눌림 상태를 나타내는 화살표가 있으므로 a 접점으로 연결한다.

(2) 유압 및 전기 회로도

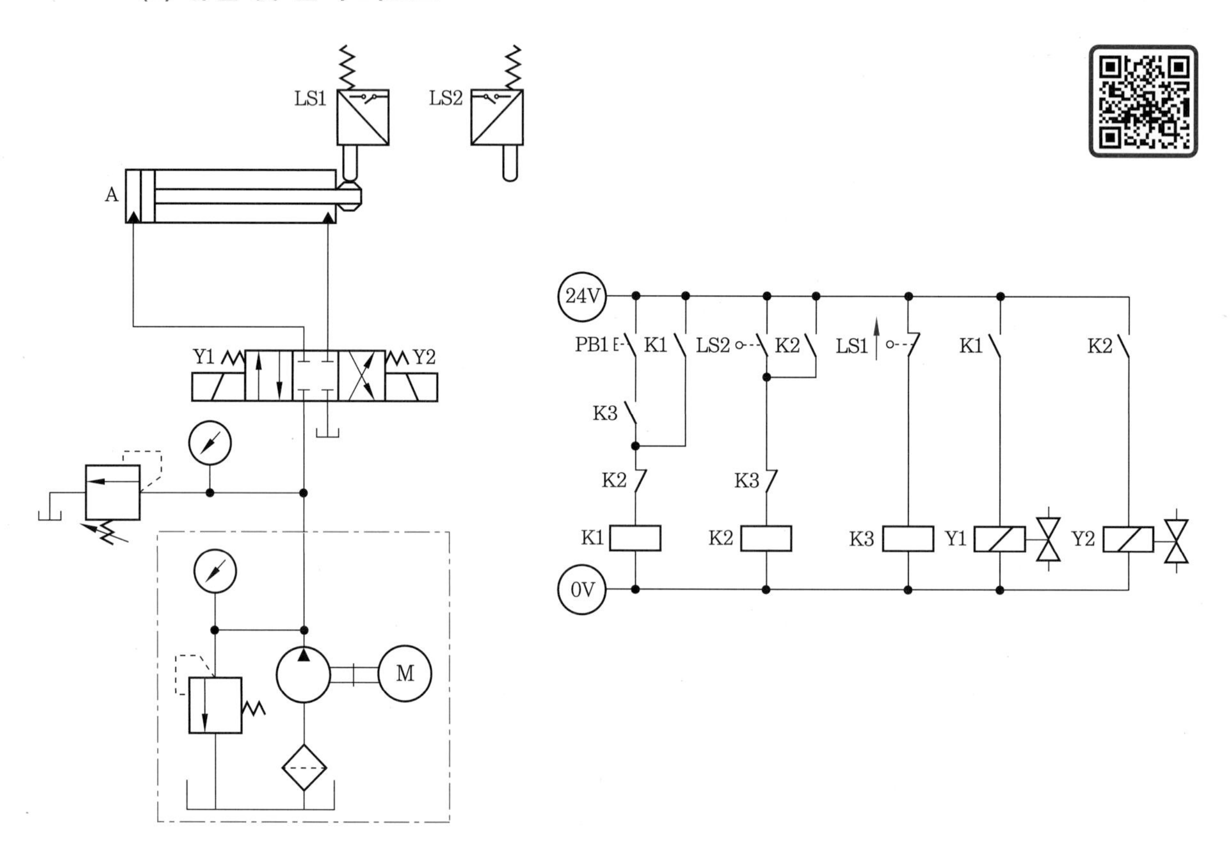

4 3/2 WAY 솔레노이드 밸브를 사용한 재생 회로

(1) 제어 조건

① 작업물의 가장자리는 모떼기 장치의 프로그램을 하도록 한다.

② PB1 스위치를 ON-OFF하면 실린더가 전진하여 모떼기 작업을 수행하고, 전진을 완료하면 리밋 스위치 LS2에 의하여 후진한다.

③ 실린더의 전진 운동을 한방향 유량 조절 밸브를 사용하여 미터 아웃(meter out) 방

식으로 속도를 제어한다.

④ PB2와 PB3 스위치를 추가하여 연속 및 연속 정지 작업이 되도록 한다.

(2) 유압 및 전기 회로도

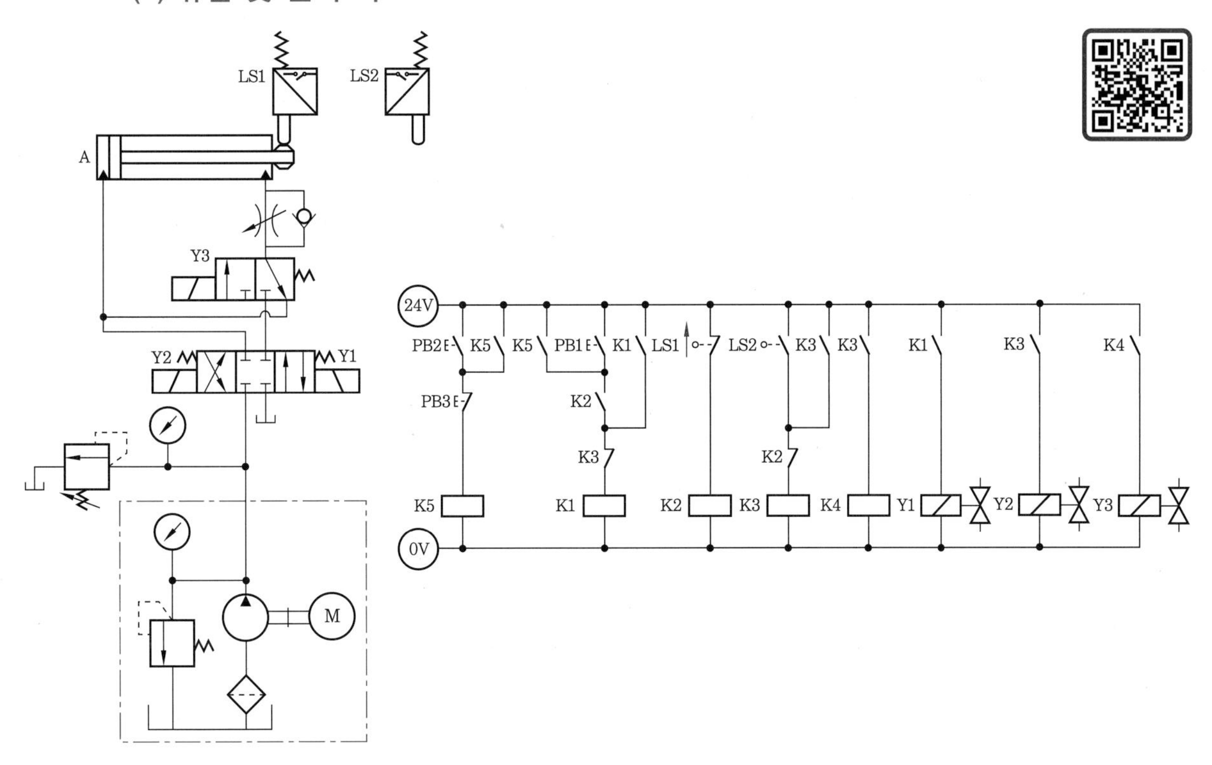

(3) 실습 시 유의 사항

① 유압 회로도에서 Y2 Y1는 Y1 Y2와 좌우 방향이 다르다. 이 경우 솔레노이드 밸브 Y1과 Y2는 회로도 도면과 동일하게 배선하고, 유압 호스만 A를 후진, B를 전진으로 연결하면 정상 운전이 가능하다.

② 다른 방법은 아래와 같이 Y1과 Y2를 바꾸어 연결하고 유압 호스는 주어진 도면과 같이 배관한다.

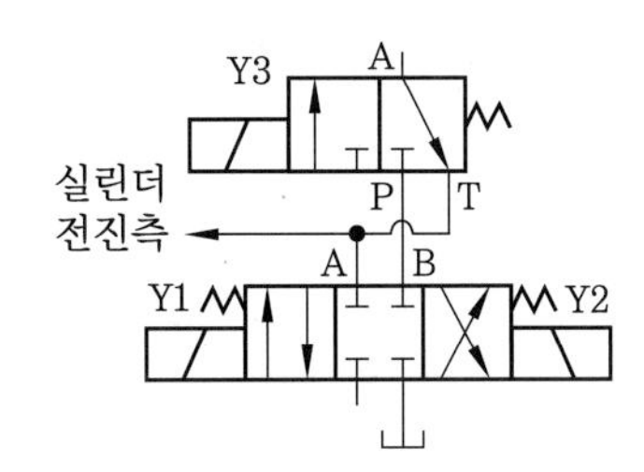

③ 솔레노이드 밸브 Y1, Y2, Y3의 위치를 재확인하여 배선해야 한다.

과제 1 연속 왕복 운동 회로 구성

1 제어 조건

주어진 유압 및 전기 회로도를 다음 조건에 맞게 완성한 후 구성하여 운전하시오.

① 유압 회로도와 같이 유압 기기를 선정하여 고정판에 배치하시오. (단, 유압 기기는 수평 또는 수직 방향으로 임의로 배치하고, 리밋 스위치는 방향성을 고려하여 설치한다.)

② 유압 호스를 사용하여 배치된 기기를 연결 · 완성하시오. (단, 케이블 타이를 사용하여 실린더 등 액추에이터 작동 부분의 전선과 호스가 시스템 동작에 영향을 주지 않도록 정리한다.)

③ 특별히 지정되지 않는 한 모든 스위치는 자동 복귀형 누름 버튼 스위치를 사용하시오.

④ PB1을 ON-OFF하면 실린더가 전진하여 유압 회로 내의 최고 압력 4 MPa로 펀칭 작업이 이루어지고, 전진 운동을 완료하면 리밋 스위치에 의하여 후진합니다.

⑤ 복동 실린더를 사용하고, 실린더의 전진 시 과도한 압력에 의하여 공작물이 파손되는 것을 방지하기 위하여 감압 밸브와 압력 게이지를 사용하여 압력을 (2±0.2)MPa로 변경하시오.

⑥ 전기 타이머를 사용하여 실린더가 전진 완료 후 3초간 정지한 후에 후진하도록 전기 회로를 구성하고 동작시키시오.

⑦ 재작업은 리셋 버튼을 누른 후 작업하도록 하며 중립 위치 밸브를 사용합니다.

⑧ 작업이 완료된 상태에서 전원을 투입했을 때 쇼트가 발생하지 않아야 합니다.

⑨ 유압 호스는 곡률 반지름이 70 mm 이상이 되도록 하시오.

⑩ 유압을 공급하게 되면 누유가 없도록 하시오.

⑪ 전기 케이블은 (+)선은 적색, (-)선은 청색 또는 흑색 선으로 배선하시오.

⑫ 유압 시스템의 공급 압력은 4 MPa(40 kgf/cm^2)로 설정하시오.

⑬ 실습 중 작업복 및 안전 보호구를 착용하여 안전 수칙을 준수하시오.

2 위치도

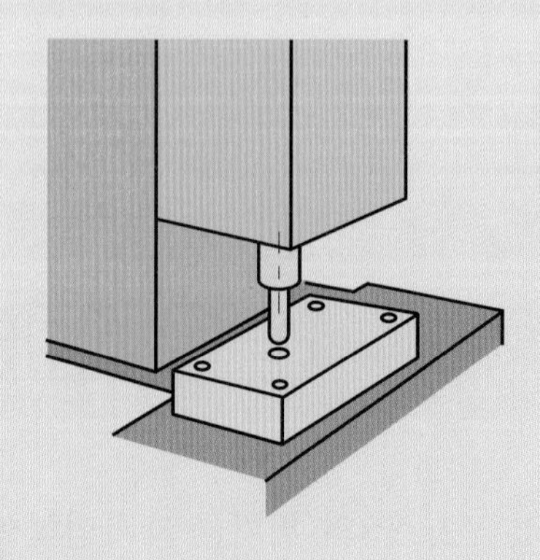

3 유압 및 전기 회로도

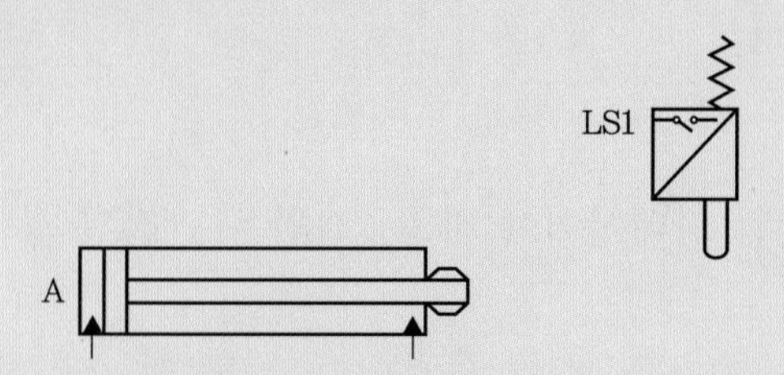

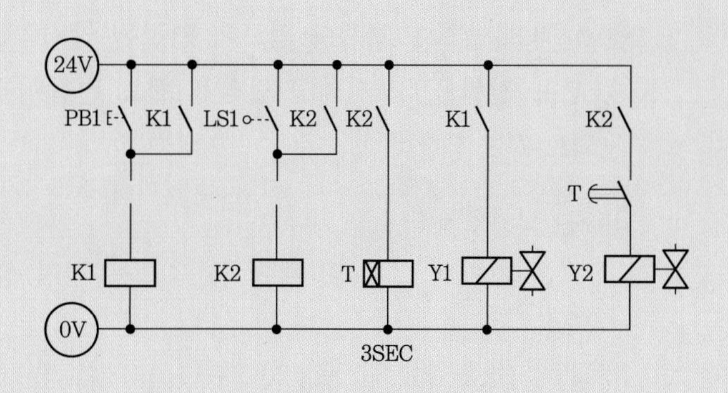

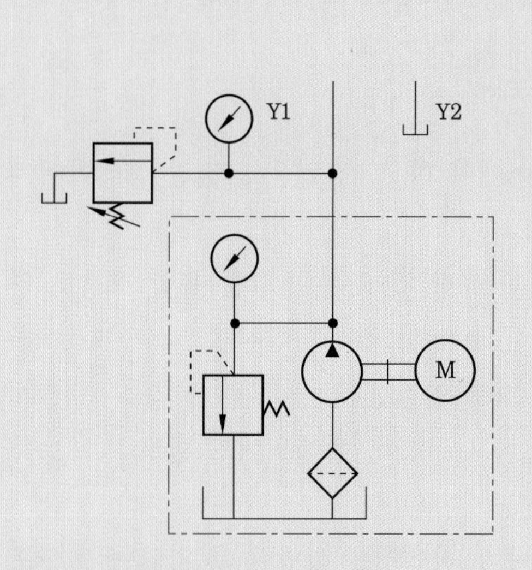

4 실습 순서

(1) 유압 회로를 완성한다.

① 4/3 WAY 올포트 블록 솔레노이드 밸브를 선택하여 회로를 추가로 설계한다.

② 감압 밸브와 체크 밸브 및 압력 게이지를 선택하여 회로를 추가로 설계한다.

③ 검토하여 이상이 있으면 수정한다.

(2) 전기 회로도를 설계한다.

① 릴레이 코일 K1 위에 릴레이 K2 b접점을 삽입하여 인터록 회로를 설계한다.

② 리셋 스위치인 PB2의 b 접점을 릴레이 코일 K2 위에 삽입한 회로를 설계한다.

③ 검토하여 이상이 있으면 수정한다.

(3) 작업 준비를 한다.

① 복동 실린더 1개, 4/3 WAY 올포트 블록 솔레노이드 밸브 1개, 리밋 스위치 1개, 릴리프 밸브 1개, 감압 밸브 1개, 체크 밸브 1개, 압력 게이지 2개를 선택하여 실습 보드에 설치한다.

② 리밋 스위치의 위치와 롤러의 방향에 주의한다.

③ 실습에 사용되는 부품은 실습판에 완전하게 고정한다.

④ 실린더의 운동 구간에 장애물이 없어야 한다.

(4) 공급 압력을 4MPa로 조정한다.

① 모든 기기의 설치 및 배관 시 유압은 차단된 상태이어야 하고, 전원은 단전된 상태이어야 한다.

② 릴리프 밸브 T 포트와 유량 컵 또는 탱크를 유압 호스로 연결한다.

③ 릴리프 밸브 P 포트에 펌프와 연결된 압력 게이지측 포트를 유압 호스로 연결한다.

④ 펌프 전원을 ON시키고 릴리프 밸브 손잡이를 회전시켜 압력 게이지의 압력이 4MPa이 되도록 조정한다.

(5) 배관 작업을 한다.

① 모든 기기의 설치 및 배관 시 펌프는 정지 상태이어야 하고, 전원은 단전된 상태이어야 한다.

② 4/3 WAY 올포트 블록 솔레노이드 밸브 T 포트와 유량 컵 또는 탱크를 유압 호스로 연결한다.

③ 감압 밸브 T 포트와 유량 컵 또는 탱크를 유압 호스로 연결한다.

④ 펌프와 연결된 압력 게이지측 포트와 4/3 WAY 올포트 블록 솔레노이드 밸브 P 포트를 유압 호스로 연결한다.

⑤ 4/3 WAY 올포트 블록 솔레노이드 밸브 A 포트에 T 커넥터를 삽입한 후 감압 밸브 P포트와 체크 밸브 A를 연결한다.

⑥ 감압 밸브의 A 포트에서 압력 게이지, 체크 밸브 B 포트, 실린더 피스톤 헤드측 포트를 호스로 연결한다.

⑦ 4/3 WAY 올포트 블록 솔레노이드 밸브 B 포트를 실린더의 로드측 포트에 유압 호스로 연결한다.

(6) 배선 작업을 한다.

① 적색 리드선을 사용하여 전원 공급기 (+) 단자, 누름 버튼 스위치 키트 (+) 단자, 릴레이 키트 (+) 단자를 연결한다.

② 청색 리드선을 사용하여 전원 공급기 (−) 단자, 누름 버튼 스위치 키트 (−) 단자, 릴레이 키트 (−) 단자와 솔레노이드 밸브 (−) 단자를 연결한다.

③ 적색 리드선과 청색 리드선을 사용하여 완성된 전기 도면과 같이 각 기기의 단자를 연결한다.

④ 타이머는 3초로 조정한다.

(7) 정상 작동을 확인한다.

① 펌프를 가동시켜 유압 작동유의 누설이 없는지 확인한다. 누설이 있을 경우 배관을 점검한다.

② 감압 밸브 출구측에 있는 압력 게이지가 2MPa이 되도록 조정한다.

③ PB1을 1회 ON-OFF하면 실린더가 전진한다.

④ 실린더가 전진하면 3초 후 후진한다.

⑤ 다시 실린더를 작동시키려면 PB2를 ON-OFF한 후 PB1을 1회 ON-OFF해야 실린더가 후진 운동을 하게 된다.

(8) 각 기기를 해체하여 정리정돈한다.

① 전원 공급기의 전원을 OFF시키고, 펌프를 정지시킨다.

② 유압 호스와 리드선을 제거한다.

③ 각 기기를 실습 보드에서 분리시키고 정리정돈한다.

④ 각 과제를 종료하면 작업한 자리의 부품 정리, 기름 제거, 유압 배관 정리, 전선 정리 등 모든 상태를 초기 상태로 정리한다.

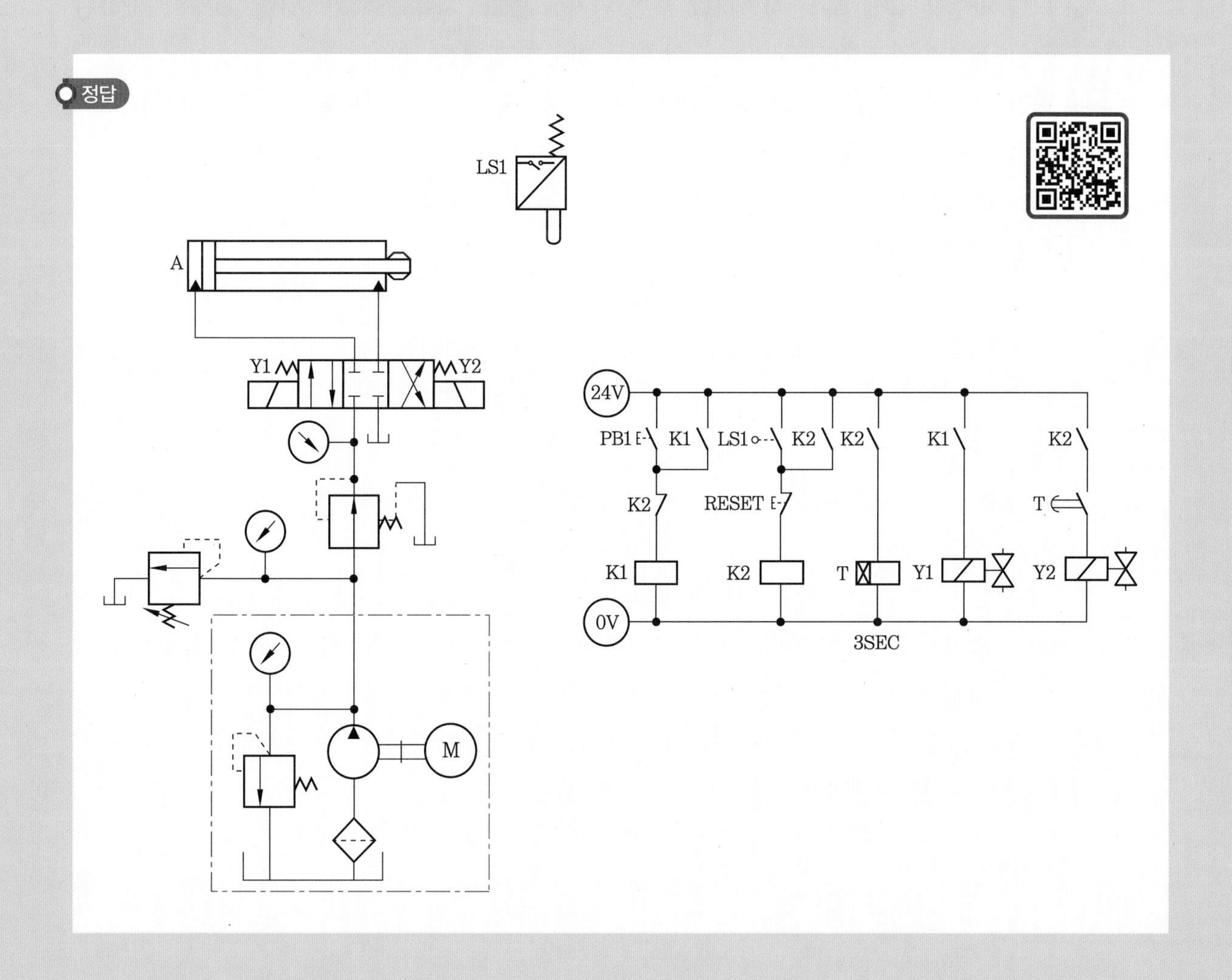

과제 2 재생 회로 설계 구성

1 제어 조건

주어진 유압 및 전기 회로도를 다음 조건에 맞게 완성하고 응용 동작이 되도록 회로를 변경한 후 구성하여 운전하시오.

(1) 기본 동작

① 드릴 작업이 끝난 가공물에 대해 리밍 작업을 하려고 합니다.

② 유압 회로도와 같이 유압 기기를 선정하여 고정판에 배치하시오. (단, 유압 기기는 수평 또는 수직 방향으로 임의로 배치하고, 리밋 스위치는 방향성을 고려하여 설치한다.)

③ 유압 호스를 사용하여 배치된 기기를 연결 · 완성하시오. (단, 케이블 타이를 사용하여 실린더 등 액추에이터 작동 부분의 전선과 호스가 시스템 동작에 영향을 주지 않도록 정리한다.)

④ 특별히 지정되지 않는 한 모든 스위치는 자동 복귀형 누름 버튼 스위치를 사용하시오.

⑤ 리밍 작업은 유압 복동 실린더가 후진 위치에 있고, 시동 스위치 PB1을 ON-OFF하면 실린더는 1회 왕복 운동을 하는 유압 재생 회로를 설계합니다.

⑥ 또한 리밍 작업 시 유압 복동 실린더의 구동 속도는 부하의 변화와 무관해야 합니다.

⑦ 작업이 완료된 상태에서 전원을 투입했을 때 쇼트가 발생하지 않아야 합니다.

⑧ 유압 호스는 곡률 반지름이 70mm 이상이 되도록 하시오.

⑨ 유압을 공급하게 되면 누유가 없도록 하시오.

⑩ 전기 케이블은 (+)선은 적색, (-)선은 청색 또는 흑색 선으로 배선하시오.

⑪ 유압 시스템의 공급 압력은 4MPa(40kgf/cm^2)로 설정하시오.

⑫ 실습 중 작업복 및 안전 보호구를 착용하여 안전 수칙을 준수하시오.

(2) 응용 동작

① 양방향 유량 조절 밸브를 이용하여 실린더의 속도가 일정하게 제어되도록 회로 설계를 변경하시오.

② 기본 동작 회로도에서 유압이 재생되면서 실린더가 연속 왕복운동이 되기 위하여 4/2 WAY 스프링 복귀형 솔레노이드 밸브를 사용하였으나 이를 메모리 기능이 있는 4/2 WAY 복동 솔레노이드 밸브를 사용하여 회로를 재설계한 후 동작시키시오.

③ 정지 스위치(디텐트 스위치 사용)를 OFF하면 연속 왕복 운동은 정지되며 실린더는 후진되도록 추가로 설계하여 구성하시오.

2 위치도

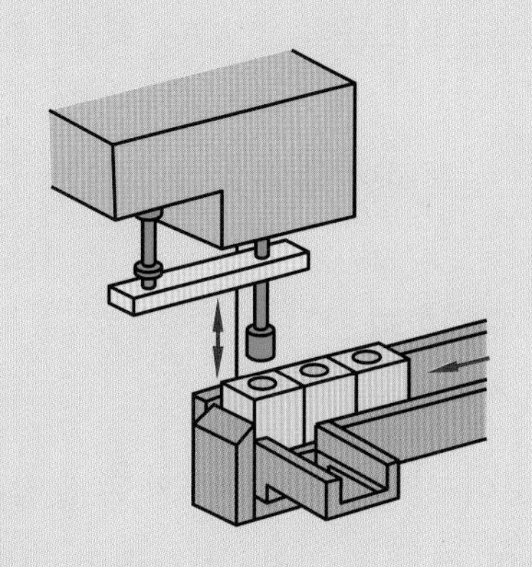

3 기본 동작 유압 및 전기 회로도

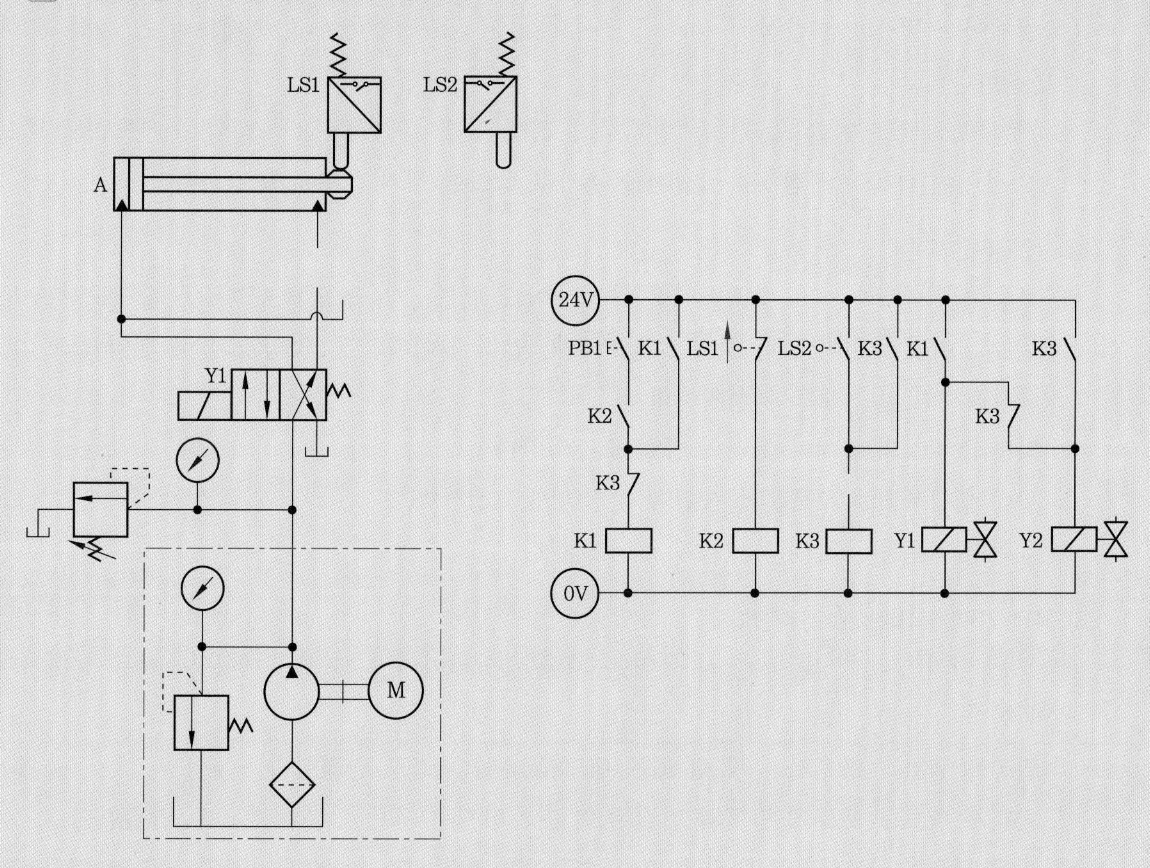

4 실습 순서

(1) 기본 동작 유압 및 전기 회로도를 완성한다.

① 3/2 WAY 밸브를 선택하여 회로를 추가로 설계한다.

② 릴레이 코일 K3의 인터록 접점인 릴레이 K2 b 접점을 삽입한다.

③ 검토하여 이상이 있으면 수정한다.

(2) 응용 동작 유압 및 전기 회로도를 완성한다.

① 4/2 WAY 단동 솔레노이드 밸브를 4/2 WAY 복동 솔레노이드 밸브로 회로를 변경하여 설계한다.

② 양방향 유량 제어 밸브를 선택하여 솔레노이드 밸브 Y1의 P 포트에 추가로 삽입한 유압 회로로 변경한다.

③ 검토하여 이상이 있으면 수정한다.

(3) 전기 회로도를 설계한다.

① 릴레이 접점 K3와 솔레노이드 밸브 Y3를 추가로 삽입한 전기 회로로 변경한다.

② 디텐트 스위치를 선택하여 정지 스위치 및 릴레이 코일 K4를 추가로 삽입한 전기 회로로 변경한다.

③ 릴레이 접점 K4 a 접점을 전기 공급선으로, K4 b 접점 2개를 솔레노이드 Y2와 Y3에 연결한다.

④ 전류의 역류로 인한 오작동을 방지하기 위해 릴레이 접점 K3 아래와 솔레노이드 밸브 Y2 사이에 릴레이 접점 K4 a 접점을 추가로 삽입한 전기 회로로 변경한다.

(4) 작업 준비를 한다.

① 복동 실린더 1개, 4/2 WAY 복동 솔레노이드 밸브 1개, 3/2 WAY 복동 솔레노이드 밸브 1개, 리밋 스위치 2개, 릴리프 밸브 1개, 압력 게이지 1개, 양방향 유량 제어 밸브 1개를 선택하여 실습 보드에 설치한다.

② 리밋 스위치의 위치와 롤러의 방향에 주의한다.

③ 실습에 사용되는 부품은 실습판에 완전하게 고정한다.

④ 실린더의 운동 구간에 장애물이 없어야 한다.

(5) 공급 압력을 4MPa로 조정한다.

① 모든 기기의 설치 및 배관 시 유압은 차단된 상태이어야 하고, 전원은 단전된 상태이어야 한다.

② 릴리프 밸브 T 포트와 유량 컵 또는 탱크를 유압 호스로 연결한다.

③ 릴리프 밸브 P 포트에 펌프와 연결된 압력 게이지측 포트를 유압 호스로 연결한다.

④ 펌프 전원을 ON시키고 릴리프 밸브 손잡이를 회전시켜 압력 게이지의 압력이 4MPa이 되도록 조정한다.

(6) 배관 작업을 한다.

① 모든 기기의 설치 및 배관 시 펌프는 정지 상태이어야 하고, 전원은 단전된 상태이어야 한다.

② 4/2 WAY 솔레노이드 밸브 T 포트와 유량 컵 또는 탱크를 유압 호스로 연결한다.

③ 4/2 WAY 솔레노이드 밸브 A 포트에 T 커넥터를 설치하고, T 커넥터 포트 1개에 실린

더 피스톤 헤드측 포트를, 또 1개는 3/2 WAY 솔레노이드 밸브 T 포트를 유압 호스로 각각 연결한다.

④ 4/2 WAY 솔레노이드 밸브 B 포트와 3/2 WAY 솔레노이드 밸브 P 포트를 유압 호스로 연결한다.

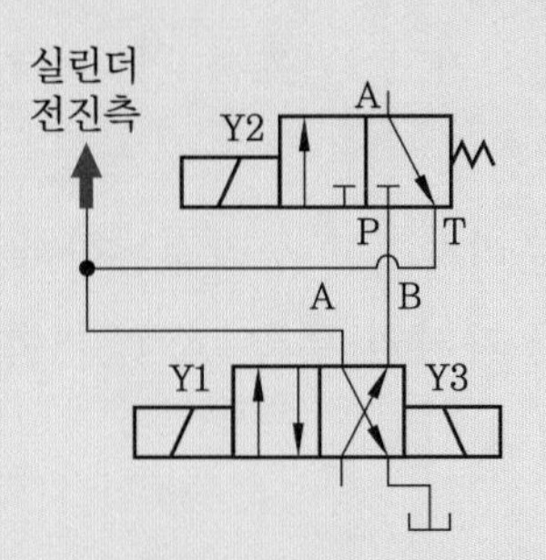

⑤ 3/2 WAY 솔레노이드 밸브 A 포트를 실린더의 로드측 포트에 유압 호스로 연결한다.

⑥ 양방향 유량 제어 밸브를 4/2 WAY 솔레노이드 밸브 P 포트에 삽입한다.

⑦ 압력 게이지측 포트와 양방향 유량 제어 밸브측 포트를 유압 호스로 연결한다.

(7) 배선 작업을 한다.

① 적색 리드선을 사용하여 전원 공급기 (+) 단자, 누름 버튼 스위치 키트 (+) 단자, 릴레이 키트 (+) 단자를 연결한다.

② 청색 리드선을 사용하여 전원 공급기 (−) 단자, 누름 버튼 스위치 키트 (−) 단자, 릴레이 키트 (−) 단자와 솔레노이드 밸브 (−) 단자를 연결한다.

③ 적색 리드선과 청색 리드선을 사용하여 완성된 전기 도면과 같이 각 기기의 단자를 연결한다.

④ 7열 릴레이 접점 K1 a 이동 접점 아래 K3 b 접점과 8열 K3 a 이동 접점의 연결은 다음 그림과 같이 한다.

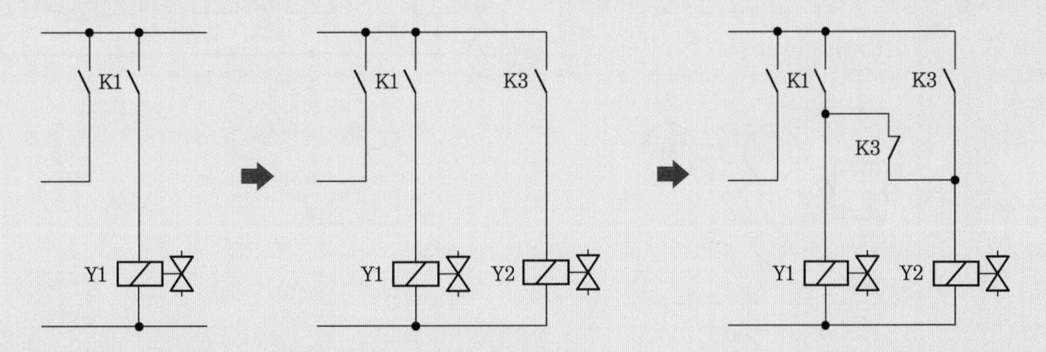

(8) 정상 작동을 확인한다.

① 펌프를 가동시켜 유압 작동유의 누설이 없는지 확인한다. 누설이 있을 경우 배관을 점검한다.

② PB1을 1회 ON-OFF하면 실린더 1A가 전후진 왕복 운동을 한다.

③ 실린더의 로드의 위치와 관계없이 정지 스위치를 누르면 실린더는 후진한 후 정지한다.

④ 정지 스위치를 해제하고 PB1을 다시 ON-OFF하면 실린더는 전 · 후진 운동을 다시 한다.

(9) 각 기기를 해체하여 정리정돈한다.

① 전원 공급기의 전원을 OFF시키고, 펌프를 정지시킨다.

② 유압 호스와 리드선을 제거한다.

③ 각 기기를 실습 보드에서 분리시키고 정리정돈한다.

④ 각 과제를 종료하면 작업한 자리의 부품 정리, 기름 제거, 유압 배관 정리, 전선 정리 등 모든 상태를 초기 상태로 정리한다.

정답 (1) 기본 동작 유압 및 전기 회로도

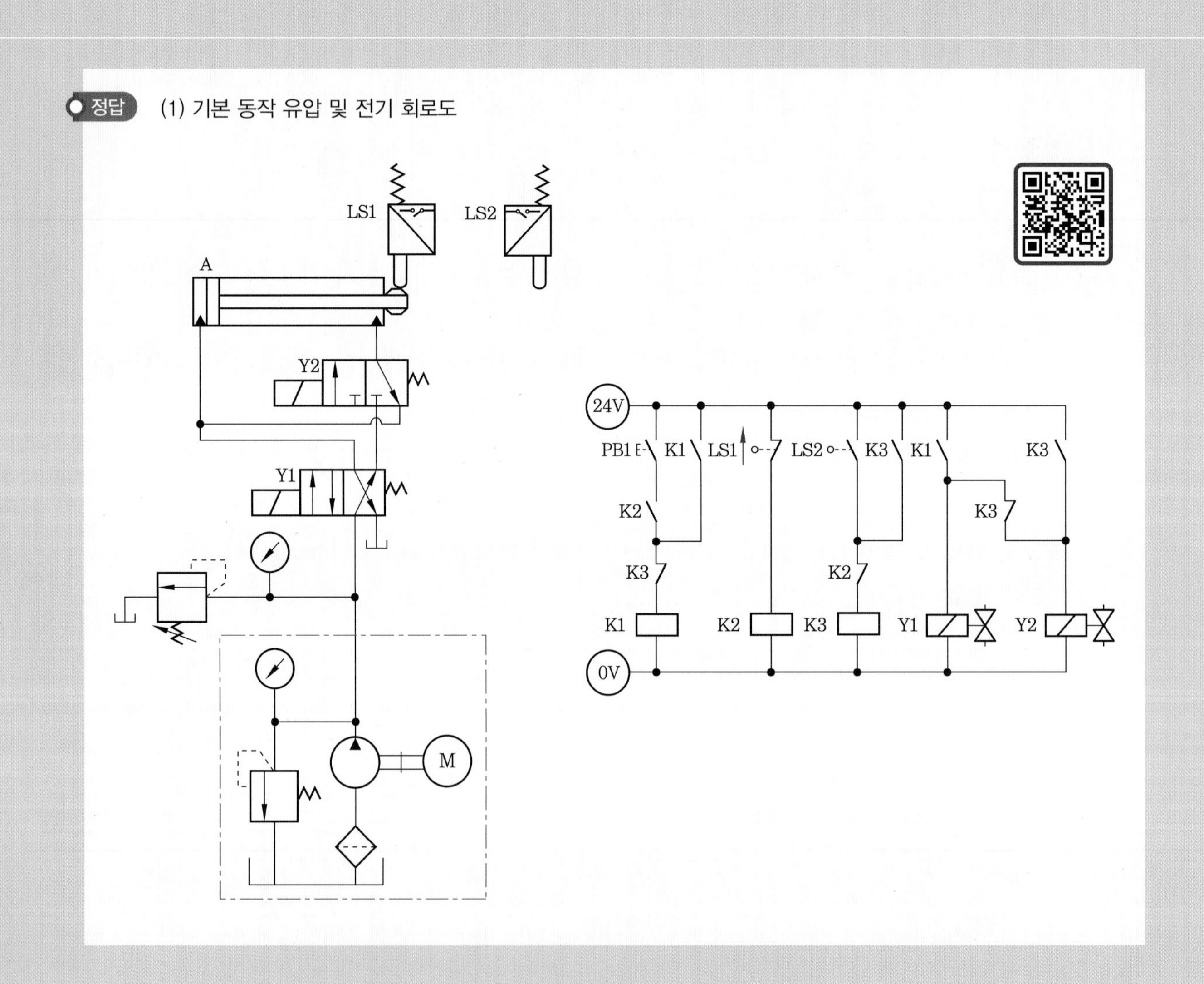

(2) 응용 동작 유압 및 전기 회로도

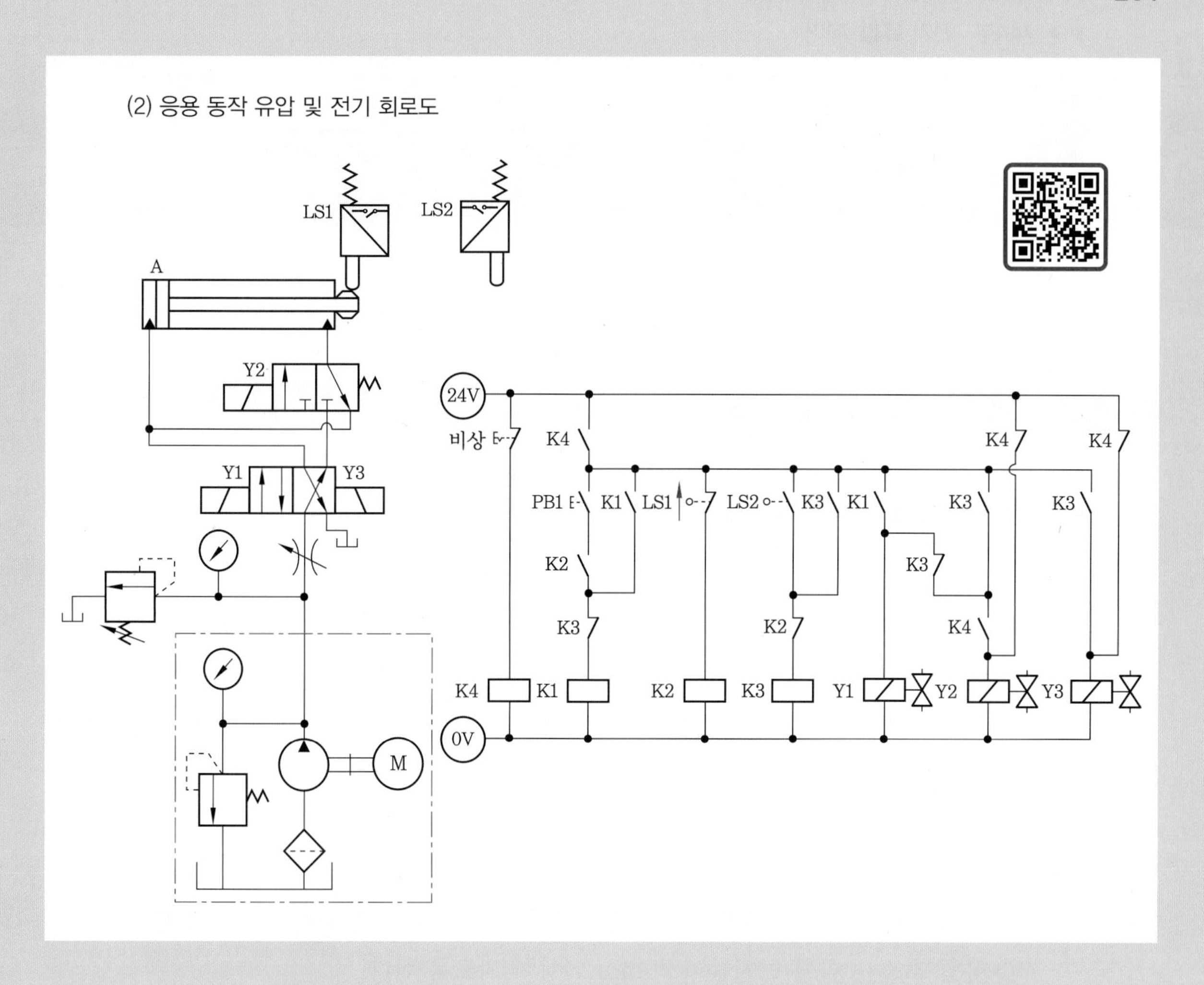

제3장 압력 제어 회로 구성

3-1 2압력 제어 회로 설계

1 릴리프 밸브에 의한 과부하 방지 회로

(1) 제어 조건

① 실린더 A는 후진 상태에서 PB1을 ON-OFF하면 전진하며 원료를 퍼서 올리고, 리밋 스위치 LS2가 작동되면 자동으로 후진하여 원료를 공급하는 용탕 장치를 제작한다.

② 실린더 A가 전진할 때 실린더 로드측에 과부하 방지를 위하여 압력 게이지와 릴리프 밸브를 추가하여 안전 회로를 구성하고 압력을 2±0.5MPa로 설정한다.

③ PB2가 ON-OFF하면 실린더 A가 3회 연속 동작 후 정지한다.

④ 카운터의 RESET은 별도의 스위치 추가 없이 자동으로 초기화된다.

⑤ 작업이 완료된 상태에서 전원을 투입했을 때 쇼트가 발생하지 않아야 한다.

⑥ 유압 호스는 곡률 반지름이 70mm 이상이 되도록 한다.

⑦ 유압을 공급하게 되면 누유가 없도록 한다.

⑧ 전기 케이블은 (+)선은 적색, (−)선은 청색 또는 흑색 선으로 배선한다.

⑨ 유압 시스템의 공급 압력은 4MPa(40kgf/cm^2)로 설정한다.

⑩ 실습 중 작업복 및 안전 보호구를 착용하여 안전 수칙을 준수한다.

(2) 위치도

(3) 유압 및 전기 회로도

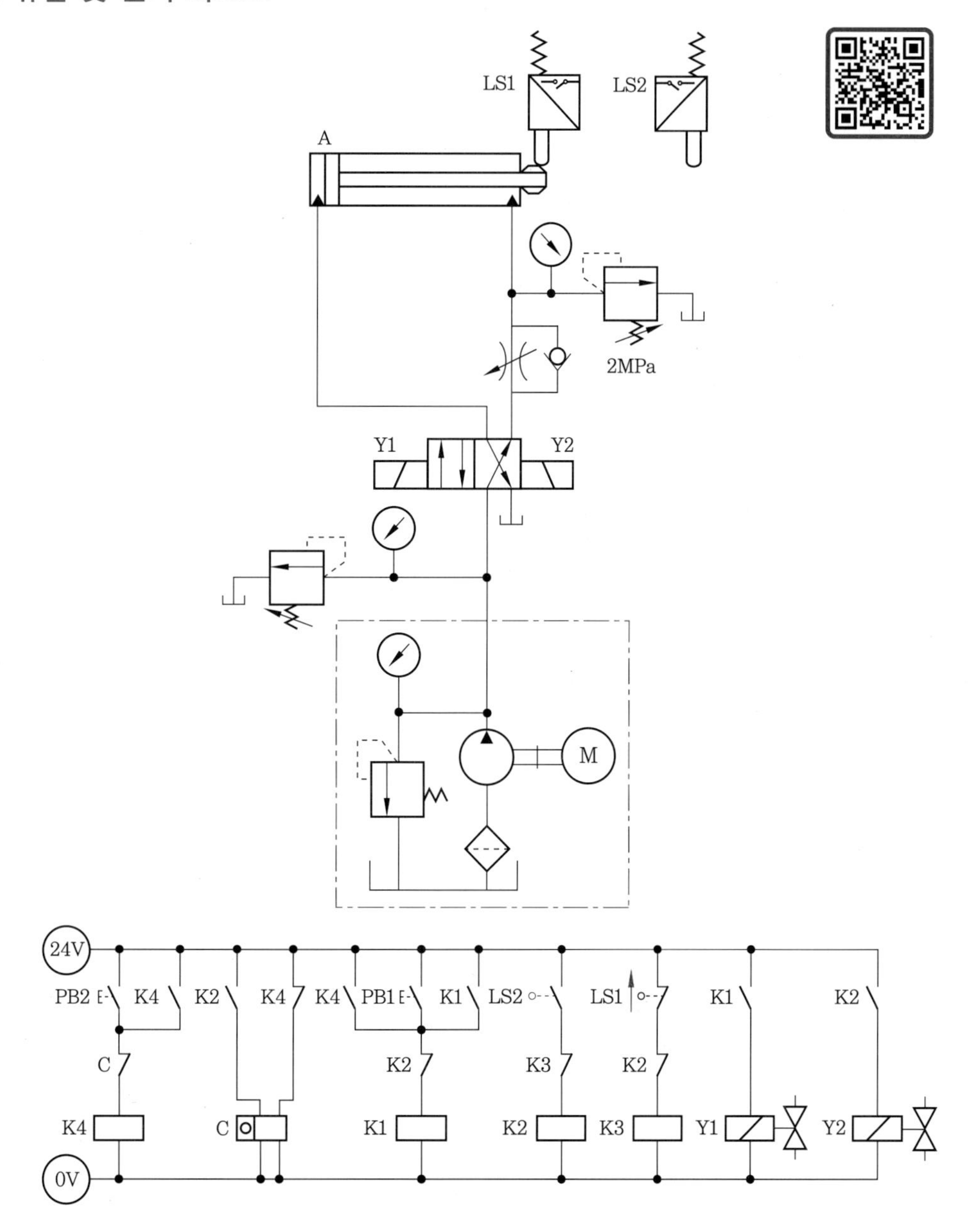

(4) 실습 시 유의 사항

① 일반적으로 유압 회로 구성 시 릴리프 밸브의 압력을 4MPa로 조정하는 것이 제일 먼저 하는 것이지만 이 회로도는 릴리프 밸브의 압력을 2MPa로 먼저 조정한 후 보드에서 분리시켜 도면과 같은 위치로 이동한 후, 다른 릴리프 밸브를 추가로 설치하고 4MPa로 조정하는 순서로 작업하는 것이 정확한 방법이다.

② **배관 방법** : 압력 게이지 부착 4구 분배기에 실린더 로드측 포트를 호스로 연결하고, 릴리프 밸브의 T 포트는 호스로 탱크에 연결하지만 P 포트는 압력 게이지 부착 4구 분배기에 호스로 연결한다.

③ 실린더의 속도 제어는 미터 아웃이므로 한방향 유량 제어 밸브를 4/2 WAY 밸브 B 포트에 삽입하고, 압력 게이지 부착 4구 분배기에 호스로 연결한다.

④ 리밋 스위치 LS1은 a 접점으로 한다.

3-2 카운터 밸런스 회로 설계

1 카운터 밸런스 밸브를 이용한 다위치 제어

(1) 제어 조건

① 그물로 덮인 소재를 세척조에 세척하려고 한다.

② START 버튼(PB1)을 ON-OFF하면 실린더 A가 전진을 완료하여 소재를 세척조에 1차 세척 후 후진하여 중간의 리밋 스위치 LS2를 작동시키면 다시 전진하여 2차 세척 작업을 완료한 후 후진하여 작업을 완료한다.

③ 실린더의 전후진 제어 밸브는 4/3 WAY 센터 클로즈드 밸브를 사용한다.

④ 실린더의 자유 낙하 방지를 위해 압력 게이지와 카운터 밸런스 밸브를 설치하고 설정 압력을 3 MPa로 한다.

⑤ 한방향 유량 조절 밸브를 사용하여 미터 인(meter in) 방식으로 실린더의 전진 속도를 제어한다.

⑥ 유압 회로 내에 압력 공급을 위해 3/2 WAY 밸브를 사용하고 밸브가 작동될 때에는 램프를 점등한다.

(2) 위치도

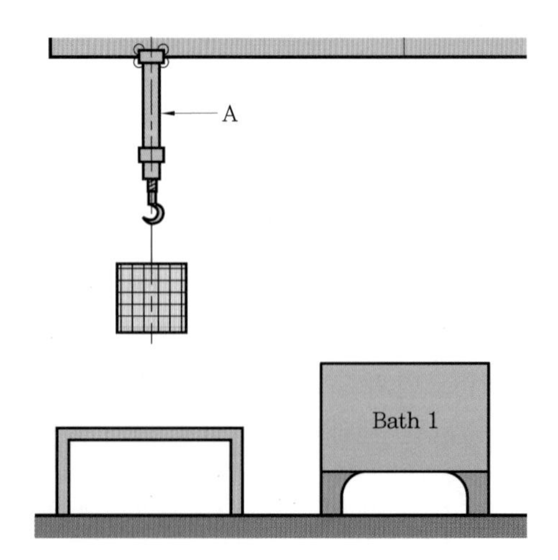

(3) 유압 및 전기 회로도

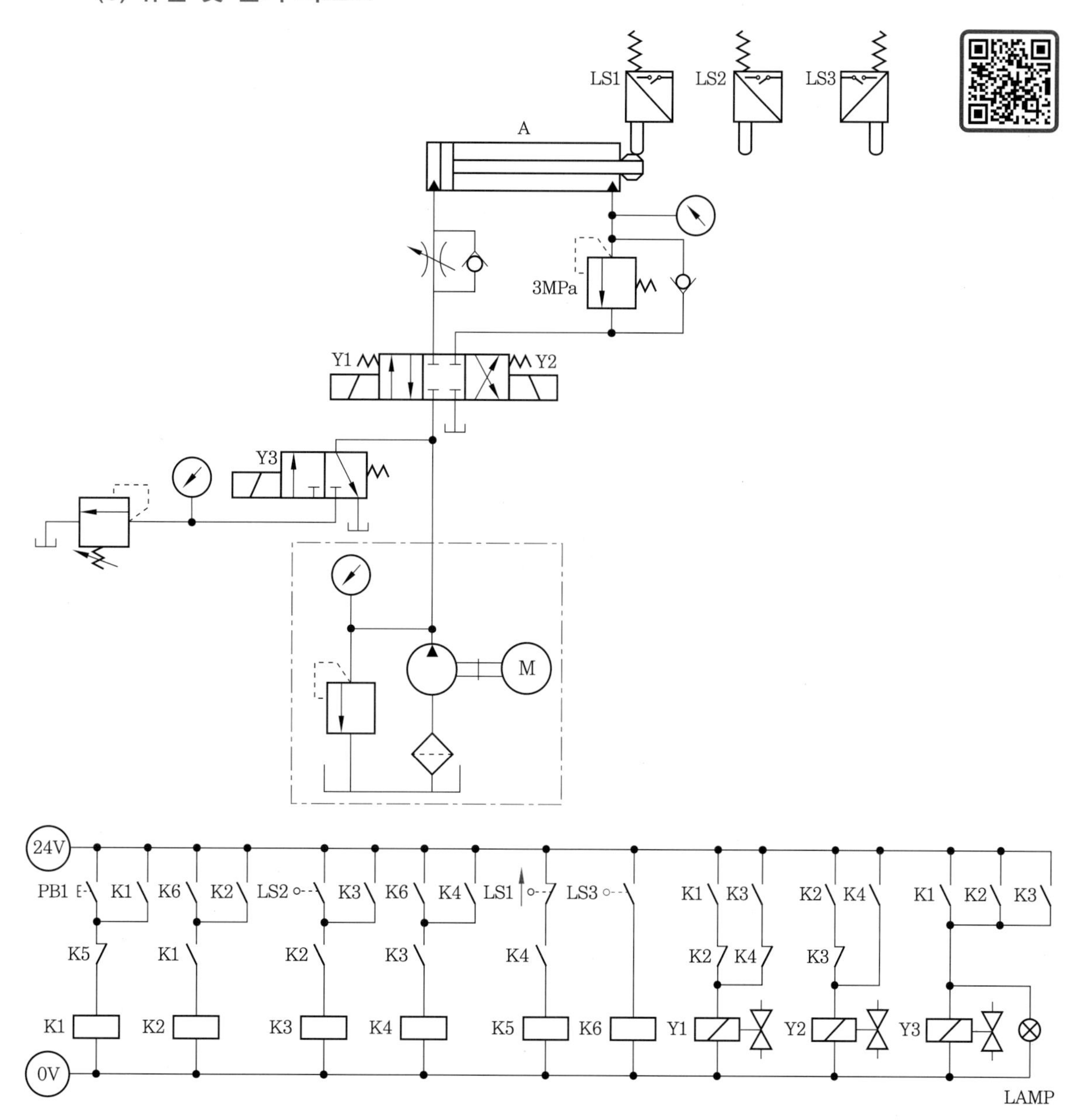

(4) 실습 시 유의 사항

① 일반적으로 유압 회로 구성 시 릴리프 밸브의 압력을 4MPa로 조정하는 것이 제일 먼저 하는 것이지만 이 회로도는 카운터 밸런스 밸브의 압력을 3MPa로 먼저 조정한 후 보드에서 분리시켜 도면과 같은 위치로 이동한 후, 릴리프 밸브를 추가로 설치하고 4MPa로 조정하는 순서로 작업하는 것이 정확한 방법이다. 이때 카운터 밸런스 밸브 A 포트를 탱크로 연결한다.

② 카운터 밸런스 밸브의 압력 조정은 릴리프 밸브의 압력 조정과 반대로 저압일 때 조정 핸들을 시계 반대 방향으로 회전시켜야 고압이 되고, 고압일 경우 저압으로 조정

할 때에는 시계 방향으로 회전시킨다.

③ 실린더 로드측 포트와 압력 게이지 부착 분배기, 카운터 밸런스 밸브 P 포트를 압력 게이지 분배기에 유압 호스로 각각 연결한다.

④ 카운터 밸런스 밸브 A 포트를 4/3 WAY 밸브 B 포트에 유압 호스로 연결한다.

⑤ 4/3 WAY 밸브 P 포트에 T 커넥터를 삽입하고 이곳에 펌프에서 올라온 호스와 3/2 WAY 밸브 A 포트를 유압 호스로 연결한다.

⑥ 3/2 WAY 밸브 T 포트는 탱크로, P 포트는 압력 게이지에 유압 호스로 연결한다.

⑦ 유량 조절 밸브는 실린더 A 피스톤 헤드측 포트에 삽입하고, 이 밸브와 솔레노이드 밸브 Y1의 A 포트에 호스로 연결한다.

⑧ 리밋 스위치 LS1은 a 접점으로 한다.

⑨ 리밋 스위치 LS2는 실린더 전진 또는 후진할 때 파손의 염려가 있으니 작업에 유의한다.

2 후진측 카운터 밸런스 회로

(1) 제어 조건

① 중량물을 운반하는 덤프트럭에서 복동 실린더 1개와 링크를 이용한 하역 장치가 구성되어 있다.

② 전진 스위치 PB1을 1회 ON-OFF하면 실린더가 전진하여 적재함을 일으키고, 후진 스위치 PB2를 계속 누르고 있으면 적재함이 제자리로 복귀한다.

③ 실린더의 후진 운동을 한방향 유량 조절 밸브를 사용하여 미터 인 방식으로 제어한다.

④ 실린더 후진 시 실린더의 흘러내림을 방지하기 위하여 압력 게이지와 카운터 밸런스 회로를 추가로 구성하고 동작한다. (단, 카운터 밸런스 회로는 릴리프 밸브와 체크 밸브를 사용하여 회로를 구성하고 설정 압력은 3 MPa(±0.2 MPa)로 한다.)

⑤ 초기 전진 시 실린더 동작을 경고하기 위해 PB1을 ON-OFF하면 3초간 램프가 작동된 후 자동으로 유압 실린더가 전진 작업을 시작하도록 전기 회로를 구성하고 동작시킨다.

(2) 위치도

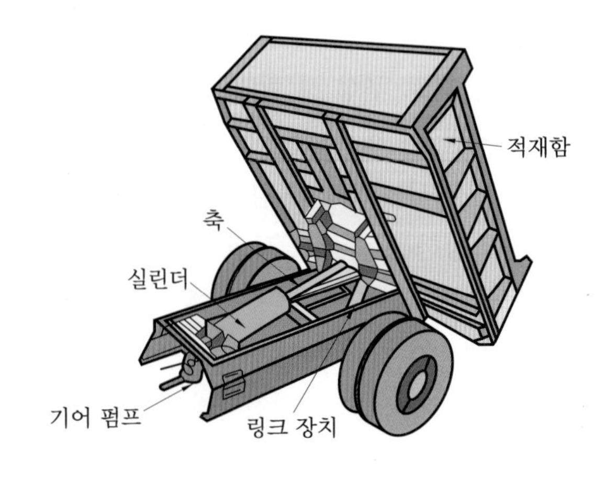

(3) 유압 및 전기 회로도

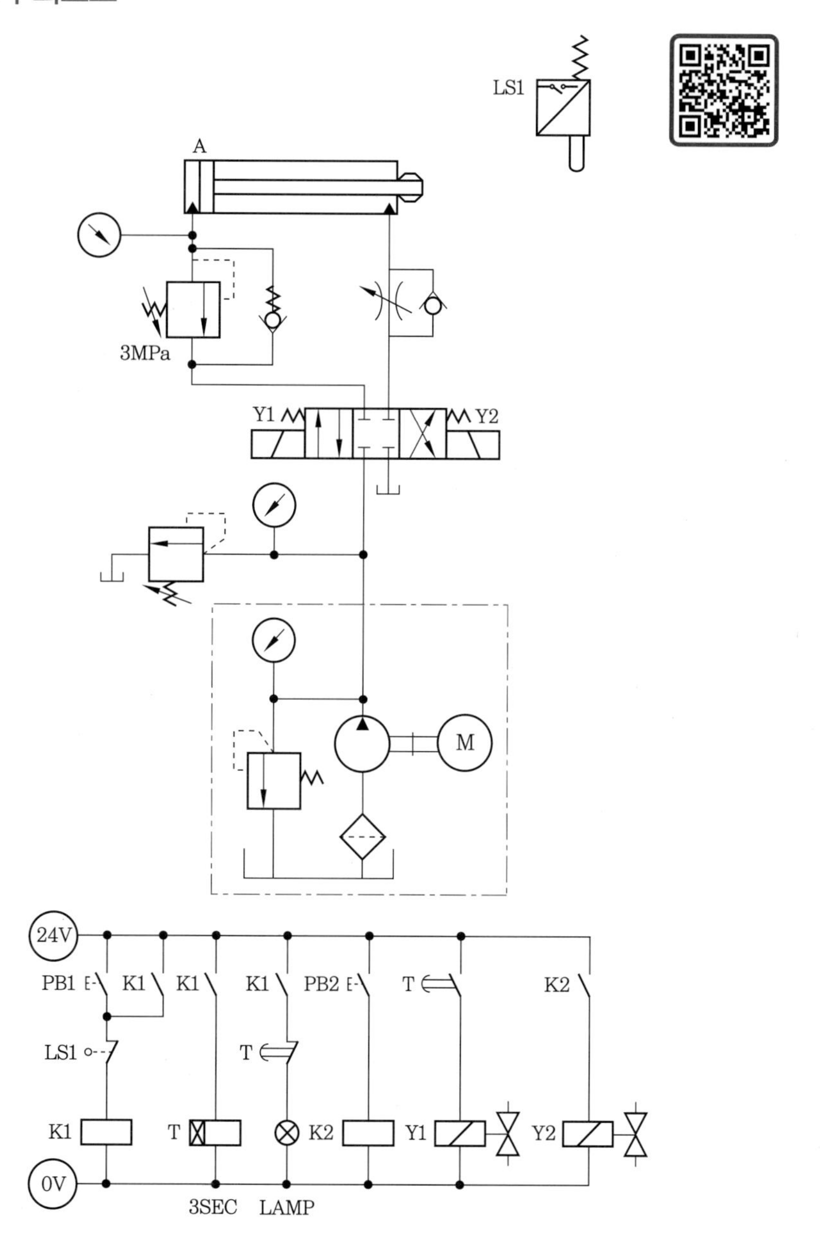

(4) 실습 시 유의 사항

① 이 회로도도 마찬가지로 카운터 밸런스 회로의 릴리프 밸브의 압력을 3MPa로 먼저 조정한 후 보드에서 분리시켜 도면과 같은 위치로 이동한 후, 릴리프 밸브를 추가로 설치하고 4MPa로 조정하는 순서로 작업하는 것이 정확한 방법이다.

② 실린더 피스톤 헤드측 포트 옆에 압력 게이지 부착 분배기를 설치하고 실린더 피스톤 헤드측 포트를 유압 호스로 연결한다.

③ 3MPa 릴리프 밸브의 P 포트를 압력 게이지 부착 분배기 포트에 유압 호스로 연결한다.

④ 3MPa 릴리프 밸브의 T 포트와 솔레노이드 밸브 A 포트를 유압 호스로 연결한다.

⑤ 한방향 유량 제어 밸브의 체크 밸브 방향을 반드시 확인하여 실린더 로드측 포트에 삽입하고 솔레노이드 밸브 B 포트와 유압 호스로 연결한다.

⑥ 리밋 스위치 LS2는 실린더가 전진 또는 후진할 때 파손의 염려가 있으니 방향 및 위치에 유의한다.

3-3 2/2 WAY 밸브를 이용한 무부하 회로 설계

(1) 제어 조건

① 위험물을 수송하는 대형 컨테이너의 개폐 장치를 제작한다.

② 실린더의 정역전 제어 밸브로 4/3 WAY 센터 클로즈드 밸브를 사용한다.

③ 실린더 정역전 신호가 없을 때에는 2/2 WAY NO형 솔레노이드 밸브를 사용하여 무부하 회로가 되도록 한다.

④ 전원을 공급한 후 PB1을 ON-OFF하면 실린더 A는 전진하고, PB3을 ON-OFF한 후 PB2를 ON-OFF하면 후진하도록 한다.

⑤ 다시 실린더 A를 전진하기 위해 PB1을 ON-OFF하면 실린더 A는 전진하지 않는다. 반드시 먼저 PB3을 ON-OFF하여 자기 유지를 해제시키고 PB1을 ON-OFF해야 동작된다. 즉, 실린더 A의 운전 순서는 다음과 같다.

PB1 ON-OFF→실린더 전진→PB3 ON-OFF→PB2 ON-OFF→실린더 후진→PB3 ON-OFF→PB1 ON-OFF→실린더 전진→PB3 ON-OFF→PB2 ON-OFF→실린더 후진……

⑥ 실린더 전진 속도 제어를 미터 인 방식으로 한다.

⑦ 유압 작동유의 공급 압력을 4MPa로 한다.

(2) 위치도

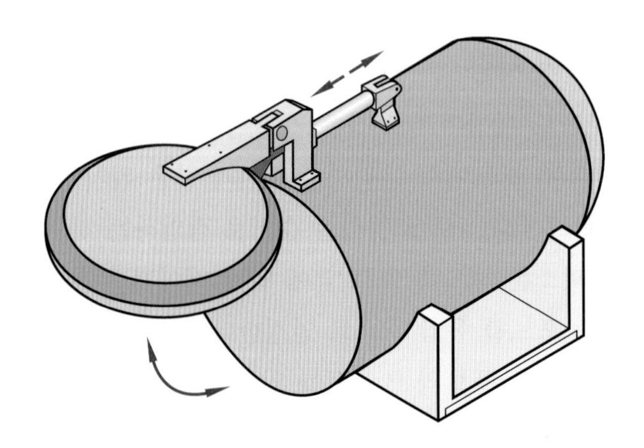

(3) 유압 및 전기 회로도

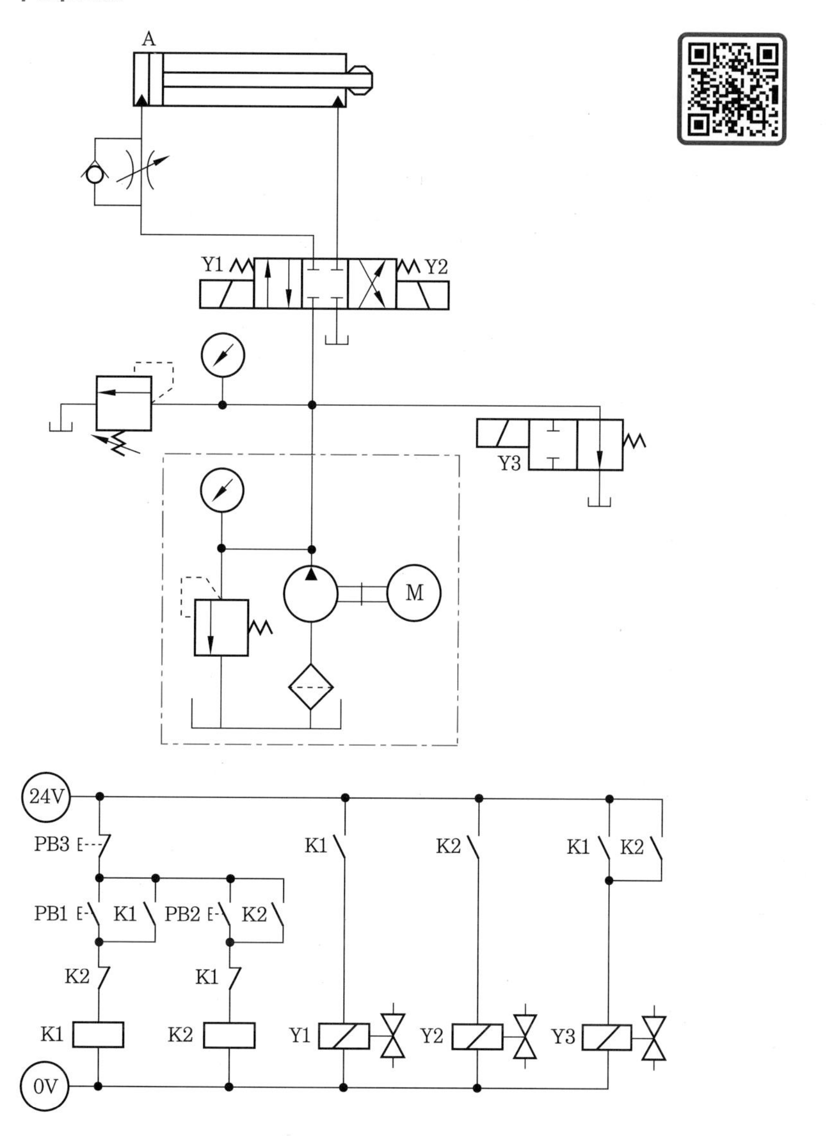

(4) 실습 시 유의 사항

① 한방향 유량 제어 밸브의 체크 밸브 방향을 반드시 확인하여 설치해야 하며 실린더 헤드측 포트에 삽입한다.

② 운전은 다음 순서에 의해서만 작동된다.
PB1 ON−OFF(실린더 전진)→PB3 ON−OFF+PB2 ON−OFF(실린더 후진)→PB3 ON−OFF+PB1 ON−OFF(실린더 전진)→PB3 ON−OFF+PB2 ON−OFF(실린더 후진)→……

③ NO 2/2 WAY 솔레노이드 밸브를 선택할 때 NC형이 선택되지 않도록 주의한다.

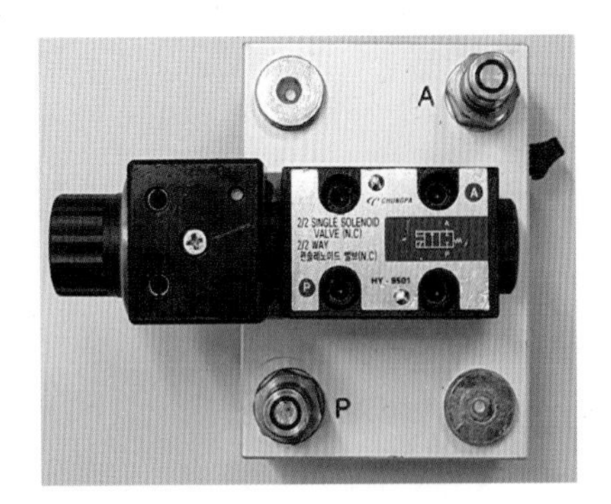

NC 2/2 WAY 밸브

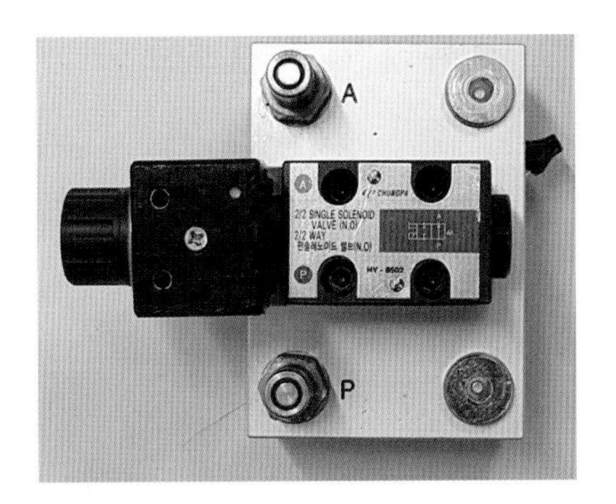

NO 2/2 WAY 밸브

3-4 압력 스위치와 카운터 밸런스 밸브의 복합 회로

(1) 제어 조건

① 유압을 이용한 용강 경동 장치를 제작한다.

② PB1을 ON-OFF하면 실린더 A가 전진하며, 전진 완료될 때 3MPa 이상의 압력이 도달되고 리밋 스위치 LS2가 작동되면 자동으로 후진하게 한다.

③ 실린더 전진 시 한방향 유량 제어밸브를 사용하여 미터 인 회로를 구성한다.

④ 무게 중심 변화에 따른 실린더의 전진 시 급속 운동을 방지하기 위하여 카운터 밸런스 회로를 추가로 구성하여 동작한다.(단, 카운터 밸런스 회로는 릴리프 밸브와 체크 밸브를 사용하여 회로를 구성하고 설정 압력은 3MPa(±0.2MPa)로 한다.)

⑤ 전기 타이머를 사용하여 실린더가 전진 완료 후 3초간 정지한 후에 후진하도록 전기 회로를 구성하고 동작하도록 한다.

(2) 위치도

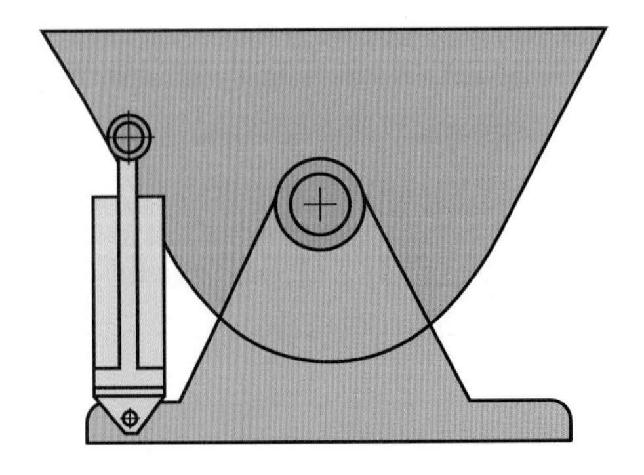

(3) 유압 및 전기 회로도

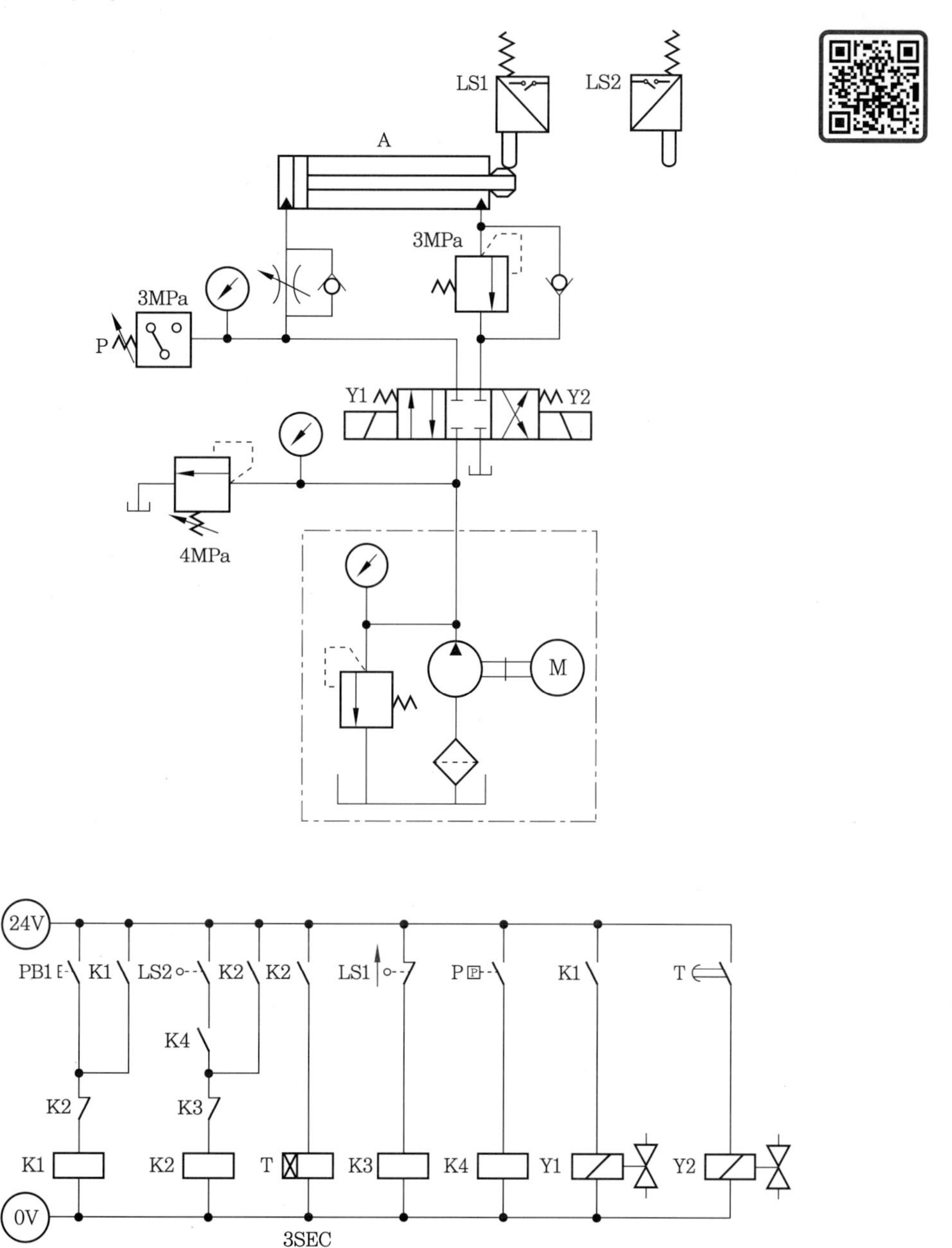

(4) 실습 시 유의 사항

① **압력 제어 세팅 :** 첫째 카운터 밸런스 회로의 릴리프 밸브 압력을 3MPa로 조정, 둘째 압력 스위치의 압력을 3MPa로 조정, 셋째 최대 압력 설정 회로의 릴리프 밸브를 4MPa로 조정한다.

② 카운터 밸런스 회로의 릴리프 밸브와 체크 밸브의 방향을 반드시 확인하여 설치해야 한다.

과제 1 서지압 제거 회로 설계 구성

1 제어 조건

주어진 유압 및 전기 회로도를 다음 조건에 맞게 완성하고, 구성하여 운전하시오.

① 복동 실린더를 사용하고, 4/3 WAY 올포트 블록 솔레노이드 밸브로 전후진 제어를 하시오.

② 유압 회로도와 같이 유압 기기를 선정하여 고정판에 배치하시오. (단, 유압 기기는 수평 또는 수직 방향으로 임의로 배치하고, 리밋 스위치는 방향성을 고려하여 설치한다.)

③ 유압 호스를 사용하여 배치된 기기를 연결 · 완성하시오. (단, 케이블 타이를 사용하여 실린더 등 액추에이터 작동 부분의 전선과 호스가 시스템 동작에 영향을 주지 않도록 정리한다.)

④ 특별히 지정되지 않는 한 모든 스위치는 자동 복귀형 누름 버튼 스위치를 사용하시오.

⑤ PB1을 ON-OFF하면 실린더 A가 전진하며, 전진 완료 후 5초간 정지하고 후진하도록 하시오.

⑥ 후진할 때 서지압을 방지할 수 있도록 릴리프 밸브를 설치하고, 3MPa로 조정할 수 있도록 하시오.

⑦ 실린더의 전후진 속도가 같도록 미터 아웃 방식으로 속도 제어를 할 수 있도록 하시오.

⑧ 작업이 완료된 상태에서 전원을 투입했을 때 쇼트가 발생하지 않아야 합니다.

⑨ 유압 호스는 곡률 반지름이 70mm 이상이 되도록 하시오.

⑩ 유압을 공급하게 되면 누유가 없도록 하시오.

⑪ 전기 케이블은 (+)선은 적색, (-)선은 청색 또는 흑색 선으로 배선하시오.

⑫ 유압 시스템의 공급 압력은 4MPa(40kgf/cm^2)로 설정하시오.

⑬ 실습 중 작업복 및 안전 보호구를 착용하여 안전 수칙을 준수하시오.

2 위치도

3 유압 및 전기 회로도

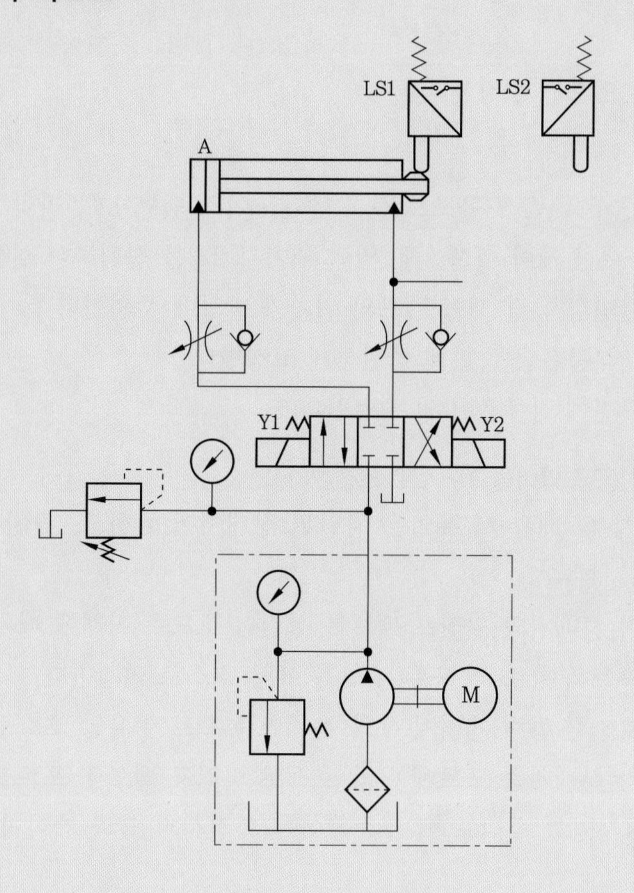

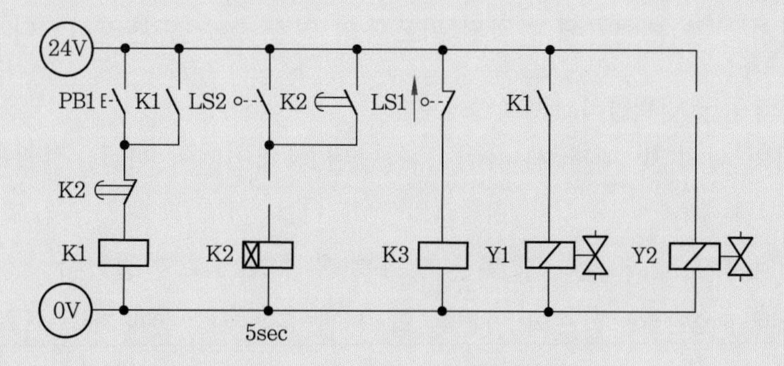

4 실습 순서

(1) 유압 회로를 완성한다.

① 릴리프 밸브와 압력 게이지, 유압 탱크를 선택하여 회로를 추가로 설계한다.

② 검토하여 이상이 있으면 수정한다.

(2) 전기 회로도를 설계한다.

① 리밋 스위치에 의해 타이머 K2를 자기 유지시키기 위해 릴레이 K3 b 접점을 삽입하여 인터록 회로를 설계한다.

② 타이머 K2 a 접점에 의해 솔레노이드 밸브 Y2가 여자되어 실린더가 후진되도록 회로를 변경한다.

③ 검토하여 이상이 있으면 수정한다.

(3) 작업 준비를 한다.

① 복동 실린더 1개, 4/3 WAY 올포트 블록 솔레노이드 밸브 1개, 리밋 스위치 2개, 릴리프 밸브 2개, 한방향 유량 제어 밸브 2개, 압력 게이지 2개를 선택하여 실습 보드에 설치한다.

② 리밋 스위치와 한방향 유량 제어 밸브의 위치와 방향에 주의한다.

③ 실습에 사용되는 부품은 실습판에 완전하게 고정한다.

④ 실린더의 운동 구간에 장애물이 없어야 한다.

(4) 서지압 방지 회로의 공급 압력을 3MPa로 조정한다.

① 모든 기기의 설치 및 배관 시 유압은 차단된 상태이어야 하고, 전원은 단전된 상태이어야 한다.

② 압력 게이지 부착 분배기와 릴리프 밸브를 실린더 로드측 아래에 배치한다.

③ 릴리프 밸브 T 포트와 유량 컵 또는 탱크를 유압 호스로 연결한다.

④ 펌프의 토출측 호스를 압력 게이지 부착 분배기측 포트에 유압 호스로 연결한다.

⑤ 압력 게이지 부착 분배기측 포트에 유압 호스로 릴리프 밸브 P 포트를 연결한다.

⑥ 펌프 전원을 ON시키고 릴리프 밸브 손잡이를 회전시켜 압력 게이지의 압력이 3MPa이 되도록 조정한다.

⑦ 압력 게이지 부착 분배기에 연결된 펌프와의 연결 호스를 분리시킨다.

(5) 유압 시스템의 공급 압력을 4MPa로 조정한다.

① 모든 기기의 설치 및 배관 시 유압은 차단된 상태이어야 하고, 전원은 단전된 상태이어야 한다.

② 릴리프 밸브 T 포트와 유량 컵 또는 탱크를 유압 호스로 연결한다.

③ 릴리프 밸브 P 포트에 펌프와 연결된 압력 게이지 부착 분배기측 포트를 유압 호스로 연결한다.

④ 펌프 전원을 ON시키고 릴리프 밸브 손잡이를 회전시켜 압력 게이지의 압력이 4MPa이 되도록 조정한다.

(6) 배관 작업을 한다.

① 모든 기기의 설치 및 배관 시 펌프는 정지 상태이어야 하고, 전원은 단전된 상태이어야 한다.

② 4/3 WAY 올포트 블록 솔레노이드 밸브 T 포트와 유량 컵 또는 탱크를 유압 호스로 연결한다.

③ 압력 게이지 부착 분배기측 포트와 4/3 WAY 올포트 블록 솔레노이드 밸브 P 포트를 유압 호스로 연결한다.

④ 4/3 WAY 올포트 블록 솔레노이드 밸브 A 포트에 한방향 유량 제어 밸브를 삽입한다.

⑤ 한방향 유량 제어 밸브와 실린더의 피스톤 헤드측 포트에 유압 호스로 연결한다.

⑥ 4/3 WAY 올포트 블록 솔레노이드 밸브 B 포트에 한방향 유량 제어 밸브를 삽입한다.

⑦ 한방향 유량 제어 밸브와 실린더의 로드측 아래에 있는 압력 게이지 부착 분배기 포트를 호스로 연결한다.

⑧ 이 압력 게이지 부착 분배기 포트에 실린더의 로드측 포트를 유압 호스로 연결한다.

(7) 배선 작업을 한다.

① 적색 리드선을 사용하여 전원 공급기 (+) 단자, 누름 버튼 스위치 키트 (+) 단자, 릴레이 키트 (+) 단자를 연결한다.

② 청색 리드선을 사용하여 전원 공급기 (−) 단자, 누름 버튼 스위치 키트 (−) 단자, 릴레이 키트 (−) 단자와 솔레노이드 밸브 (−) 단자를 연결한다.

③ 적색 리드선과 청색 리드선을 사용하여 완성된 전기 도면과 같이 각 기기의 단자를 연결한다.

④ K2 릴레이는 타임 릴레이를 사용한다.

⑤ 타이머는 5초로 조정한다.

⑥ 리밋 스위치 LS1은 a 접점으로 배선한다.

(8) 정상 작동을 확인한다.

① 펌프를 가동시켜 유압 작동유의 누설이 없는지 확인한다. 누설이 있을 경우 배관을 점검한다.

② PB1을 1회 ON−OFF하면 실린더 A가 전진한 후 5초 동안 지연된 다음 후진한다.

(9) 각 기기를 해체하여 정리정돈한다.

① 전원 공급기의 전원을 OFF시키고, 펌프를 정지시킨다.

② 유압 호스와 리드선을 제거한다.

③ 각 기기를 실습 보드에서 분리시키고 정리정돈한다.

④ 각 과제를 종료하면 작업한 자리의 부품 정리, 기름 제거, 유압 배관 정리, 전선 정리 등 모든 상태를 초기 상태로 정리한다.

정답

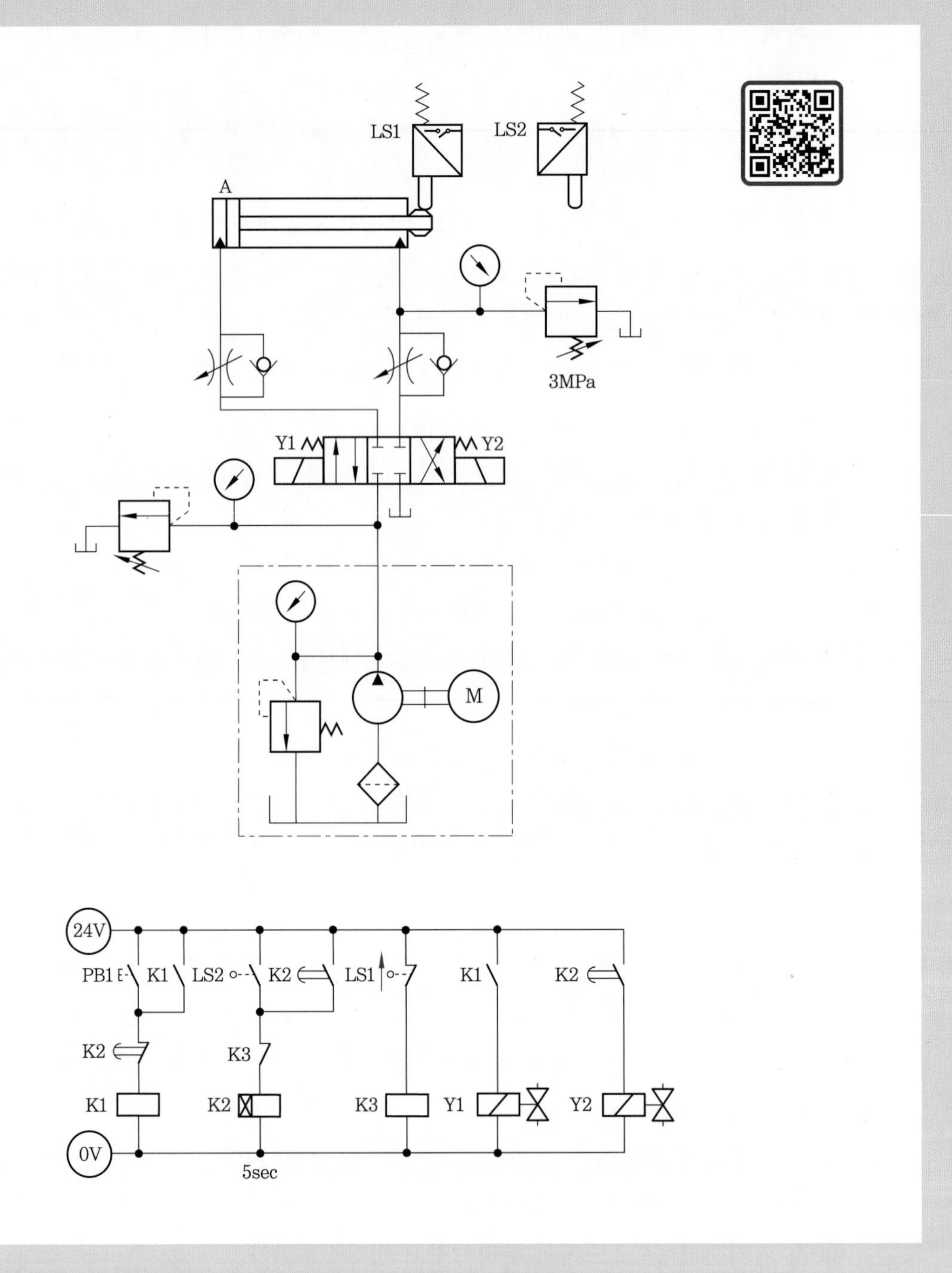
LS1
LS2
A
3MPa
Y1
Y2
M
24V
PB1
K1
LS2
K2
LS1
K1
K2
K2
K3
K1
K2
K3
Y1
Y2
0V
5sec

과제 2 카운터 밸런스 회로 설계 구성

1 제어 조건

주어진 유압 및 전기 회로도를 다음 조건에 맞게 완성하고, 구성하여 운전하시오.

① 복동 실린더를 사용하고, 4/3 WAY 올포트 블록 솔레노이드 밸브로 전후진 제어를 하시오.

② 유압 회로도와 같이 유압 기기를 선정하여 고정판에 배치하시오. (단, 유압 기기는 수평 또는 수직 방향으로 임의로 배치하고, 리밋 스위치는 방향성을 고려하여 설치한다.)

③ 유압 호스를 사용하여 배치된 기기를 연결 · 완성하시오. (단, 케이블 타이를 사용하여 실린더 등 액추에이터 작동 부분의 전선과 호스가 시스템 동작에 영향을 주지 않도록 정리한다.)

④ 특별히 지정되지 않는 한 모든 스위치는 자동 복귀형 누름 버튼 스위치를 사용하시오.

⑤ PB1을 사용하여 안전이 확보된 다음 운전이 되도록 전기 회로를 설계하시오.

⑥ 2/2 WAY NC형 솔레노이드 밸브를 사용하면 PB1이 ON-OFF하여 릴레이 코일 K1이 여자되어 2/2 WAY 솔레노이드 밸브가 열려 4/3 WAY 솔레노이드 밸브 P 포트에 유압 작동유의 압력이 공급되도록 하시오.

⑦ PB1을 ON-OFF한 후 PB2를 ON-OFF하면 실린더 A가 전진하며, 전진 완료 후 5초간 정지하고 후진하도록 하시오.

⑧ 재작업을 할 때에도 PB1을 ON-OFF한 후 PB2를 ON-OFF해야 작업이 되도록 하시오.

⑨ 실린더의 자유 낙하 방지를 위하여 릴리프 밸브와 체크 밸브를 설치하여 카운터 밸런스 회로를 구성하고 설정압을 2 MPa로 조정할 수 있도록 하시오.

⑩ 작업이 완료된 상태에서 전원을 투입했을 때 쇼트가 발생하지 않아야 합니다.

⑪ 유압 호스는 곡률 반지름이 70 mm 이상이 되도록 하시오.

⑫ 유압을 공급하게 되면 누유가 없도록 하시오.

⑬ 전기 케이블은 (+)선은 적색, (-)선은 청색 또는 흑색 선으로 배선하시오.

⑭ 유압 시스템의 공급 압력은 4 MPa(40 kgf/cm^2)로 설정하시오.

⑮ 실습 중 작업복 및 안전 보호구를 착용하여 안전 수칙을 준수하시오.

2 유압 및 전기 회로도

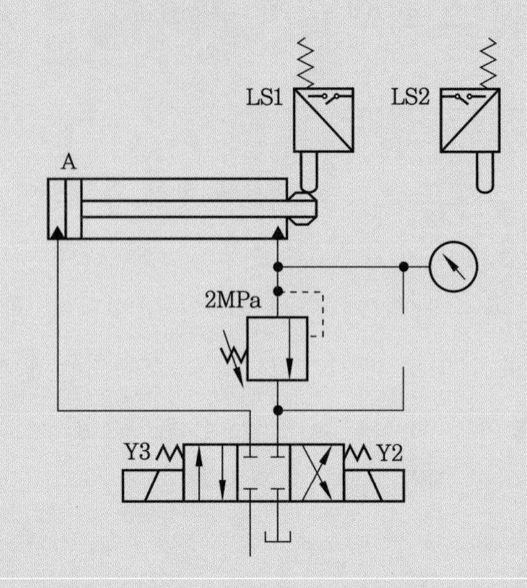

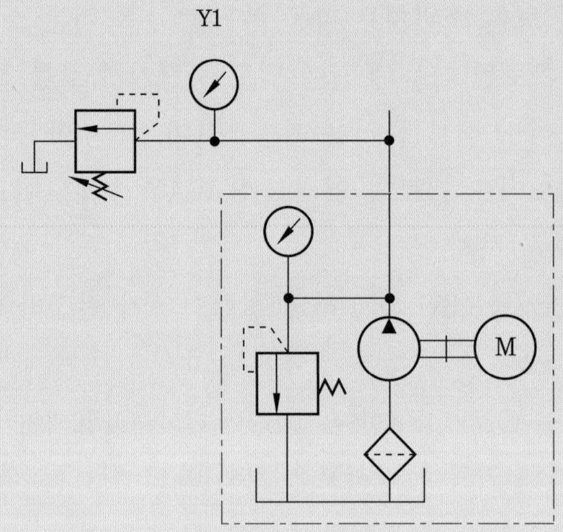

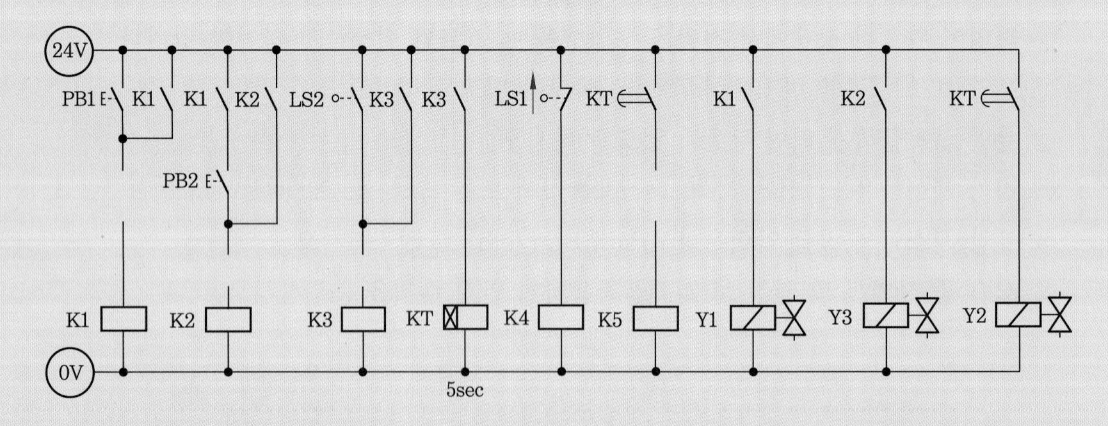

3 실습 순서

(1) 유압 회로를 완성한다.

① 2/2 WAY 릴리프 NC형 솔레노이드 밸브를 선택하여 회로를 추가로 설계한다.

② 체크 밸브를 선택하여 회로를 추가로 설계한다.

③ 검토하여 이상이 있으면 수정한다.

(2) 전기 회로도를 설계한다.

① 릴레이 코일 K2의 자기 유지를 해제시키기 위해 릴레이 K3 b 접점을 삽입하여 인터록 회로를 설계한다.

② 릴레이 코일 K3의 자기 유지를 해제시키기 위해 릴레이 K4 b 접점을 삽입하여 인터록 회로를 설계한다.

③ 릴레이 코일 K1의 자기 유지를 해제시키기 위해 릴레이 K5 b 접점을 삽입하여 인터록 회로를 설계한다.

④ 릴레이 코일 K5를 여자시키기 위해 릴레이 K4 a 접점을 삽입한다.

⑤ 검토하여 이상이 있으면 수정한다.

(3) 작업 준비를 한다.

① 복동 실린더 1개, 4/3 WAY 올포트 블록 솔레노이드 밸브 1개, 2/2 WAY NC형 밸브 1개, 리밋 스위치 2개, 릴리프 밸브 2개, 체크 밸브 1개, 압력 게이지 2개를 선택하여 실습 보드에 설치한다.

② 2/2 WAY NC형 밸브를 선택할 때 NO형이 선택되지 않도록 한다.

③ 릴리프 밸브와 체크 밸브의 방향에 주의하여 설치한다.

④ 리밋 스위치의 위치와 방향에 주의한다.

⑤ 실습에 사용되는 부품은 실습판에 완전하게 고정한다.

⑥ 실린더의 운동 구간에 장애물이 없어야 한다.

(4) 카운터 밸런스 회로의 릴리프 밸브 공급 압력을 2MPa로 조정한다.

① 모든 기기의 설치 및 배관 시 유압은 차단된 상태이어야 하고, 전원은 단전된 상태이어야 한다.

② 압력 게이지 부착 분배기와 릴리프 밸브 및 체크 밸브를 실린더 로드측 아래에 배치한다.

③ 릴리프 밸브 T 포트와 유량 컵 또는 탱크를 유압 호스로 연결한다.

④ 펌프의 토출측 호스를 압력 게이지 부착 분배기측 포트에 유압 호스로 연결한다.

⑤ 압력 게이지 부착 분배기측 포트에 유압 호스로 릴리프 밸브 P포트를 연결한다.

⑥ 펌프 전원을 ON시키고 릴리프 밸브 손잡이를 회전시켜 압력 게이지의 압력이 2MPa이 되도록 조정한다.

⑦ 압력 게이지 부착 분배기에 연결된 펌프와의 연결 호스를 분리시킨다.

(5) 유압 시스템의 공급 압력을 4MPa로 조정한다.

① 모든 기기의 설치 및 배관 시 유압은 차단된 상태이어야 하고, 전원은 단전된 상태이어야 한다.

② 릴리프 밸브 T 포트와 유량 컵 또는 탱크를 유압 호스로 연결한다.

③ 릴리프 밸브 P 포트에 펌프와 연결된 압력 게이지 부착 분배기측 포트를 유압 호스로 연

결한다.

④ 펌프 전원을 ON시키고 릴리프 밸브 손잡이를 회전시켜 압력 게이지의 압력이 4 MPa이 되도록 조정한다.

(6) 배관 작업을 한다.

① 모든 기기의 설치 및 배관 시 펌프는 정지 상태이어야 하고, 전원은 단전된 상태이어야 한다.

② 4/3 WAY 올포트 블록 솔레노이드 밸브 T 포트와 유량 컵 또는 탱크를 유압 호스로 연결한다.

③ 압력 게이지 부착 분배기측 포트와 2/2 WAY 솔레노이드 밸브 P 포트를 유압 호스로 연결한다.

④ 2/2 WAY 솔레노이드 밸브 A 포트와 4/3 WAY 올포트 블록 솔레노이드 밸브 P 포트를 유압 호스로 연결한다.

⑤ 4/3 WAY 올포트 블록 솔레노이드 밸브 A 포트와 실린더 A의 피스톤 헤드측 포트를 유압 호스로 연결한다.

⑥ 4/3 WAY 올포트 블록 솔레노이드 밸브 B 포트에 T 커넥터를 삽입한다.

⑦ 실린더 A 로드측 아래에 있는 압력 게이지 부착 분배기 포트와 실린더 로드측 포트를 유압 호스로 연결한다.

⑧ 압력 게이지 부착 분배기 포트와 체크 밸브 A 포트를 유압 호스로 연결한다.

⑨ 압력 게이지 부착 분배기 포트와 릴리프 밸브 P 포트를 유압 호스로 연결한다.

⑩ 4/3 WAY 올포트 블록 솔레노이드 밸브 B 포트에 한방향 유량 제어 밸브를 삽입한다.

⑪ T 커넥터에 체크 밸브 B 포트를 삽입한다.

⑫ T 커넥터에 릴리프 밸브 T 포트를 유압 호스로 연결한다.

(7) 배선 작업을 한다.

① 적색 리드선을 사용하여 전원 공급기 (+) 단자, 누름 버튼 스위치 키트 (+) 단자, 릴레이 키트 (+) 단자를 연결한다.

② 청색 리드선을 사용하여 전원 공급기 (−) 단자, 누름 버튼 스위치 키트 (−) 단자, 릴레이 키트 (−) 단자와 솔레노이드 밸브 (−) 단자를 연결한다.

③ 적색 리드선과 청색 리드선을 사용하여 완성된 전기 도면과 같이 각 기기의 단자를 연결한다.

④ KT 릴레이는 타임 릴레이를 사용하고, 타이머는 5초로 조정한다.

(8) 정상 작동을 확인한다.

① 펌프를 가동시켜 유압 작동유의 누설이 없는지 확인한다. 누설이 있을 경우 배관을 점검한다.

② PB1을 ON−OFF한 후 PB2를 ON−OFF하면 실린더 A가 전진한 후 5초 동안 지연된 다음 후진한다.

③ 다시 실린더를 동작시키려면 PB1을 다시 ON−OFF한 후 PB2를 ON−OFF해야 한다.

(9) 각 기기를 해체하여 정리정돈한다.

① 전원 공급기의 전원을 OFF시키고, 펌프를 정지시킨다.

② 유압 호스와 리드선을 제거한다.

③ 각 기기를 실습 보드에서 분리시키고 정리정돈한다.

④ 각 과제를 종료하면 작업한 자리의 부품 정리, 기름 제거, 유압 배관 정리, 전선 정리 등 모든 상태를 초기 상태로 정리한다.

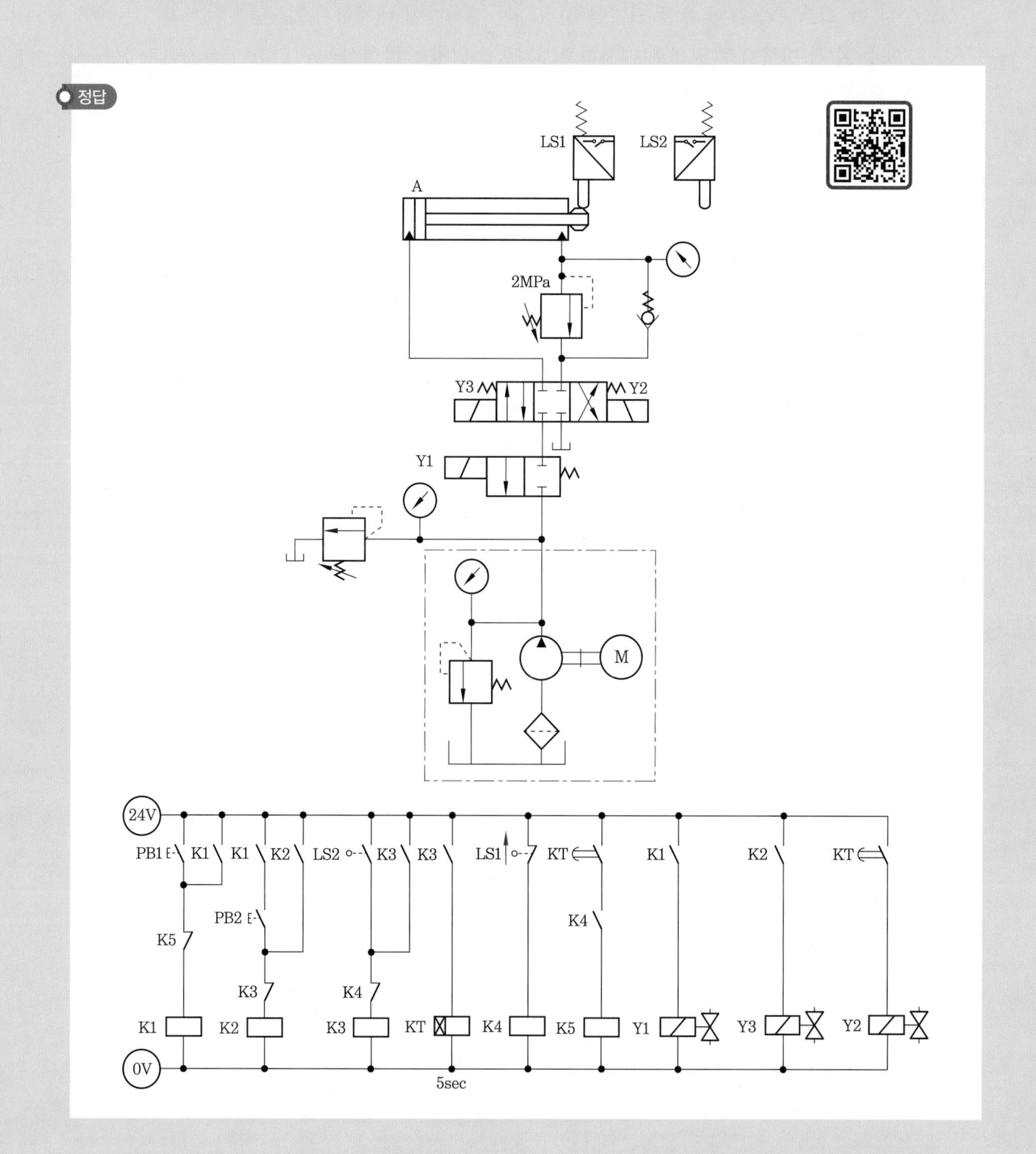

과제 3 압력 스위치와 리셋 회로 설계 구성

1 제어 조건

주어진 유압 및 전기 회로도를 다음 조건에 맞게 완성하고, 구성하여 운전하시오.

① 복동 실린더를 사용하고, 4/3 WAY 올포트 블록 솔레노이드 밸브로 전후진 제어를 하시오.

② 유압 회로도와 같이 유압 기기를 선정하여 고정판에 배치하시오. (단, 유압 기기는 수평 또는 수직 방향으로 임의로 배치하고, 리밋 스위치는 방향성을 고려하여 설치한다.)

③ 유압 호스를 사용하여 배치된 기기를 연결 · 완성하시오. (단, 케이블 타이를 사용하여 실린더 등 액추에이터 작동 부분의 전선과 호스가 시스템 동작에 영향을 주지 않도록 정리한다.)

④ 특별히 지정되지 않는 한 모든 스위치는 자동 복귀형 누름 버튼 스위치를 사용하시오.

⑤ PB1을 사용하여 안전이 확보된 다음 운전이 되도록 전기 회로를 설계하시오.

⑥ 2/2 WAY NO형 솔레노이드 밸브를 사용하여 실린더가 동작 중일 때는 닫히고, 동작하지 않을 때는 열리도록 무부하 회로를 설계하시오.

⑦ 처음 운전할 때는 PB2만 ON-OFF하면 실린더 A가 전진하며, 전진 완료되어 실린더의 유압 작동유 압력이 2MPa 이상 도달되도록 하고, PB1을 ON-OFF하고, PB3을 ON-OFF하면 즉 리셋시켜야 후진하도록 하시오.

⑧ 두 번째 운전은 PB1을 ON-OFF하고, PB2를 ON-OFF해야 전진하고, 유압이 2MPa 이상 도달되도록 하고, 또 PB1을 ON-OFF하고, PB3을 ON-OFF해야 후진하도록 하시오.

⑨ 이후 재작업을 할 때에는 PB1을 ON-OFF한 후 PB2나 PB3을 ON-OFF해야 작업이 되도록 하시오.

⑩ 실린더의 전진 속도를 미터 아웃 방식으로 제어하도록 하시오.

⑪ 작업이 완료된 상태에서 전원을 투입했을 때 쇼트가 발생하지 않아야 합니다.

⑫ 유압 호스는 곡률 반지름이 70mm 이상이 되도록 하시오.

⑬ 유압을 공급하게 되면 누유가 없도록 하시오.

⑭ 전기 케이블은 (+)선은 적색, (-)선은 청색 또는 흑색 선으로 배선하시오.

⑮ 유압 시스템의 공급 압력은 4MPa(40kgf/cm^2)로 설정하시오.

⑯ 실습 중 작업복 및 안전 보호구를 착용하여 안전 수칙을 준수하시오.

2 유압 및 전기 회로도

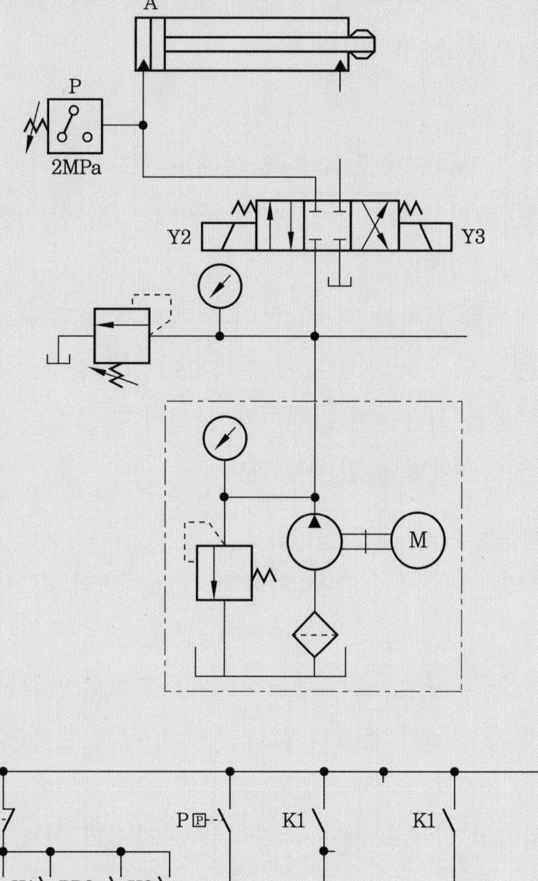

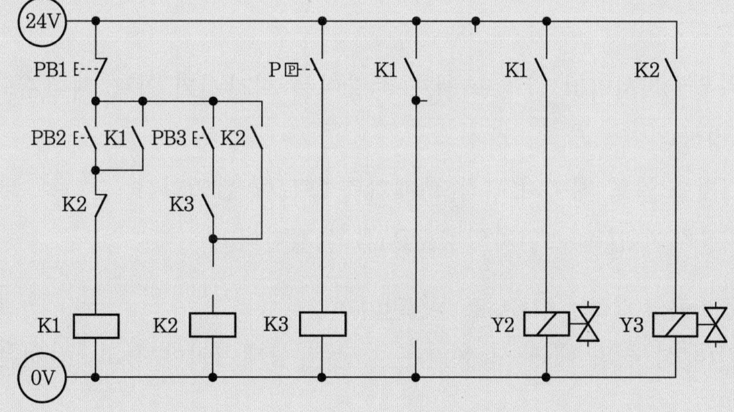

3 실습 순서

(1) 유압 회로를 완성한다.

① 2/2 WAY 릴리프 NO형 솔레노이드 밸브를 선택하여 회로를 추가로 설계한다.

② 한방향 유량 제어 밸브를 선택하여 회로를 추가로 설계한다.

③ 검토하여 이상이 있으면 수정한다.

(2) 전기 회로도를 설계한다.

① 릴레이 코일 K2의 자기 유지를 해제시키기 위해 릴레이 K1 b 접점을 삽입하여 인터록 회로를 설계한다.

② 2/2 WAY 릴리프 NO형 솔레노이드 밸브 Y1을 삽입한다.
③ 솔레노이드 밸브 Y3이 여자될 때 Y1이 여자되도록 릴레이 K2 a 접점을 삽입한다.
④ 검토하여 이상이 있으면 수정한다.

(3) 작업 준비를 한다.

① 복동 실린더 1개, 4/3 WAY 올포트 블록 솔레노이드 밸브 1개, 2/2 WAY NO형 밸브 1개, 압력 스위치 1개, 릴리프 밸브 1개, 압력 게이지 1개, 한방향 유량 제어 밸브 1개를 선택하여 실습 보드에 설치한다.
② 2/2 WAY NO형 밸브를 선택할 때 NC형이 선택되지 않도록 한다.
③ 한방향 유량 제어 밸브의 위치와 방향에 주의하여 설치한다.
④ 실습에 사용되는 부품은 실습판에 완전하게 고정한다.
⑤ 실린더의 운동 구간에 장애물이 없어야 한다.

(4) 압력 스위치의 작동 압력을 2MPa로 조정한다.

① 모든 기기의 설치 및 배관 시 유압은 차단된 상태이어야 하고, 전원은 단전된 상태이어야 한다.
② 릴리프 밸브 T 포트와 유량 컵 또는 탱크를 유압 호스로 연결한다.
③ 릴리프 밸브 P 포트에 펌프와 연결된 압력 게이지 부착 분배기측 포트를 유압 호스로 연결한다.
④ 펌프 전원을 ON시키고 릴리프 밸브 손잡이를 회전시켜 압력 게이지의 압력이 2MPa이 되도록 조정한다.
⑤ 압력 스위치를 압력 게이지 부착 분배기측 포트에 삽입한다.
⑥ 램프를 이용하여 압력 스위치의 2MPa을 설정한다.

(5) 유압 시스템의 공급 압력을 4MPa로 조정한다.

① 모든 기기의 설치 및 배관 시 유압은 차단된 상태이어야 하고, 전원은 단전된 상태이어야 한다.
② 릴리프 밸브 T 포트와 유량 컵 또는 탱크를 유압 호스로 연결한다.
③ 릴리프 밸브 P 포트에 펌프와 연결된 압력 게이지 부착 분배기측 포트를 유압 호스로 연결한다.
④ 펌프 전원을 ON시키고 릴리프 밸브 손잡이를 회전시켜 압력 게이지의 압력이 4MPa이 되도록 조정한다.

(6) 배관 작업을 한다.

① 모든 기기의 설치 및 배관 시 펌프는 정지 상태이어야 하고, 전원은 단전된 상태이어야 한다.

② 4/3 WAY 올포트 블록 솔레노이드 밸브 T 포트와 유량 컵 또는 탱크를 유압 호스로 연결한다.
③ 2/2 WAY 밸브 A 포트와 유량 컵 또는 탱크를 유압 호스로 연결한다.
④ 압력 게이지 부착 분배기측 포트와 4/3 WAY 올포트 블록 솔레노이드 밸브 P 포트 및 2/2 WAY 솔레노이드 밸브 P 포트를 유압 호스로 연결한다.
⑤ 4/3 WAY 올포트 블록 솔레노이드 밸브 A 포트에 T 커넥터를 삽입하고 압력 스위치와 유압호스를 연결하고, 이 호스를 실린더 A 피스톤 헤드측 포트에 유압 호스로 연결한다.
⑥ 4/3 WAY 올포트 블록 솔레노이드 밸브 B 포트에 유량 제어 밸브를 삽입한다.
⑦ 유량 제어 밸브와 실린더 A 로드측 포트를 유압 호스로 연결한다.

(7) 배선 작업을 한다.

① 적색 리드선을 사용하여 전원 공급기 (+) 단자, 누름 버튼 스위치 키트 (+) 단자, 릴레이 키트 (+) 단자를 연결한다.
② 청색 리드선을 사용하여 전원 공급기 (–) 단자, 누름 버튼 스위치 키트 (–) 단자, 릴레이 키트 (–) 단자와 솔레노이드 밸브 (–) 단자를 연결한다.
③ 적색 리드선과 청색 리드선을 사용하여 완성된 전기 도면과 같이 각 기기의 단자를 연결한다.

(8) 정상 작동을 확인한다.

① 펌프를 가동시켜 유압 작동유의 누설이 없는지 확인한다. 누설이 있을 경우 배관을 점검한다.
② PB2을 ON–OFF하면 실린더 A가 전진한다.
③ 실린더 A의 전진측 압력이 2MPa 이상이고, PB1을 ON–OFF한 후 PB3을 ON–OFF하면 후진한다.
④ 재작업을 하려면 반드시 리셋 스위치인 PB1을 반드시 ON–OFF해야 한다.

(9) 각 기기를 해체하여 정리정돈한다.

① 전원 공급기의 전원을 OFF시키고, 펌프를 정지시킨다.
② 유압 호스와 리드선을 제거한다.
③ 각 기기를 실습 보드에서 분리시키고 정리정돈한다.
④ 각 과제를 종료하면 작업한 자리의 부품 정리, 기름 제거, 유압 배관 정리, 전선 정리 등 모든 상태를 초기 상태로 정리한다.

정답

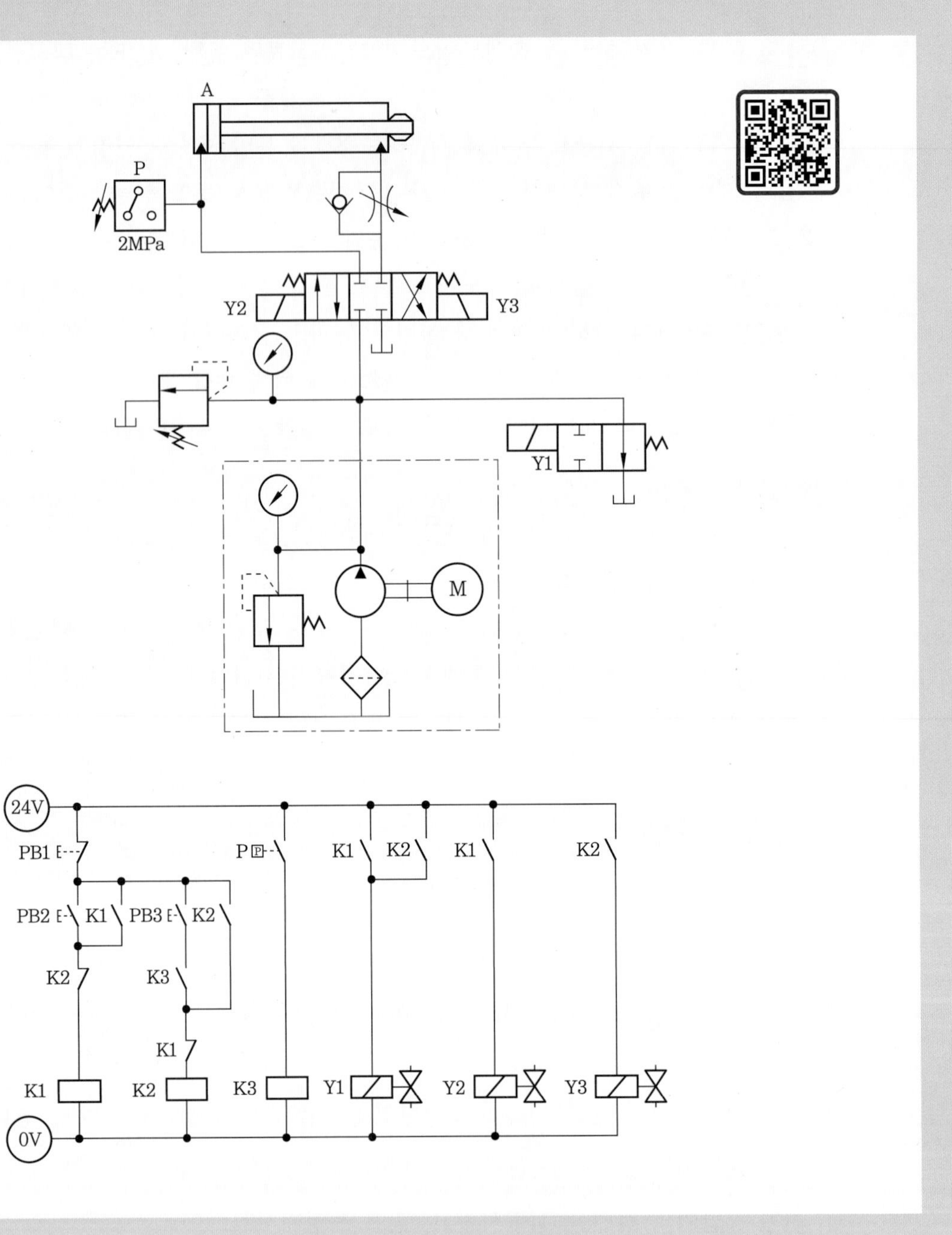
A
P
2MPa
Y2
Y3
Y1
M
24V
PB1
PB2
K1
PB3
K2
K2
K3
K1
P
K1
K2
K1
K2
K1
K2
K3
Y1
Y2
Y3
0V

제4장 속도 제어 회로 구성

4-1 양방향 유량 제어 회로 설계

(1) 제어 조건

① PB1을 ON-OFF하면 실린더는 1회 왕복 운동을 한다.

② 유압 시스템에 공급되는 유압 작동유의 유량을 조절하여 속도 제어를 할 수 있도록 한다.

(2) 위치도

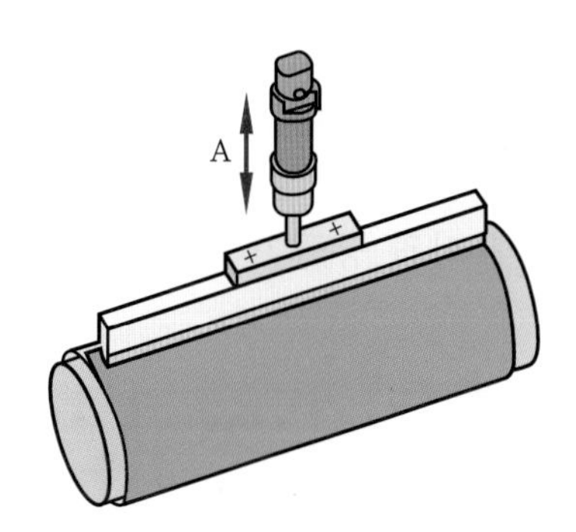

(3) 유압 및 전기 회로도

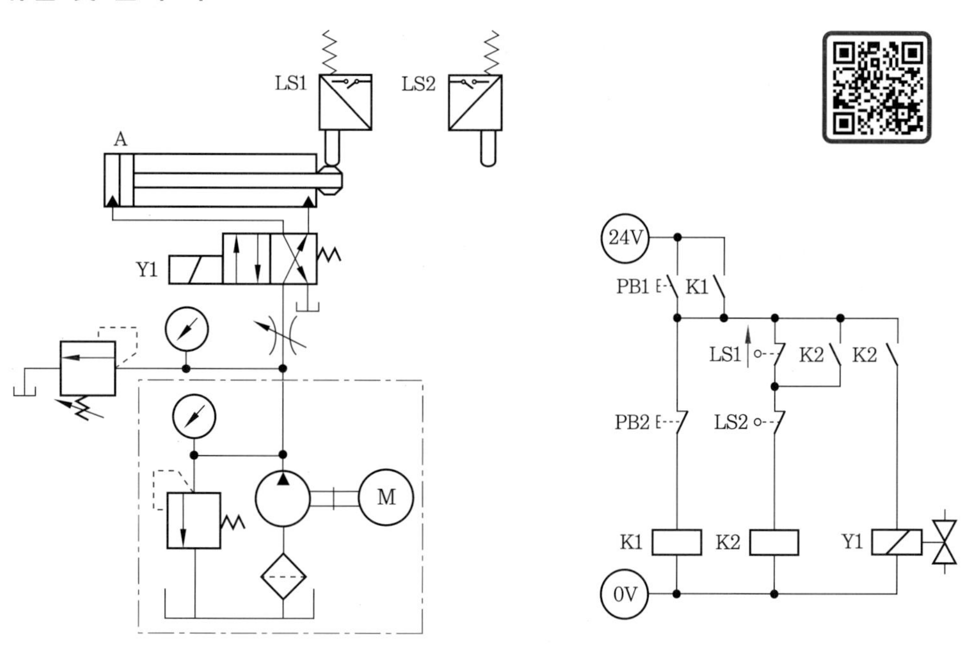

(4) 실습 시 유의 사항

① 유량 제어 밸브는 양방향이며, 솔레노이드 밸브 P 포트에 유량 제어 밸브를 설치하고, 압력 게이지 포트와 양방향 유량 제어 밸브에 유압 호스를 삽입한다.

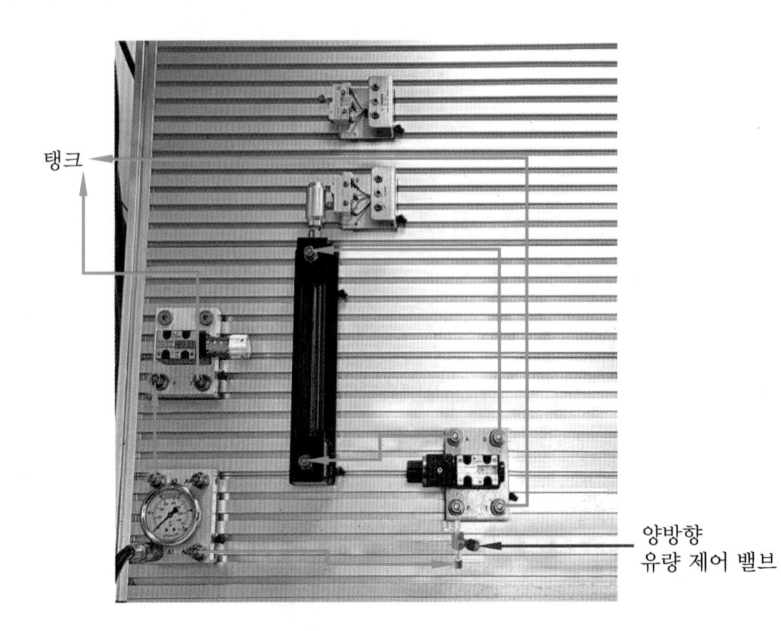

② 배선 작업을 할 때 전원 공급기 +단자에서 누름 버튼 스위치 키트로 연결된 선을 연결하지 않는다.

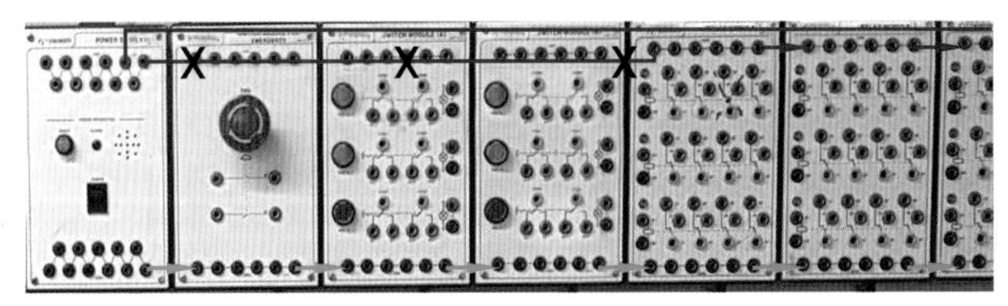

③ 적색 리드선으로 전원 공급기에서 PB1-a, PB2-b, 릴레이 코일 K1 +단자를 연결하고 청색 리드선으로 릴레이 코일 -단자를 연결한다.

④ 적색 리드선으로 전원 공급기에서 릴레이 K1-a의 첫 번째 단자를 연결한다.

⑤ 적색 리드선으로 릴레이 K1의 첫 번째 com 단자와 릴레이 키트 + 주전원 단자를 연결한다.

⑥ 적색 리드선으로 릴레이 키트 + 주전원 단자와 누름 버튼 스위치 PB1 com 단자를, 릴레이 키트 + 주전원 단자와 리밋 스위치 LS1 com 단자를 연결한다.

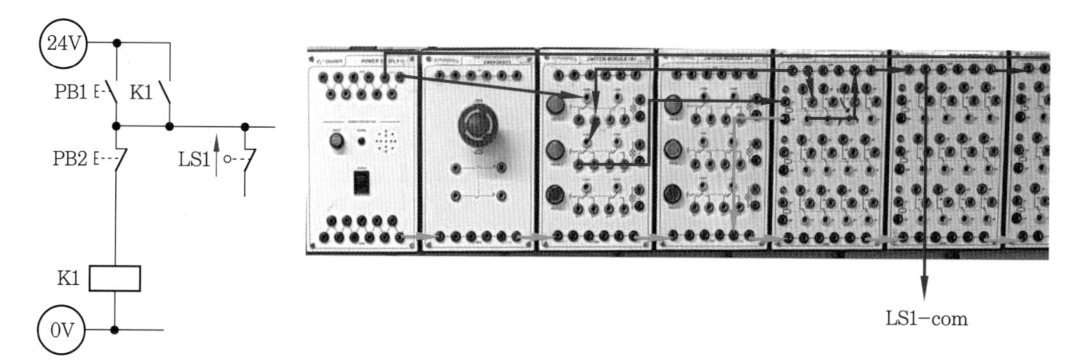

4-2 미터 인 속도 제어 회로 설계

(1) 제어 조건

① 강철판을 구부리는 벤딩 머신을 제작하고자 한다.

② 누름 버튼 스위치 PB1을 ON-OFF하면 실린더는 미터 인 전진 제어 회로에 의해 천천히 전진하고, 전진이 완료되면 스프링 백 현상을 해결하기 위해 5초간 정지되어 있다가 후진되도록 한다.

(2) 위치도

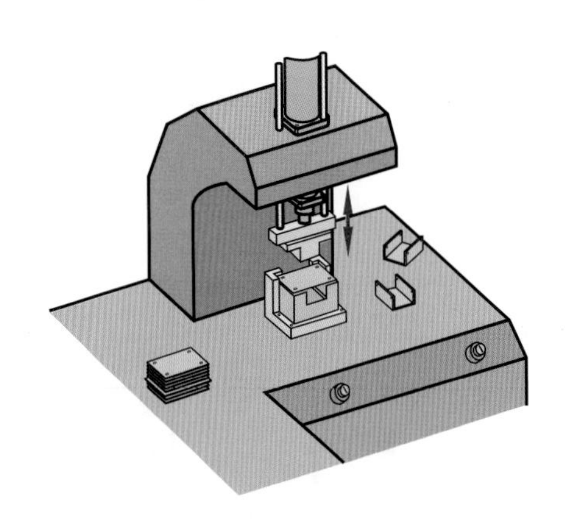

(3) 유압 및 전기 회로도

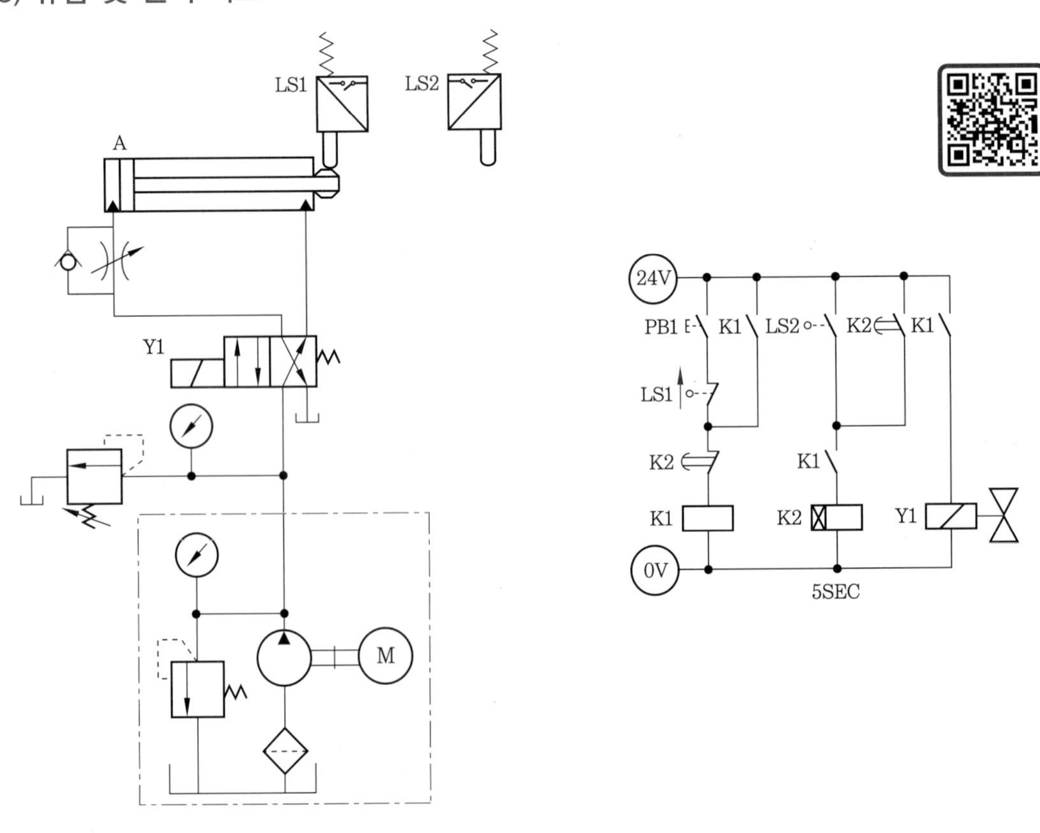

(4) 실습 시 유의 사항

① 한방향 유량 제어 밸브의 위치와 방향에 유의한다.

② K2 릴레이는 여자 지연 타임 릴레이를 사용한다.

③ 리밋 스위치 LS1은 a 접점이다.

4-3 블리드 오프 속도 제어 회로 설계

(1) 제어 조건

① 청소차의 운전 프로그램을 설계하고자 한다.

② PB1을 ON-OFF하면 실린더는 1회 왕복 운동을 한다.

③ 실린더 전진 중 PB2를 ON-OFF하면 실린더는 정지하고 PB1을 다시 ON-OFF하면 남은 동작을 완료하고 정지한다.

④ 실린더의 전후진 속도를 같도록 하기 위하여 블리드 오프 회로로 제어한다.

⑤ 4/3 WAY 올포트 블록 솔레노이드 밸브를 사용한다.

⑥ 설계한 회로도와 같이 기기를 선정하여 고정판에 배치할 때 각 기기는 수평 또는 수직 방향으로 임의로 배치하고, 리밋 스위치는 방향성을 고려하여 설치한다.

⑦ 작업이 완료된 상태에서 전원을 투입했을 때 쇼트가 발생하지 않아야 한다.

⑧ 유압 호스는 곡률 반지름이 70 mm 이상이 되도록 한다.

⑨ 유압을 공급하게 되면 누유가 없도록 한다.

⑩ 전기 케이블은 (+)선은 적색, (-)선은 청색 또는 흑색 선으로 배선한다.

⑪ 유압 시스템의 공급 압력은 4 MPa(40 kgf/cm^2)로 설정한다.

(2) 위치도

(3) 유압 및 전기 회로도

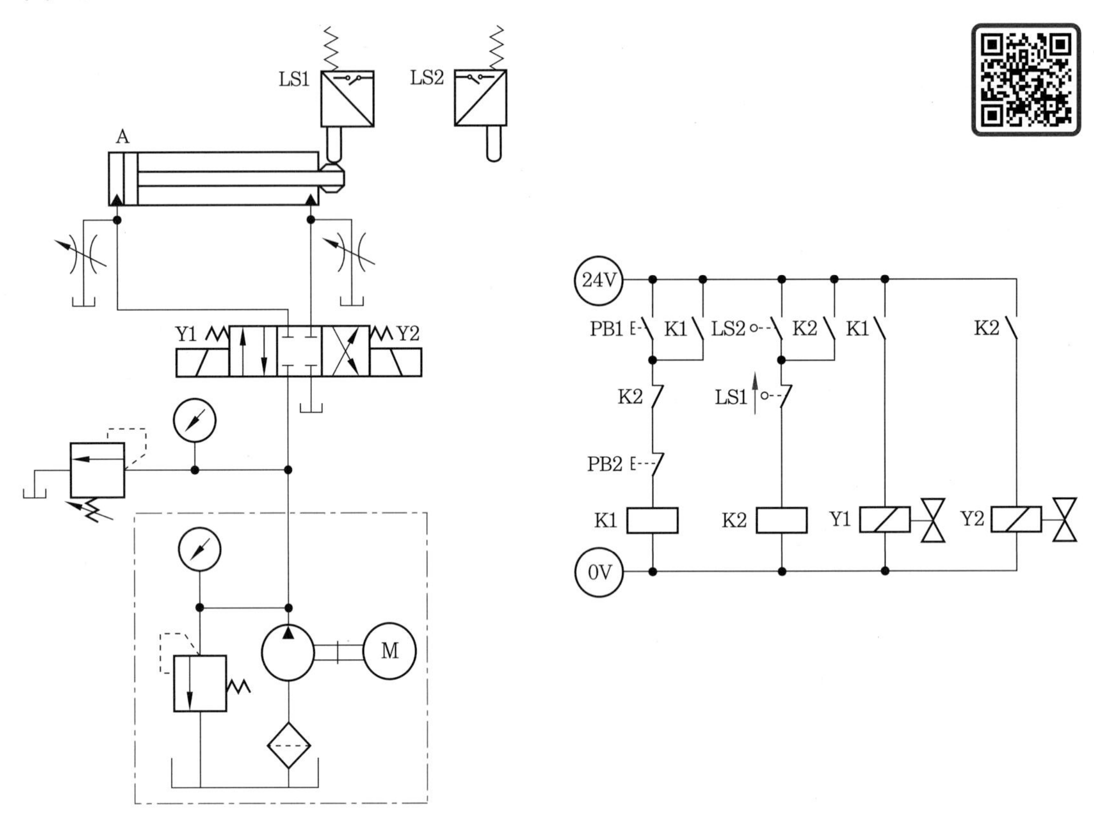

(4) 실습 시 유의 사항

① 리밋 스위치 LS1은 b 접점이다.

② 양방향 유량 제어 밸브는 실린더 포트에 T 커넥터를 설치한 후 삽입하고 유압 호스로 탱크에 연결한다.

4-4 2단 스트로크 제어 회로 설계

(1) 제어 조건

① 프레스로 모형 자동차를 생산하려 한다.

② PB1을 ON-OFF하면 실린더는 리밋 스위치 LS2까지만 전진하고 후진한 후 다시 전진하여 리밋 스위치 LS3까지 전진한 후 후진한다.

③ 실린더의 전진 속도를 미터 인 속도 제어 방식으로 제어한다.

(2) 위치도

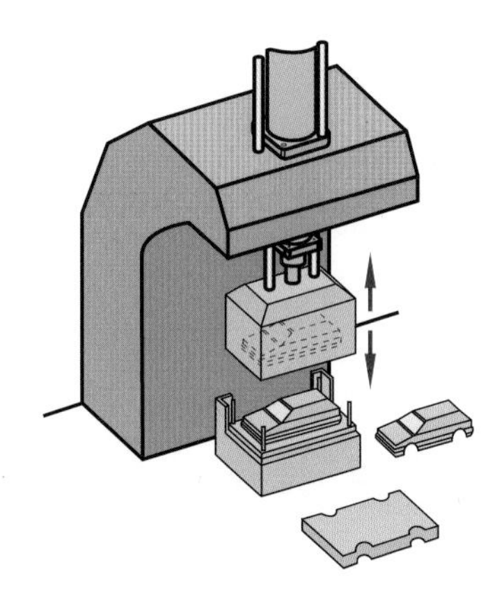

(3) 유압 및 전기 회로도

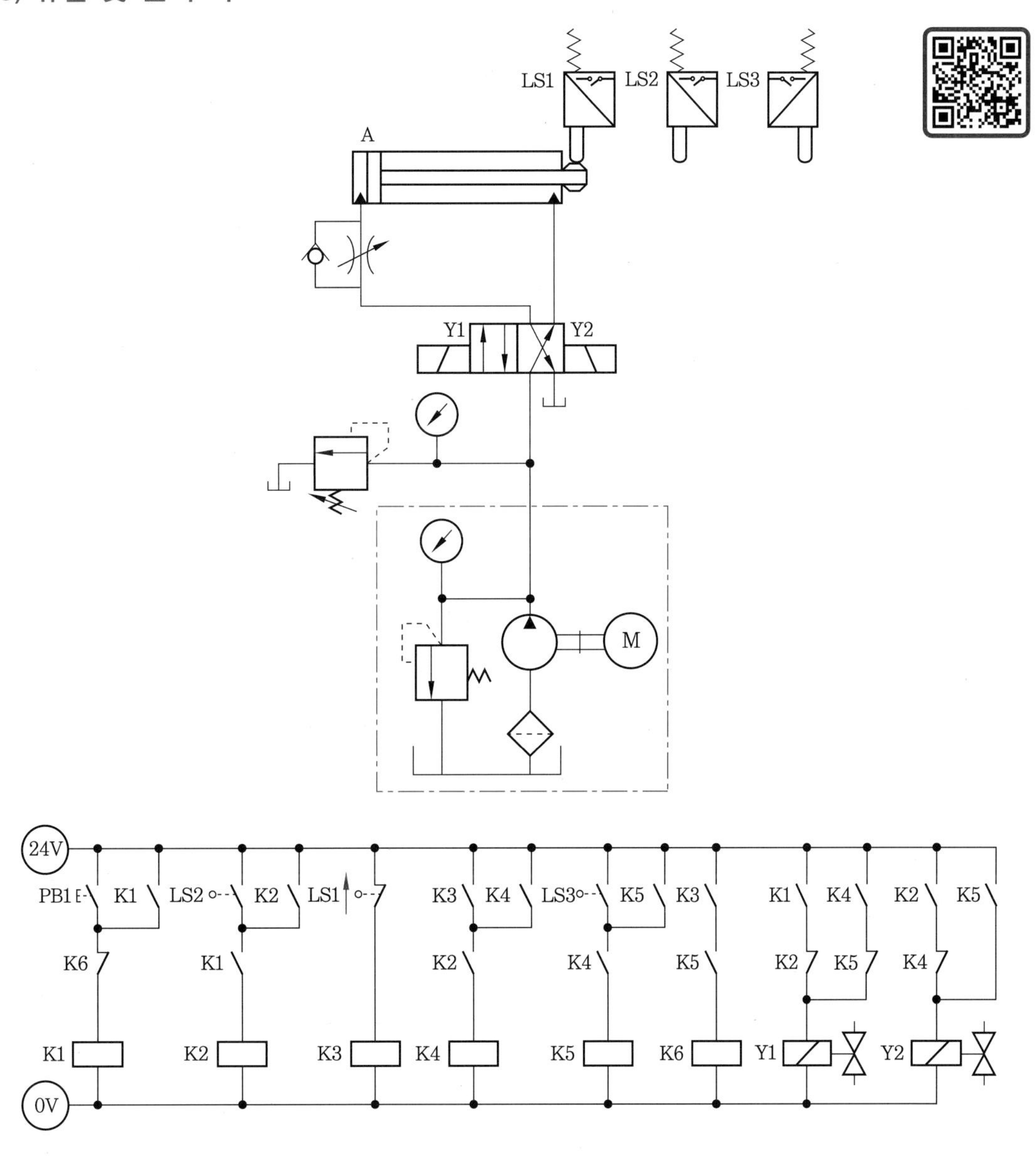

(4) 실습 시 유의 사항

① 한방향 유량 제어 밸브의 체크 밸브 방향을 반드시 확인하여 설치한다.

② 리밋 스위치 LS1은 a 접점이다.

③ 운전 중 리밋 스위치 LS2의 파손 우려가 있다.

4-5 다단 속도 제어 회로 설계

(1) 제어 조건

① 석유화학 공정에서 배관의 컨트롤 밸브를 유압 복동 실린더를 이용하여 작동하려 한다.

② PB1을 ON-OFF하면 컨트롤 밸브가 열리며, 실린더는 정상 속도로 전진하는 중 리밋 스위치 LS2 위치에 도착하면 느린 속도로 운동해야 한다.

③ 컨트롤 밸브를 닫을 때는 PB2에 의해 제어되는 것으로 실린더가 후진되며, 이때 솔레노이드 밸브와 양방향 유량 제어 밸브에 의한 후진 속도는 조절되지 않는다.

④ 즉, "밸브 열림"과 "밸브 닫힘"은 두 스위치 PB1과 PB2로 이루어진다.

⑤ 실린더의 후진 운동은 한방향 유량 조절 밸브를 사용하여 미터 인 방식으로 회로를 변경하여 실린더의 속도를 제어한다.

⑥ 컨트롤 밸브가 처음 출발하여 중간 위치까지는 빠른 속도로 열린 후 3초간 정지한 다음 나머지 동작을 수행한다.

(2) 위치도

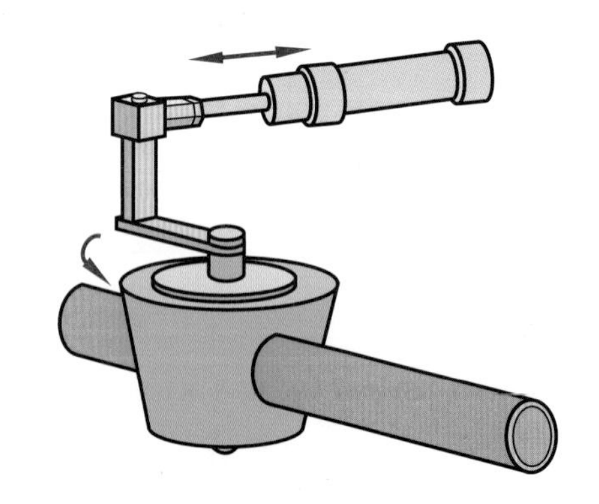

(3) 유압 및 전기 회로도

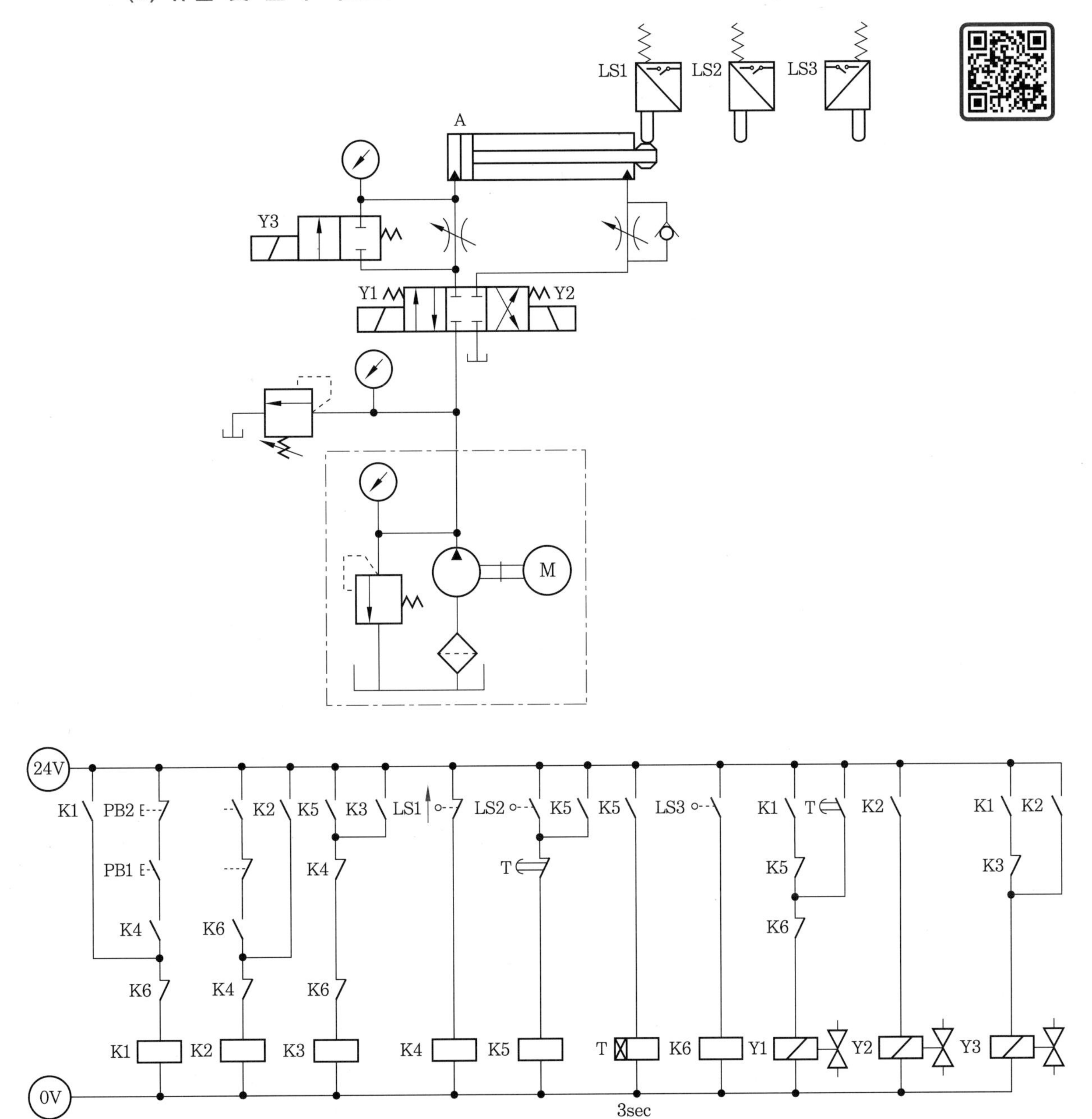

(4) 실습 시 유의 사항

① 솔레노이드 밸브 Y3은 NC형 2/2 WAY이므로 NO형을 선택하지 않도록 선택할 때 주의한다.

② 한방향 유량 제어 밸브의 체크 밸브 방향을 반드시 확인하여 설치해야 한다.

③ 리밋 스위치 LS1은 a 접점이다.

④ 리밋 스위치 LS2는 실린더 전진 또는 후진할 때 파손의 염려가 있으니 작업에 유의한다.

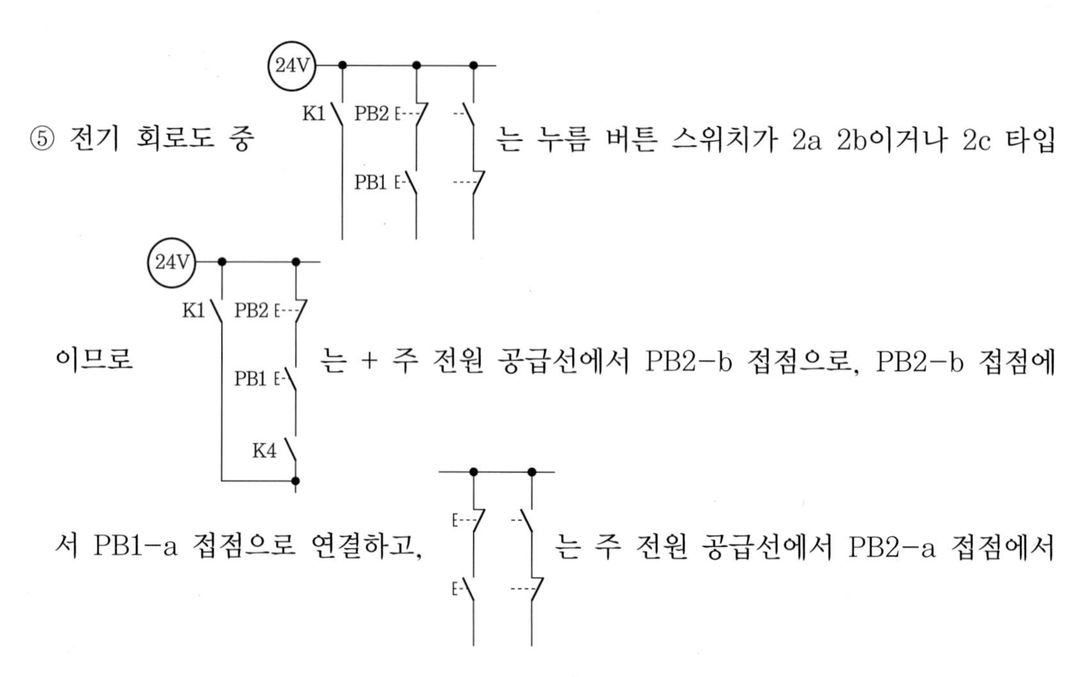

⑤ 전기 회로도 중 는 누름 버튼 스위치가 2a 2b이거나 2c 타입 이므로 는 + 주 전원 공급선에서 PB2–b 접점으로, PB2–b 접점에서 PB1–a 접점으로 연결하고, 는 주 전원 공급선에서 PB2–a 접점에서 PB1–b 접점으로 연결하면 된다.

⑥ 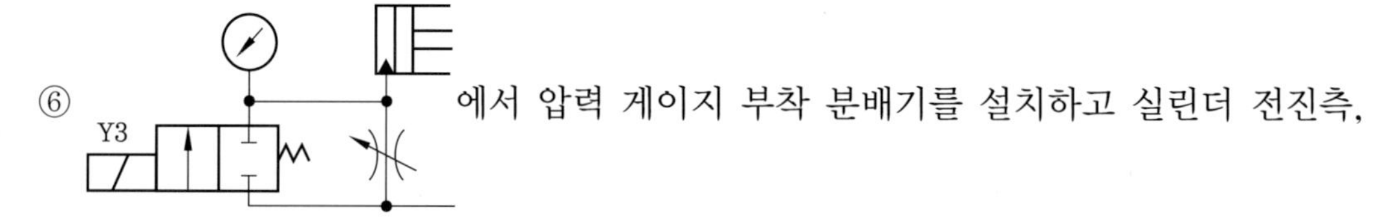

에서 압력 게이지 부착 분배기를 설치하고 실린더 전진측, 양방향 유량 제어 밸브, 2/2 WAY 밸브 A 포트를 호스로 각각 연결하면 편리하다.

과제 1 NC 2/2 WAY 밸브를 이용한 블리드 오프 속도 제어 회로 설계 구성

1 제어 조건

주어진 유압 및 전기 회로도를 다음 조건에 맞게 완성하고, 구성하여 운전하시오

① 스위치 PB1을 ON-OFF하면 실린더는 전후진 왕복 운동을 하고 다음 조건을 만족하는 유압 회로도와 전기 회로도를 완성하시오.

② 유압 회로도와 같이 유압 기기를 선정하여 고정판에 배치하시오. (단, 유압 기기는 수평 또는 수직 방향으로 임의로 배치하고, 리밋 스위치는 방향성을 고려하여 설치한다.)

③ 유압 호스를 사용하여 배치된 기기를 연결 · 완성하시오. (단, 케이블 타이를 사용하여 실린더 등 액추에이터 작동 부분의 전선과 호스가 시스템 동작에 영향을 주지 않도록 정리한다.)

④ 특별히 지정되지 않는 한 모든 스위치는 자동 복귀형 누름 버튼 스위치를 사용하시오.

⑤ 실린더의 전진은 미터 아웃 방식으로 제어하시오.

⑥ 실린더의 후진은 NC 2/2 WAY NC형 솔레노이드 밸브에 의한 블리드 오프 회로를 사용하여 후진 속도를 제어하시오.

⑦ 작업이 완료된 상태에서 전원을 투입했을 때 쇼트가 발생하지 않아야 합니다.

⑧ 유압 호스는 곡률 반지름이 70 mm 이상이 되도록 하시오.

⑨ 유압을 공급하게 되면 누유가 없도록 하시오.

⑩ 전기 케이블은 (+)선은 적색, (-)선은 청색 또는 흑색 선으로 배선하시오.

⑪ 유압 시스템의 공급 압력은 4 MPa(40 kgf/cm^2)로 설정하시오.

⑫ 실습 중 작업복 및 안전 보호구를 착용하여 안전 수칙을 준수하시오.

2 위치도

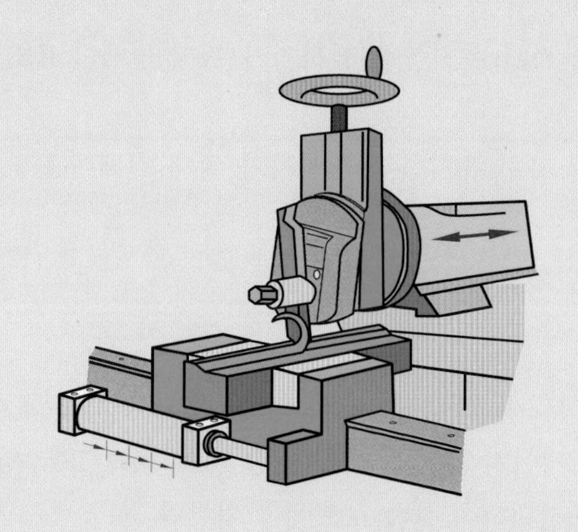

3 유압 및 전기 회로도

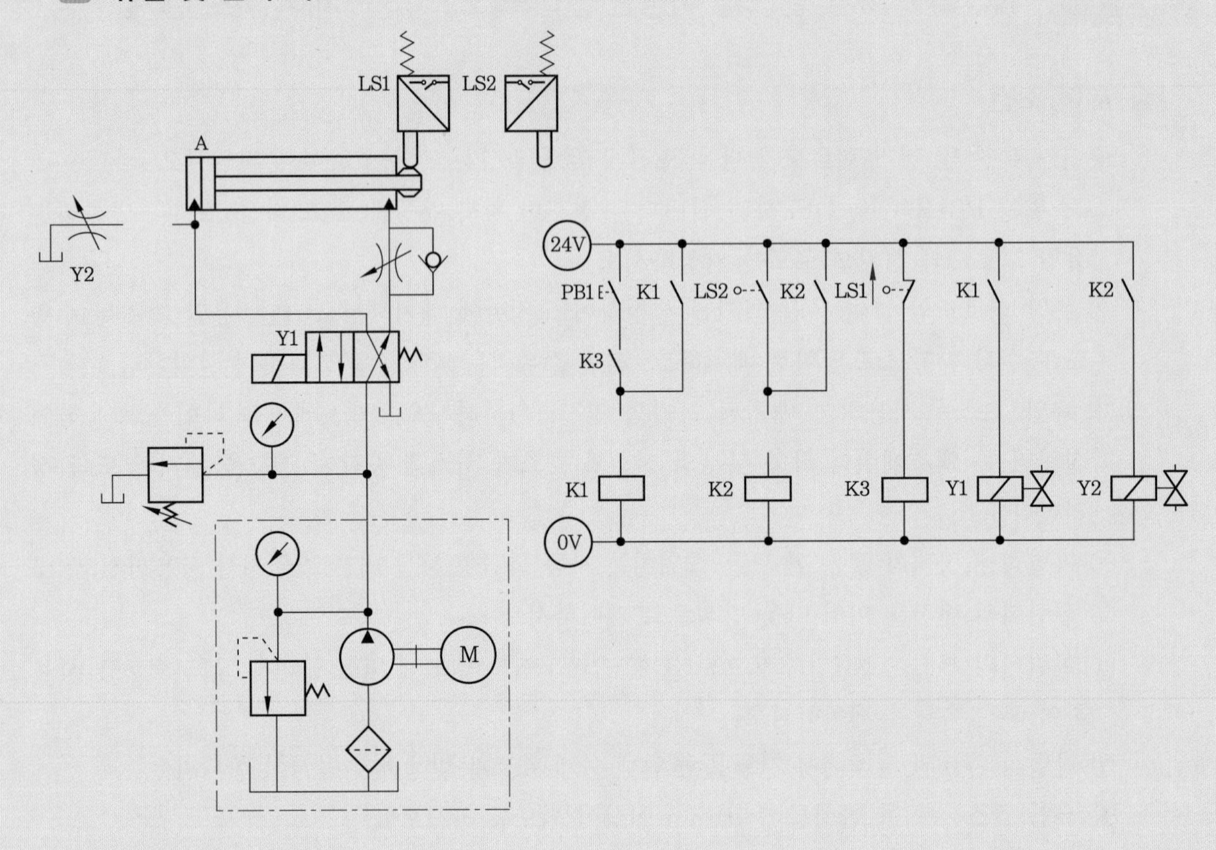

4 실습 순서

(1) 유압 회로를 완성한다.

① 2/2 WAY 릴리프 NC형 솔레노이드 밸브를 선택하여 회로를 추가로 설계한다.

② 검토하여 이상이 있으면 수정한다.

(2) 전기 회로도를 설계한다.

① 릴레이 코일 K1의 자기 유지를 해제시키기 위해 릴레이 K2 b 접점을 삽입하여 인터록 회로를 설계한다.

② 릴레이 코일 K2의 자기 유지를 해제시키기 위해 릴레이 K3 b 접점을 삽입하여 인터록 회로를 설계한다.

③ 검토하여 이상이 있으면 수정한다.

(3) 작업 준비를 한다.

① 복동 실린더 1개, 4/2 WAY 단동 솔레노이드 밸브 1개, 2/2 WAY NC형 밸브 1개, 릴리프 밸브 1개, 압력 게이지 1개, 한방향 유량 제어 밸브 1개, 양방향 유량 제어 밸브 1개, 리밋 스위치 2개를 선택하여 실습 보드에 설치한다.

② 2/2 WAY NC형 밸브를 선택할 때 NO형이 선택되지 않도록 한다.

③ 한방향 유량 제어 밸브의 위치와 방향에 주의하여 설치한다.
④ 실습에 사용되는 부품은 실습판에 완전하게 고정한다.
⑤ 실린더의 운동 구간에 장애물이 없어야 한다.

(4) 공급 압력을 4MPa로 조정한다.

① 모든 기기의 설치 및 배관 시 유압은 차단된 상태이어야 하고, 전원은 단전된 상태이어야 한다.
② 릴리프 밸브 T 포트와 유량 컵 또는 탱크를 유압 호스로 연결한다.
③ 릴리프 밸브 P 포트에 펌프와 연결된 압력 게이지 부착 분배기측 포트를 유압 호스로 연결한다.
④ 펌프 전원을 ON시키고 릴리프 밸브 손잡이를 회전시켜 압력 게이지의 압력이 4MPa이 되도록 조정한다.

(5) 배관 작업을 한다.

① 모든 기기의 설치 및 배관 시 펌프는 정지 상태이어야 하고, 전원은 단전된 상태이어야 한다.
② 4/2 WAY 솔레노이드 밸브 T 포트와 유량 컵 또는 탱크를 유압 호스로 연결한다.
③ 압력 게이지 부착 분배기측 포트와 4/2 WAY 솔레노이드 밸브 P 포트를 유압 호스로 연결한다.
④ 실린더 피스톤 헤드측 포트에 T 커넥터를 삽입하고 4/2 WAY 솔레노이드 밸브 A 포트에 유압 호스를 연결하고, 또 T 커넥터의 한쪽에 2/2 WAY 솔레노이드 밸브 P 포트를 유압 호스로 연결한다.
⑤ 2/2 WAY 솔레노이드 밸브 A 포트에 양방향 유량 제어 밸브를 삽입한다.
⑥ 양방향 유량 제어 밸브와 탱크를 유압 호스로 연결한다.
⑦ 4/2 WAY 솔레노이드 밸브 B 포트에 한방향 유량 제어 밸브를 삽입한다.
⑧ 한방향 유량 제어 밸브와 실린더 A 로드측 포트를 유압 호스로 연결한다.

(6) 배선 작업을 한다.

① 적색 리드선을 사용하여 전원 공급기 (+) 단자, 누름 버튼 스위치 키트 (+) 단자, 릴레이 키트 (+) 단자를 연결한다.
② 청색 리드선을 사용하여 전원 공급기 (−) 단자, 누름 버튼 스위치 키트 (−) 단자, 릴레이 키트 (−) 단자와 솔레노이드 밸브 (−) 단자를 연결한다.
③ 적색 리드선과 청색 리드선을 사용하여 완성된 전기 도면과 같이 각 기기의 단자를 연결한다.

(7) 정상 작동을 확인한다.

① 펌프를 가동시켜 유압 작동유의 누설이 없는지 확인한다. 누설이 있을 경우 배관을 점검한다.

② PB1을 ON－OFF하면 실린더 A가 전후진한다.

(8) 각 기기를 해체하여 정리정돈한다.

① 전원 공급기의 전원을 OFF시키고, 펌프를 정지시킨다.

② 유압 호스와 리드선을 제거한다.

③ 각 기기를 실습 보드에서 분리시키고 정리정돈한다.

④ 각 과제를 종료하면 작업한 자리의 부품 정리, 기름 제거, 유압 배관 정리, 전선 정리 등 모든 상태를 초기 상태로 정리한다.

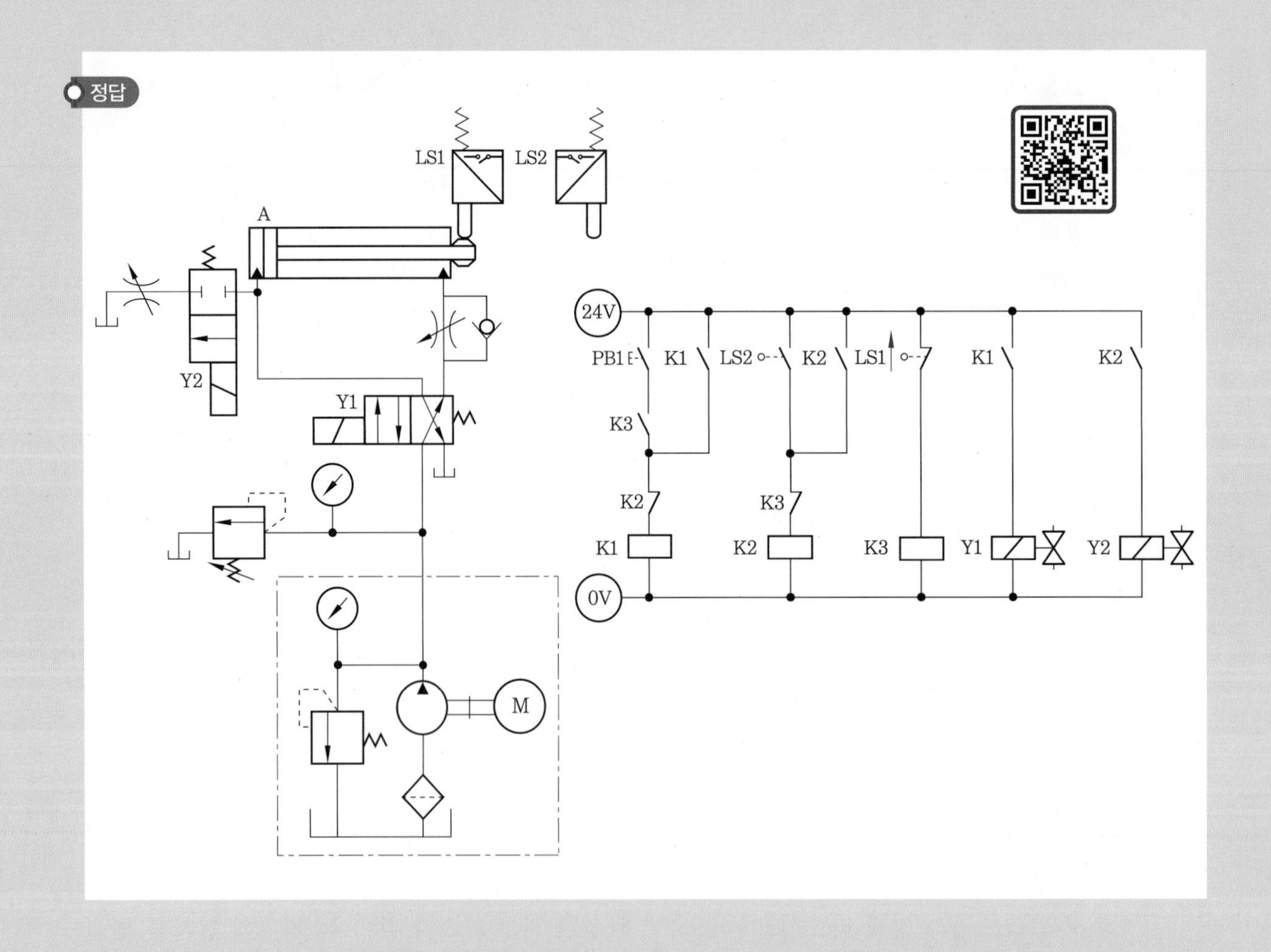

과제 2 탁상 프레스의 소재 확인 다단 속도 제어 회로 설계 구성

1 제어 조건

주어진 유압 및 전기 회로도를 다음 조건에 맞게 완성하고, 구성하여 운전하시오.

① 탁상 유압 프레스에서 소재 유무를 확인하고, 전진 시작 속도, 전진 중간 속도, 후진 속도를 제어하는 장치를 설계하여 운전하려 합니다.

② 2/2 WAY NO형 솔레노이드 밸브와 양방향 제어 밸브를 이용하여 다단 속도를 제어하시오.

③ 4/2 WAY 복동 솔레노이드 밸브에 의해 실린더의 방향을 제어하시오.

④ 드릴 이송의 자중에 의한 자유 낙하 방지를 위해 압력 게이지와 카운터 밸런스 밸브를 설치하고 설정압은 3MPa로 하시오.

⑤ 주어진 유압 회로도와 전기 회로도를 완성하시오.

⑥ 완성된 유압 회로도와 같이 유압 기기를 선정하여 고정판에 배치하시오. (단, 유압 기기는 수평 또는 수직 방향으로 임의로 배치하고, 리밋 스위치는 방향성을 고려하여 설치한다.)

⑦ 유압 호스를 사용하여 배치된 기기를 연결 · 완성하시오. (단, 케이블 타이를 사용하여 실린더 등 액추에이터 작동 부분의 전선과 호스가 시스템 동작에 영향을 주지 않도록 정리한다.)

⑧ 완성된 전기 회로도와 같이 유압 기기를 선정하여 배선하시오.

⑨ 특별히 지정되지 않는 한 모든 스위치는 자동 복귀형 누름 버튼 스위치를 사용하시오.

⑩ 스위치 PB1과 PB2를 동시에 ON-OFF하면 실린더는 전후진 왕복 운동을 하고 다음 조건을 만족하는 유압 회로도와 전기 회로도를 완성하시오.

⑪ 가공물의 이송 및 고정은 수작업으로 이루어집니다.

⑫ 실린더가 빠른 속도로 전진 운동을 하다가 LS2가 작동되면 조정된 작업 속도로 움직이며, 작업 완료 후 LS3이 작동되면 빠르게 복귀하도록 하시오.

⑬ 리밋 스위치를 이용하여 작업대에 제품이 없을 경우 프레스 작업이 진행되지 않도록 하고, 이 경우 전기 램프가 점등되어 그 상태를 표시할 수 있도록 회로를 구성한 후 동작시키시오. (리밋 스위치는 전기 선택 스위치로 대용)

⑭ 작업이 완료된 상태에서 전원을 투입했을 때 쇼트가 발생하지 않아야 합니다.

⑮ 유압 호스는 곡률 반지름이 70mm 이상이 되도록 하시오.

⑯ 유압을 공급하게 되면 누유가 없도록 하시오.

⑰ 전기 케이블은 (+)선은 적색, (-)선은 청색 또는 흑색 선으로 배선하시오.

⑱ 유압 시스템의 공급 압력은 4MPa(40kgf/cm^2)로 설정하시오.

⑲ 실습 중 작업복 및 안전 보호구를 착용하여 안전 수칙을 준수하시오.

2 유압 및 전기 회로도

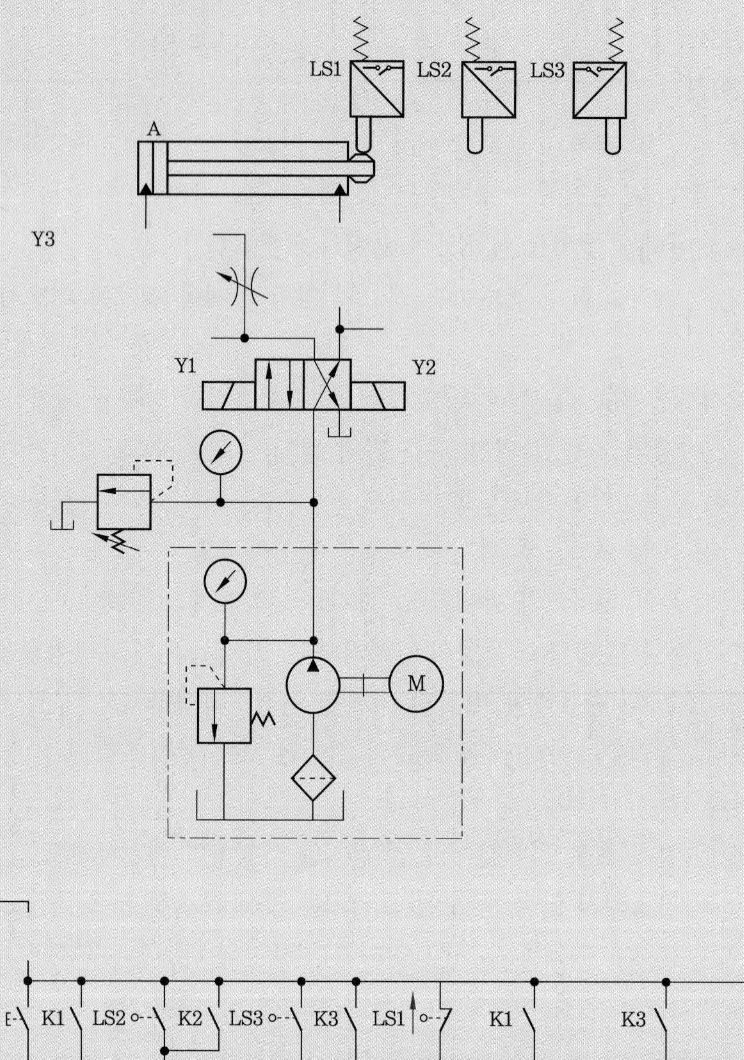

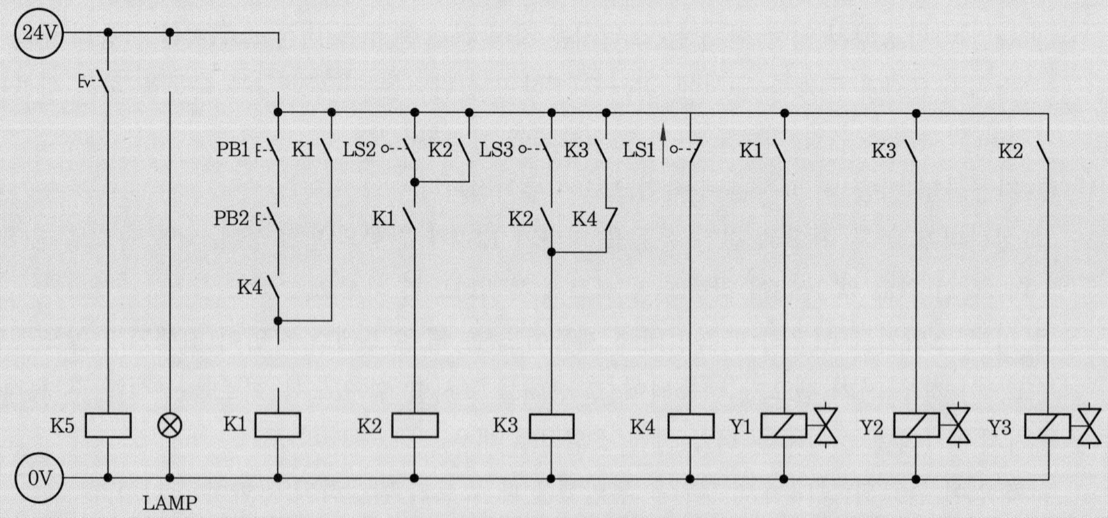

3 실습 순서

(1) 유압 회로를 완성한다.

① 2/2 WAY NO형 솔레노이드 밸브를 선택하여 회로를 완성한다.

② 카운터 밸런스 밸브를 선택하여 회로를 완성한다.

③ 검토하여 이상이 있으면 수정한다.

(2) 전기 회로도를 설계한다.

① 릴레이 코일 K1의 자기 유지 해제를 위한 인터록 회로 릴레이 K3 b 접점을 삽입한다.

② 소재 유무를 위한 릴레이 K5 a 접점과 램프 동작을 위한 릴레이 K5 b 접점을 삽입한다.

③ 검토하여 이상이 있으면 수정한다.

(3) 작업 준비를 한다.

① 복동 실린더 1개, 4/2 WAY 복동 솔레노이드 밸브 1개, 2/2 WAY NO형 밸브 1개, 릴리프 밸브 1개, 압력 게이지 1개, 양방향 유량 제어 밸브 1개, 카운터 밸런스 밸브 1개, 리밋 스위치 3개를 선택하여 실습 보드에 설치한다.

② 2/2 WAY NO형 밸브를 선택할 때 NC형이 선택되지 않도록 한다.

③ 리밋 스위치의 위치와 방향에 주의하여 설치한다.

④ 리밋 스위치 LS2는 실린더가 동작할 때 파손 우려가 있으니 주의한다.

⑤ 실습에 사용되는 부품은 실습판에 완전하게 고정한다.

⑥ 실린더의 운동 구간에 장애물이 없어야 한다.

(4) 카운터 밸런스 밸브의 공급 압력을 3MPa로 조정한다.

① 모든 기기의 설치 및 배관 시 유압은 차단된 상태이어야 하고, 전원은 단전된 상태이어야 한다.

② 카운터 밸런스 밸브를 실린더 로드측 아래에 배치한다.

③ 카운터 밸런스 밸브 A 포트와 유량 컵 또는 탱크를 유압 호스로 연결한다.

④ 펌프의 토출측 호스를 압력 게이지 부착 분배기측 포트에 유압 호스로 연결한다.

⑤ 압력 게이지 부착 분배기측 포트에 유압 호스로 카운터 밸런스 밸브 P 포트를 연결한다.

⑥ 펌프 전원을 ON시키고 카운터 밸런스 밸브 손잡이를 회전시켜 압력 게이지의 압력이 3MPa이 되도록 조정한다.

⑦ 압력 게이지 부착 분배기에 연결된 펌프와의 연결 호스를 분리시킨다.

(5) 유압 시스템의 공급 압력을 4MPa로 조정한다.

① 모든 기기의 설치 및 배관은 유압은 차단된 상태이어야 하고, 전원은 단전된 상태이어야 한다.

② 릴리프 밸브 T 포트와 유량 컵 또는 탱크를 유압 호스로 연결한다.

③ 릴리프 밸브 P 포트에 펌프와 연결된 압력 게이지 부착 분배기측 포트를 유압 호스로 연결한다.

④ 펌프 전원을 ON시키고 릴리프 밸브 손잡이를 회전시켜 압력 게이지의 압력이 4MPa이 되도록 조정한다.

(6) 배관 작업을 한다.

① 모든 기기의 설치 및 배관은 펌프는 정지 상태이어야 하고, 전원은 단전된 상태이어야 한다.

② 4/2 WAY 솔레노이드 밸브 T 포트와 유량 컵 또는 탱크를 유압 호스로 연결한다.

③ 압력 게이지 부착 분배기측 포트와 4/2 WAY 솔레노이드 밸브 P 포트를 유압 호스로 연결한다.

④ 실린더 피스톤 헤드측 포트에 T 커넥터를 삽입하고 양방향 유량 제어 밸브와 2/2 WAY 솔레노이드 밸브 A 포트에 유압 호스를 연결한다.

⑤ 4/2 WAY 밸브 A포트에 T 커넥터를 삽입하고 양방향 유량 제어 밸브와 2/2 WAY 솔레노이드 밸브 P 포트에 유압 호스를 연결한다.

⑥ 실린더 로드측 포트와 카운터 밸런스 밸브 P 포트를 호스로 연결한다.

⑦ 카운터 밸런스 밸브 A 포트와 4/2 WAY 솔레노이드 밸브 B 포트에 유압 호스로 연결한다.

(7) 배선 작업을 한다.

① 적색 리드선을 사용하여 전원 공급기 (+) 단자, 누름 버튼 스위치 키트 (+) 단자, 릴레이 키트 (+) 단자를 연결한다.

② 청색 리드선을 사용하여 전원 공급기 (−) 단자, 누름 버튼 스위치 키트 (−) 단자, 릴레이 키트 (−) 단자와 솔레노이드 밸브 (−) 단자를 연결한다.

③ 적색 리드선을 사용하여 완성된 전기 도면과 같이 각 기기의 단자를 연결한다.

④ 리밋 스위치 LS1은 a 접점이다.

(8) 정상 작동을 확인한다.

① 펌프를 가동시켜 유압 작동유의 누설이 없는지 확인한다. 누설이 있을 경우 배관을 점검한다.

② PB1을 ON−OFF하면 실린더 A가 중속으로 전진하다가 LS2 위치에 오면 저속으로 전진한다.

③ 실린더가 전진 완료되면 중속으로 후진한다.

(9) 각 기기를 해체하여 정리정돈한다.

① 전원 공급기의 전원을 OFF시키고, 펌프를 정지시킨다.

② 유압 호스와 리드선을 제거한다.

③ 각 기기를 실습 보드에서 분리시키고 정리정돈한다.

④ 각 과제를 종료하면 작업한 자리의 부품 정리, 기름 제거, 유압 배관 정리, 전선 정리 등 모든 상태를 초기 상태로 정리한다.

정답

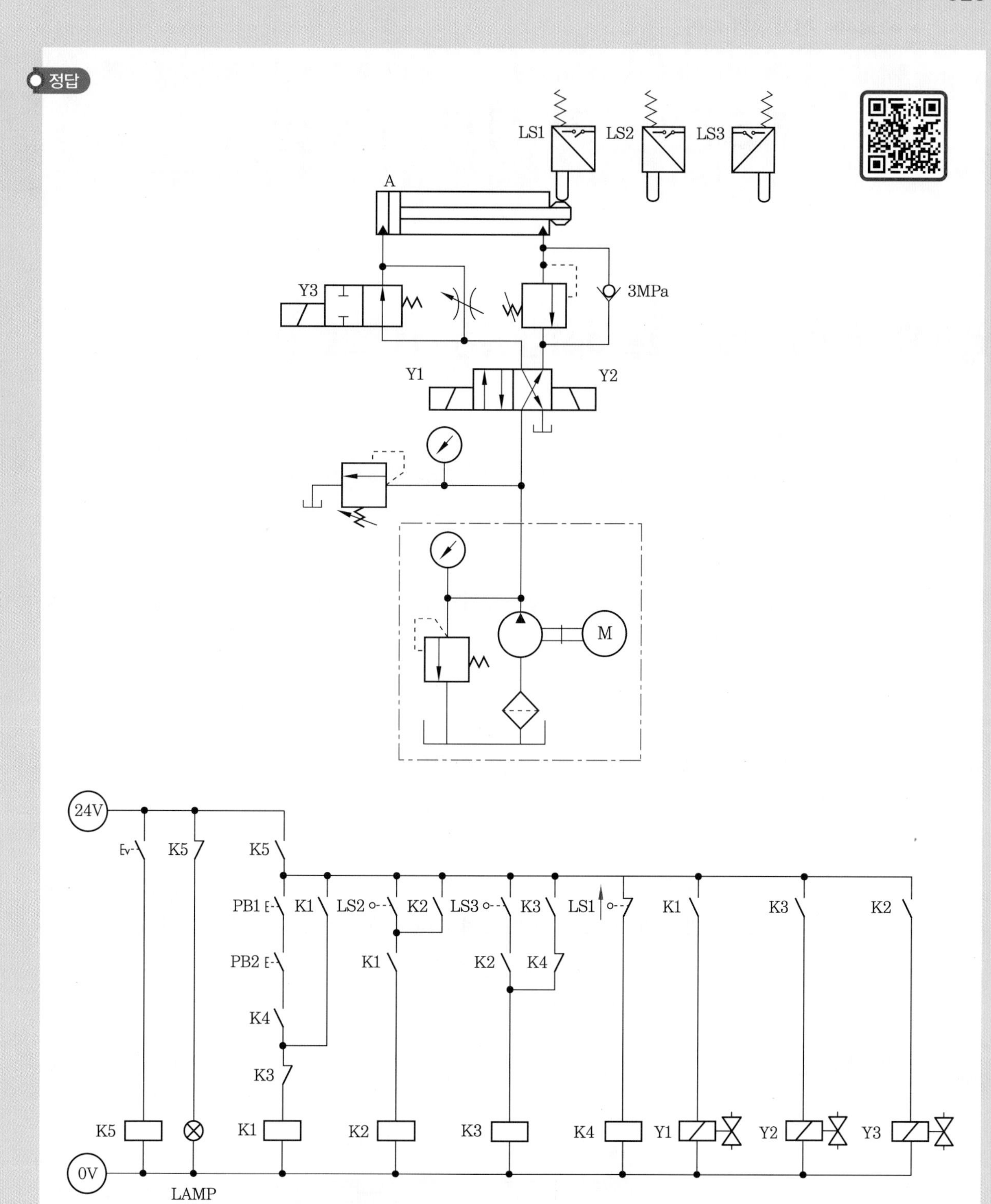
LS1
LS2
LS3
A
Y3
3MPa
Y1
Y2
M
24V
K5
K5
PB1
K1
LS2
K2
LS3
K3
LS1
K1
K3
K2
PB2
K1
K2
K4
K4
K3
K5
K1
K2
K3
K4
Y1
Y2
Y3
0V
LAMP

제5장 중간 정지 회로 설계

5-1 파일럿 체크 밸브를 이용한 중간 정지 회로 설계

(1) 제어 조건

① 유압 복동 실린더를 이용하여 소각로의 문을 개폐하려 한다.

② 실린더가 전진 운동된 상태이면 문은 닫혀 있고, 실린더가 후진 운동된 상태이면 문은 열려 있는 상태이다.

③ 문의 개폐를 위한 스위치는 "열림" 스위치(PB1)와 "닫힘" 스위치(PB2)를 각각 사용한다.

④ 이 두 스위치는 상호 인터록(interlock)된 상태로 제어되어야 하고 스위치를 누르는 동안 문이 작동해야 한다.

⑤ 문은 임의의 위치에서 정지할 수 있어야 한다.

⑥ 실린더 로드측에 안전 회로를 구성하고 압력을 3 MPa로 설정한다.

⑦ 실린더 전진 속도 제어를 미터 아웃 방식으로 한다.

⑧ 설계한 회로도와 같이 기기를 선정하여 고정판에 배치할 때 각 기기는 수평 또는 수직 방향으로 임의로 배치하고, 리밋 스위치는 방향성을 고려하여 설치한다.

⑨ 전기 케이블은 (+)선은 적색, (−)선은 청색 또는 흑색 선으로 배선한다.

⑩ 유압 시스템의 공급 압력은 4 MPa(40 kgf/cm^2)로 설정한다.

(2) 위치도

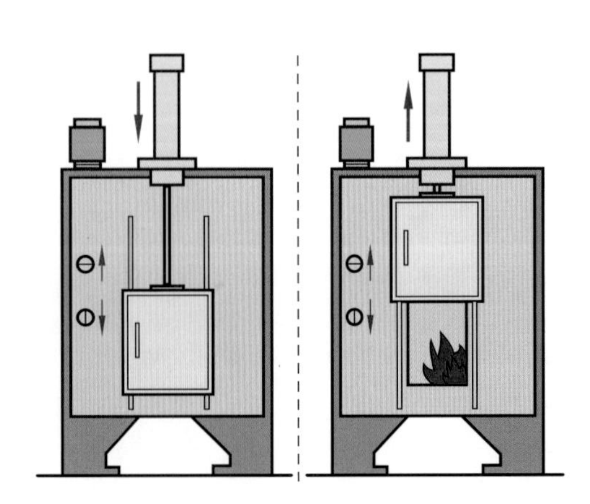

(3) 유압 및 전기 회로도

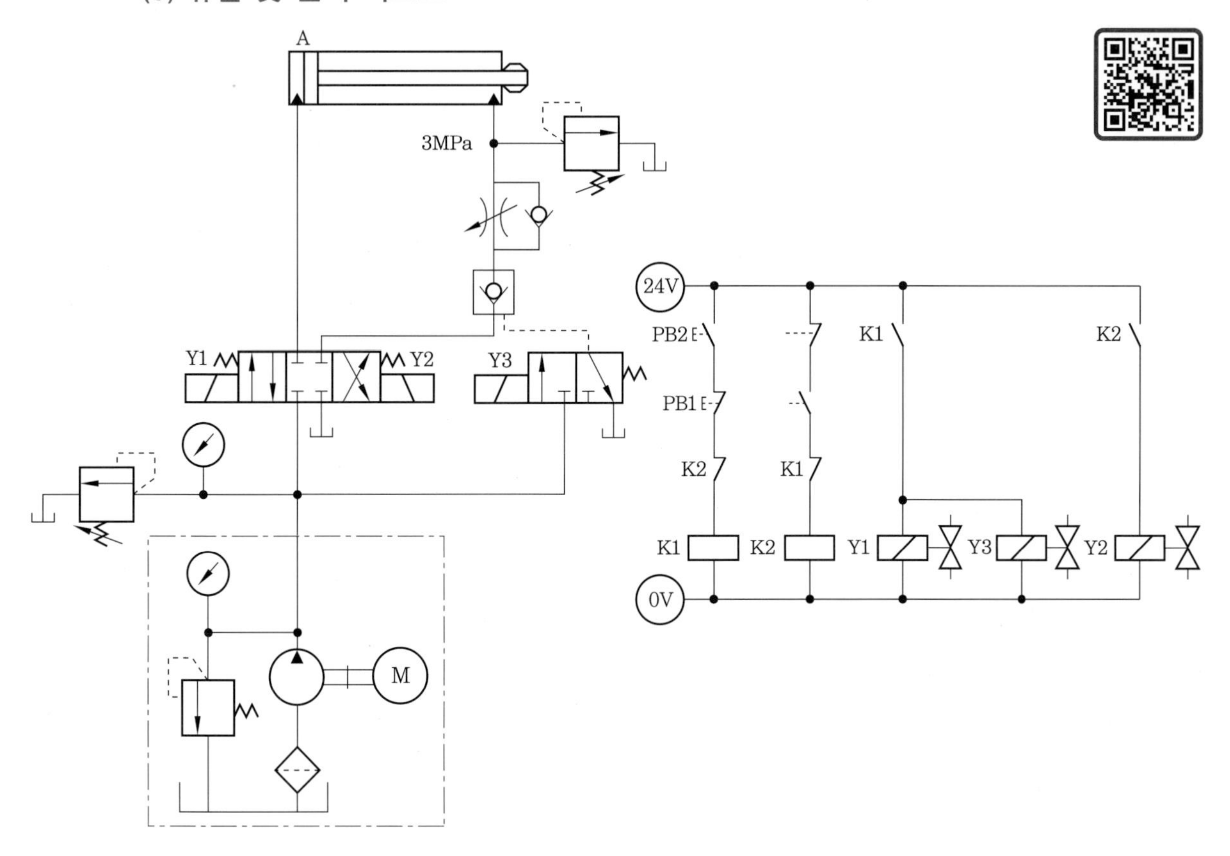

(4) 실습 시 유의 사항

① 릴리프 밸브 3MPa 압력을 먼저 조정한 후 보드에서 분리시켜 도면과 같은 위치로 이동한 후, 다른 릴리프 밸브를 추가로 설치하고 4MPa로 조정해야 한다.

② 한방향 유량 제어 밸브의 체크 밸브 방향을 반드시 확인하여 설치해야 한다.

③ 파일럿 체크 밸브의 X(또는 Z) 포트는 3/2 WAY 솔레노이드 밸브 A포트에 연결한다.

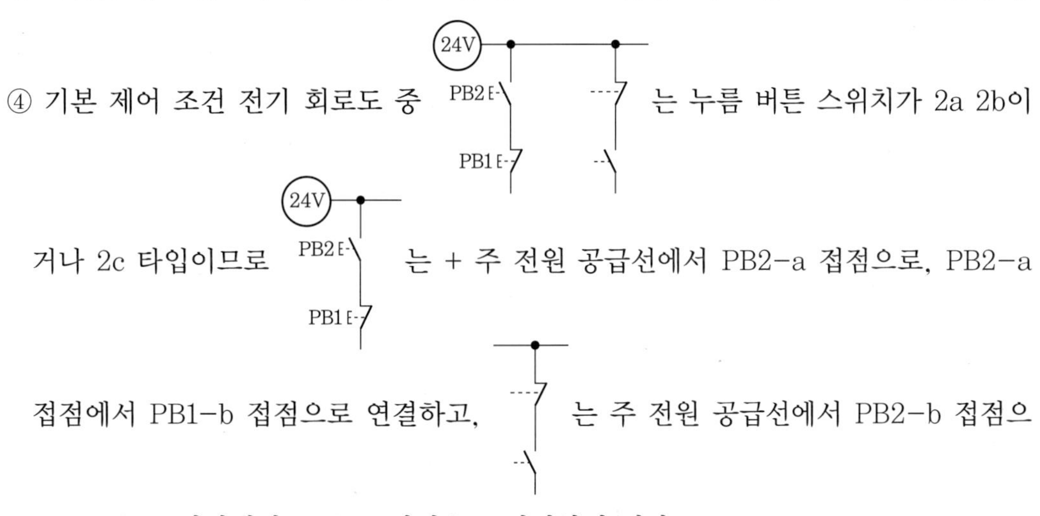

④ 기본 제어 조건 전기 회로도 중 [회로] 는 누름 버튼 스위치가 2a 2b이거나 2c 타입이므로 [회로] 는 + 주 전원 공급선에서 PB2-a 접점으로, PB2-a 접점에서 PB1-b 접점으로 연결하고, [회로] 는 주 전원 공급선에서 PB2-b 접점으로, PB2-b 접점에서 PB1-a 접점으로 연결하면 된다.

과제 1 전후진 중간 정지 회로 설계

1 제어 조건

주어진 유압 및 전기 회로도를 다음 조건에 맞게 완성하고, 구성하여 운전하시오.

① 복동 실린더를 사용하고, 4/2 WAY NO형 단동 솔레노이드 밸브와 3/2 WAY 솔레노이드 밸브로 실린더를 제어하시오.

② 유압 회로도와 같이 유압 기기를 선정하여 고정판에 배치하시오. (단, 유압 기기는 수평 또는 수직 방향으로 임의로 배치하고, 리밋 스위치는 방향성을 고려하여 설치한다.)

③ 유압 호스를 사용하여 배치된 기기를 연결 · 완성하시오. (단, 케이블 타이를 사용하여 실린더 등 액추에이터 작동 부분의 전선과 호스가 시스템 동작에 영향을 주지 않도록 정리한다.)

④ 특별히 지정되지 않는 한 모든 스위치는 자동 복귀형 누름 버튼 스위치를 사용하시오.

⑤ 스위치 PB2를 ON하는 동안 실린더는 전진하고, OFF하면 중간 정지되게 하시오.

⑥ 스위치 PB1을 ON하는 동안 실린더는 후진하고, OFF하면 중간 정지되게 하시오.

⑦ 실린더의 전진 운동을 한방향 유량 조절 밸브를 사용하여 미터 아웃 방식으로 속도를 제어하시오.

⑧ 작업이 완료된 상태에서 전원을 투입했을 때 쇼트가 발생하지 않아야 합니다.

⑨ 유압 호스는 곡률 반지름이 70 mm 이상이 되도록 하시오.

⑩ 유압을 공급하게 되면 누유가 없도록 하시오.

⑪ 전기 케이블은 (+)선은 적색, (-)선은 청색 또는 흑색 선으로 배선하시오.

⑫ 유압 시스템의 공급 압력은 4 MPa(40 kgf/cm^2)로 설정하시오.

⑬ 실습 중 작업복 및 안전 보호구를 착용하여 안전 수칙을 준수하시오.

2 위치도

3 유압 및 전기 회로도

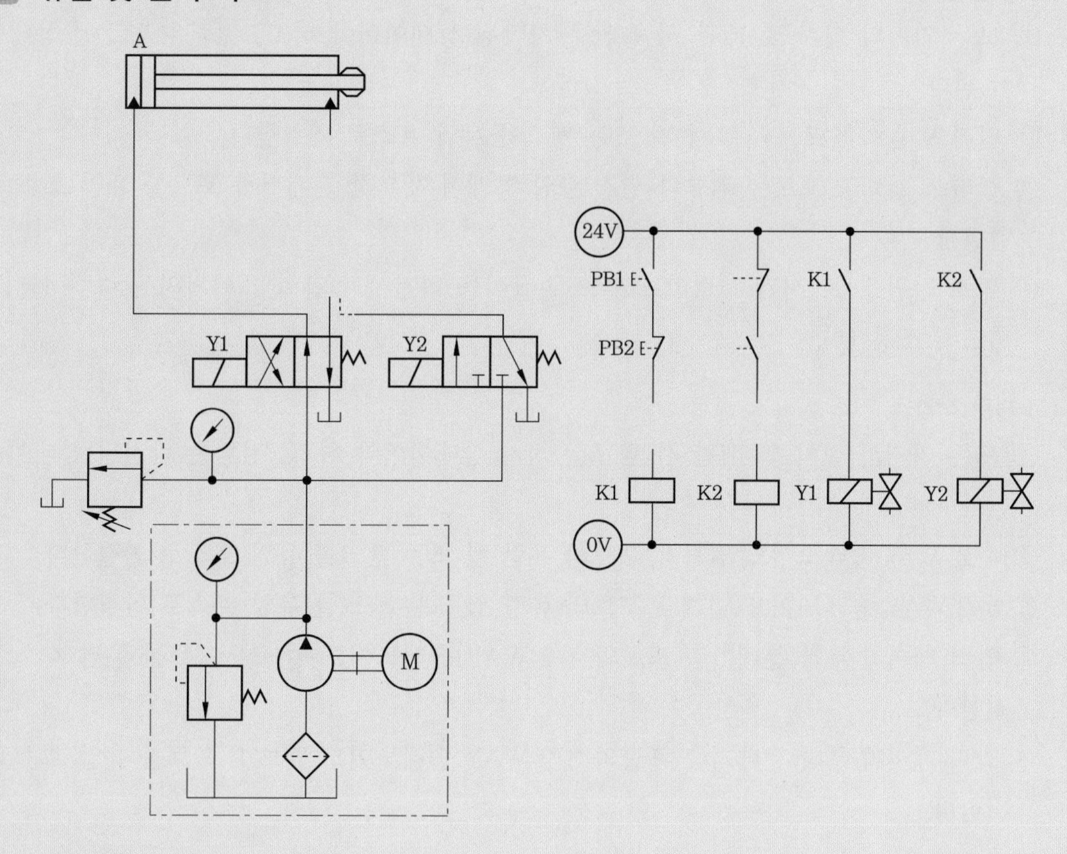

4 실습 순서

(1) 유압 회로를 완성한다.

① 한방향 유량 제어 밸브와 파일럿 작동 체크 밸브를 선택, 삽입하여 회로를 설계한다.

② 검토하여 이상이 있으면 수정한다.

(2) 전기 회로도를 설계한다.

① 릴레이 코일 K1의 인터록 접점 릴레이 K2 b 접점을 삽입한다.

② 릴레이 코일 K2의 인터록 접점 릴레이 K1 b 접점을 삽입한다.

③ 검토하여 이상이 있으면 수정한다.

(3) 작업 준비를 한다.

① 복동 실린더 1개, 4/2 WAY NO형 솔레노이드 밸브 1개, 3/2 WAY 솔레노이드 밸브 1개, 파일럿 체크 밸브 1개, 릴리프 밸브 1개, 한방향 유량 제어 밸브 1개, 압력 게이지 1개를 선택하여 실습 보드에 설치한다.

② 리밋 스위치와 한방향 유량 제어 밸브의 위치와 방향에 주의한다.

③ 실습에 사용되는 부품은 실습판에 완전하게 고정한다.

④ 실린더의 운동 구간에 장애물이 없어야 한다.

(4) 공급 압력을 4MPa로 조정한다.

① 모든 기기의 설치 및 배관 시 유압은 차단된 상태이어야 하고, 전원은 단전된 상태이어야 한다.

② 릴리프 밸브 T 포트와 유량 컵 또는 탱크를 유압 호스로 연결한다.

③ 릴리프 밸브 P 포트에 펌프와 연결된 압력 게이지 부착 분배기측 포트를 유압 호스로 연결한다.

④ 펌프 전원을 ON시키고 릴리프 밸브 손잡이를 회전시켜 압력 게이지의 압력이 4MPa이 되도록 조정한다.

(5) 배관 작업을 한다.

① 모든 기기의 설치 및 배관 시 펌프는 정지 상태이어야 하고, 전원은 단전된 상태이어야 한다.

② 4/2 WAY 솔레노이드 밸브 T 포트와 유량 컵 또는 탱크를 유압 호스로 연결한다.

③ 3/2 WAY 솔레노이드 밸브 T 포트와 유량 컵 또는 탱크를 유압 호스로 연결한다.

④ 압력 게이지 부착 분배기측 포트와 4/2 WAY 솔레노이드 밸브 P 포트를 유압 호스로 연결한다.

⑤ 압력 게이지 부착 분배기측 포트와 3/2 WAY 솔레노이드 밸브 P 포트를 유압 호스로 연결한다.

⑥ 대부분의 4/2 WAY 단동 솔레노이드 밸브는 와 같이 초기 상태가 닫힌 것을 사용하였으나, 이 과제의 밸브 Y1은 와 같이 4/2 WAY 단동 솔레노이드 밸브로 초기 상태가 열린 상태이다.

⑦ 이와 같이 밸브의 위치수가 회로도의 위치수와 좌우 교체되어 있을 때 해결 방법은 실린더의 A 포트와 B 포트를 바꾸어서 배관하면 된다.

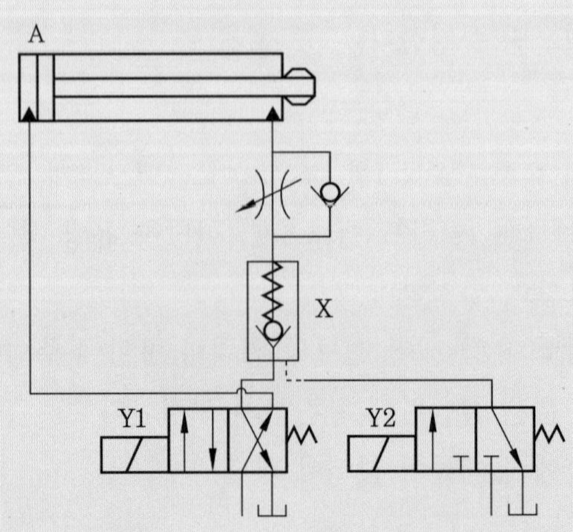

⑧ 4/2 WAY 솔레노이드 밸브 B 포트에 실린더 피스톤 헤드측 포트에 유압 호스로 연결한다.

⑨ 실린더 로드측 포트와 한방향 유량 제어 밸브를 유압 호스로 연결하고, 한방향 유량 제어 밸브를 파일럿 체크 밸브 B 포트에 삽입한 후 파일럿 체크 밸브 A 포트와 4/2 WAY 솔레노이드 밸브 B 포트를 유압 호스로 연결하면 된다.

⑩ 마지막으로 파일럿 체크 밸브 X(또는 Z) 포트와 3/2 WAY 솔레노이드 밸브 A 포트를 유압 호스로 연결한다.

(6) 배선 작업을 한다.

① 적색 리드선을 사용하여 전원 공급기 (+) 단자, 누름 버튼 스위치 키트 (+) 단자, 릴레이 키트 (+) 단자를 연결한다.

② 청색 리드선을 사용하여 전원 공급기 (−) 단자, 누름 버튼 스위치 키트 (−) 단자, 릴레이 키트 (−) 단자와 솔레노이드 밸브 (−) 단자를 연결한다.

③ 적색 리드선과 청색 리드선을 사용하여 완성된 전기 도면과 같이 각 기기의 단자를 연결한다.

(7) 정상 작동을 확인한다.

① 펌프를 가동시켜 유압 작동유의 누설이 없는지 확인한다. 누설이 있을 경우 배관을 점검한다.

② PB2를 ON하면 실린더 A가 전진하고 OFF하면 중간 정지한다.

③ PB1을 ON하면 실린더 A가 후진하고 OFF하면 중간 정지한다.

(8) 각 기기를 해체하여 정리정돈한다.

① 전원 공급기의 전원을 OFF시키고, 펌프를 정지시킨다.

② 유압 호스와 리드선을 제거한다.

③ 각 기기를 실습 보드에서 분리시키고 정리정돈한다.

④ 각 과제를 종료하면 작업한 자리의 부품 정리, 기름 제거, 유압 배관 정리, 전선 정리 등 모든 상태를 초기 상태로 정리한다.

정답

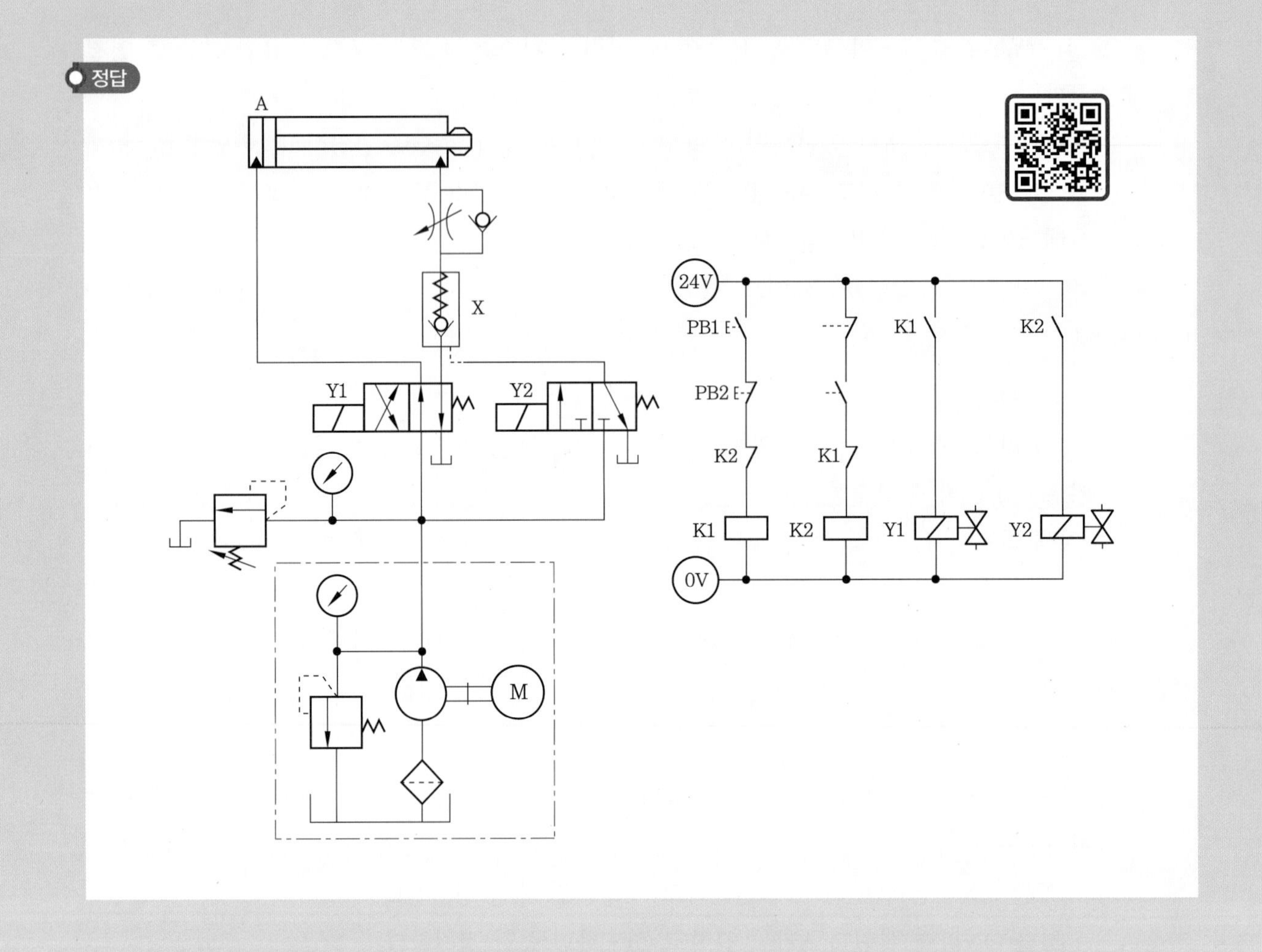

제6장 벤치 드릴 머신과 바이스 회로 설계

6-1 연속 작업과 타이머에 의한 여자 지연 회로

(1) 제어 조건

[기본 동작]

① 벤치 드릴 머신과 바이스를 제작하려 한다.

② 초기 상태에서 PB1 스위치를 ON-OFF하면 실린더 A가 전진한 후 실린더 B가 전후진하고 실린더 A가 후진한다.

[응용 동작]

① 누름 버튼 스위치를 추가하여 PB2를 누르면 기본 제어 동작이 연속 동작한다.

② 누름 버튼 스위치를 추가하여 PB3을 누르면 행정이 완료된 후 정지한다.

③ 타이머를 사용하여 실린더 B가 전진 완료하면 3초 후에 후진하도록 회로를 구성한다.

④ 실린더 A, B의 전진 속도를 미터 아웃 방법에 의해 조정할 수 있게 유압 회로도를 구성한다.

⑤ 실린더 B측 압력 라인(P)에 감압 밸브를 설치하여 유압 회로도를 변경하고, 감압 밸브의 압력이 2 MPa(20 kgf/cm^2)이 되도록 조정한다.

(2) 위치도

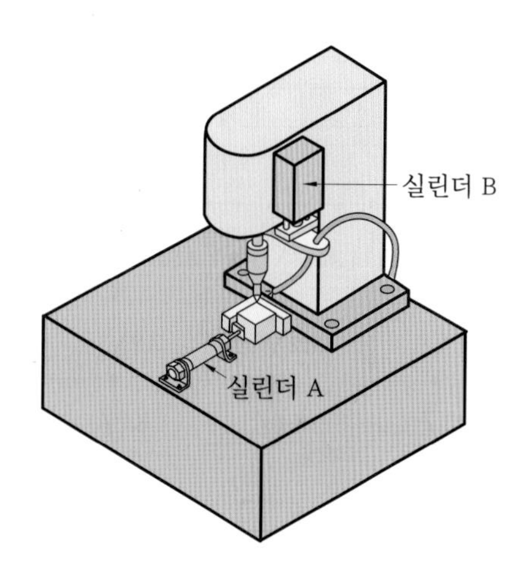

(3) 변위 단계 선도

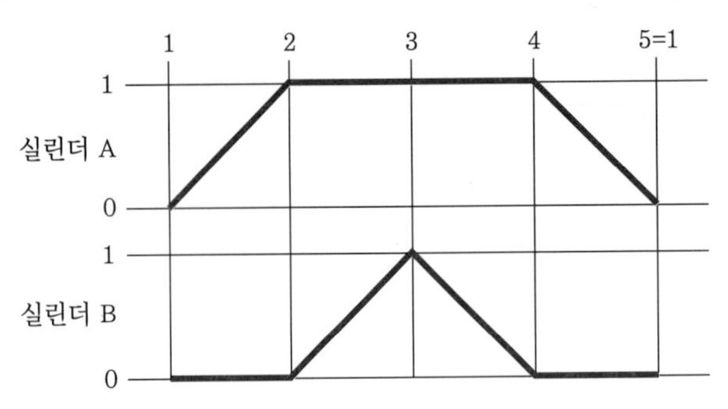

(4) 기본 동작 유압 및 전기 회로도

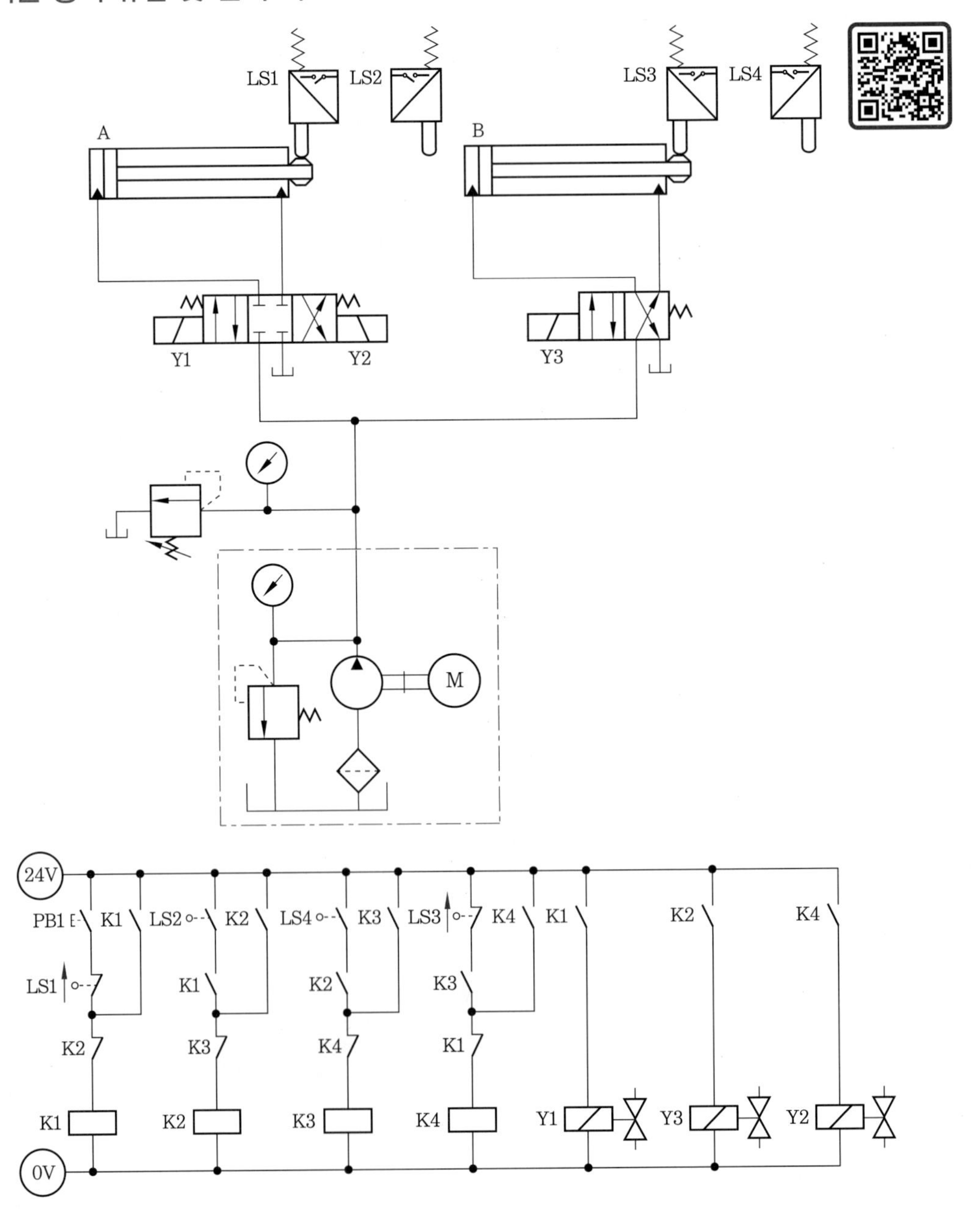

(5) 응용 동작 유압 및 전기 회로도

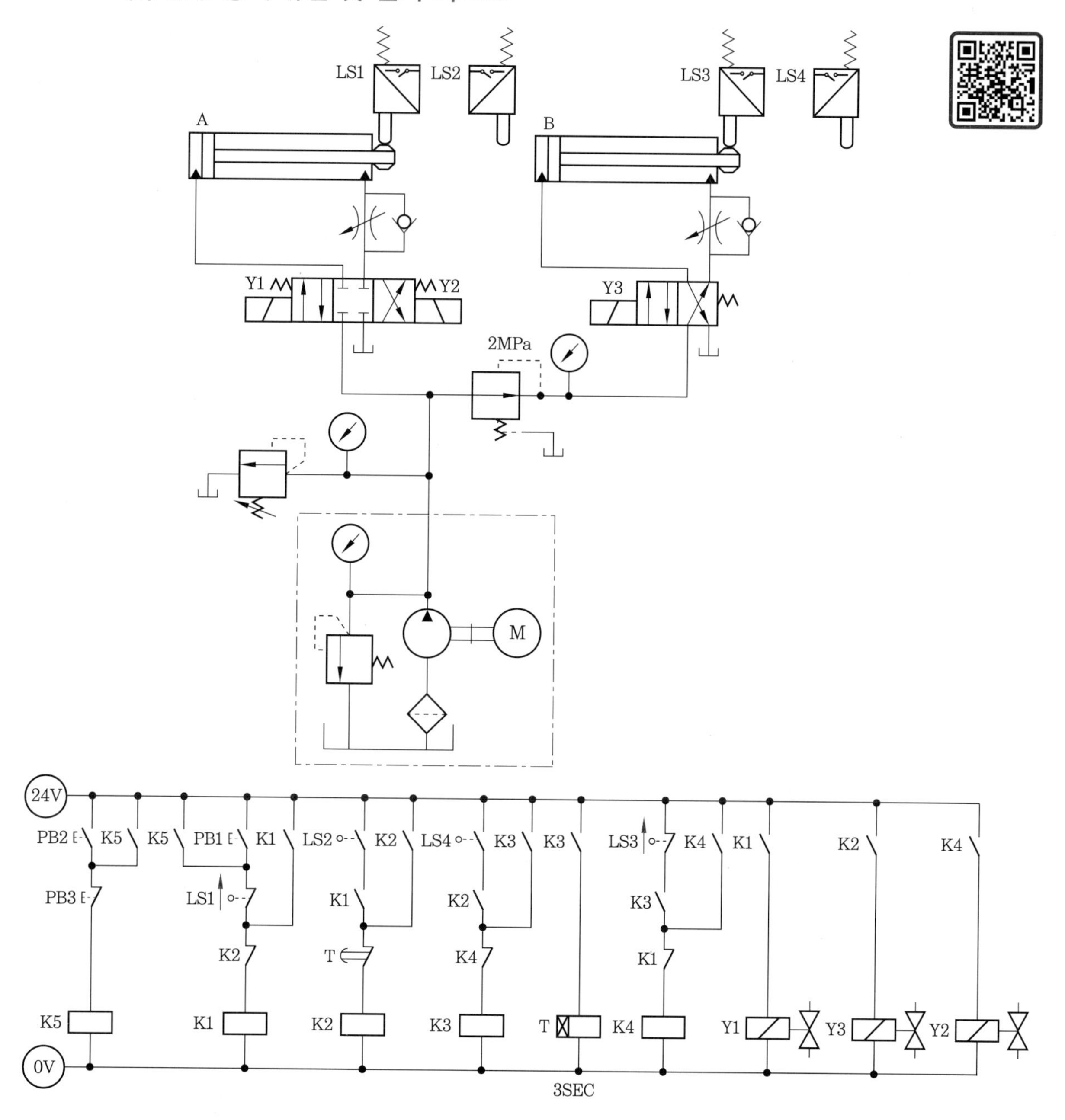

(6) 실습 시 유의 사항

① 3 WAY 감압 밸브는 반드시 T 포트에서 탱크로 유압 호스를 이용해 드레인시켜야 한다.

② 리밋 스위치 LS1과 LS3은 a 접점으로 배선해야 한다.

③ 타이머 T는 여자 지연 타이머이다.

④ 리밋 스위치와 한방향 유량 제어 밸브의 위치와 방향을 반드시 확인하여 설치해야 한다.

6-2 후입력 우선 제어 회로

(1) 제어 조건

[기본 동작]

① 초기 상태에서 시작 스위치 PB1을 ON-OFF하면 실린더 A가 전진하고, 실린더 A가 전진 완료 후 실린더 B가 전후진하고, 실린더 A가 후진한다.

[응용 동작]

① 스위치 PB2를 추가하여 후입력 우선 회로를 구성하고 실린더 A가 전진 중에 스위치 PB2를 누르면 실린더 A는 즉시 후진하고 실린더 B는 정지한다.

② 기본 동작 상태에서 비상정지 스위치(PB3)를 한 번 누르면 동작이 즉시 정지되어야 한다. (단, 실린더 A는 즉시 후진한다.)

③ 비상정지 스위치(PB3)를 해제하면 기본 동작이 되어야 한다.

④ 실린더 B의 전진 속도를 미터 아웃 방법에 의해 조정할 수 있게 유압 회로를 변경하고 전진 속도는 5초가 되도록 조정한다.

⑤ 실린더 A의 로드측에 파일럿 조작 체크 밸브를 이용하여 로킹 회로를 구성한다.

(2) 기본 동작 유압 및 전기 회로도

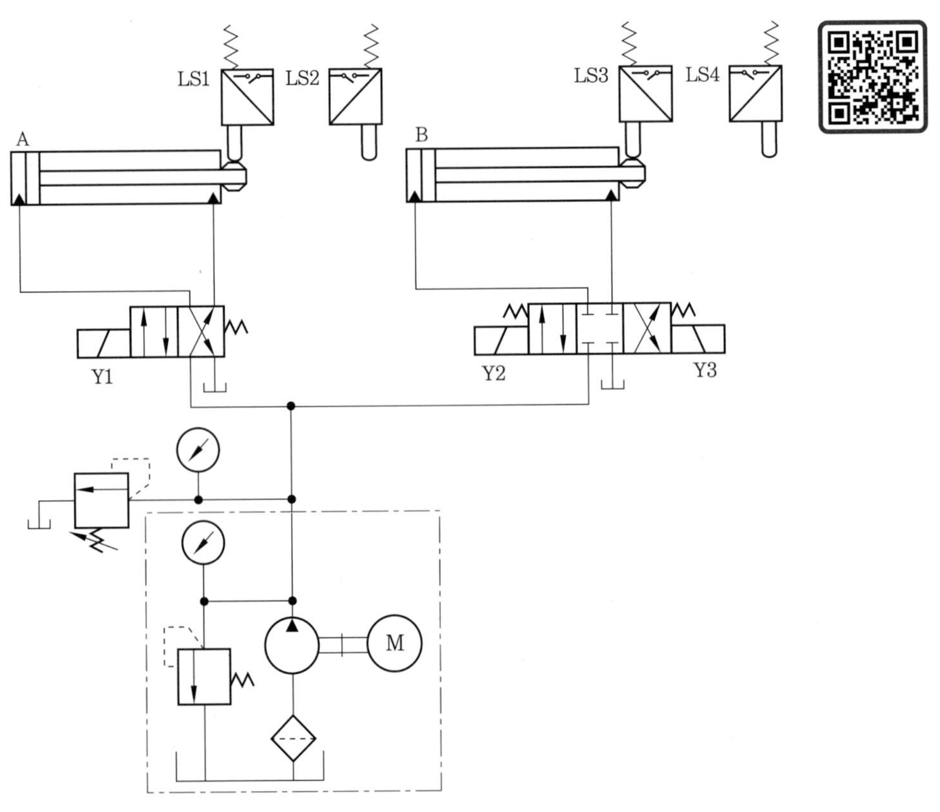

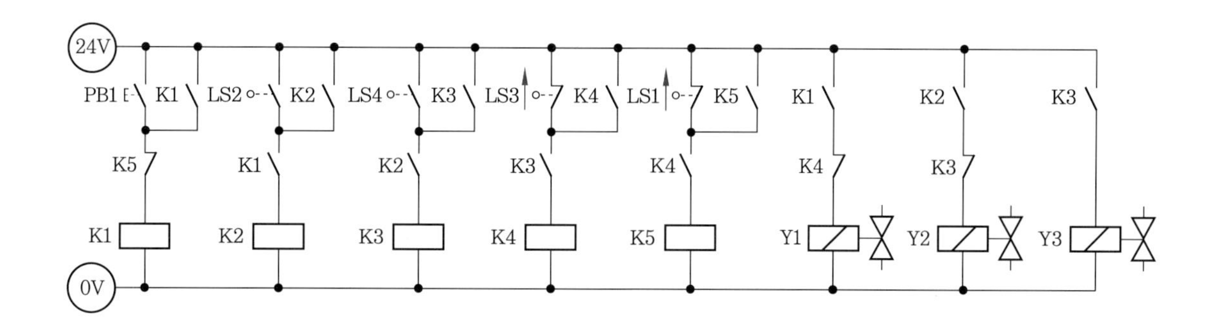

(3) 응용 동작 유압 및 전기 회로도

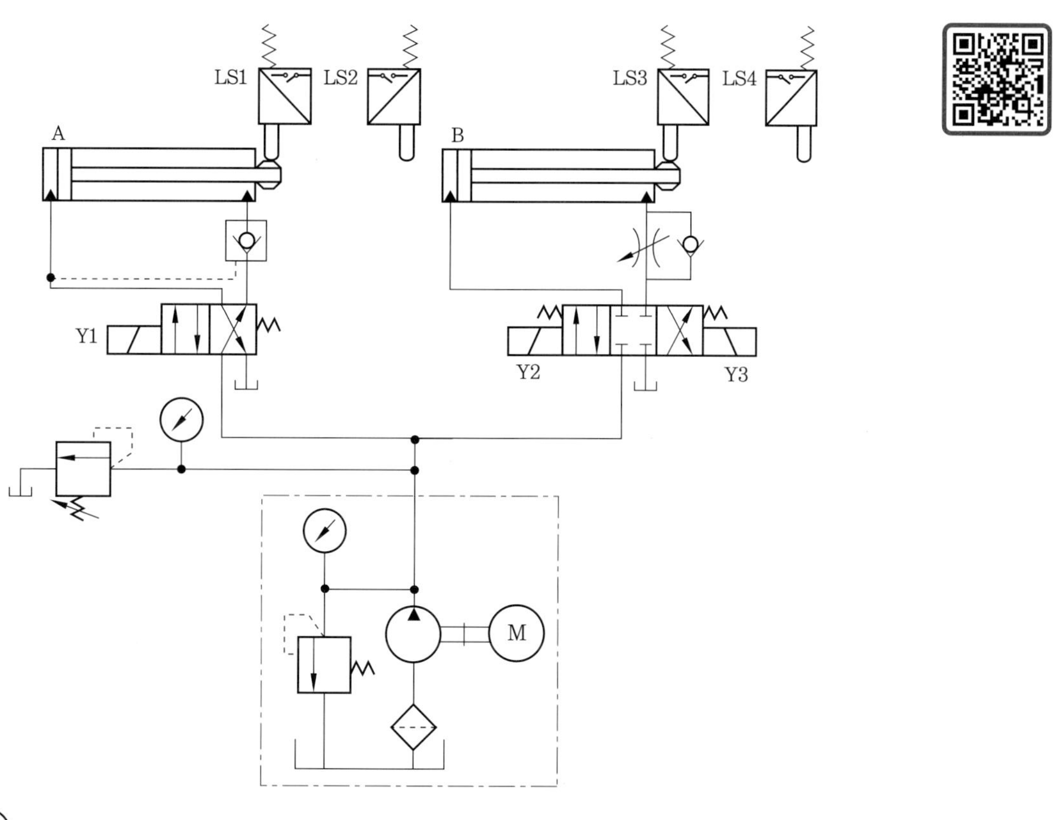

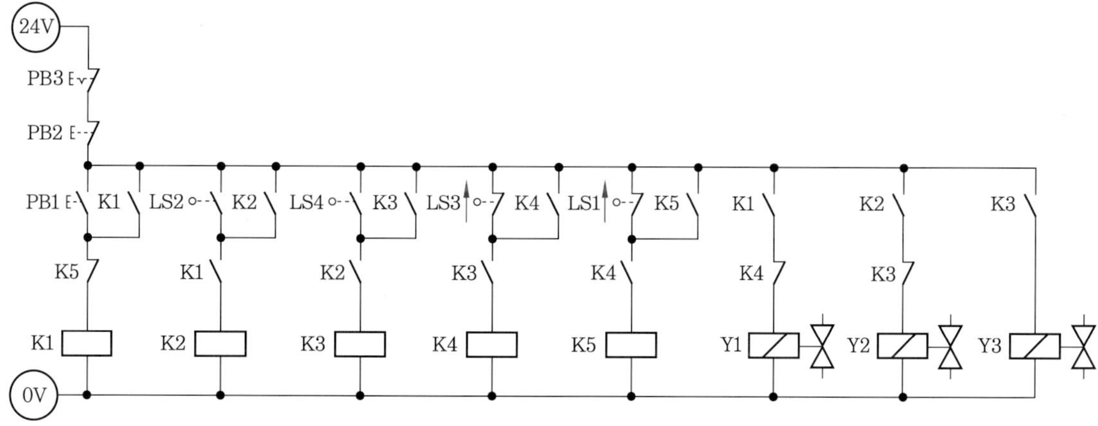

(4) 실습 시 유의 사항

① 리밋 스위치 LS1과 LS3은 a 접점으로 배선해야 한다.

② 리밋 스위치와 한방향 유량 제어 밸브의 방향을 반드시 확인하여 설치해야 한다.

③ 파일럿 체크 밸브를 설치할 때 T 커넥터는 솔레노이드 밸브 A 포트에 설치하는 것이 편리하다.

④ 스위치 PB1과 PB2는 자동 복귀형 누름 버튼 스위치, 스위치 PB3은 자기 유지형 누름 버튼 스위치를 사용한다.

⑤ 전원 공급기에서 PB3 b 접점을 거쳐 PB2 b 접점, PB1 a 접점 순으로 배선한 후 (+) 모선은 PB2 b 접점 아래 단자에 연결해야 한다.

⑥ 릴리프 밸브가 4MPa로 설정되어 있는 상태에서 감압 밸브를 설치하고 운전 중에 감압 밸브 출구에 있는 압력 게이지로 2MPa를 조정한다.

과제 1 4/3 WAY PT 접속 솔레노이드 밸브를 사용한 회로 설계 구성

1 제어 조건

주어진 유압 및 전기 회로도와 변위 단계 선도를 이용하여 다음 조건에 맞게 유압 및 전기 회로도를 설계하고, 구성하여 운전하시오.

① 기본 유압 회로도와 같이 유압 기기를 선정하여 고정판에 배치하시오. (단, 유압 기기는 수평 또는 수직 방향으로 임의로 배치하고, 리밋 스위치는 방향성을 고려하여 설치한다.)
② 유압 호스를 사용하여 배치된 기기를 연결 · 완성하시오.
③ 특별히 지정되지 않는 한 모든 스위치는 자동 복귀형 누름 버튼 스위치를 사용하시오.
④ 기본 동작을 먼저 수행한 후 확인하여 이상이 없을 때 그 이후에 연속 동작을 수행하고 이어서 응용 동작을 수행하시오.
⑤ 작업이 완료된 상태에서 전원을 투입했을 때 쇼트가 발생하지 않도록 하시오.
⑥ 유압 호스는 곡률 반지름이 70 mm 이상이 되도록 하시오.
⑦ 유압을 공급하게 되면 누유가 없도록 하시오.
⑧ 유압 시스템의 공급 압력은 4 MPa(40 kgf/cm^2)로 설정하시오.
⑨ 응용 동작에서 각 항의 요구 사항은 서로 독립적입니다.
⑩ 실습 중 작업복 및 안전 보호구를 착용하여 안전 수칙을 준수하시오.

(1) 기본 동작

① PB1을 ON-OFF하면 변위 단계 선도에 따라 실린더 A, B가 1사이클 동작하도록 시스템을 구성하시오. (단, 전기 배선은 +는 적색으로, -는 청색 또는 흑색으로 연결하고, 전선이 시스템 동작에 영향을 주지 않도록 정리하시오.)

(2) 연속 동작

① PB2를 ON-OFF하면 기본 동작을 3사이클 동작한 후 정지 및 자동 리셋하도록 시스템을 구성하시오.

(3) 응용 동작

① 전기 타이머를 사용하여 실린더 A의 전진이 완료되면 3초 후에 실린더 B가 동작하도록 전기 회로도를 변경하고 시스템을 구성하시오.
② 실린더 A의 전진 속도가 제어되도록 미터 아웃 회로를 구성하시오.
③ 실린더 B의 전진 속도를 조절하기 위하여 한방향 유량 조절 밸브를 사용하여 미터 인 방식으로 회로를 구성하시오.

④ 실린더 A의 전진 리밋 스위치 LS2를 제거하고 압력 게이지와 압력 스위치를 설치하여 전진 완료 후 압력 스위치의 설정 압력(3 MPa)에 도달했을 때 실린더 B가 작동하도록 회로를 변경하시오.

⑤ 유압유의 역류를 방지하기 위해 파워유닛의 토출구에 체크 밸브를 추가하여 구성하시오.

2 변위 단계 선도

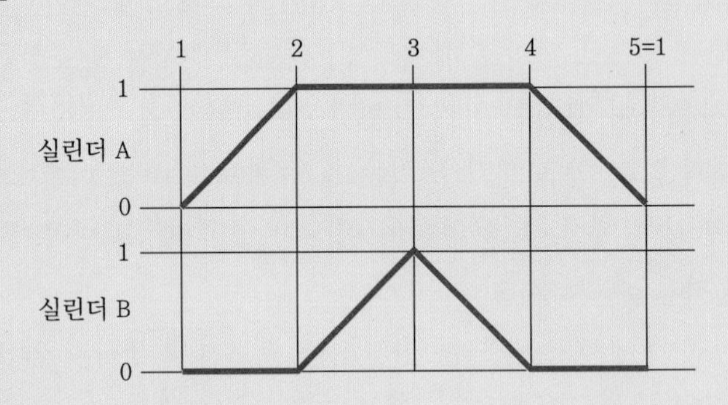

3 기본 동작 유압 및 전기 회로도

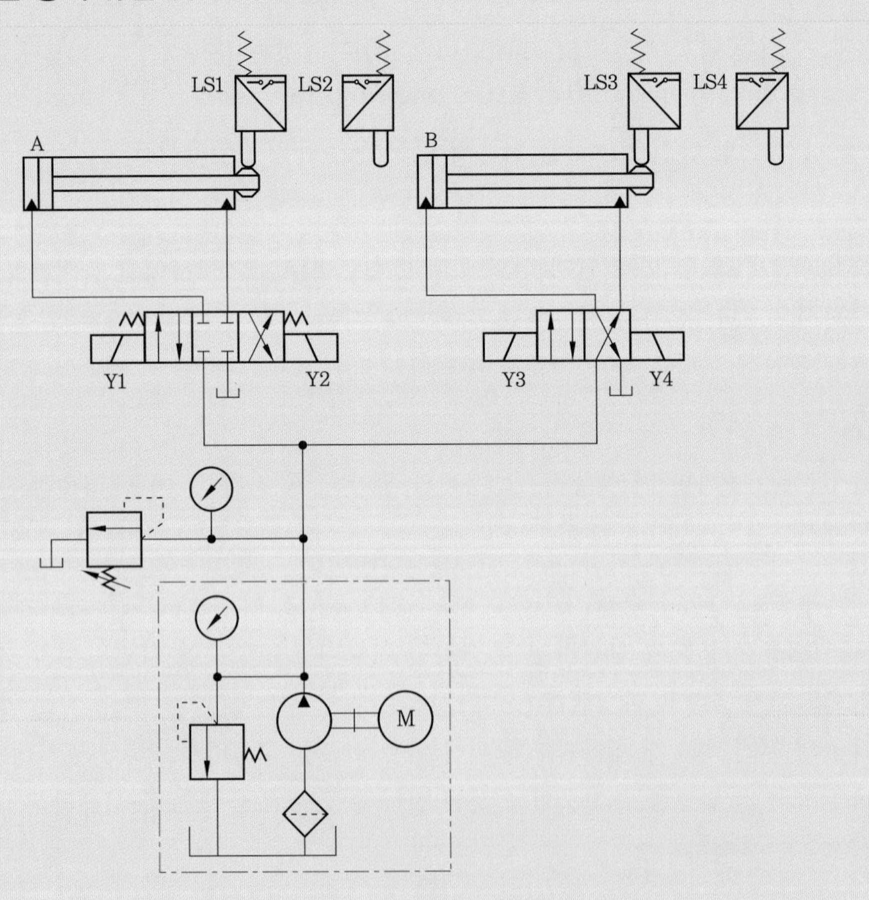

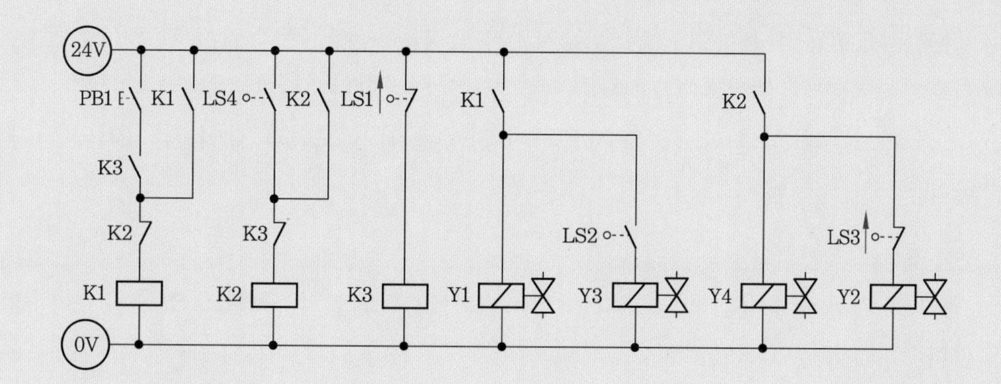

4 실습 순서

(1) 작업 준비를 한다.

① 복동 실린더 2개, 4/3 WAY 올포트 블록 솔레노이드 밸브 1개, 4/2 WAY 복동 솔레노이드 밸브 1개, 릴리프 밸브 1개, 압력 게이지 1개, 리밋 스위치 4개를 선택하여 실습 보드에 설치한다.

② 리밋 스위치의 위치와 방향에 주의한다.

③ 실습에 사용되는 부품은 실습판에 완전하게 고정한다.

④ 실린더의 운동 구간에 장애물이 없어야 한다.

(2) 공급 압력을 4MPa로 조정한다.

① 모든 기기의 설치 및 배관 시 유압은 차단된 상태이어야 하고, 전원은 단전된 상태이어야 한다.

② 릴리프 밸브 T 포트와 유량컵 또는 탱크를 유압 호스로 연결한다.

③ 릴리프 밸브 P 포트에 펌프와 연결된 압력 게이지 부착 분배기측 포트를 유압 호스로 연결한다.

④ 펌프 전원을 ON시키고 릴리프 밸브 손잡이를 회전시켜 압력 게이지의 압력이 4MPa이 되도록 조정한다.

(3) 배관 작업을 한다.

① 모든 기기의 설치 및 배관 시 펌프는 정지 상태이어야 하고, 전원은 단전된 상태이어야 한다.

② 주어진 기본 동작 유압 회로도와 같이 유압 호스를 이용하여 배관 작업을 한다.

(4) 배선 작업을 한다.

① 적색 리드선을 사용하여 전원 공급기 (+) 단자, 누름 버튼 스위치 키트 (+) 단자, 릴레이 키트 (+) 단자를 연결한다.

② 청색 리드선을 사용하여 전원 공급기 (-) 단자, 누름 버튼 스위치 키트 (-) 단자, 릴레이 키트 (-) 단자와 솔레노이드 밸브 (-) 단자를 연결한다.

③ 적색 리드선과 청색 리드선을 사용하여 완성된 전기 도면과 같이 각 기기의 단자를 연결한다.

(5) 정상 작동을 확인한다.

① 펌프를 가동시켜 유압 작동유의 누설이 없는지 확인한다. 누설이 있을 경우 배관을 점검한다.

② PB1을 ON-OFF하면 실린더 A가 전진한 후 실린더 B가 전후진하고, 실린더 A가 후진하면서 작업이 종료된다.

(6) 연속 동작 전기 회로를 설계하고 구성한다.

① 연속 동작 회로를 설계한다.

② 카운터를 이용하여 3회 연속 동작 후 정지하도록 회로를 추가로 설계한다.

③ 카운터 접점을 이용한 카운터 리셋 회로를 추가로 설계한다.

(7) 응용 동작 유압 회로를 설계하고 구성한다.

① 실린더 A의 전진 속도를 미터 아웃 회로가 되도록 한방향 유량 제어 밸브를 선택한 후 4/3 WAY 솔레노이드 밸브 B 포트에 삽입하고 실린더 A의 피스톤 로드측 포트와 유압 호스를 연결한다.

② 실린더 B의 전진 속도를 미터 인 방식으로 조절하기 위하여 한방향 유량 조절 밸브를 선택한 후 실린더 B의 피스톤 헤드측 포트에 삽입하고 4/2 WAY 밸브의 A포트에 호스를 사용하여 연결한다.

③ 압력 게이지와 펌프에 연결된 호스를 해체한 후 체크 밸브를 압력 게이지에 삽입하고 호스를 이용하여 펌프에 다시 연결한다.

④ 압력 게이지와 압력 스위치를 설치하고 릴리프 밸브를 3MPa로 조정한 후 압력 스위치의 압력을 설정하고, 실린더 A의 피스톤 헤드측 포트에 압력 게이지와 압력 스위치를 이동하여 설치한다. 이때 반드시 최대 압력 설정 회로의 릴리프 밸브를 다시 4MPa로 재조정해야 한다.

⑤ 검토하여 이상이 있으면 수정한다.

(8) 응용 전기 회로를 설계하고 구성한다.

① 실린더 A의 전진 리밋 스위치 LS2를 제거하고, 리밋 스위치 접점 대신 압력 스위치 접점으로 교체한다.

② 전기 타이머를 사용하여 실린더 A의 전진이 완료되면 3초 후에 실린더 B가 동작하도록 압력 스위치 접점 아래에 타이머를 설치하고, 타이머 접점 a 접점이 솔레노이드 밸브 Y3을 여자가 되도록 전기 회로를 변경한다.

③ 검토하여 이상이 있으면 수정한다.

(9) 정상 작동을 확인한다.

① 펌프를 가동시켜 유압 작동유의 누설이 없는지 확인한다. 누설이 있을 경우 배관을 점검한다.

② PB1을 ON-OFF하여 기본 동작을 1회 실행하고, PB2를 ON-OFF하여 기본 동작이 3회 실행되고 정지하는 것을 확인한다.

③ 기본 동작이나 연속 동작을 할 때 속도 제어와 타이머 동작, 압력 스위치 등을 확인한다.

(10) 각 기기를 해체하여 정리정돈한다.

① 전원 공급기의 전원을 OFF시키고, 펌프를 정지시킨다.

② 유압 호스와 리드선을 제거한다.

③ 각 기기를 실습 보드에서 분리시키고 정리정돈한다.

④ 각 과제를 종료하면 작업한 자리의 부품 정리, 기름 제거, 유압 배관 정리, 전선 정리 등 모든 상태를 초기 상태로 정리한다.

정답 (1) 연속 동작 전기 회로도

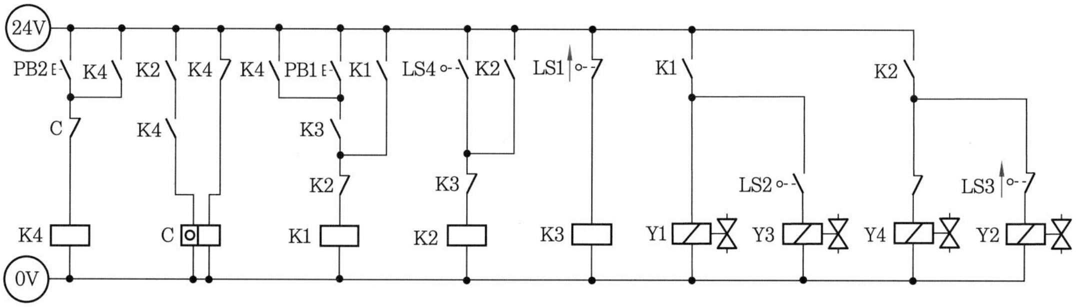

(2) 응용 동작 유압 및 전기 회로도

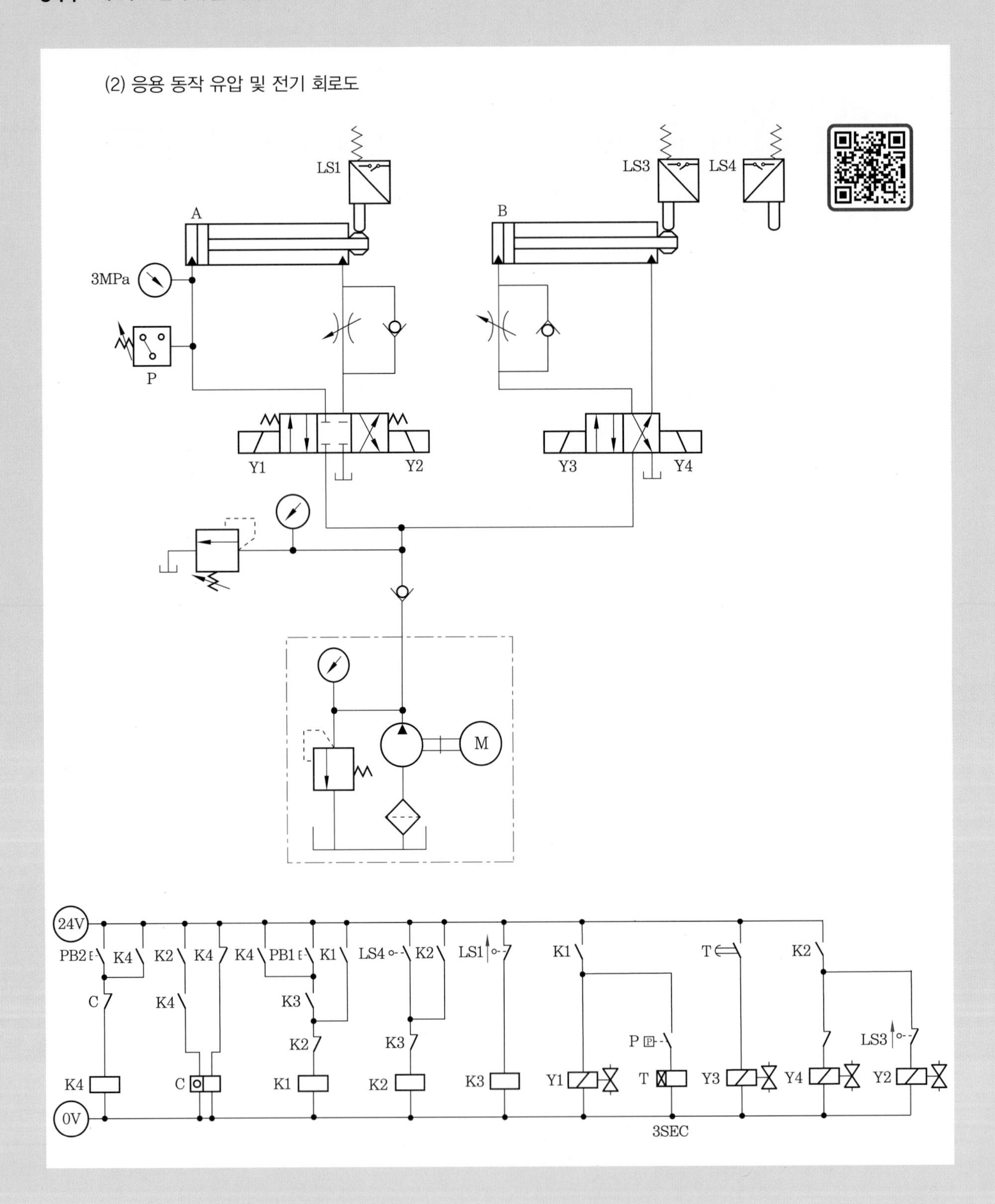

제7장 실린더와 모터 제어 회로 설계

7-1 사출기 운전 회로

(1) 제어 조건

[기본 동작]

① 플라스틱 사출기 장치를 제작하려 한다.

② 초기 상태에서 시작 스위치 PB1을 ON-OFF하면 실린더 A의 전진 운동과 유압 모터 B의 축 방향에서 볼 때 시계 방향으로 회전 운동이 동시에 시작되고, 실린더 A가 전진 완료 후 LS2 리밋 스위치가 동작하면 실린더 A의 후진 운동과 유압 모터 B의 반시계 방향으로 회전운동이 동시에 연속적으로 이루어진다.

③ 정지 스위치 PB2를 ON-OFF하면 연속 동작을 멈추고 초기 상태가 된다.

[응용 동작]

① 기본 제어 동작에서 타이머를 이용하여 연속 운전 중 20초 후에 실린더 A는 후진 완료하고 유압 모터 B는 정지한다.

② 유압 모터 B의 정지 시 발생되는 서지 압력을 방지하기 위하여 압력 릴리프 밸브와 체크 밸브를 설치하여 브레이크 회로를 구성하며 설치된 릴리프 밸브의 압력은 2MPa(20kgf/cm^2)로 설정하고, 압력계를 설치하여 확인한다. (단, 압력 릴리프 밸브의 설치 시 밸브의 작업 라인 A, B 중 1개소를 선택하여 부착한다.)

(2) 위치도

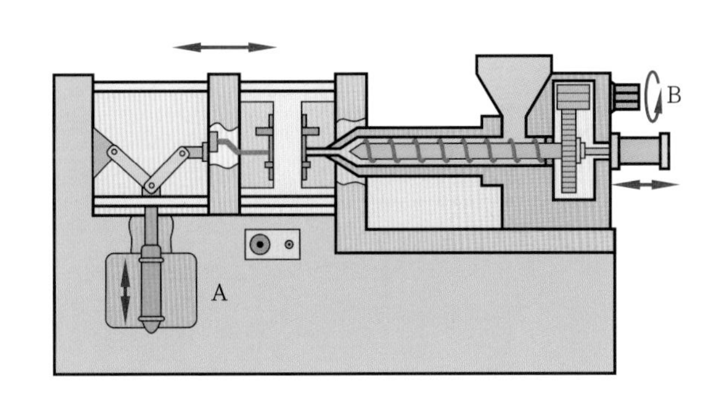

(3) 변위 단계 선도

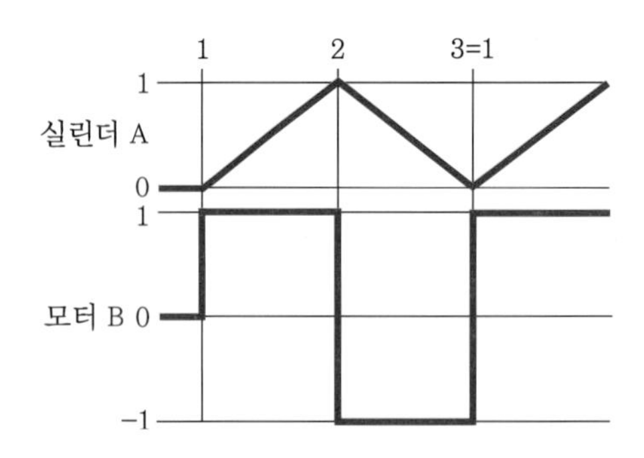

(4) 기본 동작 유압 및 전기 회로도

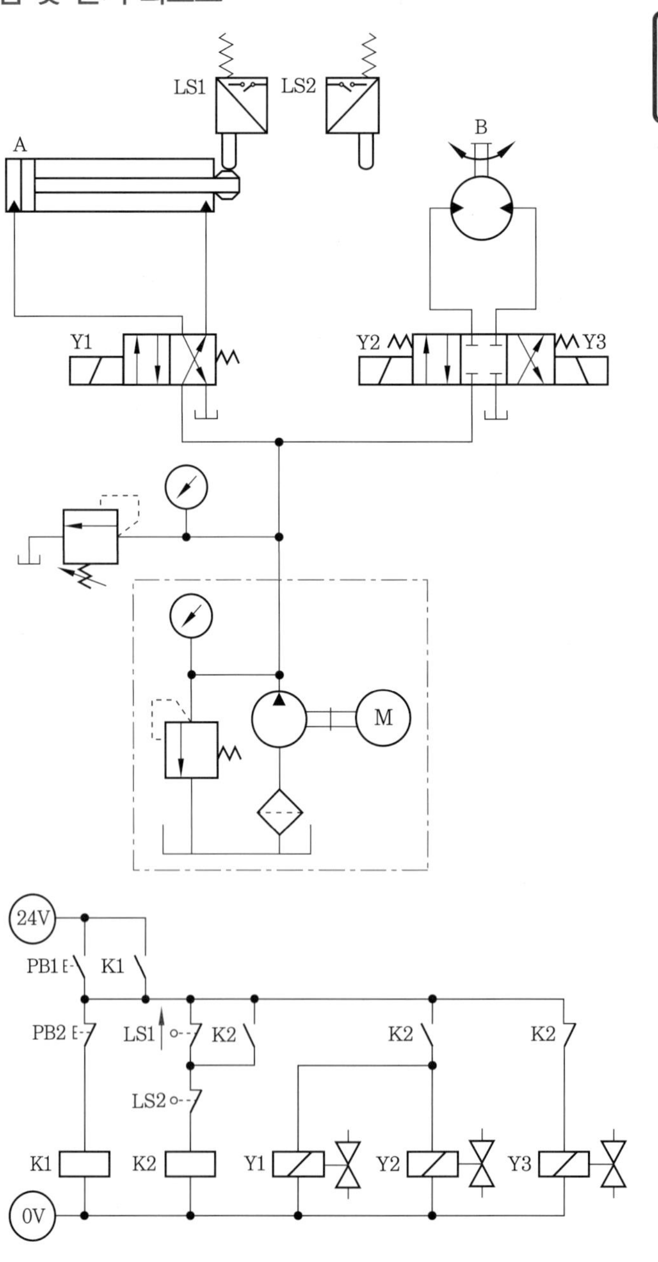

(5) 응용 동작 유압 및 전기 회로도

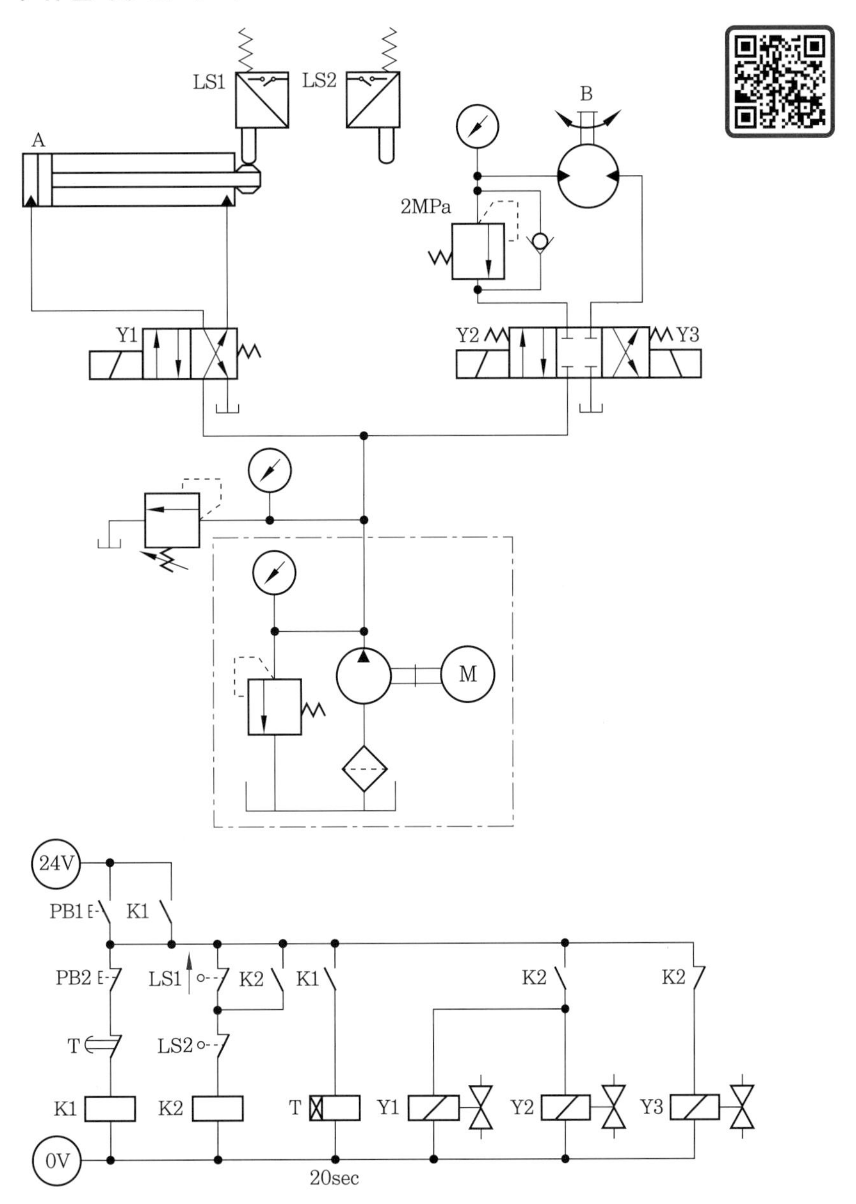

(6) 실습 시 유의 사항

① 유압 모터의 회전 방향은 다음과 같이 축 방향에서 보면서 시계 방향(CW), 반시계 방향(CCW)으로 구분한다.

② 유압 모터의 회전 방향이 조건과 다를 경우 유압 호스 2개를 서로 바꾸어 연결하면 된다.

③ 응용 동작에서 카운터 밸런스 회로의 릴리프 밸브의 압력을 조정할 때 우선 4MPa 릴리프 밸브를 2MPa로 조정하여 P포트에 연결된 호스를 분리시킨 후 도면과 같은 위치로 이동시키고 체크 밸브의 방향을 확인하여 배관한다. 이어서 제2의 릴리프 밸브를 도면과 같이 설치하여 호스를 연결한 후 압력 4MPa로 조정한다.

④ 카운터 밸런스 회로에서 릴리프 밸브와 체크 밸브의 방향을 확실히 확인하고 유압 호스로 연결한다.

⑤ 리밋 스위치 LS1은 a 접점, LS2는 b 접점으로 배선한다.

7-2 모터의 연속 제어 회로

(1) 제어 조건

[기본 동작]

① 초기 상태에서 시작 스위치 PB1을 ON-OFF하면 실린더 A가 전진하고, 실린더 A가 전진 완료하여 리밋 스위치 LS2가 동작하면 실린더 A의 후진과 함께 유압 모터 B가 동시에 회전하고, 실린더 A가 후진 완료하면 유압 모터 B도 정지한다.

[응용 동작]

① 연속 선택 스위치 PB2를 추가하여 PB2를 한 번 누르면 기본 제어 동작이 연속(반복 자동행정)으로 동작하고, PB2를 다시 누르면 모두 초기 상태가 된다.

② 압력 스위치 PS 및 기타 부품을 추가하여 실린더 A가 전진 완료 후 전진측 공급 압력이 3MPa(30kgf/cm^2) 이상 되어야 실린더 A가 후진하고 유압 모터 B가 회전하도록 압력 스위치를 사용하여 회로를 구성한다.

③ 실린더 A의 후진 속도가 7초가 되도록 미터 아웃 회로를 구성하여 속도를 조정한다.

(2) 변위 단계 선도

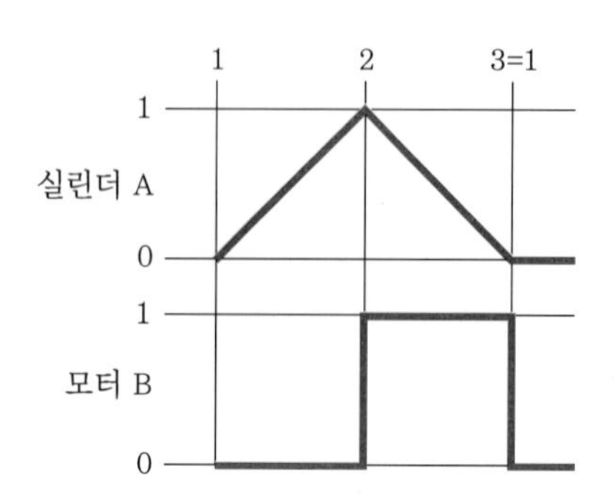

(3) 기본 동작 유압 및 전기 회로도

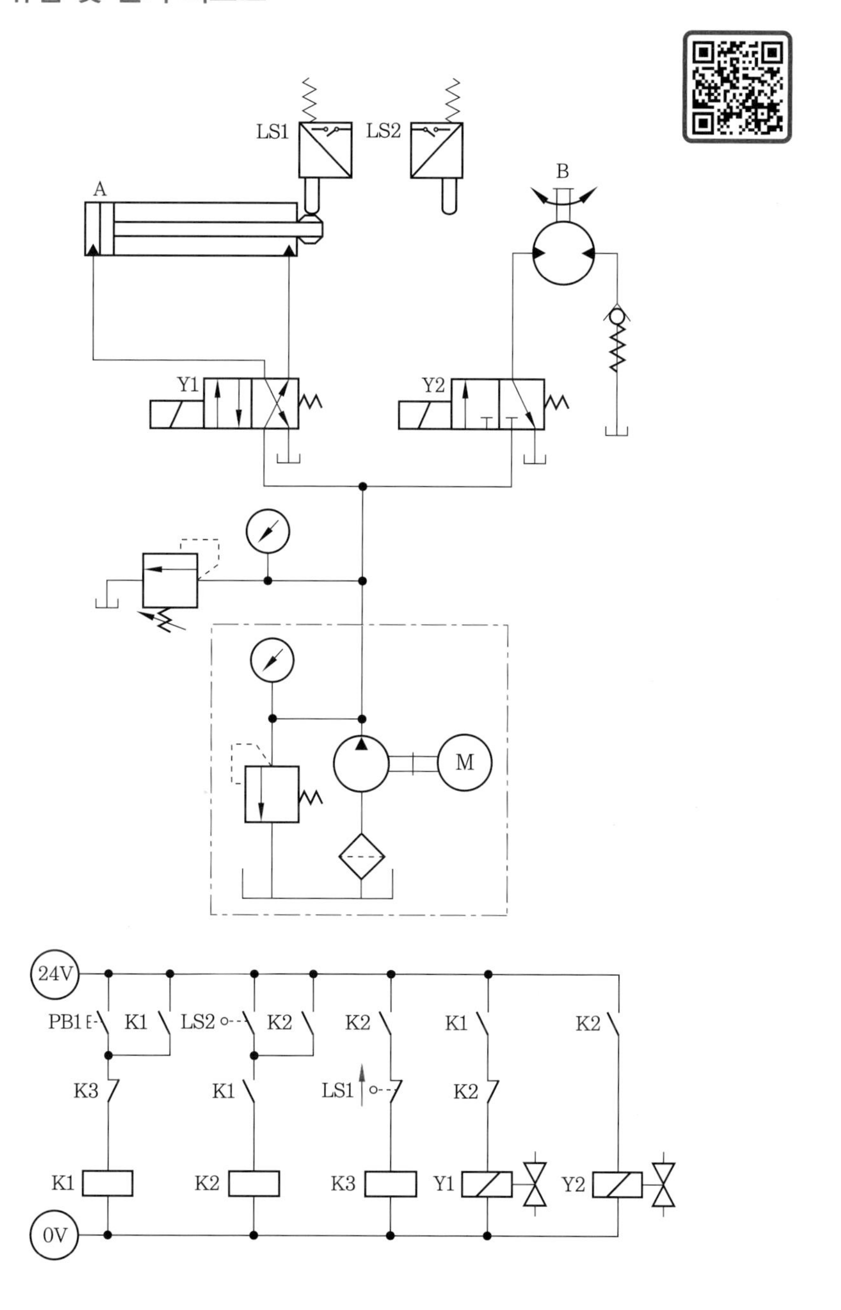

(4) 응용 동작 유압 및 전기 회로도

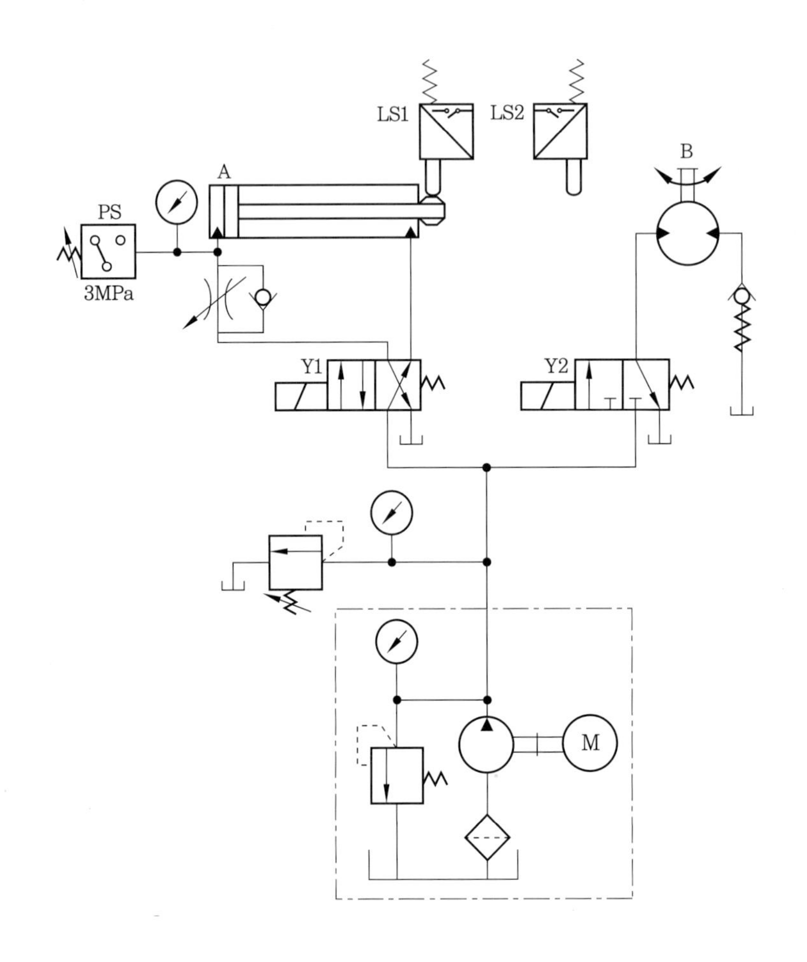

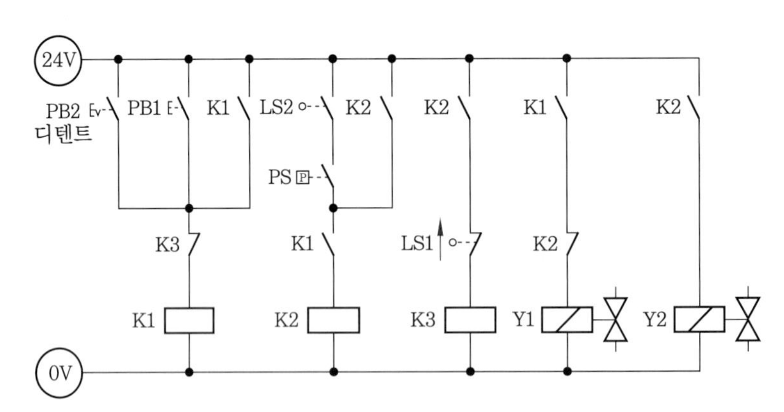

(5) 실습 시 유의 사항

① 기본 작업이 끝나고 확인 후 응용 작업을 할 때 4MPa로 조정된 릴리프 밸브의 압력을 3MPa로 조정하고 압력 스위치의 압력 세팅을 한 후 릴리프 밸브의 압력을 다시 4MPa로 재조정해야 한다.

② 한방향 유량 제어 밸브를 삽입할 때 미터 아웃은 4/2 WAY 솔레노이드 밸브 A 포트에 삽입하고 다른 부분은 호스를 연결하여 압력 게이지 부착 유압 분배기나 T 커넥터에 연결해야 한다.

③ 압력 게이지 부착 유압 분배기를 사용하여 압력 스위치, 실린더 피스톤 헤드측 포트, 유량제어 밸브를 분배기에 삽입하거나, 유압 호스로 연결하는 것이 작업에 편리하다.

④ 리밋 스위치 LS1, LS2 모두 a 접점으로 배선한다.

⑤ 연속 스위치 PB2는 자기 유지형 스위치를 사용해야 한다.

7-3 유압 모터 서지압 방지 회로

(1) 제어 조건

[기본 동작]

① 초기 상태에서 시작 스위치 PB1을 ON-OFF하면 유압 모터 A가 회전하며 동시에 실린더 B가 후진하고, 후진 완료 후 전진한다.

② 실린더 B의 전진 완료와 동시에 유압 모터 A는 정지한다.

[응용 동작]

① 누름 버튼 스위치 PB2를 추가하여 PB2를 누르면 기본 제어 동작이 연속으로 동작한다.

② 누름 버튼 스위치 PB3을 누르면 행정이 완료된 후 정지한다.

③ 유압 모터의 출구측에 릴리프 밸브를 설치하여 출구측 압력이 2MPa(20kgf/cm^2)이 되도록 유압 회로도를 변경하고 조정한다.

(2) 변위 단계 선도

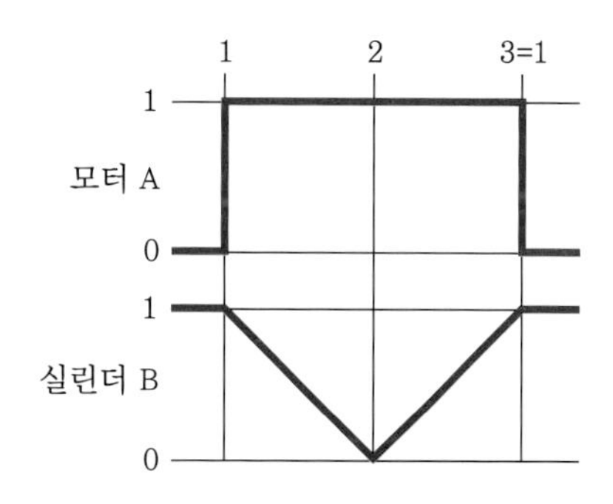

(3) 기본 동작 유압 및 전기 회로도

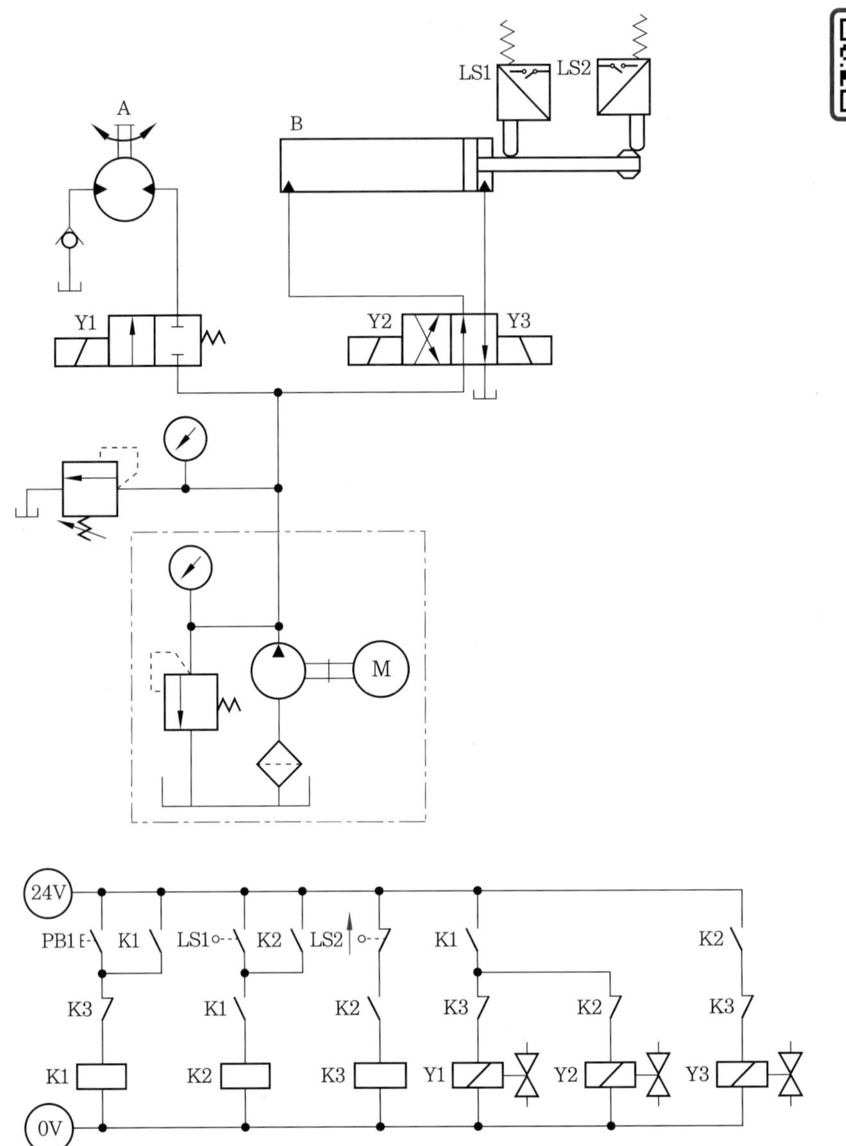

(4) 응용 동작 유압 및 전기 회로도

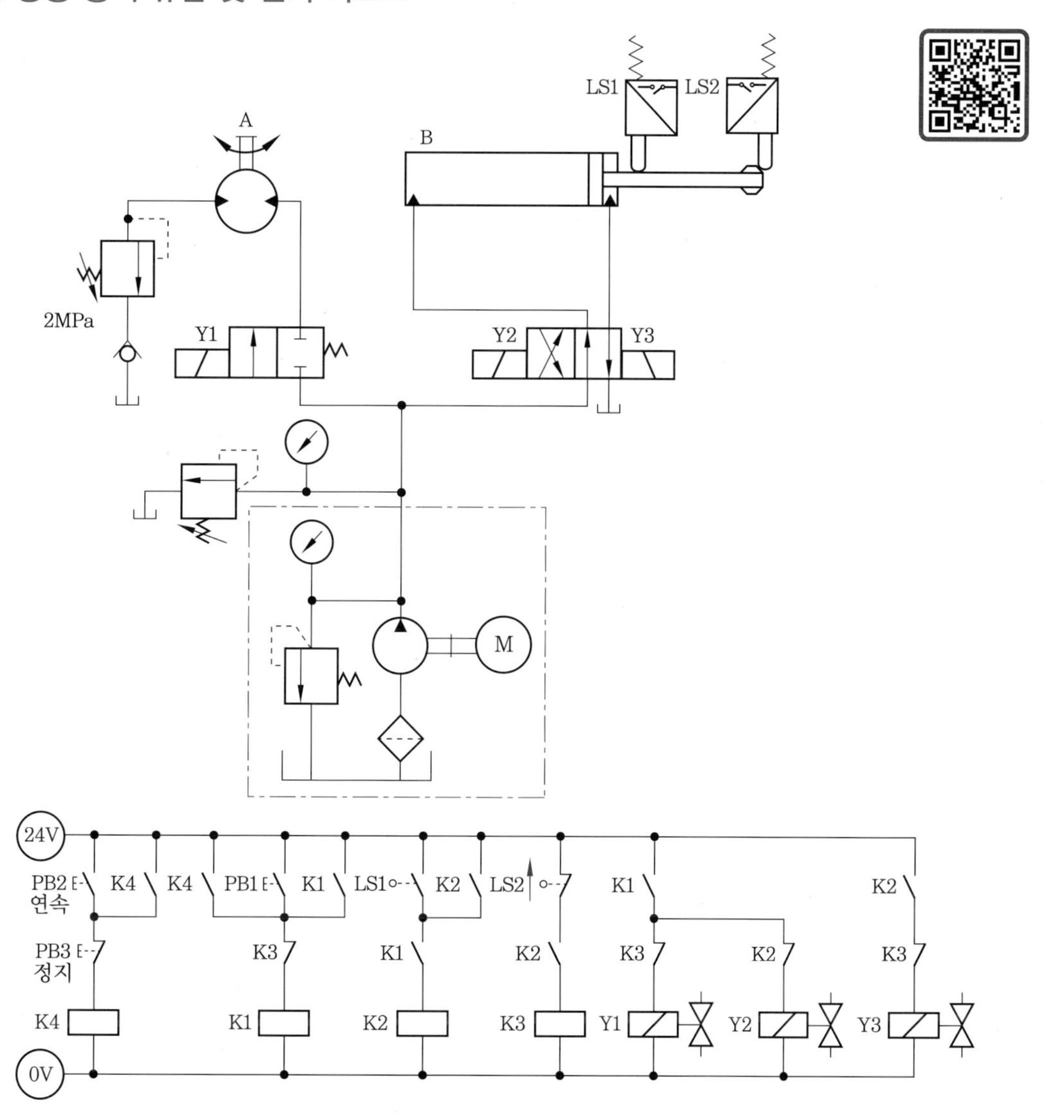

(5) 실습 시 유의 사항

① 2/2 WAY NC형 솔레노이드 밸브를 선택할 때 NO형이 선택되지 않도록 유의한다.

② 유압 회로도에서 4/2 WAY NO형인 밸브 가 준비되지 않았을 경우 밸브 를 사용하되 밸브의 A 포트는 피스톤 로드측에, B 포트는 실린더 피스톤 헤드측 포트에 호스로 연결하면 된다.

③ 기본 작업이 끝나고 확인 후 응용 작업을 할 때 4MPa로 조정된 릴리프 밸브의 압력을 2MPa로 조정한 후 호스를 분리하고, 밸브의 위치를 이동시킨 다음 제2의 릴리프 밸브를 또 설치하여 4MPa로 재조정해야 한다.

④ 방향을 재확인하여 체크 밸브를 설치한다.

⑤ 리밋 스위치 LS1, LS2는 모두 a 접점으로 배선한다.

과제 1 모터 간헐 제어와 비상정지 제어 회로 설계 구성

1 제어 조건

주어진 유압 및 전기 회로도, 변위 단계 선도를 이용하여 다음 조건에 맞게 회로도를 설계하고, 구성하여 운전하시오.

① 기본 유압 회로도와 같이 유압 기기를 선정하여 고정판에 배치하시오. (단, 유압 기기는 수평 또는 수직 방향으로 임의로 배치하고, 리밋 스위치는 방향성을 고려하여 설치한다.)

② 유압 호스를 사용하여 배치된 기기를 연결 · 완성하시오. (단, 케이블 타이를 사용하여 실린더 등 액추에이터 작동 부분의 전선과 호스가 시스템 동작에 영향을 주지 않도록 정리한다.)

③ 특별히 지정되지 않는 한 모든 스위치는 자동 복귀형 누름 버튼 스위치를 사용하시오.

④ 기본 동작을 먼저 수행한 후 확인하여 이상이 없을 때 그 이후에 응용 동작을 수행하시오.

⑤ 작업이 완료된 상태에서 전원을 투입했을 때 쇼트가 발생하지 않도록 하시오.

⑥ 유압 호스는 곡률 반지름이 70 mm 이상이 되도록 하시오.

⑦ 유압을 공급하게 되면 누유가 없도록 하시오.

⑧ 전기 케이블은 (+)선은 적색, (−)선은 청색 또는 흑색 선으로 배선하시오.

⑨ 유압 시스템의 공급 압력은 4 MPa(40 kgf/cm^2)로 설정하시오.

⑩ 시스템 유지 보수 작업에서 각 항의 요구 사항은 서로 독립적입니다.

⑪ 실습 중 작업복 및 안전 보호구를 착용하여 안전 수칙을 준수하시오.

(1) 기본 동작

① 초기 상태에서 PB2를 해제(OFF)한 후 시작 스위치 PB1을 ON-OFF하면 실린더 A가 전진하고 실린더 A가 전진 완료 후 유압 모터 B가 회전한다.

② PB2를 ON하면 실린더 A가 후진하고 유압 모터도 정지하면서 램프 1이 점등된다.

(2) 응용 동작

① 비상정지 스위치 및 기타 부품을 추가하여 기본 동작 상태에서 비상정지 스위치 PB3을 한 번 누르면(ON) 동작이 즉시 정지되어야 한다.

② 비상정지 스위치 PB3을 해제하고 시작 스위치 PB1을 ON-OFF하면 기본 동작이 되어야 한다.

③ 비상정지 스위치가 동작 중일 때는 작업자가 알 수 있도록 램프 2가 점등되도록 회로를 구성한다.

④ 실린더 A의 전진 속도와 유압 모터 B의 회전 속도를 미터 인 방법에 의해 조정할 수 있게 유압 회로도를 변경한다.

2 변위 단계 선도

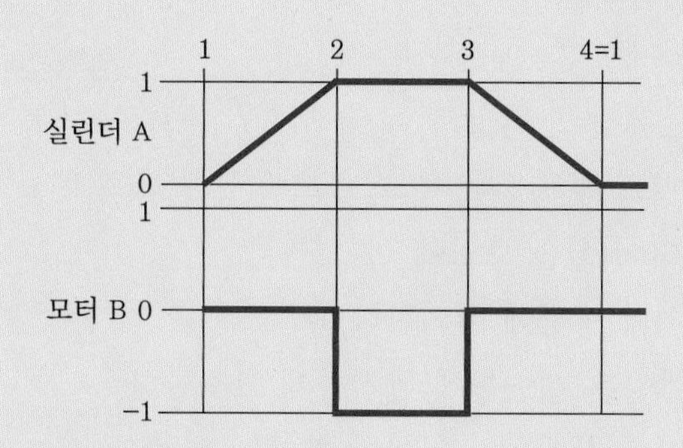

3 기본 동작 유압 및 전기 회로도

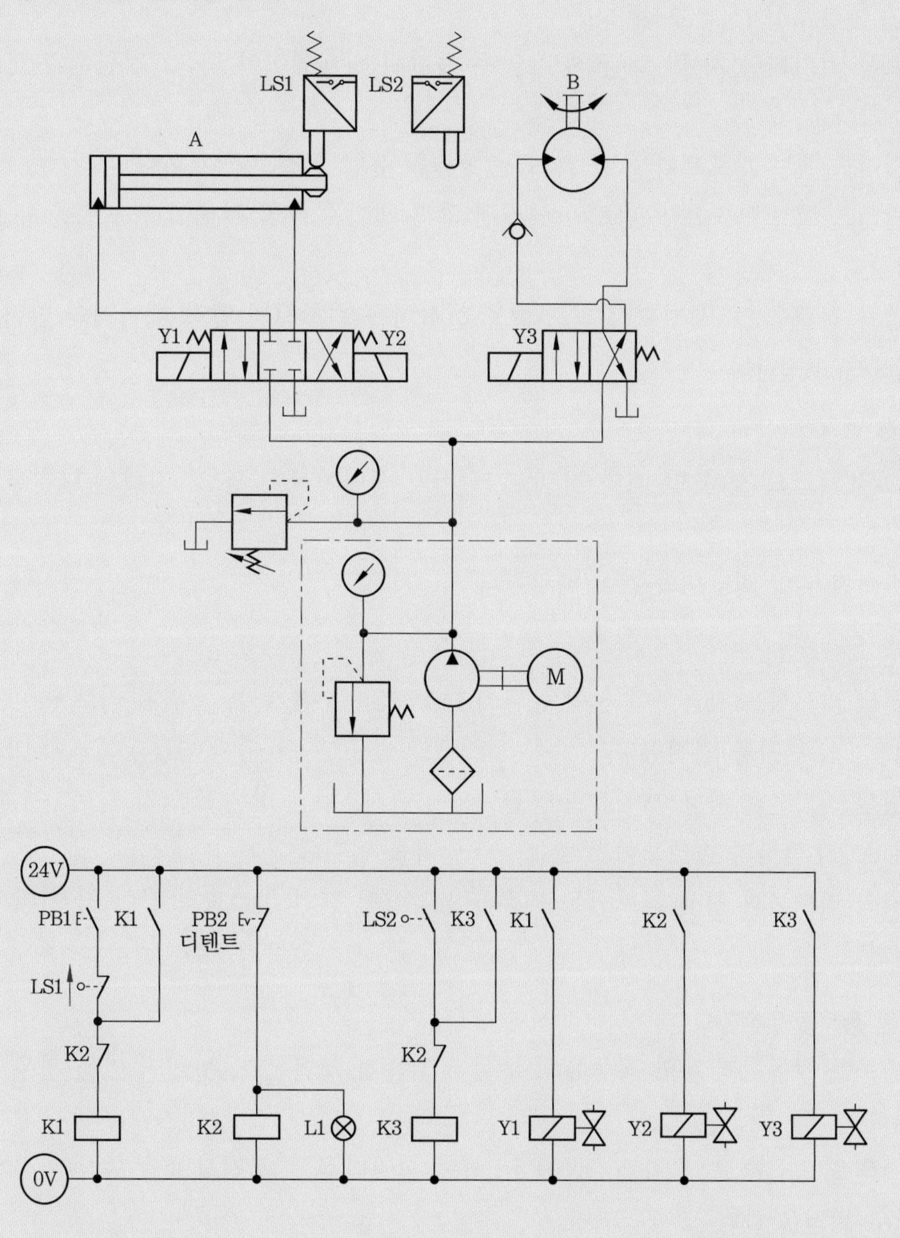

4 실습 순서

(1) 작업 준비를 한다.

① 복동 실린더 1개, 유압 모터 1개, 4/3 WAY 올포트 블록 솔레노이드 밸브 1개, 4/2 WAY 단동 솔레노이드 밸브 1개, 체크 밸브 1개, 릴리프 밸브 1개, 압력 게이지 1개, 리밋 스위치 2개를 선택하여 실습 보드에 설치한다.

② 리밋 스위치의 위치와 방향에 주의한다.

③ 실습에 사용되는 부품은 실습판에 완전하게 고정한다.

④ 실린더의 운동 구간에 장애물이 없어야 한다.

(2) 공급 압력을 4MPa로 조정한다.

① 모든 기기의 설치 및 배관 시 유압은 차단된 상태이어야 하고, 전원은 단전된 상태이어야 한다.

② 릴리프 밸브 T 포트와 유량 컵 또는 탱크를 유압 호스로 연결한다.

③ 릴리프 밸브 P 포트에 펌프와 연결된 압력 게이지 부착 분배기측 포트를 유압 호스로 연결한다.

④ 펌프 전원을 ON시키고 릴리프 밸브 손잡이를 회전시켜 압력 게이지의 압력이 4MPa이 되도록 조정한다.

(3) 배관 작업을 한다.

① 모든 기기의 설치 및 배관 시 펌프는 정지 상태이어야 하고, 전원은 단전된 상태이어야 한다.

② 주어진 유압 회로도와 같이 배관한다.

(4) 배선 작업을 한다.

① 적색 리드선을 사용하여 전원 공급기 (+) 단자, 누름 버튼 스위치 키트 (+) 단자, 릴레이 키트 (+) 단자를 연결한다.

② 청색 리드선을 사용하여 전원 공급기 (−) 단자, 누름 버튼 스위치 키트 (−) 단자, 릴레이 키트 (−) 단자와 솔레노이드 밸브 (−) 단자를 연결한다.

③ 적색 리드선과 청색 리드선을 사용하여 주어진 전기 회로도와 같이 각 기기의 단자를 연결한다.

(5) 기본 동작을 운전한다.

① 펌프를 가동시켜 유압 작동유의 누설이 없는지 확인한다. 누설이 있을 경우 배관을 점검한다.

② 전원을 공급하고, PB1을 ON−OFF하면 실린더 A가 전진하면서 모터는 시계 반대 방향으로 회전을 한다.

③ PB2를 ON시키면 램프 1은 점등되고, 모터는 정지하며, 실린더는 후진한다.

(6) 응용 유압 회로를 설계하고 배관한다.

① 한방향 유량 제어 밸브를 선택하여 실린더의 전진 포트에 추가로 삽입되도록 설계 및 설치하고 배관한다.

② 4/2 WAY 밸브 A 포트와 유압 모터 사이에 한방향 유량 제어 밸브가 추가로 삽입되도록 설계하고, 밸브 A 포트와 모터측과 연결된 호스를 제거한 다음 한방향 유량 제어 밸브를 모터측에 설치하고 다시 호스를 연결한다.

③ 검토하여 이상이 있으면 수정한다.

(7) 응용 전기 회로를 설계하고 배선한다.

① 잠금 장치가 있는 비상정지 스위치를 사용하여 비상정지 회로를 설계하고 비상정지 시 실린더가 후진할 수 있도록 비상정지 릴레이 a 접점과 릴레이 K1 a 접점을 솔레노이드 밸브 Y1에 직결되도록 회로를 설계하고 배선한다.

② 비상정지 시 램프 L2가 점등되고 비상정지 릴레이 b 접점을 램프 L2에 직결되도록 회로를 설계하고 배선한다.

③ 검토하여 이상이 있으면 수정한다.

(8) 응용 동작을 운전한다.

① 펌프를 가동시켜 유압 작동유의 누설이 없는지 확인한다. 누설이 있을 경우 배관을 점검한다.

② 기본 제어 동작을 운전한다.

③ 연속 운전을 실시한다.

④ 연속 운전 중 비상정지 스위치를 누르면 모터와 실린더는 정지한다.

⑤ 비상정지 스위치를 다시 누르면 실린더가 후진한 후 단속 운전이나 연속 운전이 가능하다.

(9) 각 기기를 해체하여 정리정돈한다.

① 전원 공급기의 전원을 OFF시키고, 펌프를 정지시킨다.

② 유압 호스와 리드선을 제거한다.

③ 각 기기를 실습 보드에서 분리시키고 정리정돈한다.

④ 각 과제를 종료하면 작업한 자리의 부품 정리, 기름 제거, 유압 배관 정리, 전선 정리 등 모든 상태를 초기 상태로 정리한다.

정답

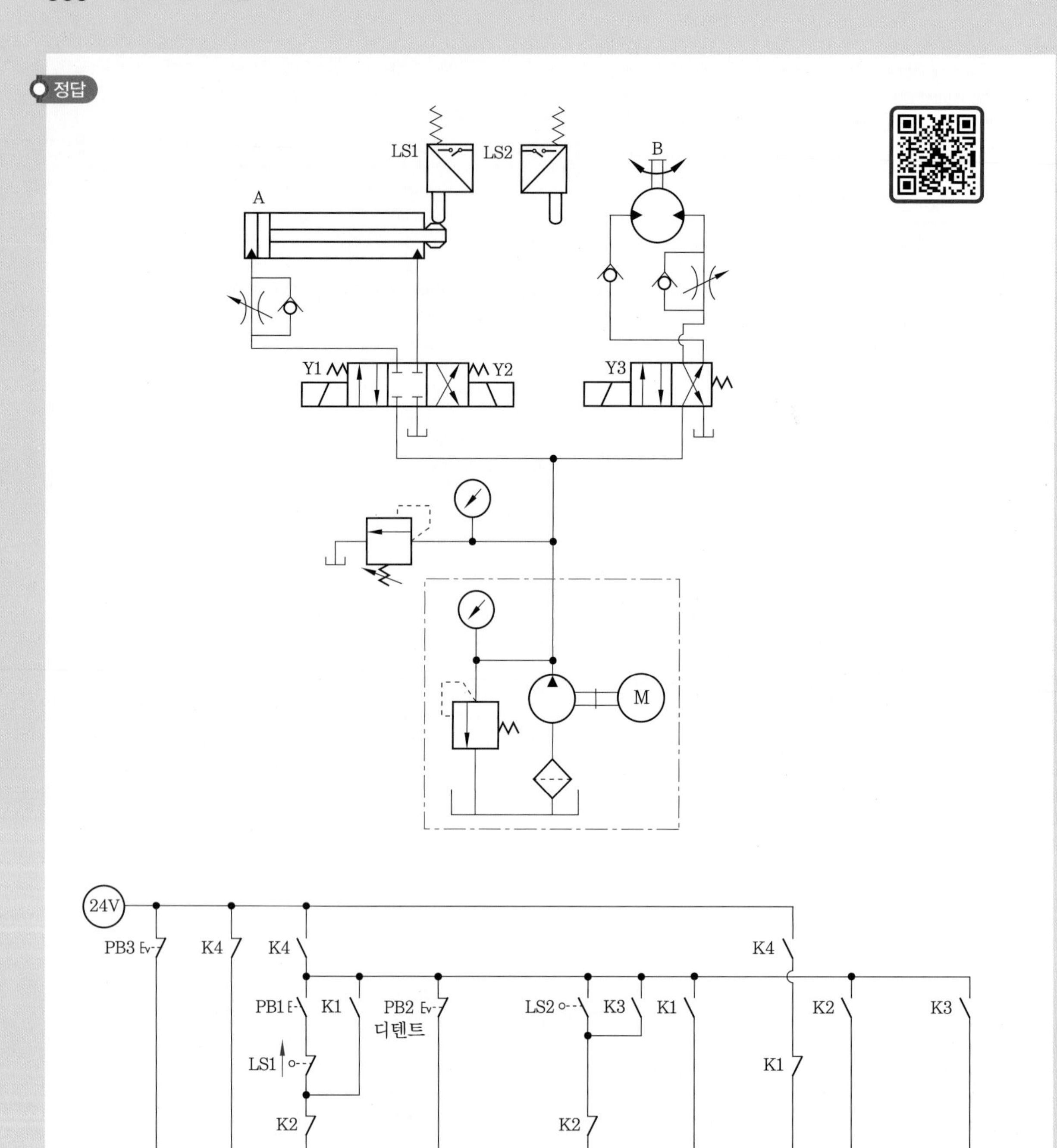
LS1
LS2
B
A
Y1
Y2
Y3
M
24V
PB3
K4
K4
K4
PB1
K1
PB2
디텐트
LS2
K3
K1
K2
K3
LS1
K1
K2
K2
K4
L2
K1
K2
L1
K3
Y1
Y2
Y3
0V

과제 2 유압 모터 양방향 속도 제어 회로 설계 구성

1 제어 조건

주어진 유압 및 전기 회로도와 변위 단계 선도를 이용하여 다음 조건에 맞게 회로도를 설계하고, 구성하여 운전하시오.

① 기본 유압 회로도와 같이 유압 기기를 선정하여 고정판에 배치하시오. (단, 유압 기기는 수평 또는 수직 방향으로 임의로 배치하고, 리밋 스위치는 방향성을 고려하여 설치한다.)

② 유압 호스를 사용하여 배치된 기기를 연결 · 완성하시오. (단, 케이블 타이를 사용하여 실린더 등 액추에이터 작동 부분의 전선과 호스가 시스템 동작에 영향을 주지 않도록 정리한다.)

③ 특별히 지정되지 않는 한 모든 스위치는 자동 복귀형 누름 버튼 스위치를 사용하시오.

④ 기본 동작을 먼저 수행한 후 확인하여 이상이 없을 때 그 이후에 응용 동작을 수행하시오.

⑤ 작업이 완료된 상태에서 전원을 투입했을 때 쇼트가 발생하지 않도록 하시오.

⑥ 유압 호스는 곡률 반지름이 70 mm 이상이 되도록 하시오.

⑦ 유압을 공급하게 되면 누유가 없도록 하시오.

⑧ 전기 케이블은 (+)선은 적색, (−)선은 청색 또는 흑색 선으로 배선하시오.

⑨ 유압 시스템의 공급 압력은 4 MPa(40 kgf/cm^2)로 설정하시오.

⑩ 시스템 유지 보수 작업에서 각 항의 요구 사항은 서로 독립적입니다.

⑪ 실습 중 작업복 및 안전 보호구를 착용하여 안전 수칙을 준수하시오.

(1) 기본 동작

① 초기 상태에서 시작 스위치 PB1을 ON-OFF하면 유압 실린더 A의 전진과 동시에 유압 모터 B는 시계 방향(CW)으로 회전하고, 유압 실린더 A의 전진 완료 후 후진과 동시에 유압 모터 B는 반시계 방향(CCW)으로 회전하며 유압 실린더 A가 후진 완료되면 유압 모터 B는 정지되어야 한다.

(2) 응용 동작

① 연속 선택 스위치 PB2를 한 번 누르면 기본 제어 동작이 연속(반복 자동행정)으로 동작한다.

② 연속 정지 스위치 PB3을 한번 누르면 실린더 A는 전진 완료 후 정지하고, 모터 B는 즉시 정지해야 한다.

③ 유압 실린더 A의 전후진 속도를 미터 인 방법에 의해 조정할 수 있게 유압 회로를 변경하여 전진 속도는 7초, 후진 속도는 5초가 되도록 조정한다.

④ 유압 모터 B의 정역 방향 회전 속도가 동일하도록 압력 라인에 양방향 유량 제어 밸브를 설치하고, 속도를 조정할 수 있게 유압 회로를 변경, 조정한다.

2 변위 단계 선도

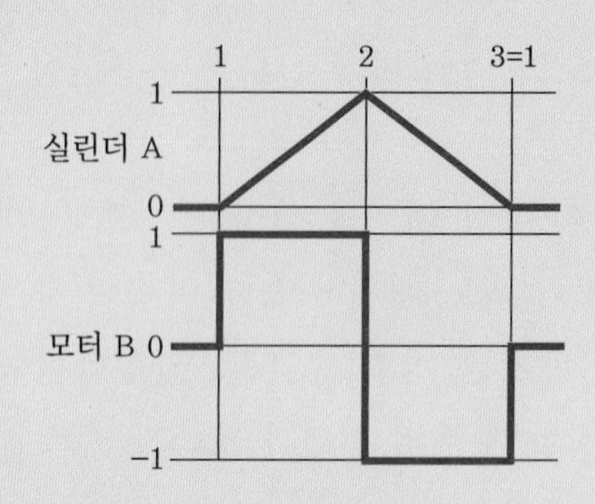

3 기본 동작 유압 및 전기 회로도

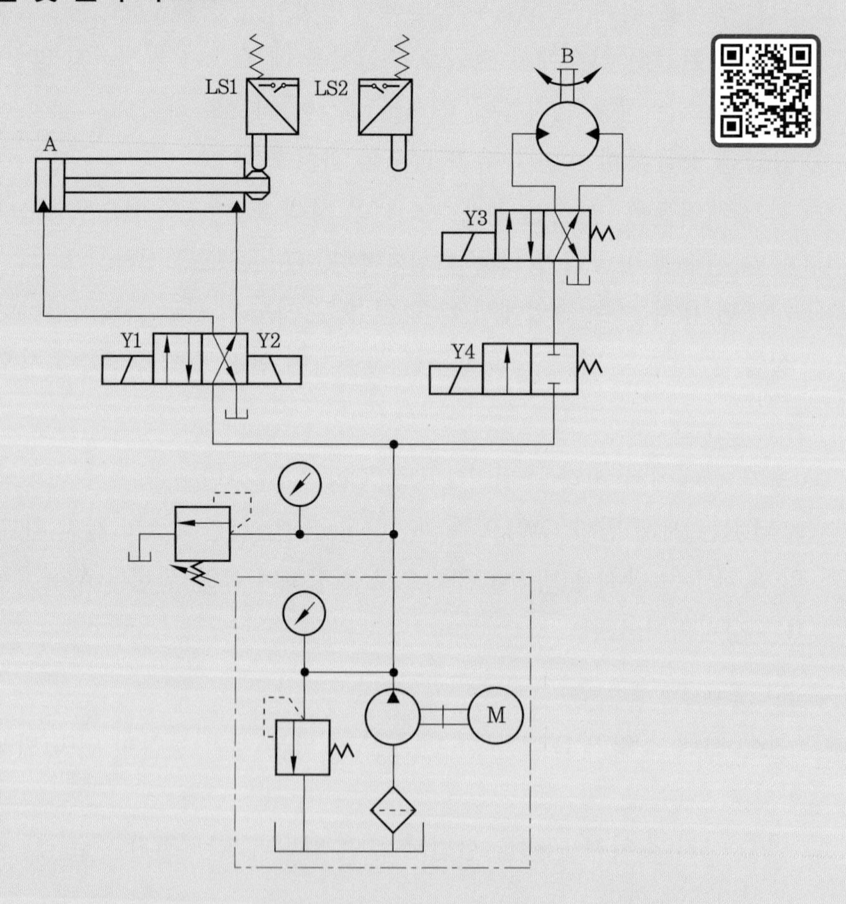

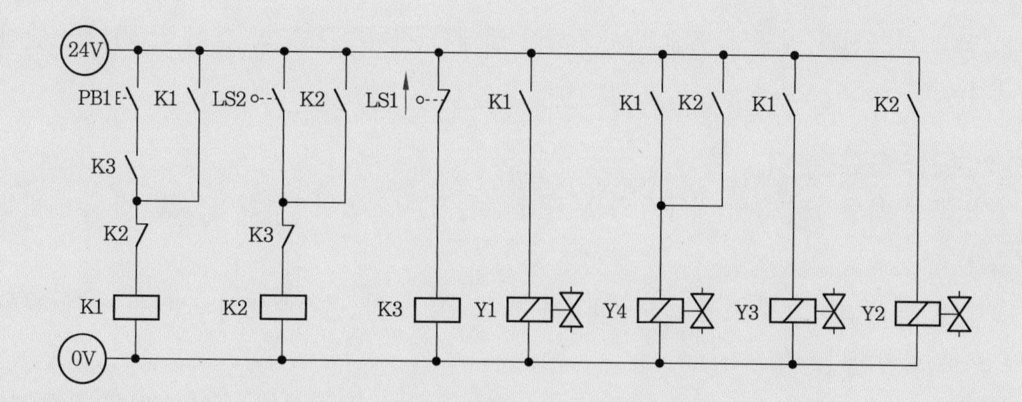

4 실습 순서

(1) 작업 준비를 한다.

① 복동 실린더 1개, 유압 모터 1개, 4/2 WAY 복동 솔레노이드 밸브 1개, 4/2 WAY 단동 솔레노이드 밸브 1개, 2/2 WAY NC형 솔레노이드 밸브 1개, 릴리프 밸브 1개, 압력 게이지 1개, 리밋 스위치 2개를 선택하여 실습 보드에 설치한다.

② 리밋 스위치의 위치와 방향에 주의한다.

③ 실습에 사용되는 부품은 실습판에 완전하게 고정한다.

④ 실린더의 운동 구간에 장애물이 없어야 한다.

(2) 공급 압력을 4MPa로 조정한다.

① 모든 기기의 설치 및 배관 시 유압은 차단된 상태이어야 하고, 전원은 단전된 상태이어야 한다.

② 릴리프 밸브 T 포트와 유량 컵 또는 탱크를 유압 호스로 연결한다.

③ 릴리프 밸브 P 포트에 펌프와 연결된 압력 게이지 부착 분배기측 포트를 유압 호스로 연결한다.

④ 펌프 전원을 ON시키고 릴리프 밸브 손잡이를 회전시켜 압력 게이지의 압력이 4MPa이 되도록 조정한다.

(3) 배관 작업을 한다.

① 모든 기기의 설치 및 배관 시 펌프는 정지 상태이어야 하고, 전원은 단전된 상태이어야 한다.

② 유압 회로도와 같이 배관 작업을 한다.

(4) 배선 작업을 한다.

① 적색 리드선을 사용하여 전원 공급기 (+) 단자, 누름 버튼 스위치 키트 (+) 단자, 릴레이 키트 (+) 단자를 연결한다.

② 청색 리드선을 사용하여 전원 공급기 (−) 단자, 누름 버튼 스위치 키트 (−) 단자, 릴레이 키트 (−) 단자와 솔레노이드 밸브 (−) 단자를 연결한다.

③ 적색 리드선과 청색 리드선을 사용하여 설계된 전기 회로도와 같이 각 기기의 단자를 연결한다.

(5) 기본 동작을 운전한다.

① 펌프를 가동시켜 유압 작동유의 누설이 없는지 확인한다. 누설이 있을 경우 배관을 점검한다.

② 전원을 공급하고 PB1을 ON-OFF하면 실린더 A가 전진하면서 모터는 시계 방향(CW)으로 회전한다.

③ 실린더 A가 전진 완료되면 실린더 A가 후진하면서 유압 모터는 시계 반대 방향(CCW)으로 회전한다.

④ 실린더 A가 후진 완료되면 모터가 정지되면서 동작이 완료된다.

(6) 응용 유압 회로를 설계하고 배관한다.

① 한방향 유량 제어 밸브를 선택하여 실린더의 전후진 포트에 추가로 삽입되도록 설계 및 설치하고 배관한다.

② 4/2 WAY 밸브 P포트와 2/2 WAY 밸브 A 포트 사이에 양방향 유량 제어 밸브가 추가로 삽입되도록 설계 및 설치하고 배관한다.

③ 검토하여 이상이 있으면 수정한다.

(7) 응용 전기 회로를 설계하고 배선한다.

① 연속 운전이 가능하도록 PB2 스위치와 자기 유지 회로를 이용하여 회로를 설계하고 배선한다.

② 잠금 장치가 있는 비상정지 스위치를 사용하여 비상정지 회로를 설계하고 비상정지 시 실린더가 전진하고 a 접점을 솔레노이드 밸브 Y1에 직결되도록 회로를 설계하고 배선한다.

③ 검토하여 이상이 있으면 수정한다.

(8) 응용 동작을 운전한다.

① 펌프를 가동시켜 유압 작동유의 누설이 없는지 확인한다. 누설이 있을 경우 배관을 점검한다.

② 기본 제어 동작을 운전한다.

③ 연속 운전을 실시한다.

④ 연속 운전 중 비상정지 스위치를 누르면 모터는 정지하고, 실린더는 전진한 후 정지한다.

⑤ 비상정지 스위치를 다시 누르면 실린더가 후진하고, 단속 운전이나 연속 운전이 된다.

(9) 각 기기를 해체하여 정리정돈한다.

① 전원 공급기의 전원을 OFF시키고, 펌프를 정지시킨다.

② 유압 호스와 리드선을 제거한다.

③ 각 기기를 실습 보드에서 분리시키고 정리정돈한다.

④ 각 과제를 종료하면 작업한 자리의 부품 정리, 기름 제거, 유압 배관 정리, 전선 정리 등 모든 상태를 초기 상태로 정리한다.

정답

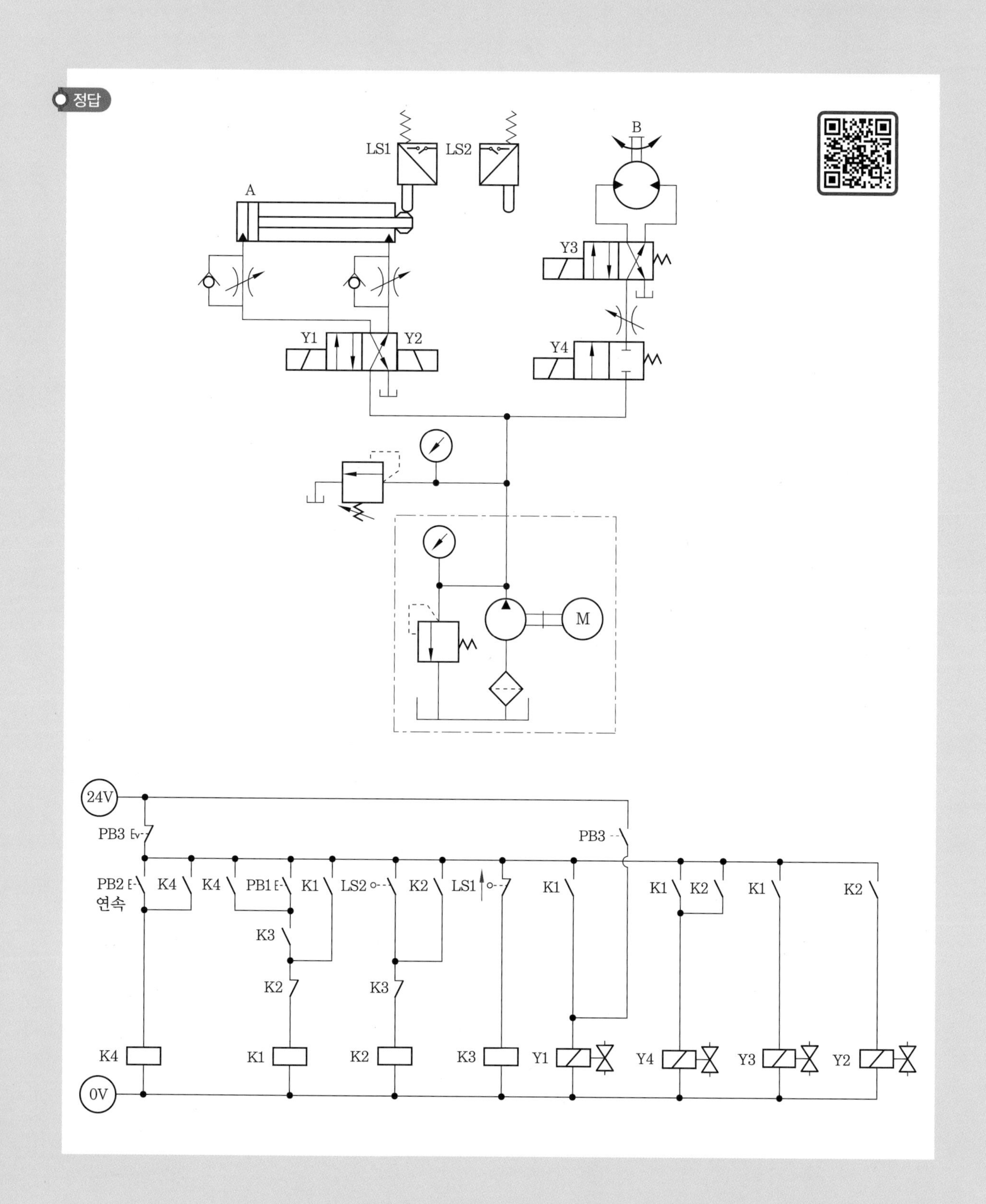

공유압 제어 실험|실습

2023년 1월 10일 인쇄
2023년 1월 15일 발행

감수 : 차흥식
저자 : 김연규 · 원우연 · 전성민
펴낸이 : 이정일

펴낸곳 : 도서출판 **일진사**
www.iljinsa.com

(우) 04317 서울시 용산구 효창원로 64길 6
대표전화 : 704-1616, 팩스 : 715-3536
등록번호 : 제1979-000009호(1979.4.2)

값 29,000원

ISBN : 978-89-429-1746-4